Rolf Meurer

Wasserbau und Wasserwirtschaft in Deutschland

Rolf Meurer

Wasserbau und Wasserwirtschaft in Deutschland

Vergangenheit und Gegenwart

Mit 198 Abbildungen, davon 13 farbig

Parey Buchverlag Berlin 2000

Parey Buchverlag im
Blackwell Wissenschafts-Verlag
Kurfürstendamm 57, 10707 Berlin
Firmiangasse 7, 1130 Wien

Blackwell Science Ltd
Osney Mead, Oxford, OX2 0EL, UK
25 John Street, London WC1N 2BL, UK
23 Ainslie Place, Edinburgh EH3 6AJ, UK

Munksgaard International Publishers Ltd
35 Norre Sogade
1016 Kopenhagen K, Dänemark

Blackwell Science, Inc.
Commerce Place, 350 Main Street
Malden, Massachusetts 02148 5018, USA

Blackwell Science KK
MG-Kodemmacho Building, 3F
7–10, Kodemmacho Nihonbashi,
Chuo-ku, Tokio 103–0001, Japan

Blackwell Science Asia Pty Ltd
54 University Street
Carlton, Victoria 3053, Australien

Anschrift des Autors:
Rolf Meurer
Gartenstr. 35
54344 Kenn

Gewährleistungsvermerk
In Anbetracht des ständigen Wissenszuwachses sowie der rasch voranschreitenden technischen Anforderungen und Entwicklungen haben sich der/die Verfasser/in dieses Buches intensiv bemüht, dem aktuellen Wissensstand Rechnung zu tragen. Insbesondere wurde das Werk in Einklang mit den geltenden Gesetzen, Verordnungen und Richtlinien verfaßt. Dennoch können weder der/die Verfasser/in noch der Verlag eine Garantie für die in diesem Werk enthaltenen Angaben übernehmen. Dem Leser wird daher dringend empfohlen, einschlägige Veröffentlichungen zu verfolgen und weitergehende Entwicklungen ergänzend in Betracht zu ziehen.

Die Deutsche Bibliothek – CIP-Einheitsaufnahme
Meurer, Rolf:
Wasserbau und Wasserwirtschaft in Deutschland : Vergangenheit und Gegenwart /
Rolf Meurer. – Berlin : Parey, 2000
ISBN 978-3-322-80214-9

Einbandgestaltung: Rudolf Hübler, Berlin, unter Verwendung von Abbildungen aus dem Archiv des Autors.
Umschlagfotos: Staustufe Jochenstein und Oleftalsperre
Herstellung: Neumann & Nürnberger, Leipzig
Satz und Repro: XYZ-Satzstudio, Naumburg

e-mail: parey@blackwis.de
Internet: http://www.blackwell.de

Gedruckt auf chlorfrei gebleichtem Papier

Softcover reprint of the hardcover 1st edition

ISBN-13: 978-3-322-80214-9   e-ISBN-13: 978-3-322-80213-2
DOI: 10.1007/ 978-3-322-80213-2

Meiner Frau gewidmet

Vorwort

Mit dem vorliegenden Buch wird der Versuch unternommen, das große Gebiet des Wasserbaus und der Wasserwirtschaft in Deutschland von seinen geschichtlich halbwegs gesicherten Anfängen bis in unsere Tage darzustellen. Dabei wird deutlich, daß die verwerteten Quellen aus Frühzeit und Mittelalter eher spärlich, ihre Aussagen teilweise ungenau, widersprüchlich oder gar fragwürdig sind. Das mußte zu einer immer stärker werdenden Verdichtung der Darstellung führen, je mehr sie sich der Gegenwart nähert. Dennoch können geschichtlich interessante Geschehnisse und Entwicklungen aus diesen längst vergangenen und zweifellos auch handlungsärmeren Zeiten aufgezeigt werden.

Zwar findet man in ausgezeichneten Einzeldarstellungen auf allen Teilgebieten sehr viel mehr Wissenswertes als es im Rahmen der vorliegenden Arbeit zu beschreiben möglich war. Aber es fehlt weitgehend an einer Verknüpfung oder Parallelbetrachtung von Entwicklungen auf dem Gesamtgebiet von Wasserbau und Wasserwirtschaft. Dieser Versuch wird hier unternommen und umfaßt die Teilgebiete Wasserstraßen und Häfen, Talsperren, Wasserkraftanlagen, Hochwasserschutz, Küstenschutz, Wasserversorgung sowie Abwasserwesen und Gewässerschutz. Diese Teilgebiete werden nicht nacheinander, sondern in gemischter chronologischer Darstellung abgehandelt. Dabei muß wegen der Fülle des Stoffes häufig eine Betrachtung von einzelnen Beispielen vorgenommen werden. Sie sind jedoch so ausgewählt, daß man an ihnen den jeweiligen naturwissenschaftlichen und technischen Entwicklungsstand ablesen kann. Es bedarf keiner besonderen Erwähnung, daß, wo immer möglich, die Verhältnisse im Gebiet der neuen Bundesländer betrachtet werden. Sehr viele interessante Maßnahmen in der ganzen Bundesrepublik hätten es verdient, beschrieben, mindestens aber genannt zu werden. Aus Gründen des gewollten nicht zu großen Buchumfangs mußte es unterbleiben. Die beiden Zusammenstellungen am Ende des Buches (Anhänge I und II) versuchen, hinsichtlich der Talsperren und Wasserkraftanlagen diesen Mangel zum Teil auszugleichen. An einigen Stellen wird die Betrachtung auf Gebiete gerichtet, die nicht oder nicht mehr zu Deutschland gehören. Das erschien sinnvoll, wenn es um grenzüberschreitende Maßnahmen geht oder wenn sich auf ehemals deutschem Gebiet seinerzeit technische Entwicklungen von besonderem Rang vollzogen hatten.

Dem Verfasser ist die Unvollkommenheit seiner Darstellung bewußt. Dabei ist zu bedenken, daß es galt, den Ansprüchen der Fachleute hinreichend gerecht zu werden und andererseits dem Laien eine interessante Lektüre zu bieten.

Wenn dies gelungen sein sollte, wäre es erfreulich. Die Möglichkeit vertiefender Befassung mit einzelnen Gebieten oder Sachverhalten wird durch die umfangreichen Literaturverzeichnisse eröffnet. Dabei ist dasjenige der Buchliteratur nach Autoren in alphabetischer Reihenfolge geordnet; die auf die einzelnen Fachgebiete bezogenen Verzeichnisse sind dagegen in chronologischer Ordnung des Erscheinens der Beiträge aufgebaut. Aus dieser Vielzahl von Quellen wurde auch ein großer Teil der Bildbelege zusammengestellt, die dadurch in ihrer Wiedergabe nicht einer einheitlichen Qualität entsprechen können.

Bei meiner Arbeit habe ich von vielen Seiten Unterstützung erfahren. Das gilt hinsichtlich der Bereitstellung von Informations- und Bildmaterial; es betrifft die vielen guten Ratschläge und gilt aber auch für die Bereitschaft von Firmen und Institutionen, die Herausgabe des Buches finanziell zu unterstützen. Dafür bin ich zu Dank verpflichtet. Genannt seien die BASF AG, Ludwigshafen, und die Saarkraftwerke GmbH, Andernach. Besonderer Dank gilt denen, die das Manuskript kritisch gelesen und dabei zahlreiche Ergänzungs- und Änderungsvorschläge gemacht haben. Hier möchte ich insbesondere die Herren Leitenden Baudirektoren a. D. Hans Donau, Mainz, und Heie F. Erchinger, Norden, nennen.

Nicht zuletzt danke ich dem Parey Buchverlag, insbesondere Frau Waltraud Düber, für die partnerschaftliche Zusammenarbeit.

Rolf Meurer, Kenn Herbst 1999

Inhalt

Abkürzungsverzeichnis

AOX	Adsorbierbare organisch gebundene Halogene	kV	Kilovolt
ATV	Abwassertechnische Vereinigung	KW	Kraftwerk
		kW	Kilowatt (10^3)
BSB	Biochemischer Sauerstoffbedarf	kWh	Kilowattstunde (10^3)
		LWG	Landeswassergesetz
BSB_5	Fünftägiger biochemischer Sauerstoffbedarf (Beispiel)	MSpTnw	Mittelspringtideniedrigwasser
		MThw	Mitteltidehochwasser
CaO	Calciumoxid („gebrannter Kalk")	MTnw	Mitteltideniedrigwasser
		MVA	Megavoltampere (10^6)
DDT	Dichlor-Diphenyl-Trichloräthan	MW	Megawatt (10^6)
		MW	Wasserstands-Mittelwert
DN	Nennweite	NaOH	Natriumhydroxid
EGW	Einwohnergleichwert	NH_4-N	Ammonium-Stickstoff
EVU	Energieversorgungsunternehmen	NNW	Bekannter niedrigster Wasserstand
EW	Einwohnerwert	NO_3-N	Nitrat-Stickstoff
FWL	Fernwasserleitung	NW	Nennweite
$\perp$	Fuß	OW	Oberwasser
GlW	Gleichwertiger Wasserstand	PCB	Polychlorierte Biphenyle
GWh	Gigawattstunde (10^9)	PE-HD	Polyethylen hoher Dichte
HB	Hochbehälter	PE-LD	Polyethylen niedriger Dichte
HHQ	Bekannte höchste Abflußmenge	PN	Pegelnull
HHW	Bekannter höchster Wasserstand	PSM	Pflanzenschutz- und Schädlingsbekämpfungsmittel
HN	Nullniveau des Landes Mecklenburg-Vorpommern	PVC-U	Polyvinylchlorid
		PW	Pumpwerk
HQ	Höchste Abflußmenge im betrachteten Zeitraum	R	Hydraulischer Radius $= \dfrac{\text{Fläche F}}{\text{Umfang U}}$
HSW	Höchster schiffbarer Wasserstand	r_{hy}	Hydraulischer Radius
		SKN	Seekartennull
HW	Höchster Wasserstand im betrachteten Zeitraum	TS	Trockensubstanz
		TWh	Terawattstunde (10^{12})
I	Inhalt	U/min	Umdrehung/Minute
IKSE	Internationale Kommission zum Schutze der Elbe	UVPG	Umweltverträglichkeitsprüfungsgesetz
		UW	Unterwasser
IKSM	Internationale Kommission zum Schutze der Mosel	VDEW	Vereinigung Deutscher Elektrizitätswerke
IKSR	Internationale Kommission zum Schutze des Rheins	VDI	Verein Deutscher Ingenieure
		WHG	Wasserhaushaltsgesetz
IKSS	Internationale Kommission zum Schutze der Saar	WSA	Wasser- und Schiffahrtsamt
		WSD	Wasser- und Schiffahrtsdirektion
INGEWA	Ingenieurverband Wasser- und Abfallwirtschaft	WSp	Wasserspiegel
KN	Kartennull	WSV	Wasser- und Schiffahrtsverwaltung
kN	Kilonewton	WW	Wasserwerk

Römer berichten am Anfang der Frühzeit über die Nordseeküste

Über die Küsten, ihre Bewohner und über Sturmfluten in der Frühzeit gibt es nur wenige und dazu äußerst vage Nachrichten.

Der römische Schriftsteller GAIUS PLINIUS DER ÄLTERE (23 – 79 n. Chr.), der als Offizier unter anderem auch Germanien kennenlernte, schreibt über Land und Bewohner an der Küste: „Zweimal in 24 Stunden überflutet der weite Ozean mit starker Brandung die Küste. Hier wohnt ein unglückliches Volk auf hohen Erdhügeln, das zur Flutzeit Seefahrern, bei Ebbe aber Schiffbrüchigen gleicht. Mit den Händen wühlen sie Schlamm aus dem Boden, den sie an der Sonne trocknen. Damit kochen sie ihr Essen und wärmen den Leib. Ihr einziges Getränk ist Regenwasser, welches sie in Gruben vor ihren Häusern auffangen." PLINIUS hat das Land unmittelbar an der Küste beschrieben, wo die Menschen ihre Häuser auf Warften – künstliche Erdaufschüttungen – gebaut haben.

Der größte römische Geschichtsschreiber, CORNELIUS TACITUS (55 – 116 n. Chr.), berichtet in seiner Schrift über Germanien »De origine et situ Germanorum« über den Marsch einiger Legionen in einer weiter landeinwärts gelegenen Landschaft. Nach seiner Schilderung wurde das ganze Land von einer (Sturm-)Flut überschwemmt. Leichen, Tiere und Gepäck schwammen im Wasser. Die Soldaten erreichten nur mühsam und unter vielen Verlusten höher gelegenes Land. Das höher gelegene Land muß die Geest gewesen sein.

Römische Wasserleitungen
im Rheinland und an der Mosel

GAIUS PLINIUS DER ÄLTERE schreibt im 36. Buch seiner Naturgeschichte (naturalis historia): „Wenn man die große Menge Wasser an öffentlichen Orten, in Bädern, Fischteichen, Häusern, Kanälen, Gärten, den Gütern vor der Stadt, Landhäusern, dann die zu dessen Herleitung gebauten Bögen, durchgrabene Berge und geebnete Täler mit Aufmerksamkeit betrachtet, so muß man gestehen, daß die ganze Welt kein größeres Wunderwerk aufzuweisen hat."

Als Plinius das sagte, hatten die Städte Colonia Agrippinensis (Köln) und Augusta Treverorum (Trier) in der weströmischen Provinz Belgica, die bis an den Rhein reichte, schon Bedeutung erlangt. Öffentliche Einrichtungen wurden geschaffen, so auch Anlagen zur Versorgung mit Trinkwasser nach römischem Muster. Dabei mußten lange Zuleitungen gebaut werden, um die erforderliche Wassermenge bereitstellen zu können.

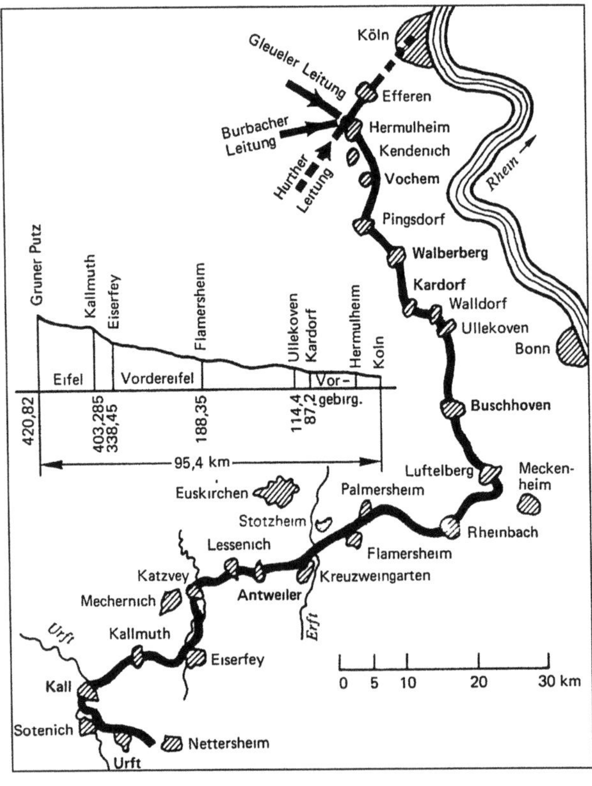

Abb. 1 Lageplan der römischen Eifel-Wasserleitung nach Köln.
Zeichnung nach E. HÖLLER

Abb. 2　Aquädukt der Eifel-Wasserleitung bei Vussem, 1961 rekonstruiert.
　　　　GREWE, K.: Atlas der römischen Wasserleitungen nach Köln

Die bedeutendste Wasserleitung ist die römische Eifel-Wasserleitung nach Köln (Abb. 1). Die genaue Entstehungszeit dieser Leitung ist unbekannt. Möglicherweise entstanden zumindest Teilzuleitungen schon im 1. Jahrhundert n. Chr.; die Entstehung der endgültigen Leitung muß dagegen eher in die Zeit um 100 n. Chr., also in die Zeit der Regentschaft des KAISERS TRAJAN (98–117) gelegt werden. Das vornehmlich im Raum Kallmuth–Sötenich gewonnene Quellwasser wurde in einem rund 100 km langen Freispiegelkanal nach Köln transportiert. Dabei wird ein Höhenunterschied von rund 400 m überwunden. Der Kanal – gemauert oder in Sohle und Wangen in opus caementitium, einem Gemisch aus Stein und Mörtel, das in seinen Materialeigenschaften unserem Beton entspricht – hatte lichte Abmessungen von rund 75 cm in der Breite und bis 170 cm in der Höhe.

Die 1961 entstandene Rekonstruktion des Aquäduktes zur Überquerung des Veybachtales bei Vussem ist in Abbildung 2 dargestellt. Der Aquädukt hatte eine Länge von 72 m mit 13 Bögen von bis zu 11 m Höhe. Ein gewaltiges Brückenbauwerk überquerte die Swist bei Meckenheim. Die in jüngerer Zeit vorgenommenen Ausgrabungen belegen bei einer Gesamtlänge von rund 1400 m 295 Brückenbögen mit maximal 11 m Höhe.

Die Brunnenstube der Quelle Kallmuth wurde ebenfalls restauriert und ist in Abbildung 3 dargestellt.

Die Eifelwasserleitung nach Köln war bis ins 5. Jahrhundert in Betrieb.

Wahrscheinlich im 2. Jahrhundert entstand die 13 km lange römische Leitung nach Trier, die aus der Ruwer, einem rechtsseitigen Nebenfluß der Mosel, Wasser heranführte. Wie in den anderen Städten der römischen Provinzen wollten die Römer auch in Trier nicht auf die gewohnten Annehmlichkeiten verzichten. So entstanden hier Anfang des 2. Jahrhunderts die Barbarathermen, eine große Badeanlage, die viel Wasser benötigte und die möglicherweise den Bau

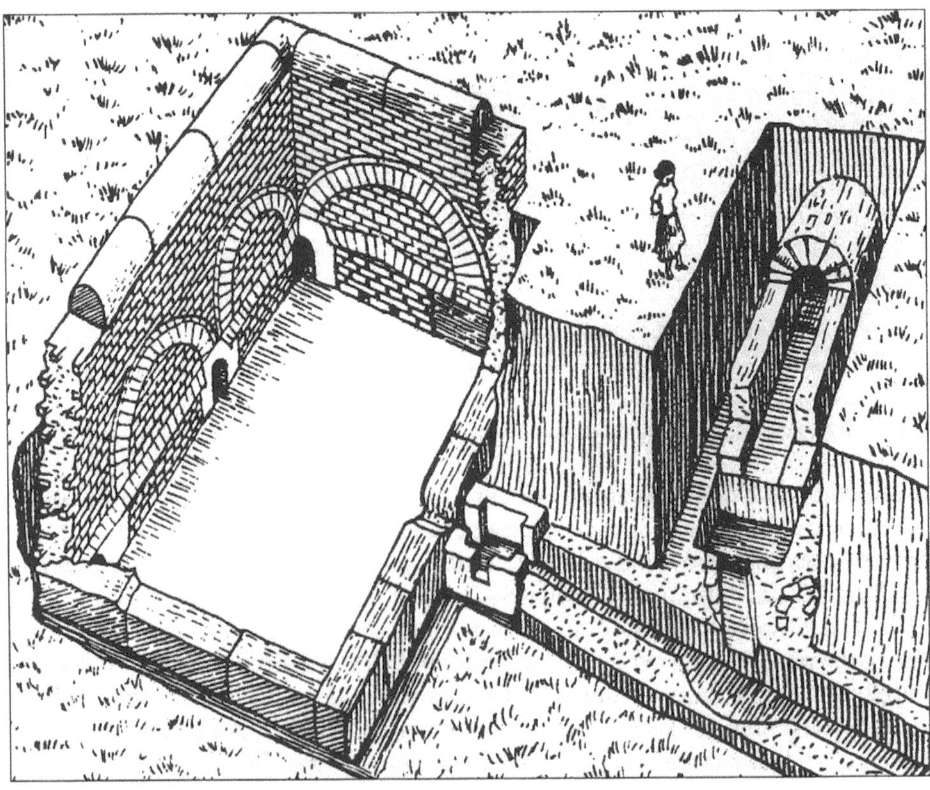

Abb. 3   Kallmuther Brunnenstube der Eifel-Wasserleitung (Rheinisches Landesmuseum Bonn)
GREWE, K.: Atlas der römischen Wasserleitungen nach Köln

Abb. 4 Nachbildung der römischen Wasserleitung nach Trier im Ruwertal, 1996.

der Ruwerwasserleitung mitverursacht hat. Auch hier wurde eine Kanalleitung gebaut, deren Nachbildung Abbildung 4 wiedergibt.

Die Trassenführung berücksichtigte die Höhenlinien der Ruwer- und Moselberge. Der Kanalquerschnitt mit einer Breite von ungefähr 0,74 m und einer Höhe von etwa 0,96 m war in der Lage, eine Wassermenge von täglich rund 25 000 m³ zu befördern. Damit dürfte der Wasserbedarf, der durch die öffentlichen Einrichtungen wie Laufbrunnen, Bäder und Latrinen besonders hoch war, mehr als ausreichend zu decken gewesen sein.

Auch im Trierer Raum wurden verschiedene römische Handpumpen aus Eichenholz aufgefunden, so in Trier, Zewen bei Trier und Wederath im Hunsrück. Die schematische Darstellung einer solchen Pumpe ist in Abbildung 5 wiedergegeben. Es ist eine Doppelkolben-Druckpumpe. Die Ventile bestehen aus einseitig angenagelten und beschwerten Lederklappen. Die Anordnung der aufgefundenen Pumpen im oder in unmittelbarer Nähe des Grundwassers spricht dafür, daß ihre Saugfähigkeit gering war. Neben Handpumpen aus Holz sind auch Bronzepumpen aufgefunden worden.

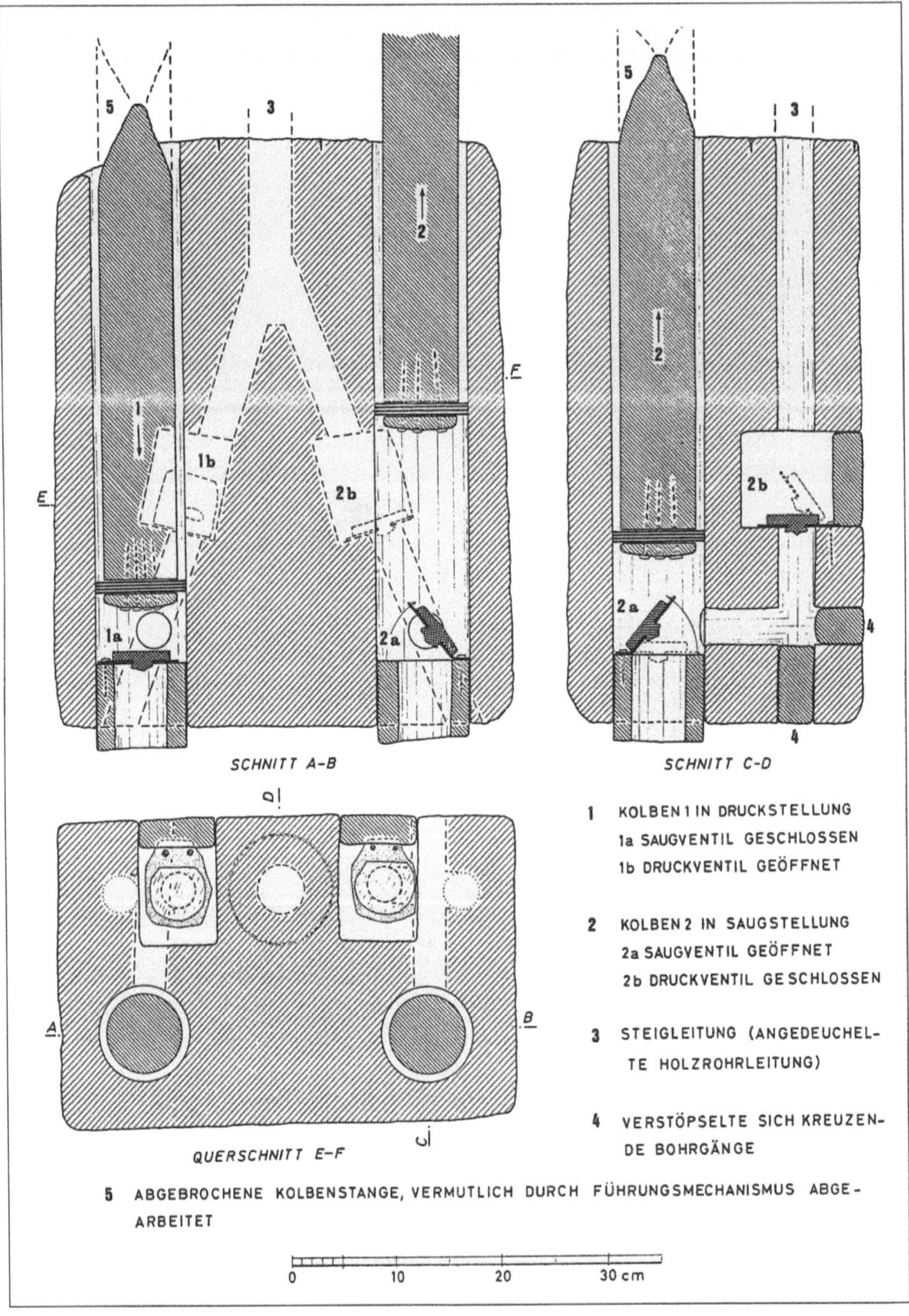

Abb. 5 Schematische Darstellung der Wirkungsweise einer römischen Hand-
pumpe aus Holz.
Zeichnung A. NEYSES

Schiffahrt auf der Mosel zur Römerzeit

Schiffahrt im weitesten Sinne und mit primitiven Mitteln wurde sicher betrieben, seit Menschen sich in Siedlungen an Flüssen niedergelassen haben. Zahlreiche Zeugnisse über Art und Umfang von Schiffahrt auf deutschen Gewässern liegen schon für die Zeit der römischen Herrschaft vor. Ende des 3. Jahrhunderts wurde Trier im Rahmen der Neuordnung des Römerreiches Hauptstadt des Westens von Britannien bis Nordafrika. Von dieser Blütezeit zeugen die großen römischen Bauten Porta Nigra, Konstantin-Basilika, Amphitheater, Kaiserthermen und andere. Auf römischen Grabmälern gemeißelte oder geritzte Darstellungen über die Schiffahrt auf der Mosel sind allgemein bekannt. Sie stammen aus der Mitte des 2. und dem Anfang des 3. Jahrhunderts. Besonders hervorgehoben zu werden verdienen die Igeler Säule, ein 23 m hohes Grabmal, und das berühmte Neumagener Weinschiff. Aber auch Darstellungen von treidelnden und stakenden Schiffern sind zu nennen, so daß man schon zur Römerzeit von Leinpfaden am Ufer entlang ausgehen darf.

Abb. 6 Das „Römische Weinschiff" von Neumagen.
Verkehrsamt Neumagen-Drohn/Landesmuseum Trier

Zum römischen Weinschiff mit seinem weinseligen Steuermann (Abb. 6) hat KARL CHRISTOFFEL[1] in Versen gesagt:

…

Was der Weinberg gereift, die Einkehr im Keller vollendet, trägt auf des Kaufherrn Geheiß der Rücken des eilenden Stroms.

…

Andächtig hebt seine Hand empor der Lenker des Fahrzeugs. Fleht er um Segen den Flußgott? Ermahnt er die Rudrer zur Eile? Was für Gewächs in den Kufen? Befrag nur des Steuermanns Miene, wie er von Bacchus beseligt die Wange zärtlich ans Faß schmiegt!

…

Der als bedeutendster Poet des 4. Jahrhunderts geltende Decimus Magnus Ausonius, 310 in Burdigala, dem heutigen Bordeaux, geboren, höchster Beamter der Zivilverwaltung Galliens (praefactus praetorio) am Hofe Kaiser Gratians in Trier, dichtete 371 die „Mosella", die vornehmlich seinen Nachruhm begründet:

> Sanft nur strömt dein Wasser dahin,
> nicht hast du der Stürme Wut zu bestehen,
> dir droht kein Kampf mit verborgenen Klippen,
> nirgend zwingen zu eilendem Lauf dich reißende Schnellen,
> Inseln legen sich nicht anmaßend dir in das Strombett,
> daß du umgehen sie müßtest,
> zerteilt in dürftige Arme,
> die dir entzögen vielleicht des Stromes stolze Benennung.
> Doppelt machst du den Weg,
> denn abwärts fließen die Wasser,
> Ruder schlagen im Takt in die schnell hineilenden Wogen,
> aber rastlos gehen inzwischen am Ufer die Schiffer,
> Achsel und Nacken umschlingt das Seil,
> das am Maste befestigt, rückwärts drängen die Flut sie,
> und widerwillig, o Mosel,
> folgest du, bang, zu versäumen die vorgeschriebene Reise.[2]

Unter römischer Herrschaft war die Mosel wichtiger Transportweg zum Rhein und flußaufwärts. Seit der Vorverlegung der Reichsgrenze des Imperium Romanum an den Rhein unter Caesar und Augustus galt der Transport von Getreide

---

1 CHRISTOFFEL, KARL: Moselland – Rebenland, 1975 Südwestdeutsche Verlagsanstalt Mannheim
2 AUSONIUS, DECIMUS MAGNUS: Mosella, Vers 33 – 44

Abb. 7   Bundeswasserstraßen, Ausgabe 1996.

und sonstigen landwirtschaftlichen Produkten vornehmlich der Versorgung der Truppen in den Rheinischen Provinzen. Holzschiffe von 5 bis 6 Tonnen Tragfähigkeit mit 40 cm Tiefgang wurden flußauf vom Ufer aus mit einem Seil getreidelt, flußabwärts ließen sich die Schiffe treiben oder sie wurden gerudert. Die hilfsweise herangezogene Darstellung der heutigen Bundeswasserstraßen in Abbildung 7 soll die Bedeutung der Mosel als Transportweg zum Rhein zur Römerzeit aufzeigen.

Die Fossa Carolina – eine Idee, die erst tausend Jahre später verwirklicht wird

Es gibt keine einhellige Meinung darüber, ob der Bau der Fossa Carolina König Karl dem Großen allein zuzuschreiben ist oder ob bereits die Römer damit begonnen haben und Karl den Gedanken aufgegriffen und die schon begonnenen Arbeiten fortgeführt hat. Die diesbezügliche Forschung, die in Vorbereitung auf das im Jahr 1993 begangene 1200-Jahr-Jubiläum des Karlsgrabens besonders intensiviert wurde, hat hier noch ein weites Betätigungsfeld.[3, 4] Der Beginn der Bauarbeiten an der Fossa Carolina wird nach den Reichsannalen der Karolingerzeit in das Jahr 793 gelegt. Die Annalen berichten, daß König Karl davon „überzeugt worden war, man könne, wenn man zwischen Rednitz und Altmühl einen schiffbaren Graben zöge, bequem von der Donau in den Rhein gelangen, da der eine von den beiden Flüssen in die Donau, der andere in den Main münde." (Abb. 8)

Bei Karl dem Grossen kann der Gedanke eine Rolle gespielt haben, im Kriegsfall auf diesem Wasserweg einen schnelleren Transport des Heeres und des Nachschubs ermöglichen zu können. Nach den jetzigen Erkenntnissen ist die Fossa zwischen der Altmühl bei Graben und der schwäbischen Rezat bei Weißenburg gebaut worden. In der Nähe von Treuchtlingen ist der Kanal heute noch zu erkennen; er ist ein beachtliches technisches Kulturdenkmal des frühen Mittelalters. Die Verwirklichung der gigantischen Idee einer Verbindung von Main und Donau konnte damals noch nicht gelingen, weil die technischen Voraussetzungen in vielerlei Hinsicht nicht gegeben waren. Insbesondere war die Überwindung der Höhenunterschiede schon deshalb nicht möglich, weil die Technik der Kammerschleuse noch nicht bekannt war. Auf der ausgebauten Strecke behalf man sich damit, daß die Schiffe, deren Abmessungen bei etwa 6 m Länge und 1,20 m Breite gelegen haben dürften, getreidelt und auch mit Menschenkraft über Rampen gezogen wurden. Dies wurde durch querliegende Holzstämme erleichtert, deren Oberfläche durch das von oben kommende Wasser glatt gemacht wurde. Weiter kann davon ausgegangen werden, daß im Zuge der ausgebauten Stecke auch einige Weiher angelegt wurden, die die Schiffahrt erleichterten. Die Überwindung einer großen Wasserscheide zur Verbindung zweier Flußgebiete scheiterte damals daran, daß die technischen Möglichkeiten fehlten (Abb. 9).

---

[3] Trogl, Hans: 1200 Jahre Karlsgraben, in Wasserwirtschaft 83 (1993) 10, S. 562–565
[4] Trogl, Hans: Der Karlsgraben – Ein Schiffahrtsweg?, in Wasser und Boden, Dez. 1995, 47. Jg., S. 41–44

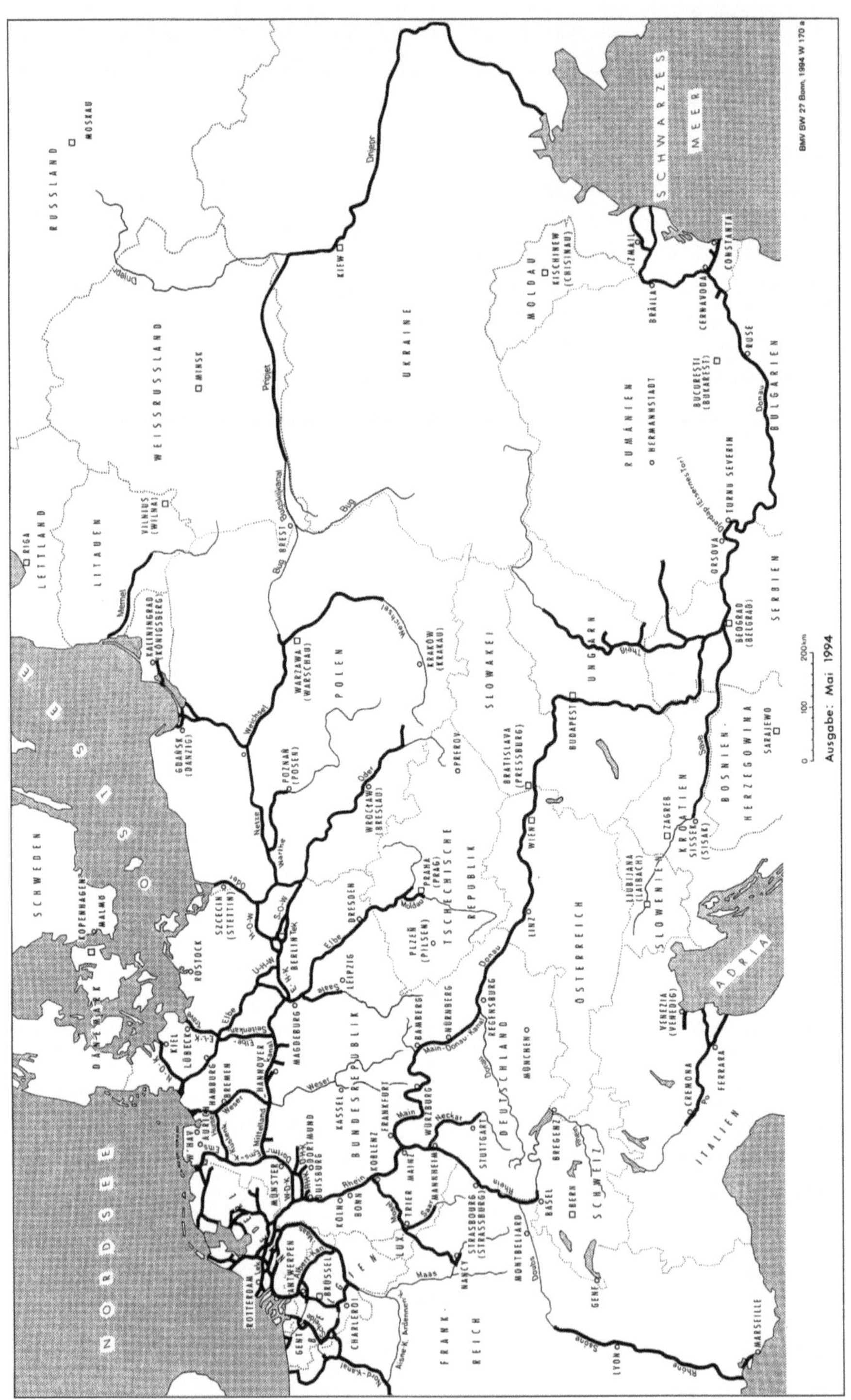

Abb. 8   Die bedeutenden Wasserstraßen Mitteleuropas. WSV

Abb. 9   Fossa Carolina – Karlsgraben.
bau intern, Zeitschrift der Bayerischen Staatsbauverwaltung

Abb. 10   „Schellnecker Allee" des Ludwig-Kanals bei Altessing, 1996.
MEURER

Der Gedanke daran ließ die Menschen in den folgenden Jahrhunderten aber nicht mehr los. Wirklichkeit wurde die Idee erst unter KÖNIG LUDWIG I. VON BAYERN, der in den Jahren 1836–1845 einen Kanal, den Ludwig-Kanal, zwischen Donau und Main mit einer Länge von 173 km und einem Hafen in Nürnberg hat bauen lassen. Mit einer Sohlenbreite von 11 m, einer Wasserspiegelbreite von 17,50 m und 1,60 m Tiefe war der Kanal für Schiffe von 120 t Tragkraft ausgelegt. Die Schiffsbewegung erfolgte durch Pferdetreidelei. 101 Kammerschleusen[5] (andere Angaben: 94 Kammerschleusen[6]) waren zur Überwindung der Höhenunterschiede erforderlich, weil die hölzernen Schleusentore nur eine Hubhöhe von vier Metern zuließen. Teile des Kanals sind ebenso erhalten wie auch einige Schleusenkammern (Abb. 10 und 11). Das gilt auch für die von dem Baumeister und Hofarchitekten des Königs von Bayern FRANZ KARL LEO VON KLENZE geplanten Schleusenmeisterdienstgehöfte, von denen einige restauriert sind.

Der Ludwig-Kanal war schon bald der Konkurrenz der Eisenbahn – 1835 wurde die erste deutsche Eisenbahnstrecke zwischen Nürnberg und Fürth er-

5   POPPE, GUSTAV: Wasser im Verkehr, in Wasser Berlin 1968 Kongreßvorträge, S. 115
6   GAEBERT, HANS-WALTER: Der Kampf um das Wasser, Markus-Verlag München 1973, S. 124

Abb. 11   Schleusenkammer des Ludwig-Kanals im Altmühltal, 1986.

öffnet – nicht mehr gewachsen. Das lag an den zu geringen Ausbaudimensionen, an der Vielzahl von Schleusen und den schlechten Schiffahrtsverhältnissen an Main und Donau. Ende des Jahrhunderts hatte der Kanal seine Bedeutung verloren.

Sturmfluten, Deiche und Siele
an der Nordseeküste im Mittelalter

Sturmfluten

Für die ersten Jahrhunderte des Mittelalters fehlen Aussagen über Sturmfluten fast gänzlich. Hinsichtlich der Zeit nach der Jahrtausendwende gibt es mehr, wenn auch zunächst nur sehr ungenaue Nachrichten. Auch die ersten schriftlichen Quellen in Norddeutschland datieren um etwa das Jahr 1000. Sie sind den schriftkundigen christlichen Priestern zu verdanken. Das 11. Jahrhundert war übrigens die Zeit der Entstehung der Hanse.

Die Sturmfluten im Mittelalter wurden meist nach den Tagesheiligen benannt. Die erste Julianenflut am 17. Februar 1164, von der die gesamte Nordseeküste betroffen war, soll die Bildung des Jadebusens eingeleitet und etwa 20 000 Menschenleben gefordert haben. Die genannte Zahl der Toten dürfte mit Sicherheit überhöht sein, wie diejenigen anderer Sturmflutkatastrophen. Solche Zahlen sind aber, wenn auch nicht zutreffend, Ausdruck der von den Menschen als grauenvoll empfundenen Ereignisse, was sie ja auch tatsächlich waren. Der Luciaflut vom 14. Dezember 1287 werden der Beginn der Bildung des Dollarts und 50 000 Tote an der gesamten Nordseeküste zugerechnet. Bei der zweiten Marcellusflut vom 16. Januar 1362 wurden Jadebusen, Dollart, Harle- und Leybucht vergrößert. Besonders unheilvoll war die Flut aber für Nordfriesland, wo aus Festland eine Insellandschaft im Watt entstand. Die Insel Rungholt wurde vom Meer verschlungen. Detlev von Liliencron (1844–1909) hat in seiner Zeit als Hardesvogt auf Pellworm diesem Ereignis mit seiner Ballade „Trutz, Blanke Hans" ein bleibendes literarisches Denkmal gesetzt: „Ein einziger Schrei – die Stadt ist versunken und Hunderttausende sind ertrunken."

Die Flut von 1362, die die gesamte Nordseeküste bedrohte, soll insgesamt 100 000 bis 200 000 Menschen das Leben gekostet haben. Die Allerheiligenflut vom 1. November 1436 mit großen Opfern und Schäden traf die gesamte Nordseeküste. Vor allem Pellworm und Sylt waren betroffen.

Deiche

Schon in frühgeschichtlicher Zeit versuchten die Küstenbewohner, sich mit den ihnen zu Gebote stehenden Mitteln gegen die Unbilden des Meeres zu schützen. Das geschah zunächst durch den Bau von Warften, wodurch jedoch nur die Wohnsiedlungen, nicht aber das umliegende als Weide genutzte Marschenland geschützt wurde.

PLINIUS hat, wie schon gezeigt wurde, darüber berichtet.

Mit dem Bau von Deichen wurde erst gegen Ende des 1. Jahrtausends unserer Zeitrechnung begonnen. Dabei spielten die Westfriesen, die zu einem Teil aus ihrem Stammgebiet zwischen Zuidersee und Ems ab etwa 850 ostwärts wanderten, die entscheidende Rolle. Die geschichtliche Leistung des Deichbaus ist mit ihrem Namen fest verbunden: „Deus mare, Friso litora fecit" – „Gott hat das Meer, der Friese die Küsten geschaffen." Wahrscheinlich wurde im Laufe des 11. Jahrhunderts die Bedeichung erheblicher Teile der Marsch an der Westküste Schleswig-Holsteins vorgenommen.

Die ersten Deiche waren Ringdeiche, lagen landeinwärts der äußersten Küstenlinie und umgaben einzelne Siedlungen und landwirtschaftlich genutzte Flächen. Es waren niedrige Erdwälle mit geringer Breite, einer Höhe zwischen 2,5 und 2,8 m und steilen Böschungen. Sie hatten die Funktion von Sommerdeichen und ermöglichten den Anbau von Getreide. Auch die sogenannten Landesdeiche, die größere Gebiete umschlossen, waren Sommerdeiche. Deshalb wurden noch bis ins 13. Jahrhundert die Dorfwurten und Warften erhöht, um den Wintersturmfluten standzuhalten. Seedeiche, die spätestens Ende des 13. Jahrhunderts die ganze Nordseeküste umspannten, leiteten ein neues Stadium des Küstenschutzes ein. Sie dienten dem Schutz vor Überflutungen auch im Winter, so daß auch Wintergetreide angebaut und große Flächen kultiviert werden konnten. Da aber auch diese Deiche niedrig und schwach waren, waren sie der Überströmung und dem Wellenschlag oft nicht lange gewachsen, so daß es häufig zu Deichbrüchen kam. Das hatte insbesondere deshalb so katastrophale Folgen, weil die Menschen sich hinter den Deichen sicher fühlten und deshalb von den großen Sturmfluten überrascht wurden, wodurch es immer wieder zu der großen Zahl von Toten kam.

Für den Bau der Deiche standen den Küstenbewohnern nur die primitivsten Hilfsmittel zur Verfügung: Neben Spaten, Schaufeln und Tragbahren waren es Karren mit drei Rädern, die von Pferden gezogen wurden. Letztere setzten allerdings befahrbare Wege voraus. Der Deichbau erforderte einen ungeheuren Aufwand an menschlicher Arbeitskraft.

Siele

Mit dem Bau von Deichen war die Notwendigkeit gegeben, dem hinter den Deichen anfallenden Binnenwasser Vorflut zu verschaffen. Das geschah zu Anfang des Deichbaus mittels Sielen einfachster Bauweise. Die wenigen Aufschlüsse, die es darüber aus dem Mittelalter gibt, weisen auf Holzbauweisen hin, die entweder aus einem ausgehöhlten Baumstamm bestanden oder aus Holzbohlen gezimmert waren. In beiden Fällen war am seeseitigen Ende eine Klappe angebracht, die oben mit einem Gelenk aufgehängt war und die sich nach außen öffnen konnte. Die Öffnung erfolgte bei Ebbe durch den vom Binnenwasser ausgeübten Druck; bei Flut schloß sich die Klappe. Diese einfache Art von Sielen wurde bei Sommerdeichen noch bis ins 20. Jahrhundert gebaut. Mit der Fortentwicklung der Binnenentwässerung, insbesondere wenn mehrere Entwässerungsgräben zusammengeführt wurden und damit größere Wassermengen abgeführt werden mußten, wurden die Siele größer und in ihrer Bauweise anspruchsvoller, so daß sie von Fachleuten gebaut werden mußten. Im 15. Jahrhundert wurden die ersten Torsiele errichtet. Sie wurden ebenfalls aus Holz gebaut, sehr viel später dann auch aus Ziegelmauerwerk. Sie hatten in aller Regel drei Stemmtore: außenseitig Fluttor und Sturmtor, binnenseitig Ebbetor. Bei Ebbe waren alle drei Tore geöffnet, so daß die Binnenentwässerung einsetzen konnte. Bei Flut schloß sich das Fluttor. Im Falle einer Sturmflut wurde auch das Sturmtor geschlossen und der Raum zwischen Flut- und Sturmtor bis zur halben Wasserstandsdifferenz geflutet, um die Belastung gleichmäßig auf beide Torpaare zu verteilen.

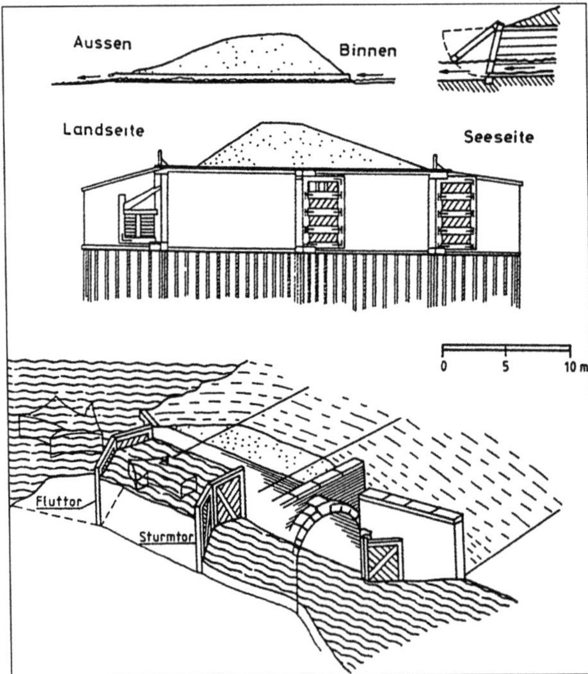

Abb. 12   Schematische Darstellung von Sielen: Baumstamm, Torsiele aus Holz und Ziegelmauerwerk.
KRAMER, J. und R. WOLFF: Deichschutz und Entwässerung in der Moormerländer Deichacht und im Entwässerungsverband Oldersum, 1989

Deich- und Sielverbände

Die Küstenbewohner waren beim Bau der Deiche und Siele und bei der Entwässerung des Landes auf sich allein gestellt. Sie führten diese Arbeiten gemeinsam aus und bildeten Deich- und Sielverbände, die von den Gemeindevorstehern geleitet wurden, bis die größer werdenden Aufgaben eigene Organe der Selbstverwaltung erforderten. Die Deichpflichtigen wählten aus ihrer Mitte Deichbeamte mit den unterschiedlichsten Bezeichnungen: Deichrichter, Deichgraf, Baumeister, Deichschauer. Ihre Aufgaben bestanden in der Aufsicht über die Deicharbeiten, dem Abhalten der Deichschauen und der Deichgerichtsbarkeit. Später wurden die bäuerlichen Deichrichter durch Adelige oder andere angesehene Männer aus der Deichverbandsführung verdrängt. Der Einfluß der Landesherren wuchs. In Ostfriesland wurden beispielsweise schon in der Deichordnung von 1515 landesherrliche Deichgrafen erwähnt. Es ist zu beachten, daß vom 16. bis 18. Jahrhundert die Durchsetzung des Deichrechts einer gestrengen gräflichen Aufsicht bedurfte, weil die Grundeigentümer die Unterhaltung besonders für scharliegende Deiche nur unter großen Anstrengungen zu tragen in der Lage waren.

Hochwasser und Hochwasserschutz im Mittelalter

Obgleich die Menschen zu allen Zeiten vom Hochwasser heimgesucht wurden, sind Angaben über Häufigkeit des Auftretens, Wasserstände, angerichtete Schäden und darüber, wie man versucht hat, sich zu schützen, für die weitere Vergangenheit nur spärlich vorhanden. Das gilt gerade auch für das Mittelalter, das für uns nicht nur auf diesem Gebiet weitgehend im Dunkel geblieben ist.

Daß es jedoch schon rechtliche Regelungen des Hochwasserschutzes gegeben hat, ist uns aus dem „Sachsenspiegel" bekannt. Der Sachsenspiegel nimmt unter den im 13. Jahrhundert verfaßten Rechtskodifikationen eine besondere Stellung ein. Er wurde von dem sächsischen Ritter EIKE VON REPGAU in den Jahren 1220–1235 in niederdeutscher Sprache geschrieben und ist das bedeutendste Rechtsbuch des deutschen Mittelalters und war besonders in Nord-, Mittel- und Ostdeutschland verbreitet. Königswahl, Strafen für Verbrechen, geltende Rechts- und Zinsgewohnheiten wurden darin detailliert behandelt und eben auch Fragen des Hochwasserschutzes.

Die wenigen Informationen, die uns vorliegen, beziehen sich naturgemäß vornehmlich auf die großen Flüsse. So weiß man beispielsweise, daß erste

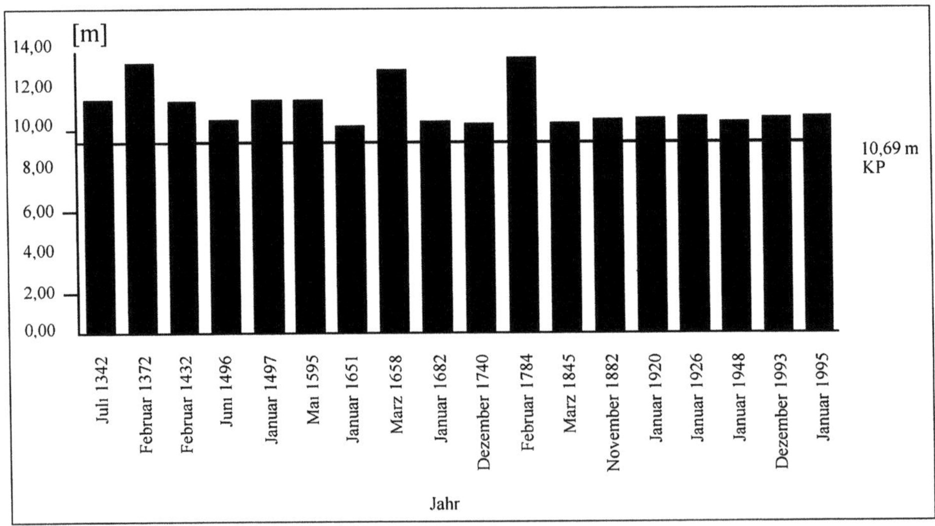

Abb. 13 Hochwasser in Köln – Pegelstände über 10,0 m Kölner Pegel seit 1342.
THON, REINHARD: Dämme gegen Rheinfluten – baulicher Hochwasserschutz in Köln, in Abwasserforum Köln, Dez. 1995

Deichbaumaßnahmen an der Elbe etwa um 1100 ausgeführt wurden. Über Deutschlands wichtigsten Strom, den Rhein, sind unsere Kenntnisse etwas größer. Schon GAIUS JULIUS CAESAR (100–44 v. Chr.) hatte in „De bello gallico" die Zerstörung einer Rheinbrücke durch Hochwasser geschildert. Für Köln, das immer unter den Hochwasserfluten des Rheins gelitten hat, liegen Aufzeichnungen großer Hochwasserstände schon seit dem Jahr 1342 vor (Abb. 13). Es wird berichtet, beim Rheinhochwasser von 1342 habe man in Köln mit Booten über die Stadtmauer fahren können, im Mainzer Dom habe das Wasser „einem Mann über dem Gürtel" gestanden. In der Limburger Chronik heißt es: Donnerstag vor Fastnacht 1374 war abermals eine große Flut auf Erden und große Not von Wassers wegen, also daß der Rhein und die Lahn über ihren rechten Stand in die Höhe gingen.[7] Weitere bekundete und zum Teil durch Markierungen verschiedener Art festgehaltene außergewöhnliche Hochwasserereignisse am Rhein wären noch zu nennen. Im 14. bis ins 16. Jahrhundert wurden größere Flußbegradigungen zur Verbesserung des Hochwasserabflusses im Raum Karlsruhe/Speyer durchgeführt.

GOTTHILF HAGEN (1797–1884) beschreibt in seinem Hauptwerk, dem mehrbändigen „Handbuch der Wasserbaukunst" von 1871 die Auswirkungen des Hochwassers am Oberrhein, als noch keine Ausbaumaßnahmen vorgenommen waren. Er spricht von „Inundationen (das sind Überschwemmungen, Versumpfungen), wodurch das ganze Rheinthal, dessen Breite nahe eine deutsche Meile[8] mißt, einer geregelten Cultur entzogen wurde."

---

[7] HOFFMANN, ALBRECHT: Hochwasser zu allen Zeiten, in: Wasser & Boden 10/1996, S. 61
[8] Geografische Meile in Deutschland – 7 420,4 m; 1 Meile in Baden – 8 900 m

Wasserversorgung im Mittelalter

Zisternen, Schachtbrunnen, Flußwasserentnahmen, Schöpfräder, Holzrohre, Gußeisenrohre, Förderschnecken

Nach dem Zerfall des Römischen Reiches gingen die Kenntnisse der Antike über die notwendige Qualität des Wassers und die von den Römern angewandten meisterhaften Techniken wieder verloren. Im Mittelalter wurden Zisternen zur Sammlung von Dachwasser angelegt, die im Falle guter Ausgestaltung aus einem Sammelraum, einer Filterschicht und einer Entnahmekammer bestanden oder es wurde Grundwasser mittels flacher Schachtbrunnen entnommen oder das Wasser wurde aus dem vorbeifließenden Fluß oder Bach entnommen. Die Brunnen waren gelegentlich in der Nähe von Abort- oder Dunggruben angelegt; in den Wasserlauf, aus dem das Trink- oder Gebrauchswasser entnommen wurde, wurden auch die flüssigen Abfallstoffe eingeleitet. Die Menschen dachten nicht daran, daß dadurch hygienisch untragbare Verhältnisse geschaffen wurden, die die Auslöser zahlreicher Seuchen waren. Zur Wasserentnahme aus Flüssen wurden u. a. Schöpfräder verwendet. Ein solches Schöpfrad und andere Wasseranlagen in Bremen wurden von einem Zeitgenossen anschaulich beschrieben: „Sonderlich wird von Inheimischen und Fremben besehen das künstliche Wasserrad, dadurch innerhalb 24 Stunden 10 000 Tonnen Wasser aus dem Weserfluß durch Canal unter der Erden in unterschiedene Häuser in der Statt geleitet werden, außer deme noch andere Pumpereyen oder Wasserkünste seyn, so das Weserwasser durch die Statt vertheilen. An Schopff und Ziehbrunnen hats auch genugsamben Vorrath in der Statt wievol das Brunnenwasser nicht so süß und bequem zum brawen und kochen als das Weserwasser ist." Überall dort, wo der unmittelbare Zugriff auf das Wasser nicht möglich war, mußte es mittels unterschiedlicher Techniken herbei geschafft werden. Dabei stand die Versorgung der Menschen mit Trinkwasser und verschiedener Handwerkszweige mit Brauchwasser im Vordergrund. Wenn auch die Badekultur des Mittelalters weit entfernt war von der der Römerzeit, so wurde auch für öffentliche Bäder Wasser benötigt. Der Wassertransport in Leitungen und insbesondere die Überwindung von Höhenunterschieden bereitete Schwierigkeiten. Eine der gigantischsten Leistungen wurde im Zusammenhang mit der Errichtung der Salzburger Wasserleitung um das Jahr 1160 vollbracht.[9] Dabei wurde der 376 m lange, 1 m breite und 2 m hohe Stiftsarmstollen durch den Mönchsberg bei Salzburg gebaut. Der Stollenbau wurde von einem „Artifex" namens ALBERT als technischer Sachverständiger geleitet und in einer Bauzeit von 6 Jahren fertig gestellt. In der Stadt Augsburg wurden im Jahre 1412 drei

---

[9] Propyläen Technikgeschichte, Metalle und Macht 1000 bis 1600

Drucktürme errichtet, in die das Wasser mittels Förderschnecken (Archimedische Schrauben) gehoben wurde, von wo es in natürlichem Gefälle zu Hunderten privaten und öffentlichen Brunnen lief. Die Leitungen bestanden aus Holz, später aus Gußeisen. Die Anlagen wurden von LEOPOLD KARG geschaffen. Auch die 1368 in Nürnberg gebaute „Spitalleitung" war aus Holz. In dieser Stadt lebte später ENDRES TUCHER (1423–1507), der eine Bohrmaschine zur Herstellung von Holzrohren entwickelte. Angetrieben wurde der Bohrer mit Wasserkraft. Diese Erfindung war von großer Bedeutung für den damaligen Wasserbau; sie löste die mühevolle Handarbeit mit sogenannten Löffelbohrern ab. ENDRES TUCHER war Stadtbaumeister mit einem weit gefaßten Zuständigkeitsbereich. In dem von ihm verfaßten „Baumeisterbuch der Stadt Nürnberg" beschreibt er unter anderem die städtischen Brunnen und Wasserleitungen.[10]

Als gegen Ende des 14. Jahrhunderts die Verbesserung der Schmelztechnik die Möglichkeit eröffnete, Eisen zu gießen, wurde damit auch die Voraussetzung geschaffen, Druckrohre zu fertigen und Druckrohrleitungen zu bauen. Die erste gußeiserne Wasserleitung in Deutschland wurde 1455 auf Schloß Dillenburg an der Lahn verlegt. Diese Entwicklung setzte sich jedoch in der Folgezeit nur zögerlich fort.

---

10 FRANKE, P. G. und A. KLEINSCHROTH: Kurzbiographien Hydraulik und Wasserbau, S. 11

Der Umgang mit dem Abwasser bis zum Aufkommen der Schwemmkanalisation

Die ältesten Kanäle zur Ableitung von gebrauchtem Wasser auf deutschem Boden wurden in Köln und Trier gefunden. Sie stammen aus der Römerzeit und waren aus Backstein gemauert und in Ton eingebettet.

Die mittelalterliche Stadt, eingeengt durch ihre Ringmauern, war gekennzeichnet durch in höchstem Maße unhygienische Verhältnisse. Die Exkremente von Mensch und Tier und jeglicher Unrat wurden, wenn sie nicht auf dem Acker oder im Garten untergebracht werden konnten, einfach auf Haufen aufgeschichtet. Unrat, der auf die Straße geworfen wurde, wurde vielfach mit Urin übergossen. War ein Fluß oder Bach vorhanden, wurde jeglicher Abfall dort hinein geworfen, so daß sie überall zu Kloaken wurden. Das hinderte die Menschen nicht daran, aus diesen Gewässern wieder Wasser zu entnehmen, um Geschirr zu spülen, Speisen zu kochen oder Bier zu brauen. Daß auf diese Weise immer wieder Krankheiten und Epidemien ausbrachen und weitergetragen wurden, kann nicht verwundern. Der Zustand der unbefestigten Straßen, in denen sich der Schmutz häufte, wurde bei Regenwetter besonders auch dadurch verschlechtert, daß das auf den Dächern der Häuser gesammelte Regenwasser durch Wasserspeier, die weit über die Hausfront hinaus ragten, im freien Fall auf die Straße und dort in die meist in Straßenmitte liegende Straßenrinne gelangte. In welch mißlicher Lage die Stadtväter sich befanden, geht beispielsweise aus einer Anordnung des Bürgermeisters von München im 13. Jahrhundert hervor, in der es heißt: „Niemand soll seinen Unrat vor die Türe werfen, sondern in den Stadtbach schütten." Das war eine durch städtisches Recht verordnete Gewässerverschmutzung mit den damals noch nicht erkannten schwerwiegenden Folgen. Straßenrinnen bis 0,5 m Tiefe und mit entsprechender Breite wurden in verschiedener Art ausgeführt. Bei flachen Geländeverhältnissen war es schwer, den Rinnen ausreichendes Gefälle zu geben. Es liegt auf der Hand, daß die Zustände auf den Straßen dort besonders katastrophal waren, wo diese nicht gepflastert waren. Die Pflasterung war jedoch teuer und konnte deshalb nur in reichen Städten vorgenommen werden. Das reiche Nürnberg begann beispielsweise im Jahre 1368 mit der Pflasterung der Straßen und konnte sie im wesentlichen im 16. Jahrhundert vollenden. Im Zusammenhang mit der Straßenpflasterung wurden, besonders in den größeren Städten, anstelle der offenen Rinnen einfache Kanäle gebaut, die meist aus Sandstein oder Ziegel gemauert waren.

Geradezu einzigartig und vorbildlich waren die Anlagen, die in den Jahren von 1531 bis 1559 in der schlesischen Stadt Bunzlau geschaffen wurden. Die aus Sandstein gemauerten Kanäle mit Abmessungen von 40–70 cm in der Breite und 70–150 cm in der Höhe waren in erster Linie zur Abführung von Gebrauchs- und Regenwasser gedacht, aber auch zur Aufnahme menschlicher Exkremente, und zwar dann, wenn die Aborte über den Kanälen angeordnet waren. Eine Reinigung der Kanäle war möglich, weil die Stadt schon reichlich mit Wasser versorgt war. Die Abwasseranlagen von Bunzlau waren auch deshalb so fortschrittlich, weil das abgeleitete Wasser nicht etwa in ein Gewässer eingeleitet wurde, sondern durch Verrieselung auf Wiesen- und Gartenflächen gebracht wurde. Die Abwasseranlagen von Bunzlau waren ihrer Zeit weit voraus. Sie fanden über lange Zeiträume keine Nachahmung. Erst ab Mitte des 19. Jahrhunderts sollten wieder Verrieselungsanlagen gebaut werden.

Der Dichter FRIEDRICH RÜCKERT (1788–1866) hat die Zustände im Berlin des beginnenden 19. Jahrhunderts so beschrieben:

> Der Spree
> ist's weh,
> sie kann sich nicht entschließen,
> in Berlin hineinzufließen,
> wer mag es ihr verdenken?
> Sie möchte lieber, wenn sie dürft', umlenken.
> Hindurch doch muß sie schwer beklommen;
> sie kommt beim Oberbaum herein,
> rein wie ein Schwan, um wie ein Schwein
> beim Unterbaum herauszukommen.

Die Einrichtung der Schwemmkanalisation förderte auf der einen Seite die Stadthygiene, belastete aber andererseits die Gewässer, wenn nicht wie ab den 1870er Jahren in Danzig, Berlin, Dortmund und Münster eine Abwasserverrieselung stattfand. Darüber hinaus ist zu bedenken, daß in die neuen Kanalisationen, die entsprechend der nachfolgenden Aufstellung in der zweiten Hälfte des 19. Jahrhunderts entstanden, zunächst nur in geringem Umfang Fäkalien eingeleitet wurden, sondern im wesentlichen Regen- und Küchenabwässer.

Kanalisationen wurden eingerichtet bzw. begonnen:

1850–1859	in	5 Städten
1860–1869	in	22 Städten
1870–1879	in	23 Städten
1880–1889	in	79 Städten
1890–1899	in	221 Städten

350 Städten

Auf welche Weise sich die Städte der Fäkalien entledigten, gibt eine Statistik aus dem Jahre 1892 wieder, die sich auf die 564 Städte mit mehr als 5000 Einwohnern bezieht. Danach bedienten sich rund 81 % der Städte des Grubensystems, das wegen der möglichen Undichtigkeiten besonders bedenklich ist, ganz abgesehen von den sogenannten Versickerungsgruben. In etwa 12 % der Fälle wurde ein gemischtes System aus Gruben- und Tonnen- bzw. Kübelsystem angewandt. 4 % der Städte hatten ein Tonnen- oder Kübelsystem und nur 3 % entledigten sich der Fäkalien über eine Schwemmkanalisation.

Unter den Fachleuten wurde ein erbitterter Streit über das Für und Wider der Schwemmkanalisation und insbesondere des Wasserklosetts ausgetragen. Das begann schon 1840, als Hamburg als erste Stadt des Kontinents mit der Einrichtung von Wasserklosetts und damit auch des Schwemmsystems begann. Die Diskussion erreichte ihren Höhepunkt in den 1860er und 1870er Jahren. Inzwischen waren die Fachleute und die Öffentlichkeit aufgeschreckt durch die vielen verheerenden Epidemien, insbesondere die Cholera. An der kontroversen Diskussion waren so bedeutende Persönlichkeiten wie der Hygieniker MAX VON PETTENKOFER (1818–1901), der Agrikulturchemiker JUSTUS VON LIEBIG (1803–1873), der Arzt RUDOLF CARL VIRCHOW (1821–1902) sowie der Frankfurter Arzt GEORG VARRENTRAPP (1809–1886) beteiligt. LIEBIG befürchtete wie andere Wasserklosett-Gegner den Verlust der menschlichen Exkremente als Dung für die Landwirtschaft. VARRENTRAPP war einer der entschiedensten Befürworter des WC. Seine Argumente faßte er in seiner Schrift „Über die Entwässerung der Städte" zusammen. PETTENKOFER, der hinsichtlich der Entstehung und Verbreitung der Cholera die sogenannte miasmatische Theorie vertrat, die sich später zwar als unzutreffend erwies, hat sich aber in diesem Zusammenhang energisch für die Sanierung der menschlichen Umwelt, insbesondere von Boden und Grundwasser eingesetzt (vergl. S. 52 und 53). PETTENKOFER war zunächst Gegner einer Abschwemmung der Exkremente durch die Kanalisation, änderte später aber seinen Standpunkt, insbesondere unter dem Einfluß von VARRENTRAPP. In München wurde das von dem englischen Ingenieur J. GORDON ausgearbeitete Kanalisationsprojekt, das die Anlage von Rieselfeldern vorsah, vornehmlich auf Veranlassung von PETTENKOFER derart abgeändert, daß auf die Rieselfelder verzichtet und stattdessen das durch Wasserspülung verdünnte Abwasser mit flüssigen und festen Fäkalien in die Isar eingeleitet werden sollte (1892). Das Projekt wurde so ausgeführt. Eine Kläranlage – nämlich die in Großlappen – erhielt München erst 1925. In Frankfurt am Main dagegen wurde von dem englischen Ingenieur und Frankfurter Stadtbaurat WILLIAM H. LINDLEY schon 1887 eine Kläranlage gebaut – die erste auf dem europäischen Kontinent. Frankfurt hatte sich auch für die Schwemmkanalisation und das Wasserklosett entschieden. Dort wie auch in anderen Städten setzte man nach englischem Vorbild chemische Fällungsmittel zur Reinigung des Abwassers ein.

Zwischenzeitlich hatte die 1877 gegründete Königliche wissenschaftliche Deputation für das Preußische Medizinalwesen erklärt, „alle erheblichen Verunreinigungen der Flüsse durch die Kanalwässer, Industrieabfälle und dergleichen möglichst fernzuhalten oder, wo dies angezeigt ist, diese Stoffe dem Fluß doch wenigstens in einem so gereinigten Zustande zuzuführen, daß sich eine erhebliche Verunreinigung durch dieselben nicht mehr befürchten läßt." „Die Frage, ob ein Kanalwasser hinreichend gereinigt sei ... wird nur von Fall zu Fall durch eine kombinierte chemische und mikroskopische Untersuchung unter gleichzeitiger Berücksichtigung der Beschaffenheit der betreffenden öffentlichen Wasserläufe und der sonst in Betracht kommenden lokalen Verhältnisse mit einiger Sicherheit zu entscheiden sein", so die weiteren Aussagen der Deputation für das Preußische Medizinalwesen. Per Ministerialerlaß der Preußischen Regierung wurde angeordnet, keine städtischen Abwässer in die Flußläufe ohne zuvor eingeholte ministerielle Genehmigung einzuleiten.

Märkische und Berliner Wasserstraßen bis in die Zeit der Industrialisierung

Unter den Markgrafen JOHANN I. (ca. 1210–1266) und OTTO III. (gest. 1267) wurde die deutsche Kolonisation in der Mark Brandenburg energisch vorangetrieben. Bäuerliche Siedlungen und Städte wurden systematisch angelegt. Die Städte Brandenburg (um 1170), Spandau (1232), Cölln (1237) und Frankfurt a. d. Oder (1253) wurden gegründet. Berlin erhielt um 1230 Stadtrechte, nachdem dort schon eine Kaufmannssiedlung bestand. Die von den Städten eingeforderten Stapelrechte, die auswärtige Kaufleute dazu zwangen, beim Passieren der Stadt ihre Waren feilzubieten, hatten für sie große Bedeutung; die auf die in die Stadt eingeführten Güter erhobenen Steuern waren gute Finanzquellen. Sehr bald betreibt Berlin schon einen beachtlichen Fernhandel mit Hamburg. Die wesentlichen Handelsgüter sind Getreide und Holz. Zwischen 1359 und 1442 sind Berlin und Cölln Mitglieder der Hanse. Die Lage Berlins zwischen den beiden großen Stromgebieten der Elbe und der Oder bot gute Voraussetzungen für einen wirtschaftlichen Aufschwung der Stadt. Dem Ziel, möglichst viel Verkehr in und durch die Stadt zu führen, diente auch die Schaffung des Netzes der Märkischen Wasserstraßen zwischen Elbe und Oder mit dem Zentrum Berlin. Es ist das älteste Wasserstraßennetz in Deutschland. Seine Entstehung und Weiterentwicklung dauerte Jahrhunderte.

Nach dem Dreißigjährigen Krieg (1618–1648), der ausschließlich auf deutschem Boden ausgetragen wurde, blieb ein weitgehend verwüstetes Land zurück. Auch Berlin wurde mehrfach gebrandschatzt; seine Einwohnerzahl ging deutlich zurück. Nach dem Westfälischen Frieden (1648) holte Kurfürst Friedrich Wilhelm I., der Große, der einen Teil seiner Jugend in den Niederlanden verbracht hatte, Holländer in das Kurfürstentum Brandenburg, dessen Haupt- und Residenzstadt Berlin war. Sie halfen als Baumeister und Wasserbauspezialisten unter anderem durch Instandsetzen von Schleusen und Anlegen von Kanälen die Kriegsfolgen zu beseitigen. Bedeutend wurde der Graben von der Oder zur Spree, der 1669 nach siebenjähriger Bauzeit eröffnet wurde und den schlesischen Getreidehandel nach Hamburg über Berlin lenkte. Der 24 km lange Kanal wurde Müllroser, später Friedrich-Wilhelm-Kanal genannt. An der Spree bei Neuhaus beginnend führte er bis zur Oder in der Nähe von Frankfurt. Er hatte zunächst 14, dann 9 Schleusen, eine Wasserspiegelbreite von 18,80 m und eine Wassertiefe von 1,88 m. MARBERGER[11] berichtet 1714 über den Nutzen des Friedrich-Wilhelm-Kanals, „daß Schlesiens größter Handel durch

---

11 UHLEMANN, H.-J.: Berlin und die märkischen Wasserstraßen, 1987, S. 181 ff.

den Kanal über Berlin nach Hamburg, Holland, England, Spanien und Portugal gehe. Aus Hamburg empfing Schlesien vor allem Spezereien, Zucker, Hering, Stockfisch, brasilianischen und virginischen Tabak, Seiden, Wollen und Baumwollen, Farb- und Drogeriewaren, Fischbein, Thran, spanische Früchte und Weine etc. Es exportierte auf diesem Wege besonders Garn, rohe und gebleichte Leinwand. Das erste ging meist nach Holland, wo es weiter verarbeitet wurde."

Ende des 19. Jahrhunderts wurde unter nur teilweiser Benutzung der alten Trasse ein wesentlich längerer Kanal zwischen Spree und Oder – der Oder-Spree-Kanal – gebaut, mit größerer Breite und größerer Tiefe. Dem Bau des Müllroser Kanals war bereits zwischen 1605 und 1620 der Bau des ersten Finowkanals vorausgegangen, der im Dreißigjährigen Krieg zerstört wurde. In den Jahren zwischen 1743 und 1746 wurden der neue Finowkanal zwischen oberer Havel und unterer Oder sowie der Plauer Kanal von der Havel bei Plaue bis Parey an der Elbe gebaut. Seine Fortsetzung in Richtung Magdeburg erhielt er später durch den Bau des Ihle-Kanals mit der Mündung in die Elbe bei Niegripp in den Jahren 1865 bis 1872. 1773/74 war bereits der Bromberger Kanal zwischen der Netze und der Weichsel bei Bromberg gebaut worden, der die Verbindung der Stromgebiete der Oder und der Weichsel herstellte (Abb. 14 und 15).

Während die genannten Kanäle die Verbindungen zu Elbe, Oder und Weichsel schufen, wurde in den Jahren 1845 – 1852 die erste künstliche Wasserstraße in Berlin, der Landwehrkanal mit dem Schöneberger Hafen, gebaut. Der schon früher erwogene Bau dieses Kanals war von PETER JOSEPH LENNÉ, dem Generaldirektor der königlich-preußischen Gärten, im Rahmen einer städtebaulichen Planung wieder aufgegriffen worden. Es folgten der Luisenstädtische Kanal und der Berlin-Spandauer Schiffahrtskanal mit dem Humboldthafen und dem Nordhafen.

Ganz allgemein, aber auch speziell für Berlin, dessen Einwohnerzahl im Jahre 1797 rund 184 000 beträgt, wovon etwa 46 000 zur Garnison gehören, und für die weitere Umgebung von Berlin, hatte das Wasserstraßennetz schon in seinen Anfängen eine herausragende Bedeutung.

Die gewerbliche Wirtschaft bis zu Anfang des 19. Jahrhunderts umfaßte vor allem staatliche Manufakturen, z. B. für Pulver, Eisen, Gold und Silber. Im Zuge der Industrialisierung entwickelten sich einzelne Industrieregionen: die vier größten waren Oberschlesien, Mittelsachsen, Berlin und Westfalen. Ein früher Großbetrieb in Berlin war die Maschinenbauanstalt Borsig, die sich auf Lokomotivbau spezialisierte und Mitte des 19. Jahrhunderts rund 2400 Arbeiter beschäftigte. Als Berlin 1871 Reichshauptstadt wurde, hatte es 932 000 Einwohner.

Die für das Stadtgebiet Berlin wichtigste Wasserbaumaßnahme war die in den Jahren 1883 bis 1891 durchgeführte „Canalisirung der Unterspree von den Damm-Mühlen in Berlin bis Spandau." Diese Maßnahme wurde auch als

Abb. 14   Übersichtsplan des Odergebietes, 2,15 cm ≙ 100 km
BOHLER, KARL, 1936

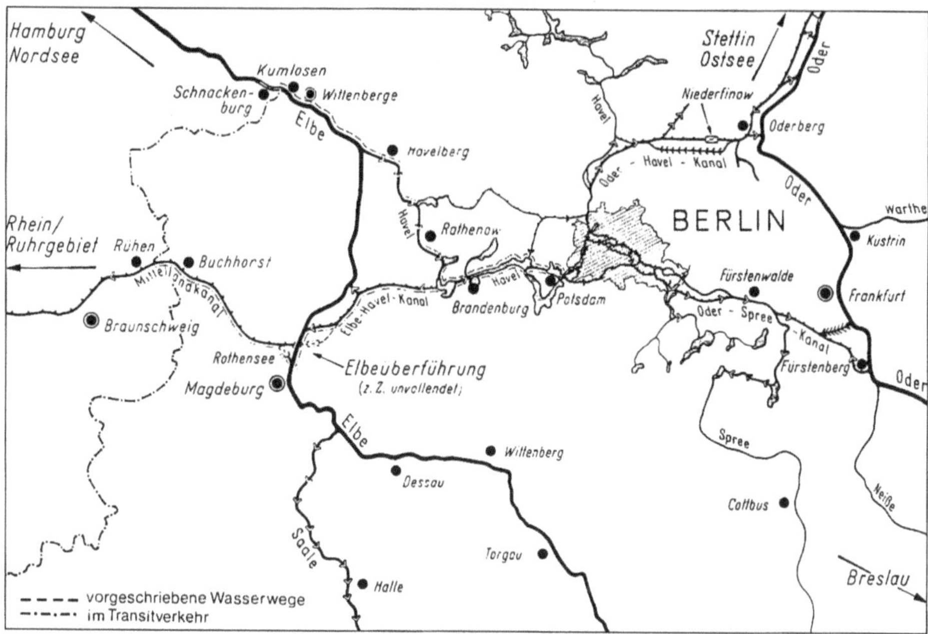

Abb. 15   Märkische Wasserstraßen

„Großschiffahrtsweg durch Berlin" bezeichnet. Im gleichen Zeitraum erhält der
Landwehrkanal einen vergrößerten Querschnitt und der Plauer Kanal wird, wie
bereits gesagt, weiter ausgebaut. 1878 beginnt auch der Oderausbau im Schiff-
fahrtsinteresse durch Regulierung auf Mittelwasser mit Hilfe von etwa 10 000
Buhnen. Dieser Ausbau soll eine durchgängige Fahrrinnentiefe von einem Meter bei gemitteltem Niedrigwasser gewährleisten. Während dies für den Verkehr
mit größeren Schiffen bis Breslau ausreichte, waren oberhalb von Breslau die
Errichtung größerer Schleusen und eine Kanalisierung von Kosel bis zur Nei-
ßemündung notwendig, um das oberschlesische Industriegebiet erreichen zu
können. Diese Arbeiten wurden in den Jahren 1891 bis 1895 durchgeführt.

Verbindungen zwischen Nord- und Ostsee – vom Stecknitz-Kanal bis zum Kaiser-Wilhelm-Kanal

Als eine der einflußreichen Hafenstädte des Mittelalters mit einer erstarkten Position im Bund der Hanse Mitte des 14. Jahrhunderts war Lübeck auch Verkehrsmittelpunkt. Eine der wichtigen Straßenverbindungen war die von Lüneburg ausgehende Salzstraße. Salz galt als das Haupthandelsprodukt der damaligen Zeit. In Lüneburg wurde es aus oberflächennahen Salzstöcken gewonnen. Der Bedarf an Salz für die Fischkonservierung war an der Küste groß. Das von Wismar aus auf den Markt kommende billige Meersalz führte dazu, daß man sich in Lübeck im 14. Jahrhundert über wirtschaftlichere Formen des Salztransports Gedanken machte. Um der Konkurrenz begegnen zu können, verständigten sich Lübeck und Lüneburg auf den Bau eines Kanals, der 1391 bis 1398 als Stecknitzkanal errichtet wurde. Er begann zwischen Lübeck und Reinfeld an der Trave und mündete bei Lauenburg in die Elbe. Auf ihm konnte Salz bequem in Booten von Lauenburg nach Lübeck getreidelt werden.

Mit dem Stecknitz-Kanal wurde erstmals in Europa eine Wasserscheide überwunden, nämlich der zwischen der Stecknitz und der Delvenau gelegene Höhenrücken bei Mölln. Zugleich ermöglichte er die erste schiffbare Verbindung zwischen Nord- und Ostsee. Lübeck erhielt das Privileg, auf dem Kanal allein Schiffahrt zu betreiben. Dies nutzte die Stadt bis 1845. Die Scheitelstrecke des Kanals war 11,5 km lang, 7,5 m breit und 0,85 m tief; sie lag 12 m über der Elbe und 16 m über der Trave. Wegen der geringen Zuläufe war sie die Schwachstelle. Die Gesamtstrecke zwischen Lübeck und Lauenburg hatte 15 sogenannte Stauschleusen, die aus nur je einem Tor bestanden. Hatte sich genügend Wasser angesammelt, wurde es geöffnet und die Schiffe konnten auf der Wasserwelle bis zum nächsten Tor schwimmen. Bei der Bergfahrt wurde getreidelt, gestakt oder gesegelt. Die damaligen Schiffe werden auf 10 bis 12 m Länge, ihre Tragfähigkeit auf ungefähr 7,5 t geschätzt. 1880 wurde der Verkehr auf dem Kanal eingestellt.

Nachfolger des Stecknitz-Kanals wurde der zwischen 1896 und 1900 errichtete Elbe-Lübeck-Kanal.

Unter Christian VII. von Dänemark wurde von 1777 bis 1784 der Eiderkanal von Holtenau bis Tönning, der auch Schleswig-Holsteinischer Kanal genannt wird, gebaut. Er hatte folgende Abmessungen: Tiefe 10 ½ holsteinische Fuß = 3 m; Breite 96 Fuß = 27,55 m; Sohlenbreite 54 Fuß = 15,50 m (1 Fuß = 28,7 cm). Es wurden Kammerschleusen mit 115 Fuß = 33,0 m Länge und 27 Fuß = 7,75 m Breite angeordnet, deren Mauern aus Ziegeln örtlicher Fabrikation hergestellt und mit holländischen Wasserbauklinkern verkleidet waren.

Wann und wo die ersten doppeltorigen Schleusen in Europa gebaut wurden, ist bis heute unklar geblieben. GOTTHILF HAGEN[12] berichtet, LEONE BATISTA ALBERTI habe in seinem Werk „De re aedificatoria", das er 1492 dem Papst NICOLAUS V. überreichte, die Kammerschleusen so genau beschrieben, daß es keinen Zweifel daran geben könne, daß wirklich die Kammerschleuse gemeint gewesen sei – dies im Gegensatz zu Mitteilungen über andere Schleusen, in denen nicht zweifelsfrei zu erkennen sei, ob einfache Stauschleusen oder Kammerschleusen gemeint sind. ALBERTI schreibt: „Man muß doppelte Verschlüsse machen, indem man den Strom an zwei Stellen sperrt, so daß der Zwischenraum das Schiff nach der Länge aufnehmen kann. Soll das Schiff heraufgehn, so wird der untere Verschluß, nachdem es hineingefahren ist, gesperrt und der obere geöffnet. Soll es aber herabgehn, so wird im Gegentheil der obere geschlossen und der untere geöffnet. Auf diese Weise wird das Schiff parallel zu dem fließenden Wasser in sanfter Strömung herausfahren."

Während einerseits die Erstentwicklung der Kammerschleuse mit großer Wahrscheinlichkeit in den Gebieten Oberitaliens Lombardei, Venetien, Friaul gesucht wird,[13] wird andererseits die Schleuse von Vreeswijk, wo ein Kanal von Utrecht in den Fluß Lek einmündet, als frühestes gesichertes Beispiel (1373) einer Kammerschleuse in Europa angesehen.[14] In Deutschland werden eine Kammerschleuse im Stecknitz-Kanal dem Jahre ca. 1395 und eine solche in der Stadt Brandenburg dem Jahre 1548 zugeordnet.

An der Baustelle des Eiderkanals waren zeitweise bis zu 3000 Mann beschäftigt, darüber hinaus noch etwa 300 Soldaten, die für Ruhe und Ordnung sorgten. Sandbagger, sogenannte Moddermaschinen, die von Menschenkraft getrieben wurden, wurden eingesetzt. Für 7,5 Mio. Mark wurde in einer Bauzeit von 7 Jahren ein Meisterwerk der Ingenieurbaukunst erstellt. Der für seegehende Schiffe bis 260 t, die im allgemeinen getreidelt wurden, geeignete Kanal erwies sich später wegen seiner geringen Breite und des Kurvenreichtums wegen für die größeren und schnelleren Kampfschiffe als problematisch. Seine Bedeutung ist indessen daran erkennbar, daß bis zur Eröffnung seines Nachfolgers, des Kaiser-Wilhelm-Kanals, im Jahre 1895 285 000 Schiffe den Eiderkanal befahren hatten.

Der 98,7 km lange Kaiser-Wilhelm-Kanal, später Nord-Ostsee-Kanal genannt, zwischen Brunsbüttel und Kiel-Holtenau wurde in achtjähriger Bauzeit errichtet. Schon zehn Jahre nach seiner Inbetriebnahme wurde seine Wassertiefe von 9,80 m auf 11,0 m, seine Wasserspiegelbreite von rund 67 m auf rund 103 m vergrößert. Gleichzeitig wurden neben den alten Schleusen an den bei-

---

12 HAGEN, GOTTHILF: Handbuch der Wasserbaukunst, Dritter Band, Berlin 1874, Verlag von Ernst u. Korn, S. 173–174
13 Propyläen Technikgeschichte 1000–1600, S. 162
14 STRAUB, HANS: Die Geschichte der Bauingenieurkunst, Birkhäuser Verlag Basel Stuttgart 1964, S. 78

den Enden des Kanals je zwei neue Schleusen von 310 m Länge und 42 m Breite errichtet. Dies hatte seine Ursache insbesondere in militärischen Überlegungen. Im Zusammenhang mit einer immensen deutschen Flottenrüstung unter Kaiser Wilhelm II. waren ab 1908 auch schwer gepanzerte Schlachtschiffe gebaut worden. Um diese Schlachtschiffe schnell von der Nord- zur Ostsee und umgekehrt verlegen zu können, wurde der Nord-Ostsee-Kanal weiter ausgebaut.

In neuester Zeit sind wegen des gestiegenen Verkehrsaufkommens und der gewachsenen Schiffsgrößen die Kanalabmessungen erneut vergrößert worden: die Wasserspiegelbreite bis auf 162 m, die Sohlenbreite bis auf 90 m. Die Schleusen bewirken einen Ausgleich der Wasserstandsschwankungen, die in der Nordsee durch den Tidehub, in der Ostsee durch Windstau und darüber hinaus durch die Zuflüsse aus dem Einzugsgebiet bewirkt werden.

Der NOK wird heute mit bis zu 140 Schiffen täglich bzw. rund 48 000 Schiffen im Jahr mit einer Tonnage von rund 60 Mio. befahren und ist damit nach der Schiffszahl der meist befahrene Seekanal der Erde. Demgegenüber liegen die Passagen beim Suez-Kanal bei 18 000 und beim Panama-Kanal bei 12 000. Indessen werden auf diesen Kanälen wegen der größeren Schiffsabmessungen weitaus höhere Tonnagen befördert und sie ersparen zudem den Schiffen ungleich längere Umwege.

Sturmfluten und Deichbau an der Nordseeküste in der Neuzeit bis 1825

Sturmfluten

Daß die Zahl der Opfer und der Umfang der Schäden bei den Sturmfluten dieser Zeit im Verhältnis zum Mittelalter nach den überlieferten Daten geringer waren, hat mehrere Gründe. Einmal ist es die Berichterstattung selbst, deren Zuverlässigkeit naturgemäß immer größer wurde. Sodann war es das gewachsene Gefahrenbewußtsein der Küstenbewohner und deren konkrete Kenntnisse, die sich besonders im Deichbau und im Verhalten bei den Sturmflutereignissen auswirkten. Dennoch sind auch in diesem Zeitabschnitt viele Opfer, große Sachverluste und nachteilige Veränderungen der Küstenlandschaft zu beklagen.

Aus der großen Zahl verheerender Sturmfluten werden einige herausgegriffen, die einer besonderen Erwähnung bedürfen.

Bei der Allerheiligenflut 1532, von der die gesamte Nordseeküste betroffen war, kamen mehrere tausend Menschen in Nordfriesland ums Leben. Wiederum eine Allerheiligenflut, nämlich die des Jahres 1570, forderte Tausende Tote. Von dieser Flut war die Küste von Flandern bis Norwegen betroffen, besonders schwer Ostfriesland. Die Zahl der Toten zwischen Ems und Weser wird mit 9–10 000 angegeben. Von dieser Flut gibt es mehrere Höhenmarken. Die an der Kirche von Suurhusen nördlich von Emden läßt auf eine Fluthöhe von NN + 4,40 m schließen. Schwer getroffen von der Flut am 11. Oktober 1634 wurde die Westküste von Schleswig-Holstein. Die Insel Alt-Nordstrand wurde in mehrere Einzelteile auseinander gerissen, von denen Nordstrand und Pellworm die größten sind. Mehr als 8000 Menschen verloren ihr Leben. Die Weihnachtsflut von 1717 traf die gesamte Nordseeküste von Holland bis Schleswig-Holstein. Die Zahl der Opfer belief sich auf rund 11 500. Davon waren etwa 8500 Menschen in Ostfriesland, im Jeverland und in Oldenburg zu beklagen. Dem gegenüber waren die Verluste in Nordfriesland mit rund 100 Toten vergleichsweise gering.

Landverlust und Landgewinnung

Landverluste als Folge verheerender Sturmfluten und Landgewinnung mittels Eindeichung spiegeln seit Ausgang des Mittelalters bis in unsere Tage den immerwährenden Kampf der Bewohner der deutschen Nordseeküste mit den Naturgewalten des Meeres wider. Es war dies ein Kampf, der von immer neuen Rückschlägen, aber von noch größeren Erfolgen gekennzeichnet war.

Am Beispiel der ehemaligen Harlebucht in Ostfriesland soll aufgezeigt werden, wie im Laufe der Jahrhunderte die Einpolderungen in der Bucht immer weiter fortschritten und dabei die Siele weiter zum Meer vorrückten (Abb. 16).

Eine größerräumige Darstellung ist die in Abbildung 17, die die Köge Nordfrieslands, ebenfalls mit den Daten ihrer Eindeichung, zeigt. Anstelle des niederländischen „Polder" wird insbesondere an der Westküste Schleswig-Holsteins das friesische „Koog" verwendet. Aus beiden Abbildungen ist zu ersehen, daß die Landgewinnung in größerem Umfang im 15. Jahrhundert beginnt. All-

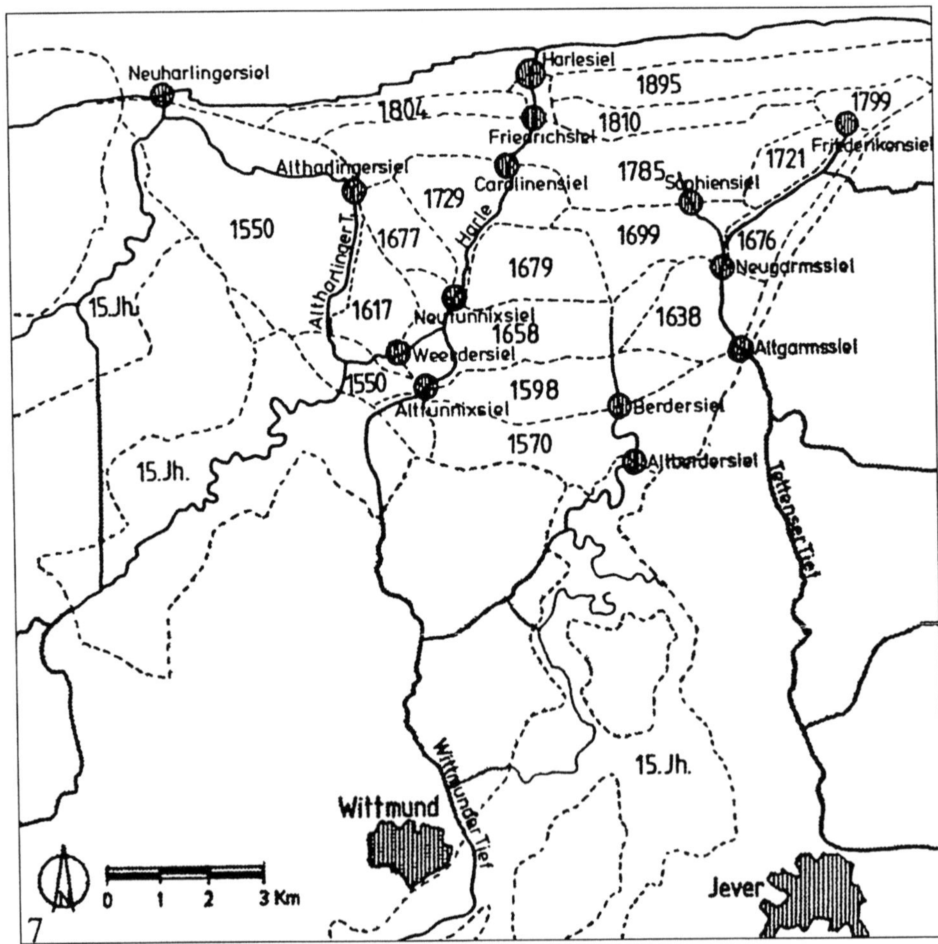

Abb. 16 Einpolderungen in der ehemaligen Harlebucht in Ostfriesland mit Jahreszahlen. BRETTSCHNEIDER, CHR. und BR. NIEßE: Alte Sielbauwerke an der niedersächsischen Küste, in Berichte zur Denkmalpflege in Niedersachsen, Rautenberg 1996

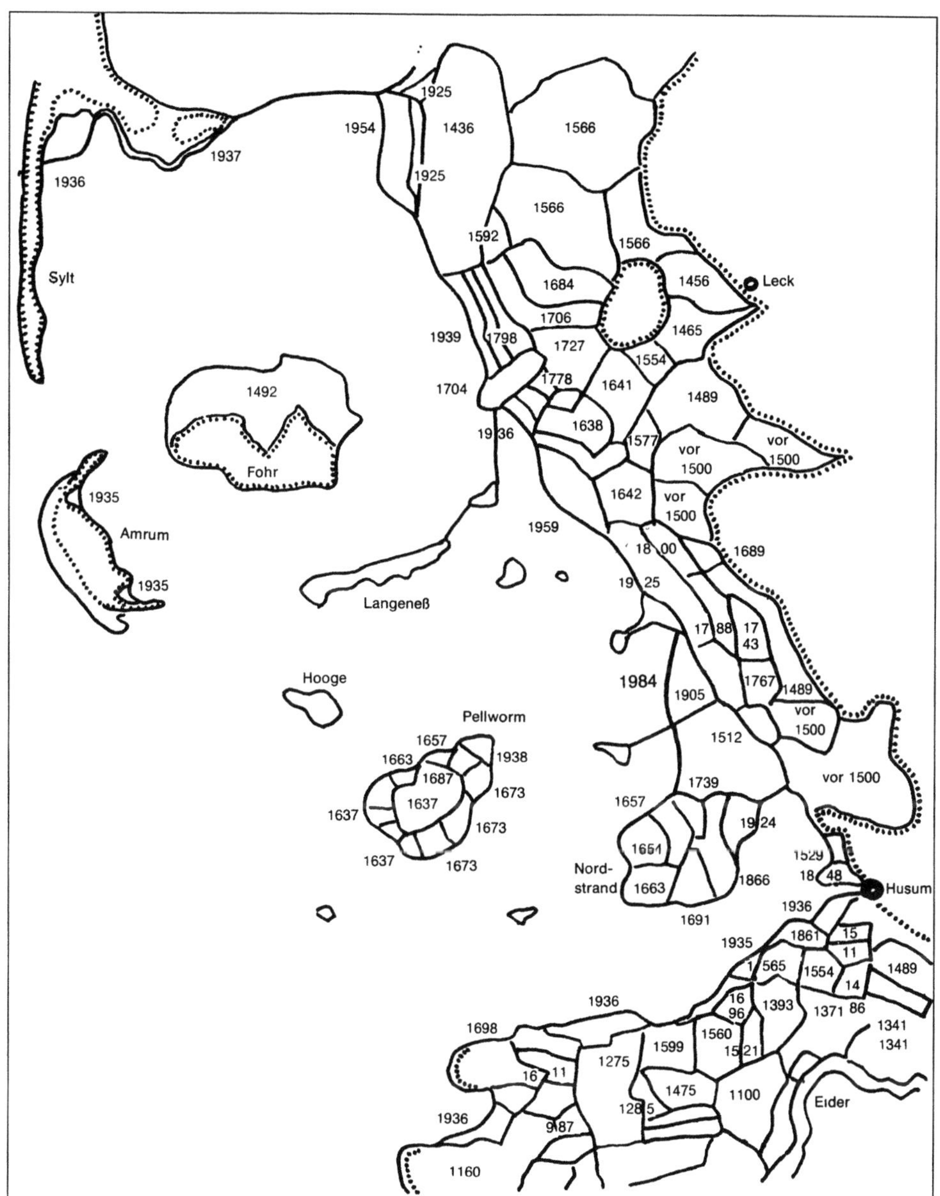

Abb. 17   Köge Nordfrieslands mit Eindeichungsdaten.
QUEDENS, GEORG: Nordsee – Mordsee, 1994

gemein ist über die Jahrhunderte der jeweilige Umfang eindeichungsfähigen Vorlandes in bestimmten Regionen – wie an der schleswig-holsteinischen Westküste – von der Freisetzung von Sedimenten – etwa durch Landabbrüche an anderer Stelle – und ihrer allmählichen Ablagerung an der Küste abhängig. Dabei spielen viele andere Faktoren eine Rolle, etwa Strömungsänderungen, die wiederum unterschiedliche Ursachen haben können.

Unter Vorland versteht man den Landstreifen zwischen Küstenlinie und Uferlinie (Abb. 18).

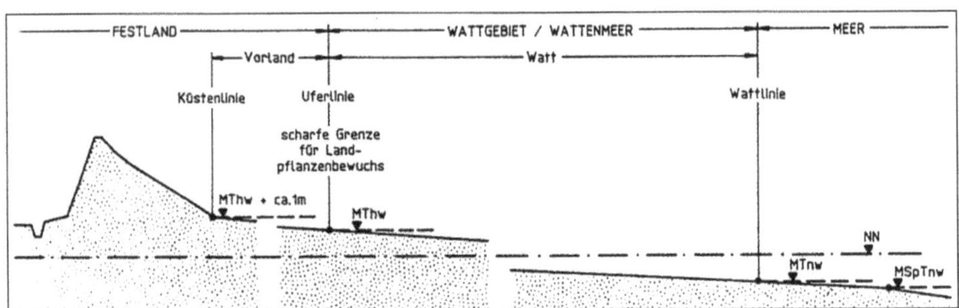

Abb. 18   Begriffsbestimmungen Vorland und Watt.
STADELMANN, R.: Zeichnung, in: Meer – Deiche – Land, 1981

Es wird landseitig durch Deiche – auf den Inseln durch Dünen und an nur sehr wenigen, kurzen Küstenstrecken durch die höhere Geest – begrenzt. Zwischen Ufer- und Küstenlinie finden wir die Salzwiesen mit salzverträglichen Gräsern und Kräutern, seewärts der Uferlinie die Verlandungszone mit wenigen Spezialpflanzen wie Queller (*Salicornia herbacea*) oder Schlickgras (*Spartina townsendii* oder *europaea*). In Ostfriesland wird das Vorland Heller, im Oldenburger Land Groden genannt.

Schon früh wurde erkannt, daß der Anlandungsprozeß im Marschland durch menschlichen Eingriff eingeleitet und beschleunigt werden kann. Dabei dürften, wie auch bei den übrigen Maßnahmen des Küstenschutzes, die in den Niederlanden praktizierten Methoden und die dabei gewonnenen Erfahrungen eine bedeutende Vorbildrolle gespielt haben. HAGEN[15] berichtet über die Gewinnung von eindeichungsfähigem Land in Friesland, wo Flechtzäune „normal gegen die Ufer" gezogen und später, wiederum normal gegen die Ufer, flache Gräben, sogenannte Grippen, ausgehoben werden. In den Grippen setzen sich bei Ebbe die tonigen Teilchen ab und werden immer wieder entnommen und seitwerts abgelagert. Auch im Oldenburgischen sind nach seiner Darstellung vielfache „Begrippungen" vorgenommen worden, und zwar in Abständen von 20–40 Fuß[16] mit Breiten von ungefähr 10 Fuß und zwei Fuß Tiefe. Die Grippen seien in früheren Zeiten sehr weit ins Watt hinausgeführt und zur Verbesserung des Absetzvorganges am Ende geschlossen worden. In späterer Zeit habe man wieder kürzere und unten offene Grippen angelegt.

---

15 HAGEN, GOTTHILF: Handbuch der Wasserbaukunst, Dritter Theil, Erster Band, S. 286 ff.,
    Berlin, 1878
16 1 Fuß = 0,25 ≃ 0,34 m

Deiche

Der Deichbau des Mittelalters wurde nur wenig weiterentwickelt. Man verwertete jeweils die bei einer neuen Sturmflut gewonnenen Erkenntnisse bezüglich Deichhöhe und -querschnitt. TETENS[17] schreibt dazu: „Wenn ein Deich einmal nicht gehalten hat, so ist ja kein natürlicherer Schluß als dieser, er sei für die höchsten Fluthen zu schwach gewesen und man müsse ihn also höher und stärker bauen. Und dennoch hat es so lange gedauert, ehe man auf diesen simplen Gedanken gekommen ist. Aber da wirkt das alte Vorurtheil, daß die Fluthen göttliche Strafgerichte sind, denen man nicht entgehen könne, man möge die Deiche machen, wie man wolle. ... So ist es seit dem 12ten Jahrhundert her immer gegangen. Zum Glück kam man, obgleich nur nebenher, auf den Einfall, es könne doch nicht schaden, wenn man die neuen Deiche, die man wieder herzustellen hatte, ein wenig höher und besser mache, als sie vorher gewesen waren. Auf diese Art wurden sie denn nach und nach etwas besser. Aber wie schlecht sie noch im Anfang dieses Jahrhunderts gewesen sind, haben die erwehnten Jahre 1717 und 1756 gezeigt. Gegenwärtig sind die meisten in Norderdithmarschen so, daß ich glaube, sie halten eine Fluth aus, wie die von 1756.“

Während bei ausreichend breitem Vorland der Deich bei einer Außenböschungsneigung 1 : 3 mit Rasensoden abgedeckt wurde, erhielt der scharliegende Deich am Fuß eine Bestickung mit Stroh. Nur an besonders gefährdeten Stellen wurden auch Sicherungen aus Holz vorgenommen, bestehend aus Pfosten mit dahinter liegenden Bohlen, die im Deichkörper verankert wurden (Stack- oder Bollwerksdeich). Sogenannte „Bermedeiche“ mit flacher Außenböschung etwa 1 : 7 anstelle der senkrechten Holzwand erhielten eine Sodenabdeckung mit Strohbestickung. Zum Schutz gegen starken Wellenschlag wurden auch Steindecken, zum Beispiel aus gebrannten Steinen, ausgeführt. Dies geschah jedoch wegen der hohen Kosten nur selten. Die häufig mit einer Neigung 1 : 1 angelegte Innenböschung erwies sich insbesondere bei Überströmung als völlig unzureichend. Bei ERCHINGER[18] sind Deichquerschnitte nach MÜNNICH (1692), BRAHMS (1754), HUNRICHS (1770) sowie nach einem Entwurf aus dem Jahre 1825 dargestellt. Sie werden in Abbildung 19 wiedergegeben. Der Deich nach MÜNNICH ist für den „Normalfall“ gedacht, die von BRAHMS und HUNRICHS für den Fall eines „starken Angriffs“. Letzteres gilt auch für die Variante von MÜNNICH mit der etwa 30 ⊥ rheinl. ≅ 10 m breiten Berme, die durch eine Holzwand gesichert ist. Das Deichprofil des Entwurfs von 1825

---

[17] TETENS, JOH. NIC.: Reisen in die Marschländer an der Nordsee zur Beobachtung des Deichbaus in Briefen, Erster Band, Leipzig, in der Weidmannischen Buchhandlung, 1788
[18] ERCHINGER, HEIE FOCKEN: Küstenschutz durch Vorlandgewinnung, Deichbau und Deicherhaltung in Ostfriesland, in: Die Küste – Archiv für Forschung und Technik an der Nord- und Ostsee, 1970

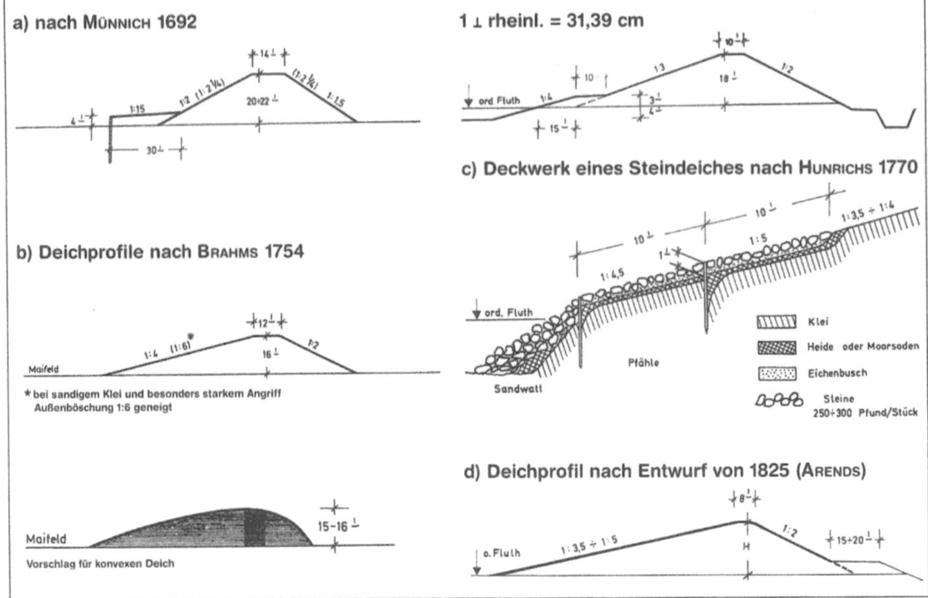

Abb. 19 a–d   Alte Seedeichprofile in Ostfriesland.
ERCHINGER, HEIE F.: Küstenschutz durch Vorlandgewinnung, Deichbau
und Deicherhaltung in Ostfriesland, in Die Küste, 1970

gibt die für die ostfriesischen Seedeiche nach 1825 festgesetzten Bestickmaße
wieder mit einem Deichlängsweg auf der Binnenberme.

Für die an der deutschen Nordseeküste gelegentlich angeordneten buhnen-
artigen Einbaue vor den Deichen gab es keine einheitliche Bezeichnung. Sie
wurden als Höft bezeichnet, wenn sie aus starkem Holz hergestellt waren; waren sie aus Strauch und schwächeren Pfählen gebaut, nannte man sie Stack;
schließlich hießen sie Schlenge, wenn sie aus Faschinen mit Steinabdeckung
bestanden.

Siele

Im Jahre 1744 kam Ostfriesland, Land zwischen Ems und Weser, durch Erbver-
trag an Preußen. FRIEDRICH DER GROSSE wurde damit Fürst von Ostfriesland.
Unter seinem Einfluß wurden die bis dahin üblichen Holzsiele wegen deren
Anfälligkeit in der Wasserwechselzone, die zu hohen Unterhaltungskosten
führte, durch Steinsiele ersetzt, wenn ein Neubau anstand. Im Oldenburgischen
wurde die allgemein übliche Anordnung doppelter Außentore wegen Mängeln
beim Schließvorgang zeitweilig aufgegeben, später aber wieder eingeführt. HA-

GEN ist in seinem Handbuch – Dritter Teil, 1. Band, S. 375 ff. – ausführlich auf den im Oldenburgischen seit Mitte des 18. Jahrhunderts unter dem Einfluß des Deichgrafen HUNRICHS[19] weiterentwickelten Sielbau eingegangen (Abb. 19).

Die größeren Entwässerungskanäle in der Marsch dienten auch dem Transport von Waren mit kleinen Seglern. Wenn die Siele oben offen waren, konnten sie von der See her ins Binnenland segeln; bei gedeckten Sielen mußten die Masten niedergelegt werden. Die Siele erhielten neben der Entwässerungsfunktion auch die der Schleuse für die Schiffe. Häufig wurden auch Siel und Schleuse baulich getrennt.

Wissenschaft in der Wasserbaukunst

Einer der ersten auf deutschem Boden, der versuchte, einige der vielfältigen Erscheinungs- und Wirkungsformen des Wassers und deren Gesetzmäßigkeiten zu ergründen und auf die wasserbauliche Praxis anzuwenden, war ALBERT BRAHMS (1692–1758). Er eignete sich die dazu erforderlichen Kenntnisse selbst an und war über lange Zeit Deich- und Sielrichter in Ostfriesland. Er erlebte die katastrophale Weihnachtsflut von 1717 und setzte sich nicht nur für die Instandsetzung, sondern vor allem auch für eine funktionsgerechte Verstärkung der Seedeiche ein. Einige Jahre vor seinem Tod verfaßte er das zweiteilige Werk „Anfangsgründe der Deich- und Wasser-Baukunst". Bekannt ist vor allem die von ihm im Jahre 1753 erarbeitete Geschwindigkeitsgleichung, noch bevor ANTOINE DE CHEZY die gleiche Beziehung aufstellte. Sie wird heute nach beider Namen benannt.

Unter den Gelehrten des 18. Jahrhunderts, die sich mit Fragen der Wasserbaukunst beschäftigten, nimmt JOHANN GEORG BÜSCH (1728–1800) eine besondere Stellung ein. Er studierte in Göttingen Theologie, Geschichte und Mathematik. Von 1756 bis zu seinem Lebensende war er Professor für Mathematik am Akademischen Gymnasium in Hamburg. In seinem Werk „Versuch einer Mathematik zum Nutzen und Vergnügen des bürgerlichen Lebens" unterscheidet er reine oder abstrakte Mathematik und angewandte Mathematik. Zur letzteren zählt er unter anderen Hydrostatik und Hydraulik, Bauwissenschaften, Schiffbaukunst und Kriegswissenschaft. Er lehrte praktisch das gesamte Bauingenieurwesen. Er trat dafür ein, die Bevölkerung des tiefliegenden Stadtteils von Hamburg bei Stürmen durch Kanonenschüsse zu warnen, was dann auch geschah. Er legte eine Schrift vor mit dem Titel „Vorläufiger Vorschlag zur Sicherung unserer Stadt gegen die Fluthen der Elbe von der See her". Der Vorschlag wurde jedoch nicht verwirklicht. BÜSCH kann als einer der ersten akademischen Lehrer des Bauingenieurwesens und des Wasserbaus angesehen werden.

---

[19] HUNRICHS: Practische Anleitung zum Deich-, Siel- und Schlengenbau, Bremen, 1770

BÜSCH, der sich auch mit der Entwässerung tiefliegender Ländereien mit Schöpfwerken befaßt, kennt auch die praktischen Arbeiten von JOHANN HOLLER (1745–1803), dessen Wirken besonders durch die von ihm im Jahre 1772 als Fördersystem von Schöpfmühlen eingeführte sogenannte archimedische Schraube bekannt geworden ist, das er in Holland kennengelernt hatte. Die hölzerne Schraubenschnecke verdrängte schrittweise das bis dahin bei den Schöpfmühlen vorherrschende Schaufelrad, dieses wie jenes durch eine Windmühle angetrieben. Die Überlegenheit der Schraubenschnecke ist durch den kontinuierlichen Förderstrom gegeben. Schöpfmühlen mit Schaufelrad sind für die norddeutsche Küste erstmals Ende des 16. Jahrhunderts genannt.

Der Mathematiker FRANZ JOSEPH VON GERSTNER (1756–1832) ist den Wasserbauingenieuren durch seine 1804 veröffentlichte Theorie der Wellen samt einer daraus abgeleiteten Theorie der Deichprofile bekannt geworden. Das Ergebnis der weiterführenden Beschäftigung mit diesem Problem durch GOTTHILF HAGEN wird als GERSTNER-HAGENsche Theorie bezeichnet.

Zu nennen ist auch REINHARD WOLTMANN (1757–1837), Direktor des Hamburgischen Amtes für Küstenschutz in Ritzebüttel und später zuständig für das gesamte Wasserbauwesen an der Elbe. Bekannt sind sein mehrbändiges Werk „Beyträge zur Hydraulischen Architectur" und besonders „Theorie und Gebrauch des hydrometrischen Flügels". Die Bezeichnung „Woltmann-Flügel" ist heute noch gebräuchlich.

Was die Beziehung zwischen Wissenschaftlern und Praktikern angeht, ist ein langes „Streitgespräch" aufschlußreich, das TETENS[20], selbst Professor der Philosophie und Mathematik auf der Universität zu Kiel, Mitglied der königlich dänischen Gesellschaft der Wissenschaften zu Kopenhagen, und im Deichbau fachkundig, mit einem ortsansässigen, offenbar gebildeten Laien führt. Es wird auszugsweise hier wiedergegeben.

„...
Laie: Wir haben Männer um Rath gefragt, die nach ihrem Ruf Mathematiker waren, einige stunden als Ingenieurs in öffentlichen Diensten. Wir sind ihnen auch gefolgt, aber das ist uns zuweilen übel bekommen; wir haben einiges nachher ummachen, und so machen müssen, wie unsere practischen Leute, die nur nach ihrer vieljährigen Erfahrung practisirten, es vorher gesagt hatten, daß es gemacht werden müsse. Ich kann Ihnen Beispiele davon anführen, die etwas ins Lächerliche fallen. Aber exempla sunt odiofa.
Tetens: Ich kann Ihnen diese Mühe auch schenken. Mir sind sie sehr wohl bekannt. Man hat sie mir, mit Behagen um mir eine Lection zu geben, ausführlich erzählt. Aber wie viel mal sind sie denn nicht schlecht berathen worden von Practikern? Wer hat das alte Brunsbüttel in die Elbe hineingebracht? So viel ich weiß, ist den Einwohnern damals noch nicht eingefallen, Mathematiker zu Rathe zu ziehen. Zehn Versehen der Practiker gegen Eins der

---

20   TETENS: Reisen ..., 1788, S. 241 ff.

Theoretiker im Deich- und Wasserbau, getraue ich mich allein in unsern Marschen aufzufinden. Aber practicorum vitia tegit aqua.

...

Tetens: Wenn auch nichts vom practischen Deichwasserbau in Büchern beschrieben wäre, so möge man behaupten können, daß diese Wissenschaft mehr aus der Praxis, als aus Büchern zu erlernen sey. Aber gegenwärtig ist das wohl schwerlich mehr wahr. Ich denke, wer den Brahms und Hunrichs, den Silberschlag, noch mehr, wer dazu den Belidoc und Guglielmini, und die Raccolta fleißig studirt, der erhalte mehrere practische Erfahrungskenntnisse, als in den Köpfen, ich möge fast sagen, aller Deichsbasen an der Elbe und der Weser nicht sind."

Hochwasser und Hochwasserschutz in der Neuzeit bis zum Beginn des 20. Jahrhunderts

An der Elbe wurde mit der regelmäßigen Beobachtung von Wasserständen im
18. Jahrhundert, von Durchflußmengen im 19. Jahrhundert begonnen. Die Jahreszahlen des Beobachtungsbeginns sind für die Pegel Barby (Wasserstand 1753;
Abfluß 1881), Dresden (W 1776; A 1806) und Wittenberge (W 1848; A 1899). Ein
besonders extremes Hochwasser wurde im März 1845 beobachtet.

Während die auf dem Gebiet der Tschechischen Republik vorgenommenen
Eindeichungen, was die Wirkung auf den Hochwasserabfluß angeht, vernach-
lässigbar sind, haben die auf deutscher Seite seit etwa 1100 bis 1900 schrittweise durchgeführten Deichbaumaßnahmen zum Verlust umfangreicher Reten-
tionsräume geführt. Auch die im Interesse des Hochwasserschutzes im Zeitraum von etwa 1600 bis 1875 vornehmlich auf der Strecke zwischen Dresden
und Wittenberge vorgenommenen Durchstiche mit großen Laufverkürzungen
waren von bedeutendem Einfluß auf die Hochwasserverhältnisse. Einerseits
wurde dadurch in den Ausbaustrecken das Wasser schneller abgeführt mit einer wasserstandsmindernden Wirkung, die in gewissem Umfang dem Verlust
an Retentionsraum entgegen wirkte. Andererseits wurde dadurch die Hoch-
wasserproblematik stromabwärts verlagert. Erst ab dem Jahre 1847 wurde im
Interesse der Schiffahrt eine Mittelwasserregulierung mittels Buhnen durchgeführt.

Die unter FRIEDRICH DEM GROSSEN (1712–1786) an der Oder durchgeführten
ersten Regulierungsarbeiten dienten auch dem Hochwasserschutz. In diesem
Zusammenhang wird auch auf das großartige Werk der Kultivierung des Oderbruchs hingewiesen. Dammbauten zur Minderung der Überschwemmungsge-
fahr im Oderbruch wurden schon zu Beginn des 16. Jahrhunderts errichtet. Insbesondere schwere Hochwasserschäden zu Anfang des 18. Jahrhunderts
veranlaßten König FRIEDRICH WILHELM I. (König 1713–1740) zu nachhaltigen
Schutzmaßnahmen. In dieser Zeit wurde die von dem Kammerrat und Land-
baudirektor MARTIN FRIEDRICH CREUTZ entworfene „Teich- und Uferordnung

in der Lebusischen Niederung an der Oder" erlassen. Die CREUTZsche Deichverfassung hat für alle späteren Deichordnungen als Vorbild gedient. Unter der Regierung FRIEDRICHS DES GROSSEN wurde, beginnend 1747, ein Plan verwirklicht, nach dem der Oderlauf um 25 km zu verkürzen, das Flußbett mit Deichen einzufassen und das Binnenwasser mittels Gräben abzuleiten war. Der Plan war zuvor von dem schweizerischen Mathematiker LEONHARD EULER begutachtet worden. Auch nach Vollendung dieser Maßnahmen blieben weitere Überschwemmungen nicht aus, so daß ergänzende Arbeiten ausgeführt werden mußten, zuletzt die nach den Plänen des Oberdeichinspektors HEUER, die 1859 vollendet wurden. Seitdem hat sich das System der Deiche nicht wesentlich geändert.

Wie an der Elbe so begann auch auf gewissen Strecken des Oberrheins vor Hunderten von Jahren die Durchführung von einzelnen Eindeichungsmaßnahmen. Sie dienten dem Schutz von Gemeinden. Die Dämme schlossen häufig an das natürliche Hochufer an und bildeten so voneinander unabhängige Polder. Später wurden diese Dämme in der Höhe den damals bekannten Hochwässern angepaßt und auch miteinander verbunden. Dadurch entstanden im Laufe der Zeit streckenweise zusammenhängende Dammsysteme. Auch größere Flußbegradigungen zur Verbesserung des Hochwasserschutzes wurden ausgeführt, wie zum Beispiel schon im 14. bis 16. Jahrhundert im Raum Karlsruhe/Speyer.

Hinsichtlich der Oberrhein-Korrektion nach den Plänen von TULLA, mit der ein mehr oder weniger systematischer Hochwasserschutz von Basel bis unterhalb von Mannheim erreicht wurde, wird auf den Seiten 76 bis 78 verwiesen.

Am Oberrhein gab es schon sehr frühzeitig einen Hochwassernachrichtendienst. Ausgangspunkt war der Pegel Waldshut am Hochrhein unterhalb der Einmündung der Aare. Ab 1853 wurde von Waldshut aus ein Telegraphendienst betrieben.

Die größten Hochwässer des Rheins im vorigen Jahrhundert traten in dichter Folge im November 1882 und dann an der Jahreswende 1882/1883 auf. Die erste der beiden Hochwasserwellen wurde vor allem durch die Zuflüsse aus Nekkar und Main hervorgerufen und führte insbesondere zu großen Schäden im Rheinabschnitt zwischen Main und Ruhr. Bei dem Katastrophenhochwasser am Jahreswechsel trafen Hochwasserwellen vom Oberrhein, von Neckar und Main zusammen. Seine verheerenden Auswirkungen betrafen den ganzen Oberrhein von Basel bis zum Rheingau. Dabei kam es zu zahlreichen Deichbrüchen in Baden, in der Pfalz und im Hessischen Ried. Sie entstanden zum großen Teil durch Überströmung und durch Grundbruch. Auf Grund des katastrophalen Ausmaßes der bei diesen Hochwässern entstandenen Schäden wurde gemäß einem Erlaß des Reichskanzlers im Jahre 1884 die „Reichskommission zur Untersuchung der Rheinstromverhältnisse" gebildet, deren Aufgabe darin bestand, die Stromverhältnisse des Rheins und seiner Nebenflüsse zu untersuchen und Vorschläge für einen schadlosen Hochwasserabfluß zu machen.

Der Bericht der Kommission wurde 1891 vorgelegt. In der Folge wurden unter Berücksichtigung seiner Ergebnisse zahlreiche Maßnahmen zur Verbesserung der Hochwassersicherheit, wie Erweiterung von Flutprofilen, Erhöhung und Verstärkung von Deichen, Verlegung von Deichen, durchgeführt.

Außerdem hatten nach den Hochwässern 1882/1883 alle Rheinuferstaaten aufeinander abgestimmte Vorschriften über die Handhabung des Hochwassernachrichtendienstes erlassen.

Von großer Bedeutung für die Hochwasserverhältnisse am Oberrhein waren die flußbaulichen Maßnahmen an der Aare (Schweiz) im Rahmen der 1. Jura-Gewässerkorrektion, die 1878 begonnen und 1890 beendet wurden.

Die Wasserversorgung der „Neuzeit"
bis zum Beginn der bakteriologischen Ära

In den Anfängen der sogenannten Neuzeit, die man um etwa 1500 beginnen läßt, lebte der überwiegende Teil der Menschen noch auf dem Lande. Das blieb so bis weit in das 19. Jahrhundert hinein. In Gemeinden mit mehr als 2000 Einwohnern zum Beispiel wohnten in Deutschland um 1850 rund 28 % der Bevölkerung, 1871 – zum Zeitpunkt der Reichsgründung – etwa 36 % und um 1900 dann rund 54 %.[21] Die „Verstädterung" ging mit der beginnenden Industrialisierung einher. Bis dahin, bis weit ins 19. Jahrhundert, waren die Städter meist noch „Ackerbürger", die das Land bestellten und ihre Fleischversorgung selbst sicherstellten.

Der Wasserbedarf in den Häusern war gering, weil es kaum Körperpflege gab. Auch öffentliche Badehäuser waren selten. Gelegentlich dort auftretende sittenwidrige Zustände führten zu Reglementierungen durch die Obrigkeit, die später auch bis zum Verbot des gemeinsamen Badens von Männern und Frauen reichen konnten. Fortschritte, was das häusliche Baden angeht, traten im 18. Jahrhundert ein. Dies ging von den Höfen und vom reichen Bürgertum aus. Jedoch waren noch im 19. Jahrhundert Badeeinrichtungen im eigenen Haus selten, bis diese Entwicklung sich Ende des Jahrhunderts mehr und mehr durchsetzte.

Die Lage vor Einführung zentraler Wasserversorgungsanlagen war durch folgende Tatbestände gekennzeichnet:
- Wasserentnahme aus zum Teil verunreinigtem Oberflächenwasser oder aus oberflächennahem Grundwasser mittels flacher Brunnen im Bereich der Bebauung oder in ihrer Nähe mit der ständigen Gefahr von Infektionen.
- Die günstige Wirkung der Filtration war zwar bekannt, wurde aber nicht allgemein angewandt.
- Die Beurteilung der Wasserqualität erfolgte lediglich nach den Merkmalen von Klarheit, Geruch und Geschmack.
- Da die Erreger der infektiösen Erkrankungen nicht bekannt waren, konnten sie nicht gezielt bekämpft werden.

Die Fragen der Hygiene und insbesondere der Stadthygiene, zu der vor allem die Versorgung mit einwandfreiem Trinkwasser und die schadlose Beseitigung der flüssigen und festen Abfallstoffe gehören, bekamen wachsende Bedeutung

---

[21] Die enorme Bevölkerungsentwicklung in Deutschland zwischen 1816 und 1871 von 24 Millionen auf 41 Millionen kam fast ausschließlich den Städten zugute.

und fanden zunehmend die Aufmerksamkeit der verantwortlichen Stellen, als
sich ab den Jahren 1831/1832 die Cholera in Europa epidemisch ausbrei-
tete und allein in Preußen bei den Choleraepidemien zwischen 1831 und 1873
nahezu 380 000 Menschen starben. Neben Cholera spielten vor allem noch Ty-
phus und Pocken eine große Rolle. Die statistischen Angaben über Infektionskrankheiten in der vorbakteriologischen Zeit waren gering und müssen zudem
als unsicher angesehen werden.

Für das Transportieren von Wasser über weite Strecken und auf große Höhen waren die technischen Voraussetzungen durch die Fortschritte in der Herstellung von Pumpen und gußeisernen Druckrohrleitungen gegeben wie auch
durch die Möglichkeit des Pumpenantriebs mittels der Dampfmaschine etwa
ab 1790. Auch der Bohrbrunnen, seit etwa 1800 im Brunnenbau angewendet, mit dem Wasser aus größerer Tiefe entnommen werden kann, erweiterte
die technischen Möglichkeiten. Die weiterentwickelte Technik der Wasserversorgung wurde genutzt, als in Hamburg, veranlaßt durch den Großen Brand
von 1842, im Jahre 1848 die erste zentrale Wasserversorgung in Deutschland
geschaffen wurde. Die Anlagen wurden nach englischem Vorbild von dem
englischen Ingenieur MYENE, Direktor der New River Water Works Company,
London, geplant. Das in drei Absetzbecken vorgeklärte Elbwasser wurde
ohne eigentliche Filtration mit einer stündlichen Leistung von 500 m³ in das
62 km lange Leitungsnetz aus gußeisernen Rohren bis 17 m über Straßen-
höhe hochgedrückt. Die mangelhafte Aufbereitung des Elbwassers sollte sich
bei der letzten Choleraepidemie im Jahre 1892 rächen, bei der 8500 Tote zu
beklagen waren. Das war Veranlassung, nunmehr eine Langsamfilteranlage zu
bauen.

Zentrale Wasserversorgungsanlagen wurden ab der Mitte des 19. Jahrhunderts praktisch in allen deutschen Groß- und Mittelstädten gebaut. Berlin und
Würzburg (1856), Magdeburg und Altona (1859) sowie Stuttgart (1861) folgten
schon Mitte des Jahrhunderts auf Hamburg.

Die neuen technischen Möglichkeiten brachten bedeutende Ingenieurlei-
stungen hervor. In Hamburg wurde am Berliner Tor der erste deutsche Wasserturm errichtet (1853–1855). Der Behälter aus gußeisernen verschraubten
Platten mit ebenem Boden und Fugendichtungen aus Schürmannsgarn und
Mennige hatte ein Fassungsvermögen von 2350 m³ mit einem Durchmesser von
30,40 m und einer Tiefe von rund 3,0 m.

Die Entwicklung der Wasserversorgungstechnik ging in den folgenden Jahrzehnten mit großen Schritten voran. ADOLF THIEM (1836–1906), ein führender
Fachmann der Grundwasserforschung und der Wasserversorgung seiner Zeit,
entwarf im Jahre 1878 für die Stadt Straßburg den ersten schmiedeeisernen
Behälter. Dieser hatte einen freitragenden kugelhaubenförmigen Hängeboden
und einen Inhalt von 1080 m³. Im Jahre 1881 folgten diesem Beispiel zahlreiche
deutsche Städte, wie beispielsweise Halle a. d. S. und Essen, und errichteten
in gleicher Konstruktion ebenfalls Wasserbehälter. Diese Bauart war allerdings

in statischer Hinsicht nicht voll befriedigend wegen der im Auflagerring auftretenden vom Horizontalschub des Bodens herrührenden Kräfte. Professor INTZE, Aachen, entwickelte deshalb eine nach ihm benannte Konstruktion, bei der eine kegelförmige Abschrägung den zylindrischen Behälter auf den Mauerwerksunterbau abstützt. Auf diese Weise wurde der Auflagerring frei von Horizontalkräften. Überdies führte der verkleinerte Auflagerring zu einer Materialersparnis. Der INTZE-Behälter fand in ganz Deutschland, besonders aber

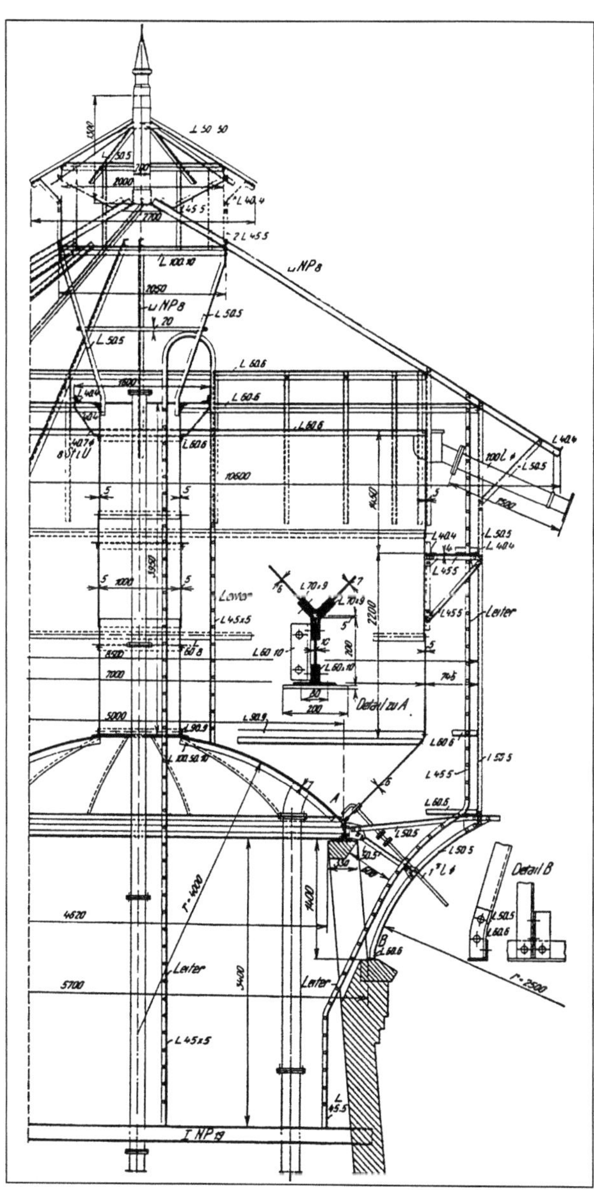

Abb. 20 INTZE-Behälter aus Stahl.
SCHOKLITSCH, A.: Handbuch des Wasserbaues I, 1950

auf Bahnhöfen, große Verbreitung. Abbildung 20 zeigt einen solchen Behälter.

Die Entwicklung blieb bei diesem Behältertyp nicht stehen. Die Konstruktion des Behälterbodens bei INTZE war kostspielig und befriedigte überdies nicht in gestalterischer Hinsicht. Später, im Jahre 1898, entwarf der Geheime Regierungsrat BARKHAUSEN einen Behältertyp mit zylindrischer Wandung und halbkreisförmigem Hängeboden. Der zylindrische Mantel ist als Tragkonstruktion ausgebildet, die ihre Kräfte auf die lotrechten Stützen abgibt. Schließlich entwickelte der Ingenieur KLÖNNE einen Kugelbehälter, der am Kugeläquator oder an einem tiefer gelegenen Parallelkreis abgestützt wird. Abbildung 21 zeigt Skizzen der verschiedenen Stahlhochbehälterformen.

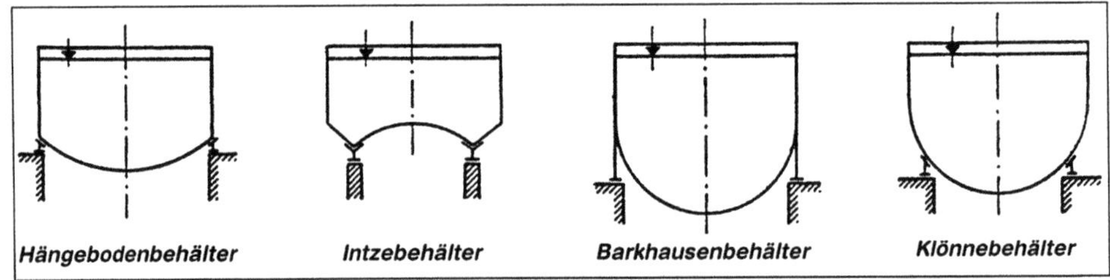

Abb. 21   Verschiedene Stahlhochbehälterformen

Die entstehenden großen Leitungsnetze erforderten Vorschriften für Produktion, Abmessungen, Festigkeiten und weitere Merkmale. Dieser Aufgabe nahmen sich der Deutsche Verein von Gas- und Wasserfachleuten (DVGW) und der 1856 gegründete Verein Deutscher Ingenieure (VDI) an und schufen 1882 die ersten Normen für gußeiserne Rohre und Formstücke. Die erhöhte Nachfrage nach Gußeisenrohren veranlaßte die Hersteller, neue Fertigungsmethoden zu entwickeln, die das Produktionstempo beschleunigten. Die Einzelfertigung in liegenden Sandformen wurde um 1885 abgelöst von einer weitgehend mechanisierten Fließfertigung mittels stehender, auf einem Drehgestell angeordneter Sandformen. Anfang der 1880er Jahre beginnen die Brüder REINHARD und MAX MANNESMANN, sich mit der Herstellung nahtloser Stahlrohre zu befassen. Bis dahin konnten Stahlrohre nur durch Zusammenbiegen von langen Tafeln, deren Kanten mit einer Schweißnaht verbunden wurden, hergestellt werden. 1886 gelang es den Brüdern Mannesmann erstmals, einen einwandfreien nahtlosen Hohlkörper aus dem vollen Block zu walzen. Die angewandte Technik wurde immer weiter vervollkommnet. Ein auf etwa 1200 Grad Celsius erhitzter Stahlblock wird zwischen ein Walzenpaar mit schräg zueinander liegenden Achsen geschoben. Die gleichsinnig umlaufenden Walzen ziehen den Block in den Walzenspalt. Dabei wird er im Kern gelockert und über einen Dorn geschoben, der die Innenfläche glättet.

Die fortschreitende Entwicklung in der Wasserversorgungstechnik wird auch gekennzeichnet durch Verbesserungen in der Wasseraufbereitung, etwa durch die Anwendung der Belüftung zur Enteisenung von Trinkwasser ab 1882, und neue Möglichkeiten der Wassergewinnung mittels Trinkwassertalsperren. Die erste Trinkwassertalsperre in Deutschland wurde in den Jahren 1889 bis 1891 im Bergischen Land für die Stadt Remscheid gebaut.

Die bakteriologische Ära und ihre Auswirkungen auf die Trinkwasserversorgung – *MAX VON PETTENKOFER* und *ROBERT KOCH*

MAX VON PETTENKOFER (1818–1901), Apotheker und Mediziner, gilt als der Begründer der modernen Hygiene. Sein Hauptwirkungsfeld war München, wo er Professor für medizinische Chemie und 1865 erster Professor für Hygiene in Deutschland wurde. Sein besonderes Augenmerk galt der Städtehygiene. So ging er beispielsweise energisch gegen die Versickerungsgruben vor, von denen es im Jahre 1874 in München rund 6400 gab, die zum Teil in unmittelbarer Nähe von Wasserversorgungsbrunnen lagen. Auf seine Anregung geht auch die Gründung der Zeitschrift „Gesundheits-Ingenieur" im Jahre 1878 zurück.

Die Cholera und ihre Entstehung waren ein Forschungsfeld, dem er sich sehr intensiv und nachhaltig widmete. Vor Eintritt in das Zeitalter der Bakteriologie konkurrierten zwei Erklärungsmodelle zur Entstehung der Cholera miteinander: das kontagionistische und das miasmatische. Die Kontagionisten gingen von einer Krankheitsübertragung von Mensch zu Mensch aus, etwa durch Berührung, Atemluft und Ausscheidungen. Entsprechend bezogen sich die Abwehrmaßnahmen auf Quarantäne und Desinfektion, womit in früheren Jahrhunderten Pest und Aussatz erfolgreich bekämpft worden waren. Nach der miasmatischen Theorie entstand die Cholera dagegen durch giftige, über faulenden Pflanzen in sumpfigem Gelände sich ausbreitende Dünste, die sogenannten Miasmen. Als Übertragungsmedium galt nicht der Mensch, sondern der verunreinigte Boden. Wichtigste Maßnahme zur Krankheitsbekämpfung war demzufolge die Sanierung der menschlichen Umwelt. Diese Theorie wurde in abgewandelter Form seit 1860 von PETTENKOFER vertreten. Sie beherrschte etwa 20 Jahre lang die gesundheitspolitische Sicht des Choleraproblems.

Als der jüngere ROBERT KOCH (1843–1910) sich mit den Infektionskrankheiten und ihren Ursachen befaßte, hatte der fanzösische Chemiker LOUIS PASTEUR (1822–1895) schon erkannt, daß es – entgegen der vorherrschenden Meinung – der Bakterien und Pilze bedarf, damit unbelebte Materie gärt oder fault und damit bei Menschen, Tieren und Pflanzen bestimmte Krankheiten entstehen. Mit dieser Erkenntnis verhalf er der biologischen Betrachtungsweise gegenüber den rein chemischen zum Durchbruch und wurde zum Vorreiter der Bakteriologie. Als ROBERT KOCH 1883/84 die Bestimmung der Cholera-Erreger gelang, der Cholera-Vibrionen im menschlichen Darm, die vor allem durch Trinkwasser übertragen werden, da war er durch die Entdeckung des Tuberkelbazillus (1882) bereits weltberühmt geworden. ROBERT KOCH war einer der Hauptbegründer der Bakteriologie. Von 1880 an bis zu seinem Tod wurde er als Berater der Reichs-, Staats- und Kommunalbehörden zu allen wichtigen Fragen, Entscheidungen und Gesetzen auf dem Gebiet der Hygiene und Volksgesundheit herangezogen. Seine Entdeckungen von Krankheitserregern führten zur Neuordnung der Ausbildung der preußischen Kreisärzte. Sie erhielten 1899 und 1901 neue Aufgaben und Befugnisse: etwa die Kontrolle der Wasserversorgung und der Abwasserbeseitigung – vornehmlich mit bakteriologischen Methoden – und das Recht, beim Auftreten von gemeingefährlichen Krankheiten Verordnungen zu erlassen, die allgemein bindend waren. Nach Gutachten von KOCH wurden die Abwasserbeseitigung und -reinigung der Städte Halle, Essen, Wiesbaden und Mühlhausen in Thüringen, die Wasserversorgung und Kanalisation in Metz und die bakteriologischen Untersuchungsstationen auf den Wasserwerken eingerichtet. Ab 1881 wurden – vor allem in Preußen unter dem Einfluß des Wirkens und der Erfolge von KOCH – an allen medizinischen Fakultäten Institute und Lehrstühle für Hygiene eingerichtet. 1887 ernannte ihn Kaiser WILHELM I. zum Generalarzt 2. Klasse und 1901 Kaiser WILHELM II. zum Generalarzt mit dem Rang eines Generalmajors.

Bei so grundlegenden und das wissenschaftliche Gebäude durchgreifend verändernden Entdeckungen, wie sie ROBERT KOCH gelangen, verwundert es nicht, daß es seitens der Wissenschaftler, die andere Erklärungsversuche für die seuchenhaften Erkrankungen unternommen und vertreten haben, heftigen Widerstand gegen die Anerkennung der KOCHschen Erkenntnisse gegeben hat. Das gilt auch für MAX VON PETTENKOFER, der seine wissenschaftliche Reputation gefährdet sah. Er ging so weit, daß er zusammen mit seinem Schüler RUDOLF EMMERICH 1892 seine Theorie mit einem heroischen Cholera-Vibrionen-Selbstversuch zu stützen und die von KOCH zu widerlegen versuchte. Bei diesem Versuch bekam EMMERICH einen lebensgefährlichen Choleraanfall. PETTENKOFER konnte sich gegen KOCH und dessen Erkenntnisse nicht durchsetzen. Die Hamburger Choleraepidemie von 1892 zeigte deutlich, daß das Trinkwasser das Hauptübertragungsmedium der Krankheit war.

Die Anerkennung, die ROBERT KOCH für seine bahnbrechenden Versuche und Arbeiten erfuhr, drückt sich in dem Nachruf bei seinem Tod aus, der im Königlich Preußischen Staatsanzeiger erschien:

„Durch ihn ist die Bakterienkunde aus kleinen Anfängen zu einem der wichtigsten Zweige der Heilkunde entwickelt, mit ihrer Hilfe die öffentliche Gesundheitspflege umgestaltet und die Seuchenbekämpfung auf einen neuen Boden gestellt worden ... (Er stellte) die wissenschaftliche Hygiene auf den Boden der Bakterienkunde ..."

Die Oberharzer Wasserwirtschaft
– Beginn des Talsperrenbaus in Deutschland

Der Harz und hier vornehmlich der Oberharz, den man vereinfachend als westlich des Brocken gelegenen Teil dieses am weitesten in das nordwestdeutsche Flachland vorgeschobenen Mittelgebirges beschreiben kann, war lange Zeit eines der großen Bergbaugebiete Deutschlands und Europas. Die Blütezeit des Harzer Bergbaus begann im 16. Jahrhundert. Der Erzbergbau galt der Gewinnung von Silber, Blei, Kupfer, Zink und anderen Buntmetallen. Er wurde begünstigt durch den Holz- und Wasserreichtum des Harzes. Der Wald lieferte das Material für den Grubenverbau und Energie für die Verhüttung. Wichtigster Energielieferant war indessen das Wasser als Antriebskraft zur Wasserhaltung in den Gruben und zum Betrieb der sogenannten Pochwerke, der der Zerkleinerung und Anreicherung der Roherze dienenden Betriebsanlagen.

Beim Betrieb der Erzgruben spielte die Wasserhaltung eine entscheidende Rolle, umso mehr, in je größeren Tiefen abgebaut wurde. Während zunächst und beim Abbau in geringen Tiefen die Bulgen, das waren große lederne Behälter, von den „Wasserknechten", übereinander auf Leitern stehend, von Mann zu Mann hochgereicht wurden, wurden später pferdegetriebene Göpel zum Heben der wassergefüllten Bulgen eingesetzt. Doch auch dies war mit zunehmender Tiefe des Abbaus nicht mehr ausreichend. Für diese Fälle mußten andere Lösungen der Wasserhebung gesucht werden, wenn nicht die topografischen Gegebenheiten eine Entwässerung der Grube mittels eines Lösungsstollens ermöglichten, eines Entwässerungsstollens, der im natürlichen Gefälle Vorflut in einem Tal findet. Lösungsstollen großen und größten Ausmaßes, was Länge und Querschnitt angeht, sind in der Zeit des Harzer Bergbaus in großer Zahl gebaut worden.

Die andere Lösung bestand darin, Wasser durch Wasser zu heben, durch die sogenannten Wasserkünste. Als im 14. Jahrhundert im Bergbau allgemein die ersten Wasserkünste eingesetzt wurden, blieben die Details der angewandten Technik weitgehend im Dunkeln. Ausschließlichkeitsansprüche der „Erfinder" und Anwender waren die Ursache.

GEORG BAUER, genannt AGRICOLA (1494–1555), nach vielseitigen Studien an den Universitäten Leipzig, Bologna und Padua als Stadtmedicus in St. Joachimsthal (Böhmen) niedergelassen, war als Gelehrter der Bergbaukunde weit über die Grenzen seiner Heimat bekannt. Er gab unter anderem eine umfassende Darstellung der seinerzeit gebräuchlichen Wasserhebemaschinen heraus. Die Entwicklung verlief über die „Bulgenkunst" (paternosterartige Eimerkette, von einem Wasserrad angetrieben), die „Heinzenkunst" (Kette mit Lederbällen, von einem Wasserrad angetrieben) zunächst bis zu der im Erzgebirge entwickelten „Kunst mit dem krummen Zapfen" (Kurbelwelle) und der gleichzeitig aufkommenden Saug- und Druckpumpe aus Holz, die unter Einschaltung offener Becken mehrfach übereinander angeordnet werden konnte. Dies zusammen bildete ein „Ehrenfriedersdorfer Kunstgezeug", benannt nach dem Ort des Ersteinsatzes im Erzgebirge. Bei Anordnung mehrerer Kunstgezeuge untereinander konnten einige hundert Meter Förderhöhe erreicht werden.

Erst in der Mitte des 18. Jahrhunderts begann mit der „Wassersäulenmaschine" eine neue Entwicklung. Eine Kolbenmaschine, aufgestellt am Wasserlösungsstollen, nutzte über eine Druckrohrleitung die gesamte Druckhöhe bis zur Erdoberfläche aus und übertrug die Kolbenbewegung direkt auf das Pumpengestänge (Abb. 22).

Die Wassersäulenmaschinen, die Ende des 19. Jahrhunderts bei Leistungen um 100 kW in einer Stufe Förderhöhen bis zu 270 m erreichten, verhinderten im Harz, daß sich die 1765 von JAMES WATT erfundene Dampfmaschine durchsetzen konnte.

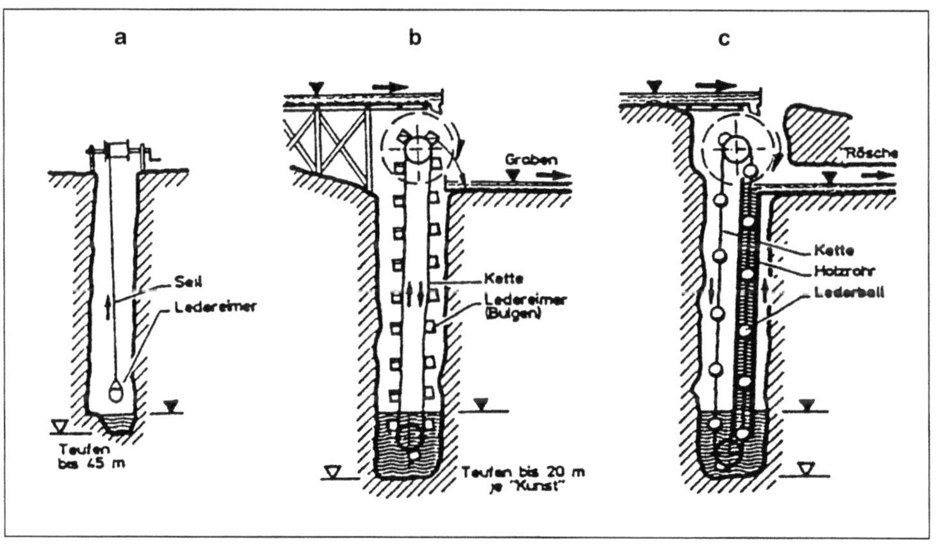

Abb. 22 a – c   Entwicklung der Wasserförderung und Energiegewinnung im Bergbau.
Nach DORING, MATHIAS: Unterirdische Wasserkraftwerke im Bergbau,
in: Wasserwirtschaft, 1993

Erklärung: H (m)   = Förderhöhe
Q (m³/h) = Fördermenge
N (kW)   = Leistung

a) Haspel (bis 1450): Handantrieb o. Göpelwerk
H ≤ 45 m
Q = 2–3 m³/h
N − 0,3 0,6 kW

b) Bulgenkunst (um 1400): Wasserrad o. Göpelwerk
H ≤ 20 m
Q ≤ 4 m³/h
N − 0,7 2,0 kW

c) Heinzenkunst (ab 1450): Wasserrad o. Göpelwerk
H ≤ 45 m
Q ≤ 4 m³/h
N − 0,7 3,0 kW

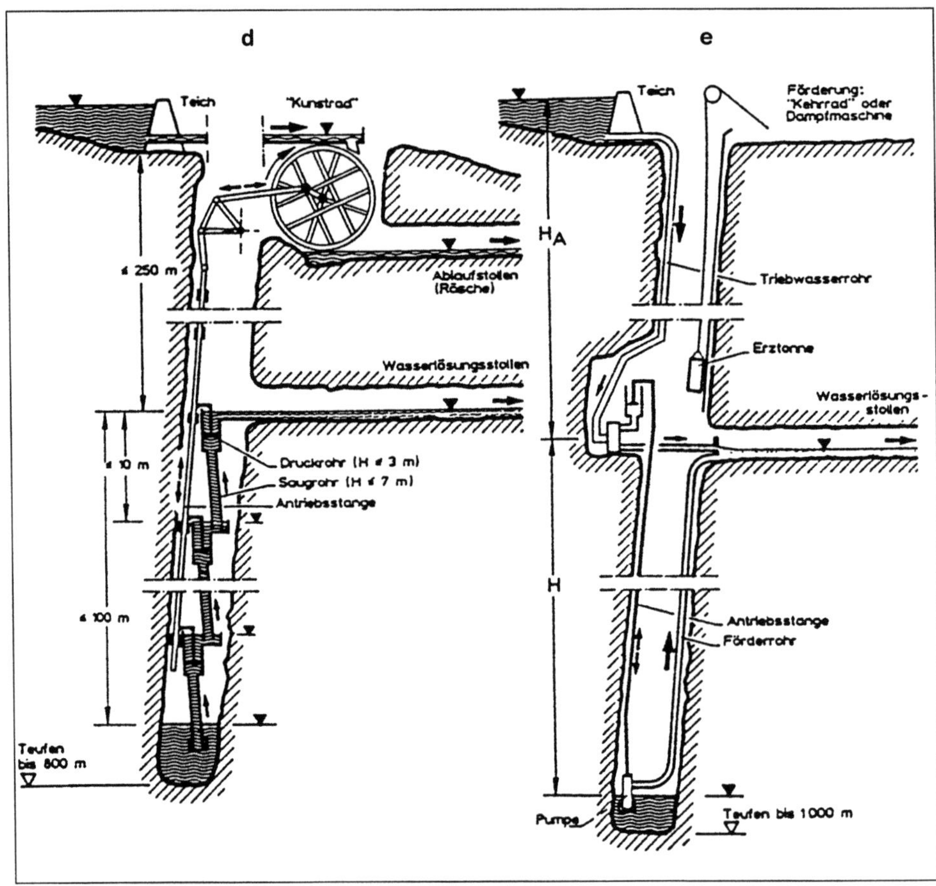

Abb. 22 d, e Fortsetzung   Entwicklung der Wasserförderung und Energiegewinnung
im Bergbau.

d) Saug-/Druckpumpen „Ehrenfriedersdorfer Kunstgezeug" (ab 1550): Wasser-
(„Kunst-")rad, $\varnothing \leq 14$ m, Kurbelwelle
(„Krummer Zapfen"), bis zu 15 Pumpen-
(„-sätze") pro Rad
$H \leq$ 10 m/Pumpe
$\leq$ 100 m/Rad
$\leq$ 550 m/Schacht
$Q =$ 4–7 m³/h
$N \leq$ 20 kW

e) Wassersäulenmaschine (1748–1923):
Förderung mit „Kehrrad" oder Dampfmaschine
$H_A \leq$ 370 m
$H \leq$ 270 m
$Q \leq$ 18 m³/h
$N \leq$ 75 kW

Die gesicherte Hebung des Wassers mittels Wasser in den Erzgruben und
das Betreiben der Pochwerke und Hütten setzte den Bau von Gräben und Teichen voraus. Die Notwendigkeit, Teiche anzulegen und ihnen über ein weites
Netz von Hanggräben Wasser zuzuleiten, wuchs mit zunehmender Tiefe der
Erzabbaue, da dadurch die Förderhöhen und damit die Beaufschlagungswas-

sermengen immer größer wurden. Das großartige Gesamtsystem der Oberharzer Wasserwirtschaft kann schon allein durch zwei Zahlen beschrieben werden: über 100 Teiche und mehr als 500 km Gräben zur Krafterzeugung für den Bergbau.[22]

Der Oderteich

Die Frage, ob der eine oder andere der Oberharzer Teiche, der vor dem Oderteich gebaut wurde, als Talsperre im heutigen Sinne angesprochen werden kann, soll hier offen bleiben. Der Oderteich jedenfalls ist eine solche und wird häufig als älteste deutsche Talsperre bezeichnet. Das Abschlußbauwerk unterscheidet sich denn auch in vielerlei Hinsicht von denen der vorhergehenden Teiche. Und was die Höhe des Bauwerks und den Speicherinhalt angeht, wurde mit dem Oderteich eine neue Dimension erreicht.

Bis zum Bau des Oderteiches lag die maximale Höhe von Teichabschlußbauwerken bei rund 15,50 m. An größere Höhen trauten sich die Bergleute nicht heran. Kennzeichnendes Element für diese Teiche war die Dammabdichtung mit Rasensoden. Diese wurden nach der „alten Bauweise" auf der Wasserseite des Dammes aufgebracht, nach der „neuen Bauweise" etwa ab dem Jahre 1715 im Damminneren. Das Dichtungselement wurde als „Rasenhaupt" bezeichnet. Der kontrollierten Wasserentnahme diente die sogenannte Striegelanlage – hölzernes Gerinne unter dem Damm, das durch den Striegelzapfen geschlossen und geöffnet werden konnte. Bei der „alten Bauweise" stand das Striegelgerüst im Teich, bei der „neuen Bauweise" war der Striegelschacht im Damm angeordnet.

Die Idee zur Errichtung des Oderteiches geht auf CASPAR DANNENBERGER (vor 1650–1713) zurück. DANNENBERGER war Steiger auf der Christian-Ludwig-Grube im Harz und später Vizebergmeister. Damit war er im St. Andreasberger Bergbaurevier der höchste technische Betriebsbeamte. In den Jahren 1712 und 1713 erläuterte er seine Vorschläge für den Oderteichbau dem Bergamt Clausthal und dem Berghauptmann HEINRICH ALBERT VON DEM BUSSCHE. Völlig neu im Harz war die von ihm vorgesehene Damminnendichtung wie auch die Anordnung eines Striegelschachtes im Damm, die dann nach der „neuen Bauweise" zur Standardausführung an den Abschlußbauwerken der späteren Teiche wurde. DANNENBERGER hat den Bau des Oderteiches nicht mehr erlebt. Seine Verwirklichung nach manchen Ergänzungen und Änderungen wurde von Berghauptmann VON DEM BUSSCHE mit großer Energie unterstützt. Insbesondere setzte er sich für die Finanzierung der Maßnahme, die we-

---

[22] SCHMIDT, MARTIN: Talsperren im Harz, Ost- und Westharz, S. 16, Piepersche Druckerei und Verlag GmbH, Clausthal-Zellerfeld, 1992

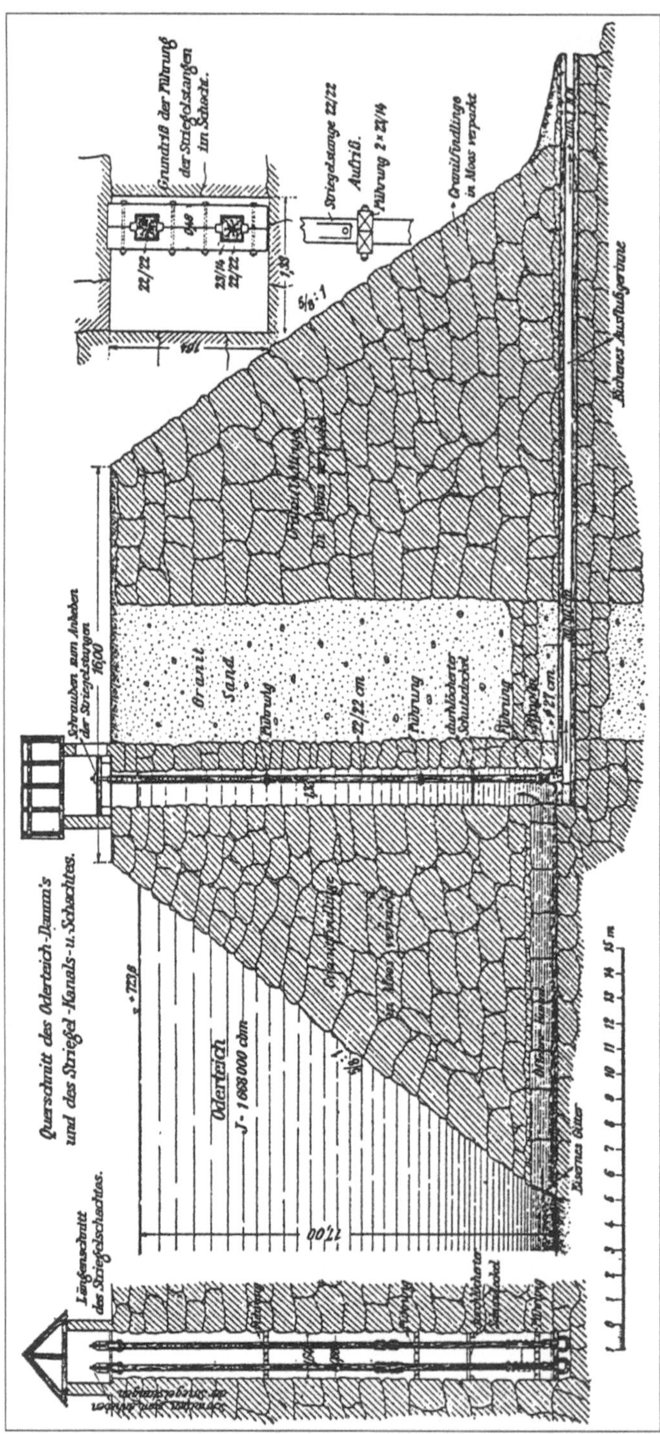

Abb. 23   Der Damm des Oderteiches.
Gezeichnet von H. ZIEGLER um 1750

gen der neuen Bauweise mit Risiken behaftet war, nachhaltig ein. VON DEM BUSSCHE gilt als einer der bedeutendsten Berghauptleute des Harzes, der die Aufwärtsentwicklung dieser Region maßgeblich befördert hat.

In Abbildung 23 ist der Querschnitt des Oderteichdammes dargestellt, wie er nach den Angaben des Oberbergmeisters A. L. HARTZIG von H. ZIEGLER um 1750 gezeichnet wurde. Ob diese Darstellung absolut zutreffend ist, mag offenbleiben. Sie dürfte jedenfalls annähernd richtig sein. Auch die Höhenangaben, insbesondere die Dammhöhe über Gründungssohle, differieren bei verschiedenen Literaturangaben. Die Angaben der Dammhöhe über Gründungssohle schwanken zwischen 22 und 24 m. Der Stauraum hat einen Inhalt von rund 1,7 Mio. m³, die Seefläche eine Größe von 27 ha. Abbildung 24 zeigt den Oderteich. Mit der genannten Dammhöhe war der Oderteich bis zum Jahr 1892, also 170 Jahre lang, die größte deutsche Talsperre. Sie wurde dann von der Eschbachtalsperre mit einer Höhe über Gründungssohle von 25 m knapp übertroffen. Allerdings ist die Eschbachsperre eine Mauerwerksschwergewichtsmauer. Zieht man nur Dämme in Betracht, dann hat erst die Soesetalsperre im Jahre 1931 mit einer Höhe von 57,3 m erstmals die Oderteich-Dammhöhe überschritten.

Der Oderteichdamm ist für seine Zeit ein Meisterwerk der Ingenieurbaukunst, wobei die Bergleute ohne weitergehende theoretische Kenntnisse, aus

Abb. 24   Oderteich.
Harzwasserwerke

praktischen Überlegungen geplant und gebaut haben. Sie haben dabei viel Mut bewiesen.

Die wasser- und luftseitigen Stützkörper bestehen aus sorgfältig aufgeschichteten Granitsteinen, z. T. in Moos, z. T. in Granitsand verlegt. Granitblöcke und Granitsand wurden im Stauraum gewonnen. Das völlig Neue war der im Damminnern angeordnete Dichtungskern aus eingestampftem Granitsand von einer Dicke zwischen 8 und 12 m. Vor dieser Dichtung auf der Wasserseite ist der Striegelschacht angeordnet, in dem die Striegelstange geführt wird, an deren unterem Ende der Striegelzapfen angebracht ist, mit dem die Grundablaßleitung, das Striegelgerinne aus Eichenholz, verschlossen oder geöffnet werden kann. Die Grundablaßleitung dient sowohl der Betriebswasserregelung wie auch der See-Entleerung. An der östlichen Dammseite ist eine Hochwasserentlastung, eine sogenannte Ausflut angeordnet, die 1886/87 mit einem Schütz versehen und seitlich durch eine zweite Ausflut ergänzt wurde.

Nach Beendigung des Bergbaus im Harz entfiel auch die ursprüngliche Funktion des Oderteiches. Heute werden aus dem Oderteich noch mehrere Kraftwerke betrieben. Mindestens so bedeutend ist der Teich heute als Bau- und Industriedenkmal, das viele Besucher des Nationalparks Harz an die große Zeit des Harzer Bergbaus erinnert.

Neben der Oberharzer Wasserwirtschaft war auch die erzgebirgische Wasserwirtschaft von großer Bedeutung. Dieses System von Stauhaltungen, Kunstgräben und bergmännisch vorgetriebenen Stollen, die sogenannte Revierwasserlaufanstalt Freiberg (RWA), entstand und wurde weiter ausgebaut über einen Zeitraum von mehr als 300 Jahren, von etwa 1520 bis zur Mitte des 19. Jahrhunderts. Es diente der Versorgung der Stadt Freiberg und des Freiberger Bergreviers mit Wasser. Der größte Teich in diesem System, das noch heute bewirtschaftet wird, ist der Untere Großhartmannsdorfer Teich mit einem Stauvolumen von 1,68 Mio. m³, geringer Stauhöhe und einer Dammkronenlänge von 509 m. Er wurde Anfang des 16. Jahrhunderts gebaut. Man kann ihn als Vorläufer einer Talsperre ansehen.

Ostsee – Küste, Küstendynamik, Sturmflut, Seegang

Die Ostsee, auch Baltisches Meer genannt, ist erdgeschichtlich ein sehr junges Meer, das erst vor rund 13 000 Jahren entstand. Sie ist ein kleines und flaches Nebenmeer des Atlantischen Ozeans mit 420 000 km² Größe, einer größten Tiefe von 459 m und einer mittleren Tiefe von 55 m. Großer und Kleiner Belt und Sund stellen die Verbindung zur Nordsee dar. Die Tidebewegung in der Ostsee ist gering, sie liegt unter 20 cm. Die Ostseeküste ist einem ständigen Wandel unterworfen, der unter anderem durch den häufigen Wechsel zwischen Abbruch- und Anwachsufern gekennzeichnet ist. Dabei sind in der Regel die Steilküsten Abbruchstrecken, die Flachküsten Anwachsstrecken. Die heutige Außenküste der Ostsee in der Bundesrepublik Deutschland, also ohne die Boddenküste in Mecklenburg-Vorpommern und ohne Schlei in Schleswig-Holstein, hat eine Länge von 758 km (Abb. 25).

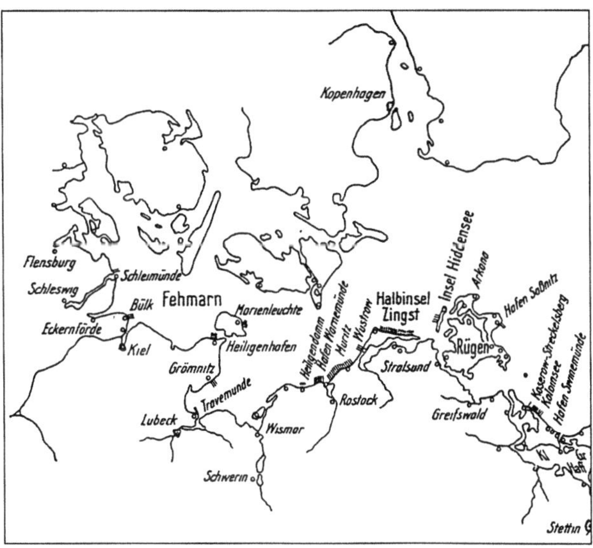

Abb. 25 Ostseeküste in der Bundesrepublik Deutschland.

Davon entfallen auf Steilküstenabschnitte 249 km. Die Boddenküste hat eine Länge von 1358 km, die Schlei eine solche von 135 km. Die Schlei hat 27 km Steilufer.

Die Steilküsten sind mit der Sedimentschüttung ihrer Abrasionsstrecken die wichtigsten Materiallieferanten für Entstehung und Bestand der Flachküsten.

Ein besonders eindrucksvolles Beispiel für Abbruch und Anwachs ist auf der Insel Hiddensee gegeben; die Kliffkante des Dornbusch mit ihrem durchschnittlichen jährlichen Rückgang von 0,3 m ist Materiallieferant für den Landzuwachs beim Neubessin. Vor rund 100 Jahren begann die Bildung des jetzt schon 3 km langen Hakens, der in manchen Jahren bis zu 40 m wachsen kann. Die Ergebnisse zahlreicher Feststellungen und Schätzungen verschiedener Autoren über den Rückgang der Steilküsten für den Zeitraum zwischen etwa 1700 und 1950 sind bei PETERSEN[23] wiedergegeben. Der durchschnittliche jährliche Uferrückgang wird dort für die südliche Ostseeküste mit Werten zwischen 0,25 m und 0,80 m angegeben, wobei die höchsten Werte, weil geschätzt, von PETERSEN als zu hoch angesehen werden. Für das Brodtener Ufer bei Travemünde gibt er einen mittleren Wert des Rückgangs für den Zeitraum 1877 bis 1949 von 0,46 m/a an, der als relativ genau angesehen werden kann, weil er auf Grund von Katastervermessungen gewonnen wurde. Die Steilküsten als Materiallieferanten für den Erhalt der Flachküste haben zugleich eine strukturelle Funktion für die Küste zu erfüllen, sie werden insoweit als „Aufhänger" bezeichnet. Rückgang der Steilküsten und verminderte Sedimentschüttung führen, wie das heute teilweise der Fall ist, zu Rückgang an den Flachküsten. Ursache der ständigen Küstenveränderungen sind die verschiedenartigen Beanspruchungen, die bei unterschiedlich hohen Wasserständen durch Seegang und Strömung eintreten. Dabei treten Küstenveränderungen nicht etwa nur bei Sturmflutwasserständen auf, sondern sind auch Ergebnis langzeitiger Einwirkungen bei mittleren Wasserständen. Die deutlicher wahrnehmbaren und in ihrer Auswirkung gefährlicheren Angriffe auf die Küsten werden jedoch bei Sturmflut ausgelöst.

Die aus dem Zusammenwirken verschiedener meteorologischer und hydrologischer Vorgänge entstehenden Sturmfluten an der südwestlichen Ostseeküste können folgenden wesentlichen Ursachen und ihren Verknüpfungen zugeordnet werden:

– Einstrom von Nordseewasser in das Ostseebecken.
– Rückschwingen von durch SW- bis W-Winde bewirktem Aufstau in der nordöstlichen Ostsee, wenn der Wind sich legt oder – was schlimmer ist – wenn der Wind dann aus N oder NE kommt und dabei gar Sturm- oder Orkanstärke erreicht. Dann nämlich addieren sich an der südwestlichen Ostseeküste Schwingungsstau und Windstau.
– Aber auch reiner Windstau, verursacht von NE-Stürmen, die eine Windwirklänge bis 750 km erreichen können, kann an der südwestlichen Küste hohe Wasserstände verursachen.

---

23 PETERSEN, MARCUS: Abbruch und Schutz der Steilufer an der Ostseeküste, in: Die Küste – Archiv für Forschung und Technik an der Nord- und Ostsee – Jg. 1952, Heft 2, Westholsteinische Verlagsanstalt Boyens & Co., Heide in Holstein, S. 100–152

Sturmflutwasserstände können verhältnismäßig lange andauern; die eingetragene Wellenenergie ist dementsprechend groß. Was die Wellenhöhen angeht, kann ihr Maximum bei mittleren Sturmfluten bis 3,0 m reichen. Die größten Wellenhöhen können beispielsweise in der Kieler Bucht $H_{max} \cong 4,0$ m, in der Pommerschen Bucht $H_{max} \cong 5,0$ m, in der Lübecker Bucht $H_{max} \cong 6,0$ m, und zwar im Tiefwasser, erreichen.

Historische Sturmfluten an der Ostseeküste

Sporadische Wasserstandsaufzeichnungen gehen bis in das 17. Jahrhundert zurück. PETERSEN[24] gibt Einrichtungsdaten von Latten- und Schreibpegeln an der Ostsee an, die allerdings Fragen offen lassen.

Tab. 1 Historische Pegel an der Ostsee

Ostseepegel	Beobachtet seit	Lattenpegel (L) Schreibpegel (S)	Bemerkungen
Memel	1811	L + S	S seit 1901 ver-
Stolpmünde	1.2.1858	L + S	öffentlicht. Zeit
Kolberg	1.8.1810	L	der Inbetrieb-
Swinemünde	1.9.1810	L + S	nahme liegt
Stralsund	1.3.1846	L	weiter zurück.
Warnemünde	1855	L + S	
Wismar	1849	L + S	
Travemünde	1826	L + S	S seit 1885
Kiel	1870	L	
Flensburg	1.3.1872	L	

Quelle: PETERSEN, MARCUS: Abbruch und Schutz der Steilufer an der Ostseeküste, in Die Küste, 1952.

Eindeutig ergibt sich allerdings aus der Zusammenstellung zum Beispiel, daß in Travemünde der Lattenpegel seit 1826 und der Schreibpegel seit 1885 beobachtet wurden. HAGEN[25] berichtet, daß 1845 eine Vorschrift erlassen wurde, nach der die Lattenpegel einheitlich mittags um 12 Uhr abzulesen waren.

Aus diesen verschiedenen Angaben wird verständlich, daß die Sturmflutwasserstände vom 12./13. November 1872 als die ersten sicher registrierten an der südwestlichen Ostseeküste gelten.

Verheerende Sturmfluten gab es vorher gemäß verschiedenartiger Feststellungen und Berichte schon in den Jahren 1304, 1320, 1449, 1625, 1694, 1784 und 1825. Über das Ausmaß der meisten früheren Katastrophen ist kaum etwas bekannt. Von der Sturmflut des 10. Februar 1625 wird berichtet, daß sie im Ostseegebiet etwa 9100 Menschenleben forderte.

---

[24] PETERSEN: Die Küste, Jg. 1952, Heft 2
[25] HAGEN, GOTTHILF: Handbuch der Wasserbaukunst, Dritter Theil, Erster Band, S. 165, Berlin, 1878

Man geht davon aus, daß vom 14. bis 19. Jahrhundert 4 Sturmflutereignisse einen dem 1872-Ereignis vergleichbaren Rang einnehmen. Die Wasserstände des Jahres 1872 wurden bis heute nicht mehr erreicht.

Tab. 2   Wasserstände an ausgewählten Ostseepegeln seit 1872

Datum	Wismar	Warnemünde	Saßnitz	Stralsund	Greifswald
13.11.1872	2,80	2,43		2,39	2,64
25.11.1890	1,67	1,48			
19.04.1903	1,52	1,25	1,06	1,37	1,29
31.12.1904	2,28	1,88	2,09	2,16	2,39
30.12.1913	2,08	1,89		2,32	2,10
09.01.1914	1,57	1,60			
07.11.1921	1,96	1,50			
02.03.1949	1,74	1,50	1,44	1,00	1,80
11.12.1949	1,64	1,29	0,80	1,00	0,84
04.01.1954	2,10	1,70	1,40	1,73	1,82
14.12.1957	1,56	1,35	1,05	1,38	1,52
14.01.1960	1,55	1,18	0,77	1,06	1,13
12.01.1968	1,55	1,50	1,10	1,44	1,54
15.02.1979	1,57	1,27	0,80	0,92	0,98
12.01.1987	1,69	1,40	1,11	1,15	1,41
Sturmflut am 03./04.11.1995	1,98	1,58	1,30	1,62	1,77
Rang nach Schweregrad	5	6	4	5	6

Quelle: Ministerium für Bau, Landesentwicklung und Umwelt: Küstenschutz in Mecklenburg-Vorpommern, 1997.

Sie kamen zustande durch Schwingungsstau mit gleichzeitigem Windstau bei gut gefülltem Ostseebecken nach voraufgegangenen West- und Nordwestwinden. Dieser Flut fielen an der südwestlichen Ostseeküste 271 Menschen zum Opfer.

Lediglich die Sturmflut vom 30. Dezember 1913 hat auf Grund ihrer längeren Verweilzeit in einigen Abschnitten im Ostteil der Küste ähnlich große oder sogar größere Schäden als die von 1872 verursacht.

Küstenschutzmaßnahmen
an der Ostsee von ihren Anfängen bis zur
schweren Sturmflutkatastrophe 1872

Es muß wohl schon im Mittelalter einfachste und eng begrenzte Maßnahmen an
der Ostseeküste gegeben haben, die man dem Küstenschutz im weitesten Sinne
zuordnen kann. Konkret ist darüber nichts bekannt. Ein Hinweis von HAGEN[26]
auf eine Denkschrift aus dem Jahre 1796 des SÖREN BIÖRN, der für die Stadt Danzig im Dünenbau tätig war, zeigt, daß dieser die Bedeutung von Vordünen und
die Notwendigkeit ihrer Schaffung erkannt hat, ohne den Begriff „Vordüne"
zu verwenden. Eigentliche Vordünen hat er indessen nicht geschaffen, sondern
sich damit begnügt, die Dünen, die zufällig an der See lagen, so wie er sie vor-
fand, festzulegen. HAGEN war der erste, der den Wert einer vollkommen gleichmäßig geführten Vordüne sah. Er begann 1826 auf der Frischen Nehrung damit,
in geraden Linien längs der See doppelte Fangzäune zu errichten; der sich daran
anlagernde Sand wurde mit Dünengras festgelegt. So entstand eine Vordüne. Die
Vorzüge von Vordünen liegen in der uferschützenden Wirkung, dem Schutz dahinter liegender Flächen und natürlicher Dünen vor weiterer Versandung und
der Verringerung der am Strand treibenden Sandmengen. Die Schaffung von
Vordünen steht am Anfang eines „methodischen Dünenbaus" am Beginn des
19. Jahrhunderts. Darunter versteht man die Festlegung und Kultur der kahlen
Sandflächen durch Ansiedlung von Pflanzen und Schaffung von Gebüschen und
Waldungen. Die dafür wichtigen Pflanzen sind diejenigen, die sich auch auf Dünen in ihrem natürlichen Zustand vorfinden. Es sind dies vornehmlich der Strandhafer (*Ammophila arenaria*), der Strandweizen (*Elymus arenarius*), welcher
unter Verhältnissen gedeiht, unter denen der Strandhafer abstirbt, verschiedene
Weidenarten sowie von den Baumarten vorzugsweise die Kiefer. Die Bewirtschaftung der Vordünen wurde 1864 der Wasserbauverwaltung übertragen.

Die Anfänge des Dünenbaus sind zugleich der Beginn systematischen Küstenschutzes an der deutschen Ostsee in der ersten Hälfte des 19. Jahrhunderts.
Die Ziele sind zunächst: Vorkehrungen gegen das Versanden von Wasserstraßen und Häfen; Verhindern von Landverlusten vor Seezeichen, Lotsenstatio-
nen und Siedlungen sowie an landwirtschaftlich genutzten Flächen. So entstand beispielsweise im Jahre 1826 im Zusammenhang mit dem Bau des
Leuchtturms Arkona auf der Insel Rügen zur Sicherung des davor liegenden
Hochufers eine Pflasterung aus Granitgeschiebe, das sich am Fuß an eine Pfahlreihe anlehnt.

---

26 HAGEN, GOTTHILF: Handbuch der Wasserbaukunst, Dritter Theil, Zweiter Band, S. 148,
Berlin 1878

Die ersten Buhnen an der deutschen Ostseeküste wurden 1843 auf Rügen gebaut. Um etwa die gleiche Zeit wurden auch auf der Insel Ruden, die den Greifswalder Bodden auf der Ostseite begrenzt, einfache Buhnen errichtet, hier zum Schutz der Lotsenstation. In Ergänzung eines zum Schutze einer auf dem Streckelsberg/Insel Usedom stehenden Bake aus schweren Granitgeschieben gebauten Deckwerks wurden in den Jahren 1859 bis 1862 Buhnen errichtet. Sie wurden als zweireihige hölzerne Pfahlbuhnen mit Strauchpackung und Steinauffüllung ausgeführt. Insgesamt entstanden 76 Buhnen mit einem durchschnittlichen Abstand untereinander von 4,5 Ruthen = 17 m und Längen zwischen 6 und 14 Ruthen.

Im Laufe der Jahre setzte sich mehrheitlich die einreihige Holzpfahlbuhne durch. Von ihr sagt HAGEN: „Dagegen ist mehrfach nur eine einzige Pfahlreihe zur Ausführung gekommen, in welcher die Pfähle unmittelbar an einander gestellt wurden. Solche Wände zeigten sich ganz genügend. An einer längeren Uferstrecke wurden abwechselnd die Werke aus einer und aus zwei Pfahlreihen bestehend ausgeführt, und bei späterer Untersuchung wurden in beiden Fällen in Betreff der Versandung die Erfolge übereinstimmend gefunden, während auch in den vorgekommenen Beschädigungen kein Unterschied sich herausstellte."

Es fehlte nicht an Versuchen mit vielen Varianten von Buhnen. Dabei wurde auch die sogenannte Strauchbuhne erprobt.

Die Oder – Ausbau im Interesse
der Landeskultur und der Schiffahrt

Die Oder entspringt in der Tschechoslowakei im Odergebirge rund 25 km öst-
lich von Olmütz. Sie hat ein Niederschlagsgebiet von rund 119 000 km², das ungefähr 75 % desjenigen des Rheins an der deutsch-holländischen Grenze entspricht. Die Abflußverhältnisse in der Oder sind jedoch aus verschiedenen
Gründen sehr ungünstig. Einmal dadurch, daß das Gesamtniederschlagsgebiet
aus zwei großen Teilgebieten besteht, nämlich dem der oberen und mittleren
Oder selbst und dem von Warthe und Netze. Oder und Warthe vereinigen sich
erst bei Küstrin, so daß der Gesamtwasserabfluß der Oder nur ihrem Unterlauf
zugute kommt. Außerdem sind die Niederschlagshöhen im Odergebiet erheblich niedriger als in den westdeutschen Stromgebieten. Sie liegen im Durchschnitt bei nur rund 600 mm im Jahr. Beides zusammen genommen und eine
lange winterliche Eissperre machten die Schiffahrt auf der Oder schon immer sehr schwierig. Die ersten an der Oder durchgeführten Regulierungsmaßnahmen dienten indessen vorwiegend der Landeskultur. Das gilt für die unter FRIEDRICH II., DEM GROSSEN (1712–1786), vorgenommenen Ausbauarbeiten
zur Verbesserung der Vorflut, zur Entwässerung versumpften Landes wie auch
zur Verminderung von Hochwasserschäden.

Durch diese Regulierungen – etwa Entfernung von Wehren und Ausführung
von Durchstichen – wurde die Oder zwischen Ratibor und Schwedt um etwa
150 km verkürzt. Das entspricht ungefähr einem Sechstel ihrer gesamten Lauflänge. Die in dieser Zeit durchgeführten Meliorationen im Oderbruch, Warthebruch und Netzebruch gehen in ihrer Bedeutung weit über das Wasserwirtschaftliche und Wasserbauliche hinaus.

Oderbruch

Im Oderbruch – nördlich von Seelow und Küstrin gelegen, mit einer Ausdehnung von 60 km in der Länge und 10–18 km in der Breite – wurden zwischen
1745 und 1756 ungefähr 330 km² Land durch Eindeichung und Entwässerung
kultiviert. Die Oder selbst wurde dabei an die Ostseite des Tales in ein neu ge-
schaffenes, 20 km langes Bett verlegt. 43 neue Bauerndörfer wurden geschaffen
und eine eigens gebildete „Kommission zur Herbeischaffung von Kolonisten“
suchte „fleißige und arbeitsame Ausländer“ zur Besiedlung des Bruchs. Es kamen insbesondere Pfälzer, Schwaben und Polen, aber auch Franken, Vogtlän-

der und Österreicher. Das Warthebruch zwischen Landsberg und Küstrin wurde zwischen 1767 und 1782, das Netzebruch am Unterlauf der Netze um 1772 urbar gemacht und mit fremden Bauern besiedelt. Etwa 300 000 Menschen sind in der Regierungszeit Friedrichs des Grossen insbesondere im Umland von Berlin und im Oderbruch angesiedelt worden. Die an der Oder durchgeführten Regulierungsmaßnahmen brachten durch die Gefällvergrößerungen, den schnelleren Wasserabfluß und die Verkleinerung des Wasserquerschnitts für die Schiffahrt eher Nachteile.

Ein vorwiegend der Schiffahrt dienender Oderausbau begann erst sehr viel später, nämlich nach Errichtung der Oderstrombauverwaltung im Jahre 1874. Zwischen 1878 und 1888 wurde eine Regulierung auf Mittelwasser mit einer durchgängigen Fahrtiefe von 1,0 m durch Einbau von 10 000 Buhnen durchgeführt, wie schon auf Seite 31 dargelegt. Oberhalb von Breslau war zur Schaffung ausreichender Fahrwassertiefen eine Kanalisierung mit Staustufen, bestehend aus Wehr und Schleuse, erforderlich, die 1891 begann und mit Unterbrechungen bis 1922 dauerte. Damit stand der Schiffahrt zwischen Kosel und Ransern eine Mindestfahrrinnentiefe von 1,50 m zur Verfügung, die den 400-t-Kähnen stets mindestens eine Dreiviertel-Ladung ermöglichte. Unterhalb von Ransern blieb jedoch das Problem der oft geringen Wasserführung der freien Oder mit der Notwendigkeit, zur Verringerung der Tauchtiefe die Schiffe zu leichtern. Insbesondere die noch unzureichenden Fahrwasserverhältnisse zwischen Ransern und der Warthemündung führten schon 1913 zu dem Entschluß, auf dieser Strecke eine Niedrigwasserregulierung im wesentlichen durch Buhnen durchzuführen und darüber hinaus Talsperren für Zuschußwasser zu errichten. Damit sollte der Verkehr mit 400-t-Kähnen mit Dreiviertel-Ladung bei Niedrigwasser gewährleistet werden. Durch die Kriegsereignisse verzögerte sich der Baubeginn der Niedrigwasserregulierung bis 1924. Die für die Zuschußwasserabgabe vorgesehenen Talsperren sind Ottmachau an der Glatzer Neiße, Turawa an der Malapane, Stauwerder im Klodnitztal und Berghof an der Weistritz. Das größte dieser Staubecken ist das von Ottmachau mit einem Inhalt von 143 Mio. m³, das 1933 in Betrieb ging. Ein 6,5 km langer Staudamm dient als Absperrbauwerk mit einer größten Höhe von 29 m über Gründungssohle. Der Damm hat eine wasserseitige Tondichtung mit einer starken Abdeckschicht. Ein Kraftwerk mit zwei Kaplanturbinen hat eine Gesamtleistung von 4 MW. Das Staubecken Turawa wurde 1937 fertiggestellt. Der Stauraum von 109 Mio. m³ wird ebenfalls von einem Damm mit einer Böschungsdichtung aus Ton abgesperrt. Die größte Dammhöhe über Gründungssohle beträgt 21,6 m. Abbildung 26 zeigt einen Querschnitt des Dammes.

Bemerkenswert ist die Ausbildung der Hochwasserentlastungsanlagen: zwei kreisrunde Einlaufbauwerke von 24 m Durchmesser nehmen das allseits zufließende Wasser auf, von wo es unter dem Damm ins Unterwasser geleitet wird. Die weiteren Stauräume für Zuschußwasser Berghof im Weistritztal und die im Zusammenhang mit Sandbaggerungen geschaffenen drei Becken bei Stau-

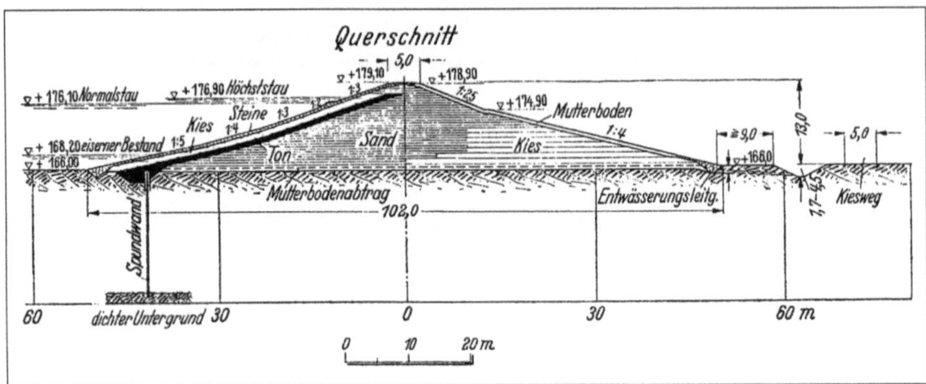

Abb. 26   Querschnitt des Staudamms Turawa.

werder im Klodnitztal mit einem Gesamtstauraum von 79 Mio. m³ Inhalt, die in den Jahren 1937, 1944 und 1957 fertiggestellt wurden, verbessern die Zuschußwasserbewirtschaftung der Oder in bedeutendem Umfang.

Am 2. August 1945 war von den Siegermächten des 2. Weltkrieges das Potsdamer Abkommen beschlossen worden, nach dem der östliche Teil Deutschlands bis zur Oder-Neiße-Linie (Lausitzer Neiße) an Polen bis zum Friedensvertrag in Verwaltung gegeben wurde. Das galt auch für Stadt und Hafen Stettin. Im Warschauer Vertrag zwischen der Bundesrepublik Deutschland und Polen, der am 3. 6. 1972 in Kraft trat, wurde dann die Unverletzlichkeit der Oder-Neiße-Linie festgeschrieben. 1990 erfolgte die Anerkennung der Oder-Neiße-Linie als Westgrenze Polens durch die Bundesrepublik Deutschland.

Vom SEGNERSchen Wasserrad zur Wasserturbine

SEGNER, EULER, FOURNEYRON, HENSCHEL, FRANCIS, PELTON, KAPLAN

Als LEONHARD EULER (1707–1783), der berühmte Mathematiker, der auch Theologie und Medizin studiert hatte, in hohen Stellungen an den Akademien der Wissenschaften in Berlin und St. Petersburg, im Jahre 1752 die theoretischen Grundlagen für die Wasserturbinen erarbeitete, da hatte er die Anregung dazu durch die Erfindung des SEGNERschen Wasserrades durch den Arzt und Physiker JOHANN ANDREAS VON SEGNER (1704–1777) bekommen. SEGNER war Professor in Göttingen und Halle. Das nach ihm benannte Wasserrad war eine praktische Anwendung der Theorie von der Reaktion ausfließender Flüssigkeiten. Es dauerte aber noch bis zum Jahr 1827, bis der französische Zivilingenieur BENOIT FOURNEYRON die erste Wasserturbine erfand. Sie wurde durch den deutschen Ingenieur im Staatsdienst CARL ANTON HENSCHEL (1780–1861) – zuletzt Oberbergrat in der hessischen Berg- und Salzwerkdirektion – verbessert und erstmals 1841 in Holzminden eingesetzt. Sie wurde unter dem Namen HENSCHEL-JONVAL-Turbine bekannt.

Der in Amerika lebende englische Ingenieur JAMES BICHENO FRANCIS (1815–1892) entwickelte 1849 eine Überdruckturbine, die nach ihm benannte FRANCIS-Turbine.

Bei dieser Turbine, die sowohl mit horizontaler wie auch mit vertikaler Wellenanordnung gebaut wird, wird das Wasser über den verstellbaren Leitapparat dem zentrisch angeordneten Laufrad radial zugeführt und in dessen mehrfach gekrümmten Schaufeln so umgelenkt, daß es axial abströmt. Ihr weit gespannter Einsatzbereich sowohl was die Fallhöhe als auch die Leistung angeht, sichert ihr bis heute eine vielseitige Verwendung. Abbildung 27 zeigt eine FRANCIS-Schachtturbine, die bei niedrigen Fallhöhen verwendet wird; in Abbildung 28 ist eine FRANCIS-Turbine mit liegender Welle dargestellt.

Im Jahre 1880 erfand der amerikanische Ingenieur LESTER ALLAN PELTON (1829–1908) die Freistrahlturbine mit tangentialer Anströmung. Der Leitapparat besteht aus einer runden Düse, die durch eine längsverschiebbare kegelige oder zwiebelförmige durch Stellmotor gesteuerte Nadel verschlossen werden kann. Das scheibenförmige Laufrad ist mit becherförmigen Schaufeln besetzt. Freistrahlturbinen werden bei großen Fallhöhen und verhältnismäßig kleinen Wassermengen verwendet. Bei Fallhöhen über 700 m ist nur diese Wasserturbinenart im Einsatz (Abb. 29).

Der österreichische Professor für Maschinenbau an der Technischen Hochschule Brünn VIKTOR KAPLAN (1876–1934) ließ sich im Jahr 1913 ein Laufrad

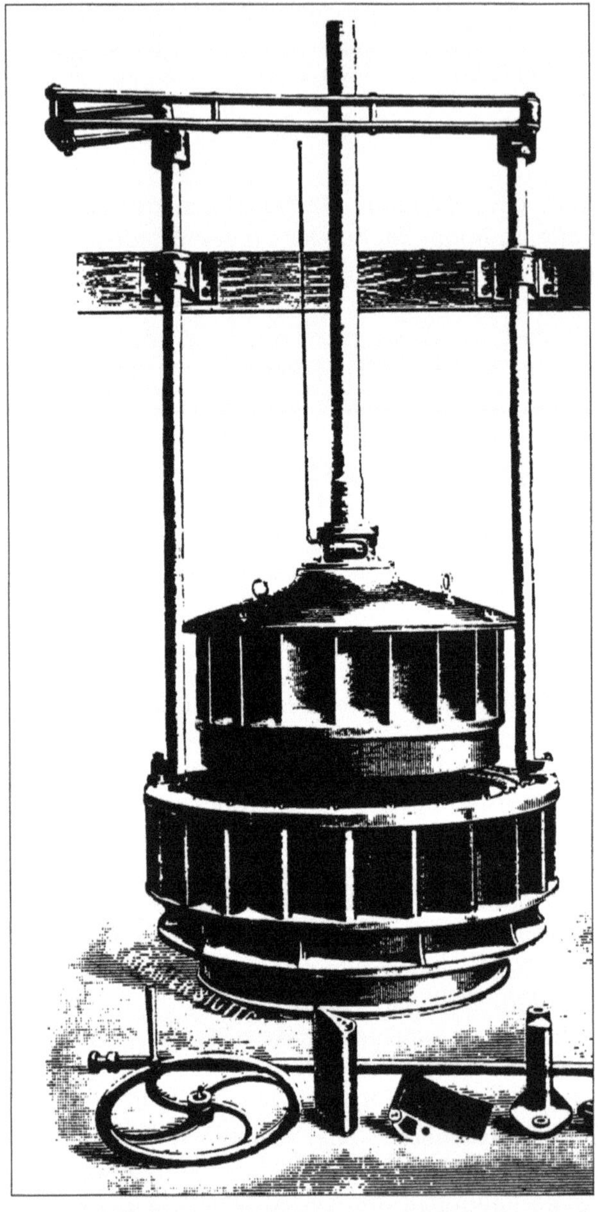

Abb. 27 FRANCIS-Schachtturbine, Laufrad herausgezogen
(1849).
Deutsches Museum, München

mit feststehenden Flügeln, später Propeller-Turbine genannt, und ein Laufrad
mit verstellbaren Flügeln, später KAPLAN-Turbine, patentieren.

Bei beiden Turbinen tritt das Wasser axial in das Laufrad ein, nachdem es den
mit verstellbaren Leitschaufeln besetzten Leitapparat passiert hat. Die KAPLAN-
Turbine wird in Flußkraftwerken eingesetzt, also bei großen Wassermengen und
geringen Fallhöhen (Abb. 30).

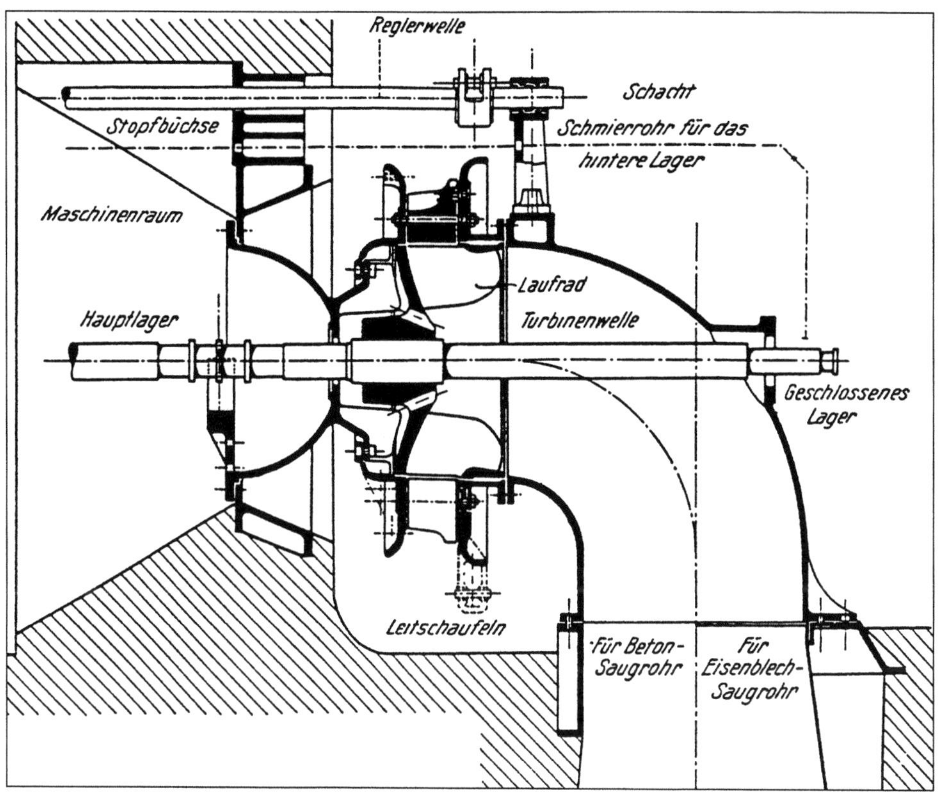

Abb. 28　Einrad-FRANCIS-Turbine mit liegender Welle.

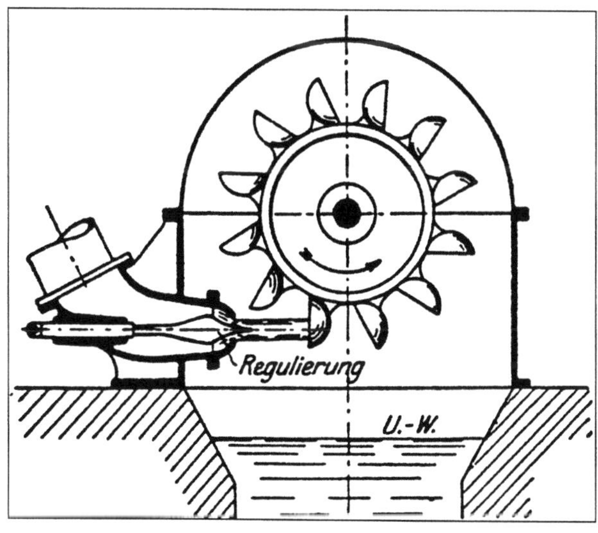

Abb. 29　PELTON-Turbine.

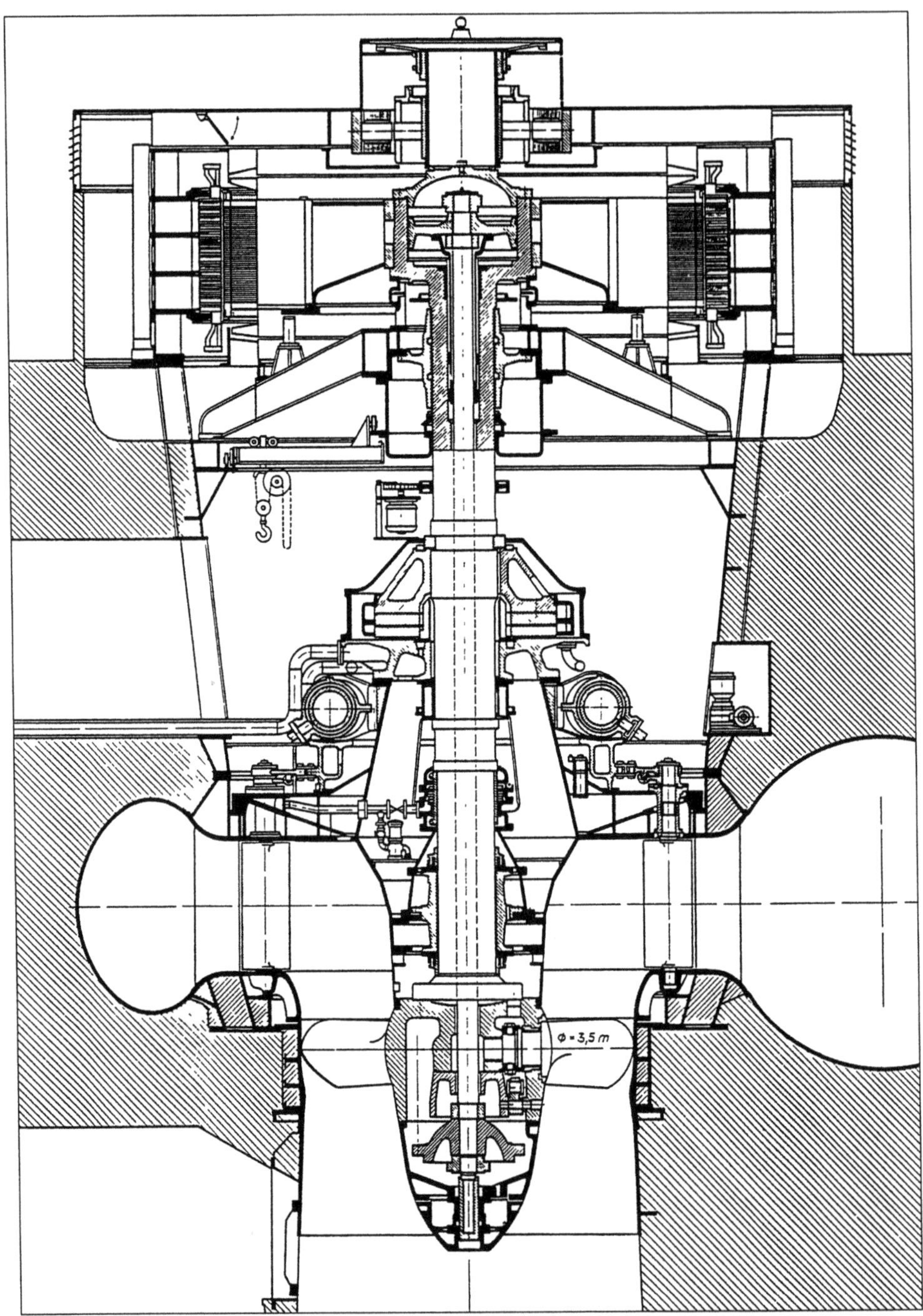

Abb. 30   KAPLAN-Turbine: Schnitt durch Turbine und Generator.

Liberalisierung des Handels im 19. Jahrhundert – Flußschiffahrtsfreiheit

Nach dem Ende der NAPOLEONischen Herrschaft versammelten sich 1814/1815 in Wien die Staatsmänner Europas unter dem Vorsitz des österreichischen Staatskanzlers METTERNICH, um eine neue Ordnung für Europa zu beraten und zu beschließen.

Der mit der beginnenden Industrialisierung erforderlich werdende Transport von Massengütern, das Aufkommen der Dampfschiffahrt – 1818 auf Rhein, Weser und Spree –, die Liberalisierung des Handels zwischen den europäischen Staaten verlangten danach, dem entgegenstehende Hemmnisse, wie etwa Zölle, Stapel- und Umschlagsrechte, abzubauen. Der Wiener Kongreß befaßte sich mit diesen Fragen und stellte in der Wiener Schlußakte vom 9. 6. 1815 für alle europäischen Ströme, die mehrere Staaten berühren, den Grundsatz der Flußschiffahrtsfreiheit auf, die sowohl Verkehrsfreiheit wie auch Abgabenfreiheit gewährt. Die Uferstaaten sollten danach Stromkommissionen zur Förderung der internationalen Schiffahrt bilden. Auslegungsschwierigkeiten erschwerten das schnelle Zustandekommen konkreter Regelungen für die einzelnen Ströme. Immerhin entstanden 1821 die erste Elbschiffahrtsakte, 1831 die erste Rheinschiffahrtsakte und 1857 die erste Donauschiffahrtsakte. Die Mainzer Rheinschiffahrtsakte von 1831 brachte eine Übereinkunft der Uferstaaten des Rheins Baden, Bayern, Frankreich, Hessen, Nassau, Niederlande und Preußen, die Stapel- und Umschlagsrechte sowie Vorrechte der Schiffergilden und -zünfte aufzuheben. Die Mainzer Akte wurde revidiert durch die Mannheimer Schiffahrtsakte von 1868, die nach weiterer Revision von 1963 noch heute in Kraft ist.

Preußen hatte schon im Jahre 1818 sämtliche Binnenzölle abgeschafft. Damit entstand ein einheitlicher Wirtschaftsraum für rund 10 Millionen Menschen. Dem schlossen sich nach und nach weitere Bundesstaaten an. Schließlich konnte am 1. Januar 1834 der Deutsche Zollverein mit 18 deutschen Bundesstaaten gebildet werden. Der Bau von Landesgrenzen überschreitenden Straßen und Eisenbahnen wurde dadurch befördert.

JOHANN GOTTFRIED TULLA
und die Oberrhein-Korrektion

Die im 19. Jahrhundert durchgeführte Oberrhein-Korrektion ist mit dem Namen JOHANN GOTTFRIED TULLA (1770–1828) untrennbar verbunden. TULLA war Geometer im Badischen Staatsdienst. Er studierte auch an der Bergakademie Freiberg in Sachsen und hörte ebenfalls Vorlesungen an der Ecole Polytechnique in Paris. Seine besondere Neigung galt dem Wasserbau. Auf diesem Gebiet befaßte er sich mit Forschungsarbeiten. Man kann TULLA deshalb als Wasserbauingenieur bezeichnen. Im Dienste des badischen Staates stieg er bis zum Oberst und Oberdirektor des Wasser- und Straßenbaus auf. Sein Hauptarbeitsgebiet war der Rhein, sein großes Werk die Korrektion des Oberrheins zwischen Basel und Mannheim, deren geistiger Schöpfer er war.

Das Großherzogtum Baden, das nach dem Wiener Kongreß mit den anderen deutschen Ländern zu einer Föderation Deutscher Bund zusammengeführt war, grenzte im Westen an das damals französische Elsaß und an die bayerische Rheinpfalz an. Der Oberrhein zwischen Basel und Mainz/Bingen war in einem total verwilderten Zustand. Die Situation war gekennzeichnet durch die ständigen Bettverlegungen der zahlreichen Flußarme sowie durch Mäander, durch Überschwemmungen des Talraumes und Versumpfungen mit den damit einher gehenden negativen wirtschaftlichen, hygienischen und gesundheitlichen Folgen, zum Beispiel durch Insektenplagen. JOHANN WOLFGANG VON GOETHE soll in seiner Straßburger Zeit 1770/71 zu Friederikes Vater, dem Pfarrer BRION, gesagt haben, er könne angesichts der Schnakenschwärme in den Rheinauen von dem Gedanken abkommen, es habe „ein guter und weiser Gott die Welt erschaffen."

TULLA trat erstmals 1809 mit dem Vorschlag einer umfassenden Regelung des Stroms hervor. Es folgte 1812 eine ausführliche Abhandlung zur planmäßigen Korrektion des Rheins entlang der badischen Grenze. Die vorgeschlagenen Regulierungsarbeiten am Fluß waren erstlinig auf die Beseitigung, mindestens aber Milderung der genannten Mißstände gerichtet: Schaffung eines neuen Strombettes durch Begradigung des Laufes mittels zahlreicher Durchstiche, dadurch Verringerung von Überschwemmungen des Talraumes; Trockenlegung der versumpften Gebiete durch die Absenkung von Fluß- und Grundwasserspiegel, dadurch Gewinnung wertvollen Kulturlandes und dessen Bewohnbarmachung. Die politischen Wirren dieser Zeit führten dazu, daß mit den Regulierungsarbeiten erst 1817 begonnen werden konnte, und zwar im badisch-bayerischen Abschnitt durch Herstellung von Durchstichen. Auf Grund einer von TULLA 1825 verfaßten größeren Denkschrift „Ueber die Rektifikation des Rheines von seinem Austritt aus der Schweiz bis zu seinem Eintritt in das Grossherzogthum Hessen" kam es noch im gleichen Jahr zu einer Übereinkunft mit Bayern. Preußen und auch die Niederlande hatten erhebliche Befürchtungen, die schon durchgeführten und weiter vorgesehenen Arbeiten würden zu einer Verschlechterung der Hochwasserverhältnisse in den unterhalb liegenden Rheinabschnitten führen. Sie legten Protest ein. Es folgten zahlreiche Verhandlungen und es wurden Planänderungen vorgenommen, indem auf einige Durchstiche verzichtet wurde. Die Ausbauarbeiten wurden in modifizierter Form weitergeführt. 1840 kam es zum Rheingrenzvertrag mit Frankreich, in dem unter anderem ein gemeinsames Vorgehen bei den Rheinbauarbeiten auf der badisch-elsässischen Strecke vereinbart wurde.

Die Korrektionsarbeiten insgesamt bewirkten, daß der 358 km lange Oberrhein um 82 km verkürzt wurde. Abbildung 31 zeigt einen Regulierungsabschnitt bei Pforz und Wörth in der Nähe von Karlsruhe, der den radikalen Eingriff in das Flußregime erkennen läßt.

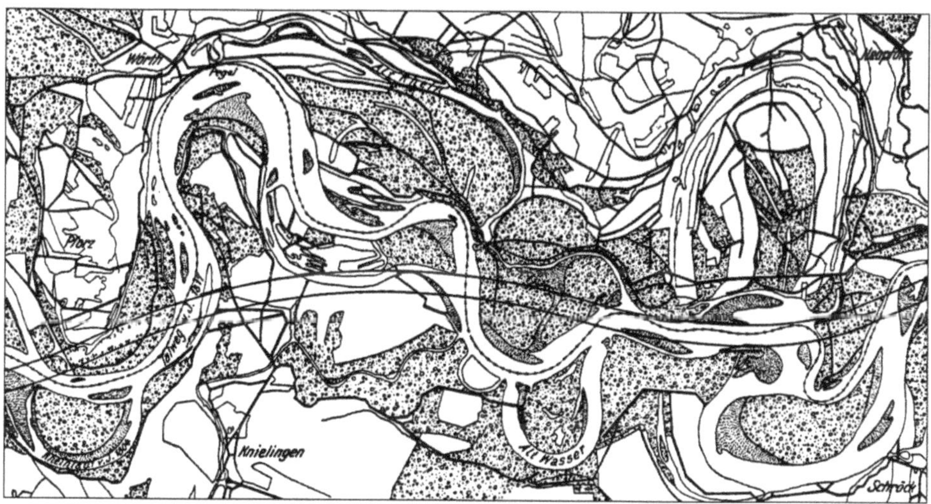

Abb. 31　　Regulierung des Rheins bei Pforz und Wörth nach Tulla.
KREUTER, FR.

Das neue Strombett erhielt eine Breite, von Uferkante zu Uferkante gemessen, zwischen 200 und 250 m. Die Ufersicherung erfolgte, soweit erforderlich, im unteren Teil durch Senkfaschinen mit Steinwurf und darüber bis zum Mittelwasserstand durch Steinpflaster. Die so geschaffenen Profile, die mit einer Leistung von etwa 2000 m³/s in der Lage waren, auch die Sommerhochwasser abzuführen, waren für mittleres und kleines Wasser viel zu breit, so daß das Bett nur zum Teil gefüllt war. Der tief eingeschnittene Fluß mäandrierte von einer Seite zur anderen; die Sand- und Kiesmassen lagerten sich dementsprechend abwechselnd vor dem rechten und dem linken Ufer ab und bewegten sich gleichzeitig stromabwärts. Daß die, wenn auch noch unbedeutende, Schiffahrt darunter schwer zu leiden hatte, liegt auf der Hand. Insgesamt zeigten die Regulierungsarbeiten nach den Plänen TULLAS, deren Vollendung er nicht erleben durfte, großen Erfolg, wenn sie auch aus heutiger Sicht kritischer betrachtet werden.

Es verwundert, daß HAGEN[27], der in seinem Handbuch der Wasserbaukunst an mehreren Stellen über die Oberrhein-Korrektion berichtet, nicht einmal den Namen TULLA erwähnt. GOETHE soll an TULLAS Arbeiten großen Anteil genommen haben. Es wird überliefert, daß Fausts Vision der Landgewinnung am Meer in der Schlußszene von Faust, zweiter Teil[28] durch TULLAS Rheinkorrektion angeregt worden sei.

Vollendet wurde TULLAS Werk erst durch MAX HONSELL (1843–1910). Durch seine Regulierungsarbeiten wurde der Oberrhein Großschiffahrtsstraße. Bezüglich des Hochflutprofils schreibt HONSELL[29] 1885: „Bis jetzt ist das Fluthprofil des korrigierten Rheinlaufes für die höchsten Wasserstände nur in einzelnen Stromstrecken von verhältnismäßig nicht bedeutender Ausdehnung durch regelmäßig angelegte Deiche begrenzt. Von Anfang an war man aber der Ansicht gewesen, daß das Fluthprofil mit der Geradelegung und regelmäßigen Gestaltung des Strombettes selbst in Übereinstimmung zu bringen sein werde."

HONSELL, der am Polytechnikum in Karlsruhe Bauingenieurwesen studiert hatte, war später Referent für den gesamten Wasserbau Badens, dann Vorstand der Wasser- und Straßenbaudirektion in Karlsruhe und dort auch Professor für Wasserbau. 1906 wurde er von Großherzog FRIEDRICH I. zum badischen Finanzminister berufen.

27   HAGEN, G.: Handbuch der Wasserbaukunst, 2. Teil, 1. Band, 6. Abschn., S. 7 ff., 7. Abschn., S. 79 und S. 219 ff., Berlin 1871
28   GOETHE, JOHANN WOLFGANG: Faust, 2. Teil: „Im Innern hier ein paradiesisch Land, Da rase draußen Flut bis auf zum Rand."
29   HONSELL, MAX: Die Korrektion des Oberrheines, in: Beiträge zur Hydrographie des Grossherzogthums Baden, Drittes Heft, 1885

Die Elbe – schwieriger Schiffahrtsweg – und der Elbe-Seitenkanal

Die Elbe entspringt auf dem böhmischen Riesengebirgskamm, nimmt bei Prag die Moldau auf, dann die Eger, verläßt die Tschechische Republik, fließt auf deutschem Gebiet vorbei an Dresden und Magdeburg, durchfließt und prägt zugleich Hamburg und mündet schließlich bei Cuxhaven in die Nordsee. Ihre Lauflänge beträgt 1165 km. Die ungünstige Wasserführung wird dadurch bestimmt, daß ihr Quellgebiet im Mittelgebirge liegt, so daß es im Sommer zu Niedrigwasserperioden kommt, die die Schiffahrt zum Erliegen bringen. Ausgenommen davon ist der Unterlauf ab Geesthacht, da die Wasserstände dort von den Gezeiten der Nordsee bestimmt werden.

Auf dem Wiener Kongreß anerkennen die Elbuferstaaten Königreich Böhmen, Königreich Sachsen, Königreich Preußen, Großherzogtum Mecklenburg und Königreich Hannover ihre gemeinsame Verantwortung für die Elbe an und verpflichten sich, die Schiffahrtsverhältnisse durch Strombaumaßnahmen zu verbessern. 1819 nahm in Dresden die Elbschiffahrtskommission ihre Arbeit auf und vereinfachte schrittweise das bis dahin umfangreiche und hinderliche Zollwesen. Im Jahre 1866 – Preußen hatte inzwischen weitere Gebiete, die auch die Elbe betrafen, dazu gewonnen – errichtete der preußische Staat in Magdeburg die Elb-Strombauverwaltung. Im gleichen Jahr begann auch die Kettenschiffahrt auf der Elbe, die sich bewährte und erst 1937 vom Raddampfer abgelöst wurde. Während in Deutschland im 19. Jahrhundert an der Elbe Flußregulierungsmaßnahmen durch Einbau von Buhnen vorgenommen worden waren, wurde die Elbe auf der Strecke Aussig-Melnik zu Anfang des 20. Jahrhunderts mittels Staustufen kanalisiert. Die letzten großen Flußregulierungen durch Buhnenbauten wurden ab 1930 durchgeführt. Abbildung 32 zeigt heutige Buhnenfelder der Elbe bei Wittenberge.

Mit der Errichtung der großen Talsperren Bleiloch (1925–1932) und Hohenwarte (Fertigstellung 1939) an der oberen Saale wurden Speicherräume geschaffen, die neben anderen Funktionen eine Zuschußwasserabgabe im Interesse der Elbschiffahrt erlaubte. Die Regulierungsarbeiten konnten durch die Kriegsereignisse nicht zu Ende geführt werden. Das gilt auch für die zur Überstauung des sogenannten Domfelsens vorgesehene Staustufe bei Magdeburg, deren Schleusenanlage bei Kriegsbeginn fast fertiggestellt war. Die ungünstigen Schiffahrtsverhältnisse, insbesondere oberhalb Magdeburgs und der Umstand, daß die Elbe zwischen Schnackenburg und Lauenburg bis zur Wiedervereinigung die Grenze zwischen der Bundesrepublik und der DDR bildete, hatte ein geringes Schiffahrtsinteresse zur Folge.

Abb. 32   Buhnenfelder der Elbe bei Wittenberge.
WSD Ost

Durch den Bau des Elbe-Seitenkanals, der 1976 fertiggestellt wurde, konnten die schwierigen Verhältnisse im Elbeabschnitt unterhalb Magdeburgs umgangen werden. Der 115 km lange Kanal zwischen Elbe und Mittellandkanal, der für das Europaschiff mit 1350 t Tragfähigkeit ausgebaut ist, verbindet Hamburg sowie über den Elbe-Lübeck-Kanal Lübeck mit dem Industriegebiet um Braunschweig, Wolfsburg und Salzgitter und stellt darüber hinaus über den Mittellandkanal eine Wasserstraßenverbindung zu den westdeutschen Industriegebieten her. Die Höhendifferenz von 61 m wird mit 2 Stufen überwunden, dem Schiffshebewerk Lüneburg (38 m) und der Sparschleuse Uelzen (23 m); hier befindet sich z. Zt. eine zweite Schleuse im Bau. Das Doppelhebewerk Lüneburg war seinerzeit das Senkrechthebewerk mit der größten Hubhöhe. Die Anlage hat eine Trogabmessung von 100 m Länge und 12 m Breite sowie eine Wassertiefe von 3,50 m.

Die seewärtige Zufahrt nach Hamburg hat hinsichtlich des zulässigen Tiefgangs der Seeschiffe seit der zweiten Hälfte des 19. Jahrhunderts eine gewaltige Entwicklung genommen. Lag dieser um etwa 1870 bei rund 5 m, so entwickelte er sich bis heute zu einem maximalen Tiefgang für tideunabhängigen Verkehr von 11,90 m bei einer Fahrrinnentiefe von 13,50 m unter KN. Bei dieser Entwicklung waren nach dem zweiten Weltkrieg zunächst die Bedürfnisse der Tankschiffahrt, sodann die der Containerschiffahrt zu berücksichtigen. Derzeit werden vorbereitende Untersuchungen für eine weitere Fahrrinnenvertiefung von Unter- und Außenelbe im Interesse der Containerschiffahrt durchgeführt.

Dabei spielt die Frage, ob die Containerschiffe der 3. und 4. Generation mit einem maximalen Tiefgang von 13,80 m der Bemessung für tideunabhängigen oder tideabhängigen Verkehr zugrunde gelegt werden sollen, eine zentrale Rolle. Hinsichtlich des Elbeausbaus von der Grenze zur Tschechischen Republik bis vor die Tore Hamburgs soll zumindest unterhalb von Magdeburg auf Staustufen verzichtet werden. Mit ökologisch verträglichen Maßnahmen wie Wiederherstellung und Ergänzung von Buhnen sollen künftig für die Hälfte des Jahres Fahrrinnentiefen von 2,50 m gewährleistet werden, ansonsten mindestens 1,60 m, was bereits auf langen Strecken der Fall ist.

Der Hamburger Hafen

Hamburgs Stellung als „Deutschlands Tor zur Welt" verdankt es seinem traditionsreichen Hafen, der mehr als 800 Jahre besteht. Am 7. Mai 1189 bestätigte Kaiser FRIEDRICH BARBAROSSA die Handels-, Zoll- und Schiffahrtsprivilegien, die die neu geschaffene Hafenstadt am westlichen Altsterufer für die Niederelbe erhalten hatte. Der Hamburger Hafen nahm über Jahrhunderte eine langsame Entwicklung. Als im Gefolge des Wiener Kongresses der Deutsche Bund – eine föderative Vereinigung von Königreichen, Herzogtümern, Fürstentümern und Freien Städten – geschaffen wurde, trat auch Hamburg als Freie und Hansestadt dem Bund bei. Dem 1834 ins Leben gerufenen Deutschen Zollverein blieb Hamburg zunächst fern. Erst 1888 erfolgte der Beitritt der gesamten Wohnstadt zum Deutschen Zollverein, der ein großes nationales Wirtschaftsgebiet ohne Zollgrenzen umfaßte. Der Hafen blieb außerhalb der Zollvereinsgrenzen; für ihn wurde ein Freigebiet geschaffen. Diese Regelung bewährte sich, führte zu immer neuen Verbesserungen der Hafen- und Strombaueinrichtungen und zu einer günstigen wirtschaftlichen Entwicklung. Mit der etwa Mitte des 19. Jahrhunderts in Deutschland einsetzenden Industrialisierung nahm der Hafenumschlag eine neue und vom Umfang her sprunghafte Entwicklung.

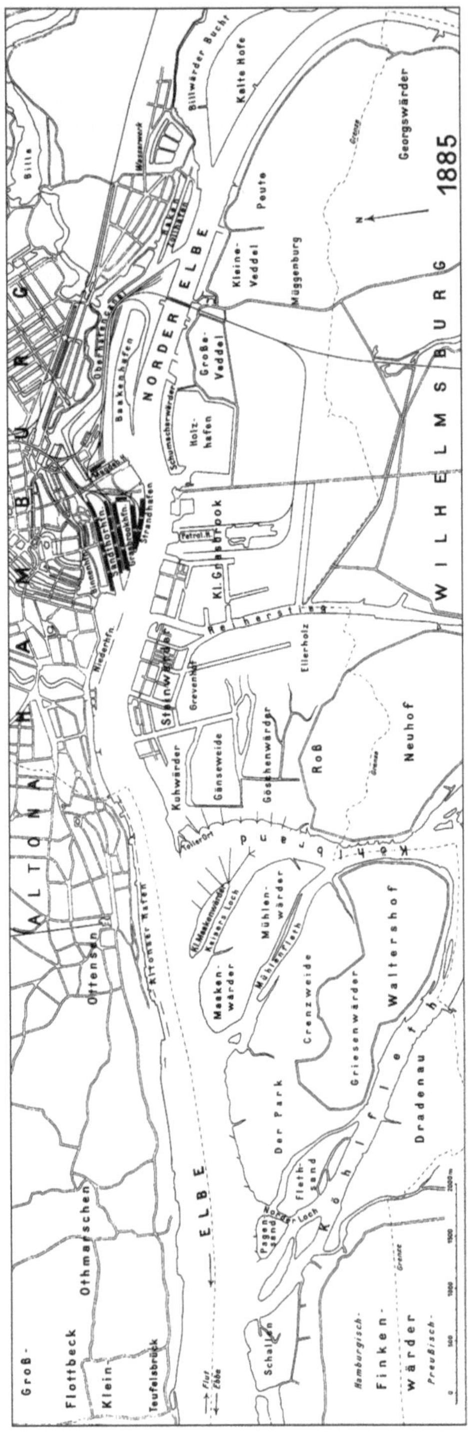

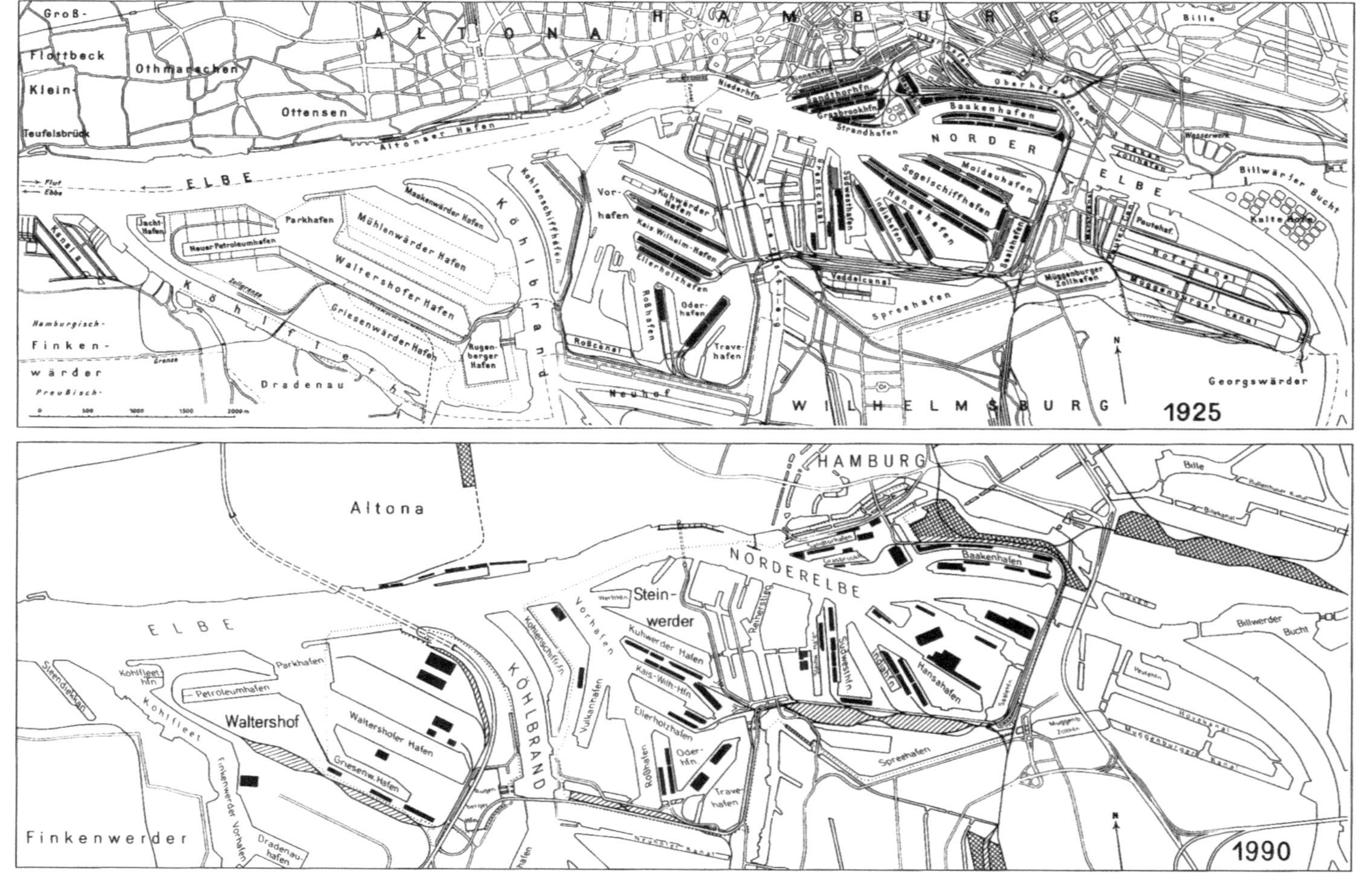

Abb. 33 Hamburger Hafen: Vergleich der Hafenanlagen der Jahre 1885, 1925 und 1990. Strom- und Hafenbau Hamburg.

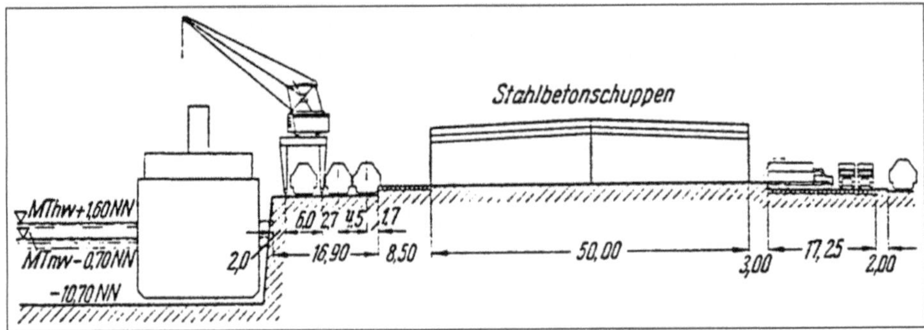

Abb. 34   Kaiquerschnitt Hamburger Bauweise, 20er bis 50er Jahre.

Abb. 35   Kai Hamburger
Bauweise, 20er bis 50er Jahre.
Landesmedienzentrum
Hamburg.

Neben die Luxusgüter traten eine Ausweitung im Bereich der Lebensmittel,
die Einfuhr von Rohstoffen und die Ausfuhr von Fertigwaren. Das bis dahin einzige mit Kaianlagen, Hebezeug und Speicheranschluß ausgestattete Hafenbek-
ken, der kleine „Binnenhafen", war überfordert. Um der neuen Situation Herr
werden zu können, konkurrierten unterschiedliche Planungsideen miteinander. Verwirklicht wurde die Idee des offenen Tidehafens, die von dem Hamburgischen Hafenbaudirektor JOHANNES DALMANN verfochten wurde: bei Ebbe und
Flut frei zugängliche Hafenbecken, hohe Kaimauern, tief ausgebaggerte Hafenbecken, hinter den Kaimauern offene Kaischuppen zur witterungsunabhängi-

gen Sortierung und Zwischenlagerung, hinter den Schuppen zum schnellen Abtransport Straße und Eisenbahn. Der erste „DALMANNSCHE" Kai, der Sandtorkai, wurde 1866 eröffnet. Es folgten zahlreiche weitere Hafenbecken und Kaianlagen dieser Art bis zunächst die Weltwirtschaftskrise, sodann der zweite Weltkrieg diese gewaltige Entwicklung beendete. Auf Abbildung 33 sind die Hafenanlagen der Jahre 1885, 1925 und 1990 im Vergleich zu sehen. Abbildungen 34 und 35 zeigen Kaiquerschnitte Hamburger Bauweise mit vor dem Schuppen eingepflasterten Gleisen.

Im 2. Weltkrieg wurden etwa zwei Drittel der Hafenanlagen zerstört. Beim Wiederaufbau wurde in der Umschlagtechnik zunächst nach Standards gearbeitet, die schon über Jahrzehnte hinweg angewandt worden waren. Bei der weiteren Entwicklung wurde dann vermehrt der Gabelstapler eingesetzt. Sodann begann die Zeit des Containers. Der erste Containerterminal entstand 1967 am Waltershofer Burchardkai. Der vorerst letzte Schritt zur Anpassung des Hafens im Bereich Container/Stückgut an die Anforderungen der Zeit ist die Planung des Containerhafens in Altenwerder, und zwar ohne Hafenbecken, mit einer sogenannten Elbuferlösung. Der Hamburger Hafen ist ein Universalhafen mit großen Kapazitäten im Massengutumschlag – Kohle, Erze, Öl, Baustoffe –, der weiterhin Bedeutung behält neben dem wachsenden Stückgutumschlag, bei dem der Container eine immer größer werdende Rolle spielt.

Die bremischen Häfen

Nach dem Hamburger Hafen sind die bremischen Häfen die bedeutendsten in Deutschland.

Bremen hatte schon im Mittelalter eine herausragende Stellung als Hafenplatz. Der Fernhandel zunächst mit Norwegen, dann aber auch mit den Niederlanden und England, das damit verbundene Umladen zwischen Binnen- und Seeschiffen sowie das Stapelrecht bildeten die Grundlagen dafür. Später bereitete die Versandung der Weser mit der Folge, daß nur noch kleinere Seeschiffe bis nach Bremen kommen konnten, große Probleme. Seit dem 17. Jahrhundert bis zum Beginn des 19. Jahrhunderts konnte mit unterschiedlichen Versuchen im Ergebnis keine nachhaltige Abhilfe geschaffen werden. Die Situation verschärfte sich zusätzlich durch die immer größer werdenden Seeschiffe.

Der für Bremen als Seehafen überlebensnotwendige Schritt wurde unter seinem Bürgermeister JOHANN SMIDT (1773–1857) unter Mitwirkung des Wasserbaudirektors JOHANNES JACOBUS VAN RONZELIN getan: sie schufen im Jahre 1827 durch Landerwerb, städtebauliche und hafenbautechnische Maßnahmen die Voraussetzungen für den Ausbau des Seehafens Bremerhaven als Vorhafen von Bremen. Die Fahrwassertiefen der Außenweser waren der Garant dafür, daß große und größte Seeschiffe anlanden konnten.

Schon 1847 begann von Bremerhaven aus der erste regelmäßige Schiffsverkehr zwischen dem europäischen Kontinent und den Vereinigten Staaten. Die Gründung des Fischereihafens, der Weltgeltung erlangen sollte, fällt in das Jahr 1896.

Für den Hafen Bremen selbst mußte noch eine Lösung gefunden werden. Sie ist mit dem Namen LUDWIG FRANZIUS (1832–1903) verbunden, der als Oberbaudirektor von Bremen für das gesamte Bauwesen des Landes zuständig war und als ein führender deutscher Wasserbauingenieur seiner Zeit gilt. Er ist der geistige Vater, der Planer und der Ausführende der Unterweserkorrektion, an die er, wie er schrieb, „mit dem Muthe der Verzweiflung" heranging. Sie wurde ausgeführt in den Jahren 1887–1895 für Schiffe mit einem Tiefgang bis 5 m.

In der ersten Hälfte des 20. Jahrhunderts erfolgte eine schrittweise Fahrrinnenvertiefung bis zum sogenannten 8,70-m-Ausbau in den Jahren 1953–1958. Die dann folgenden Ausbaumaßnahmen seit 1973 lassen die Fahrt von Schiffen mit einem Tiefgang bis 11,0 m bis Bremen-Stadt zu. Die von LUDWIG PLATE (1883–1967), Oberbaudirektor und Präsident der Wasser- und Schiffahrtsdirektion Bremen, ab 1922 ausgeführte Verlegung des Fahrwassers in der Außenweser sowie der bis Anfang der 1970er Jahre vorgenommene Ausbau auf Seekartennull (SKN) −12,0 m haben sich bewährt. Die weitere Fahrwasservertiefung nimmt auf die Großcontainerschiffe Panmax bzw. Post-Panmax (Panamakanal-gängig bzw. nicht mehr Panamakanal-gängig) Rücksicht.

Der Bau der Columbuskaje im Jahre 1927 hatte Bremerhaven neben seiner Bedeutung als Handelshafen zum größten und modernsten Fahrgasthafen gemacht. In den Nachkriegsjahren wurden neue Fahrgastanlagen errichtet, nachdem die alten durch Kriegseinwirkung zerstört worden waren. Abbildung 36 zeigt in skizzenhafter Darstellung den Columbusbahnhof mit den Fahrgastanlagen I (1949–1952) und II (1960er Jahre) und Abbildung 37 einen Querschnitt der Anlage II.

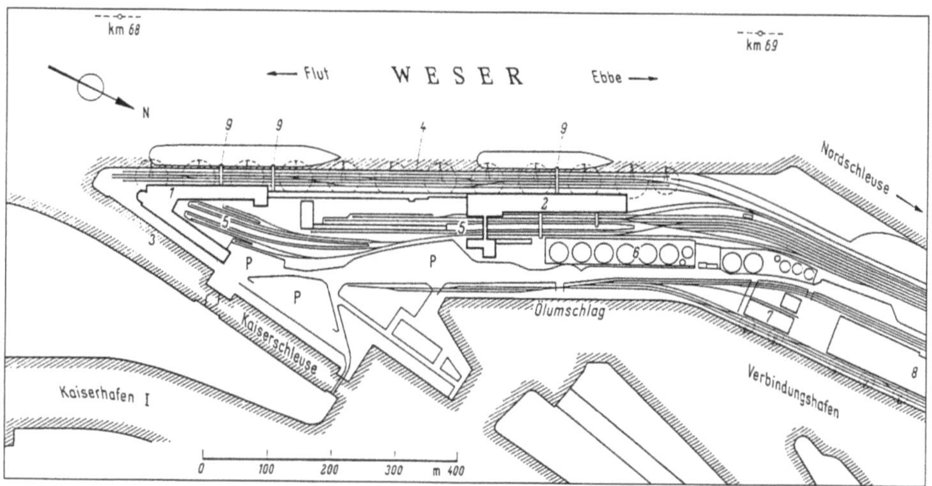

Abb. 36   Columbusbahnhof Bremerhaven.
LUNINGHONER, W.: Der Überseehafen in Bremerhaven, in: Jahrbuch der Hafenbautechnischen Gesellschaft, 1962/63

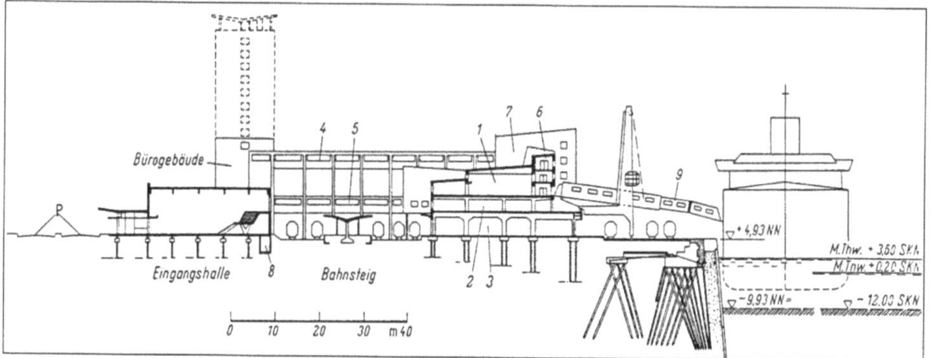

Abb. 37   Fahrgastanlage II an der Columbuskaje.
LUNINGHONER, W.: Der Überseehafen in Bremerhaven, in: Jahrbuch der Hafenbautechnischen Gesellschaft, 1962/63

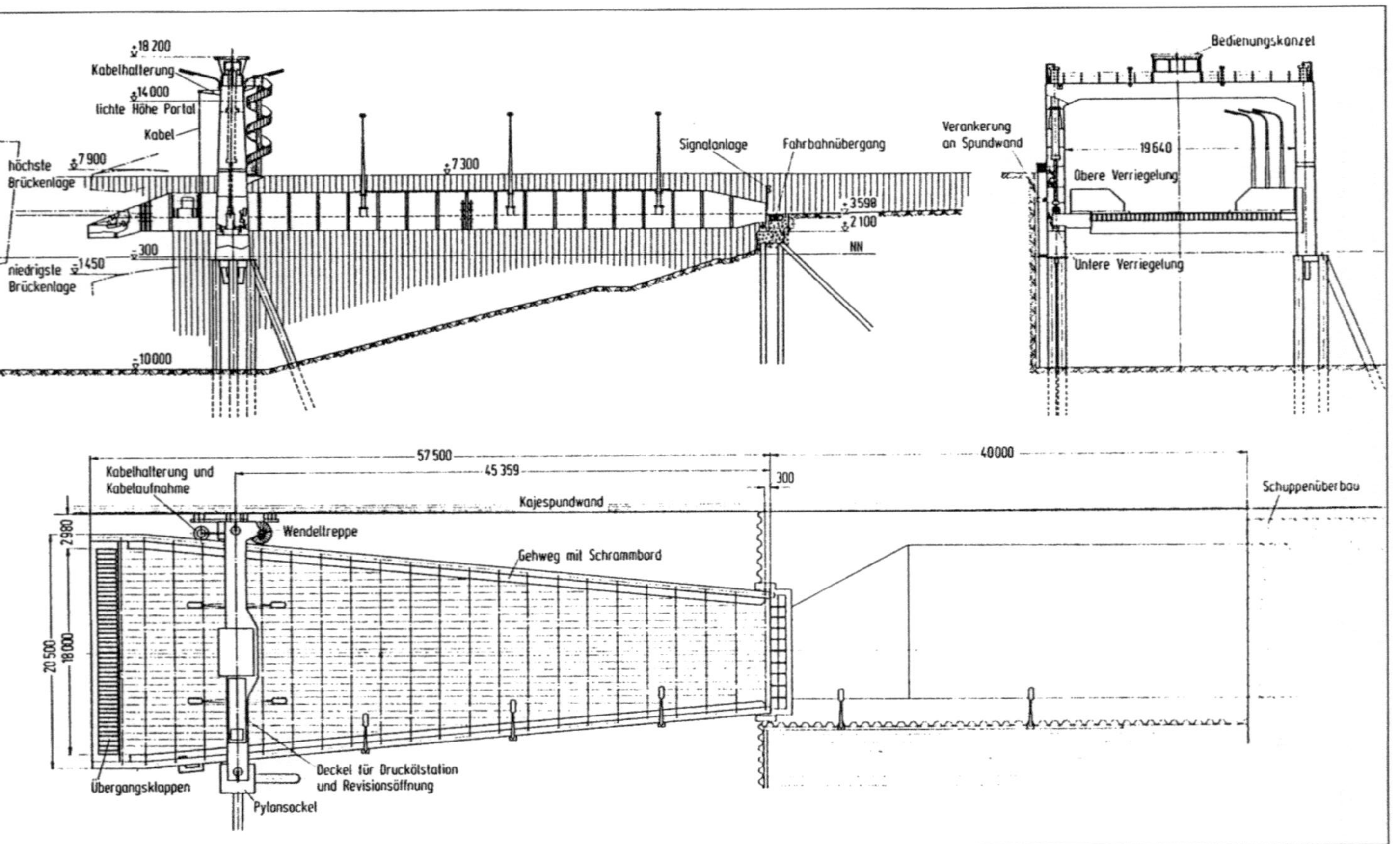

Abb. 38   Roll-on/roll-off-Anlage im Europahafen Bremen.
MÜLLER, KARL-HEINRICH et al.: Die Hafenanlagen in Bremen, in: Jahrbuch der Hafenbautechnischen Gesellschaft, 1975/76.

Die weitere Entwicklung ist, wie in allen großen Seehäfen, gekennzeichnet durch den Übergang vom konventionellen Stückgutverkehr zum Roll-on/roll-off-Verkehr, zum Containerverkehr, zum Lash-Verkehr und zum modernen Stückgutverkehr sowie durch den Rückgang des Übersee-Passagierverkehrs.

Abbildung 38 zeigt den Übersichtsplan der 1972 im Europahafen Bremen errichteten Roll-on/roll-off-Anlage.

Da der konventionelle Umschlag von Stückgut in den Häfen durch das gewaltige Anwachsen des internationalen Warenaustauschs einen immer größer werdenden Zeitaufwand erforderte, führte die Suche nach rationelleren Methoden der Behandlung von Stückgut zugleich zur Entwicklung neuer Schiffstypen. Der Container als genormter Großbehälter, der auch auf Eisenbahn und Straße transportiert werden kann, und das Containerschiff nahmen eine rasante Entwicklung. Damit waren die Voraussetzungen für einen Haus-Haus-Verkehr erfüllt. Bremerhaven hat gerade den Ausbau des Container-Terminals „Wilhelm Kaisen" durch Verlängerung der Stromkaje beendet. Unter den an Land durchgeführten Maßnahmen spielen die neuen Containerbrücken mit größerer Ausladung zur Bedienung der überbreiten Post-Panmax-Containerschiffe eine besondere Rolle (Abb. 39).

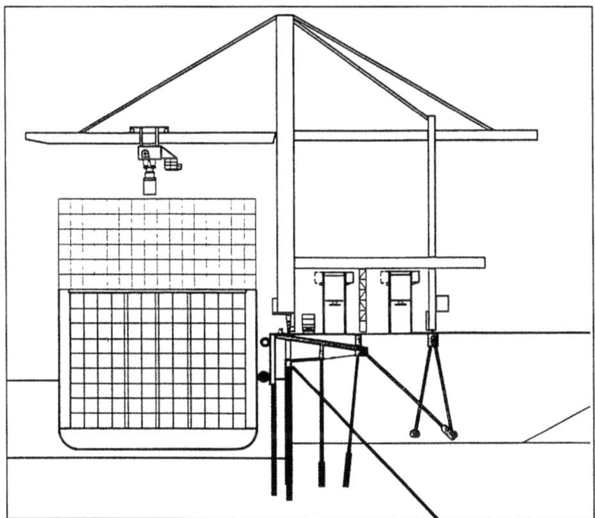

Abb. 39 Skizze Container-
brücke.

Der Bau der westdeutschen Kanäle
bis zum Aufkommen der Schubschiffahrt

Mit dem Zuerwerb von Westfalen und dem Rheinland auf Grund des Wiener Kongresses erhielt Preußen nicht nur Zugriff auf den Rhein, sondern auch auf die Ems und die Flüsse Westfalens.

Waren schon die auf den Kongreß zurückgehenden Vereinbarungen zwischen dem Königreich Hannover und Preußen Grundlage für den Ems-Ausbau, so wurde auch diese Maßnahme – wie viele andere – durch die Schaffung des Deutschen Zollvereins 1834 begünstigt. Der Ausbau erfolgte in den Jahren 1828 bis 1845, und zwar auf mindestens 3 Fuß, das entspricht ungefähr 95 cm. Es entstand eine für die damalige Zeit leistungsfähige Wasserstraße zur Nordsee, die

Abb. 40   Amtsblatt der Königl. Regierung zu Arnsberg vom 21. Oktober 1826.

Abb. 41 Schiffshebewerk Henrichenburg von 1899.

von pferdegezogenen Kähnen befahren wurde. Die Schiffbarmachung der
Lippe in den 1820er Jahren wurde dadurch erleichtert, daß Preußen alleiniger
Anlieger geworden war. Über ihre Finanzierung gibt das Amtsblatt der König-
lichen Regierung zu Arnsberg Auskunft (Abb. 40).

Die Ruhr war wegen der Kohle schon zu einer stark befahrenen Wasserstraße
geworden, als die Entwicklung in Bergbau und Hüttenindustrie Forderungen
nach dem Bau von Kanälen vor allem zur preisgünstigen Beförderung von
Steinkohle aufkommen ließ. Im Jahre 1856 wurde von einem Kanalbaukomitee
in Dortmund eine Denkschrift zur Schaffung von Kanälen zur Verbindung von
Rhein und Elbe verfaßt. Der wachsende Druck der Wirtschaft veranlaßte die
preußische Regierung zu einer großen Kanalvorlage zum Bau des Mittellandkanals bis Magdeburg. Diese findet aber über Jahrzehnte keine parlamentari-
sche Zustimmung. Stattdessen kommt es zum Bau des Dortmund-Ems-Kanals,
der als wichtiger Schritt auf dem Weg einer Verbindung der beiden Flüsse gesehen wird. Der Bau des Dortmund-Ems-Kanals beginnt 1890; seine Eröffnung
durch Kaiser Wilhelm II. erfolgt 1899. Der Kanal ist von eminenter Bedeutung
für die Schwerindustrie des westfälischen Raumes. Mit dem Endpunkt Hafen
Emden stellt er den kürzesten Weg des Reviers zur deutschen Nordsee dar. Zwei
Bauwerke im Zuge dieses Kanals verdienen besondere Erwähnung: das Schiffshebewerk und die Schachtschleuse Henrichenburg. Ersteres wurde 1899, die
Schleuse 1906 erbaut. Sie befinden sich am Eingang des 14 m höher gelegenen
Stichkanals nach Dortmund. Bei dem Schiffshebewerk handelt es sich um das
erste auf deutschem Boden. Sein Trog hat eine Länge von 68 m, die Breite be-

trägt 8,60 m, die Wassertiefe 2,50 m. Der Gewichtsausgleich erfolgt durch den Auftrieb von 5 Schwimmern mit 9,20 m Durchmesser und 29,50 m Höhe. Heute ist das Bauwerk ein bedeutendes Technik-Denkmal (Abb. 41). Es ist ersetzt durch ein 1962 errichtetes neues Hebewerk mit einem Trog von 90×12 m.

Die seinerzeit neben dem Hebewerk erbaute Schachtschleuse war aus Sicherheitsgründen für den Fall von Reparaturen an dem doch komplizierten Schiffshebewerk für notwendig erachtet worden, ermöglichte gleichzeitig aber auch mit ihren Abmessungen 95 m×10 m die Weiterfahrt der größeren Schiffe des Rhein-Herne-Kanals (bis 1350 t) nach Dortmund. Zur Verringerung der Was-

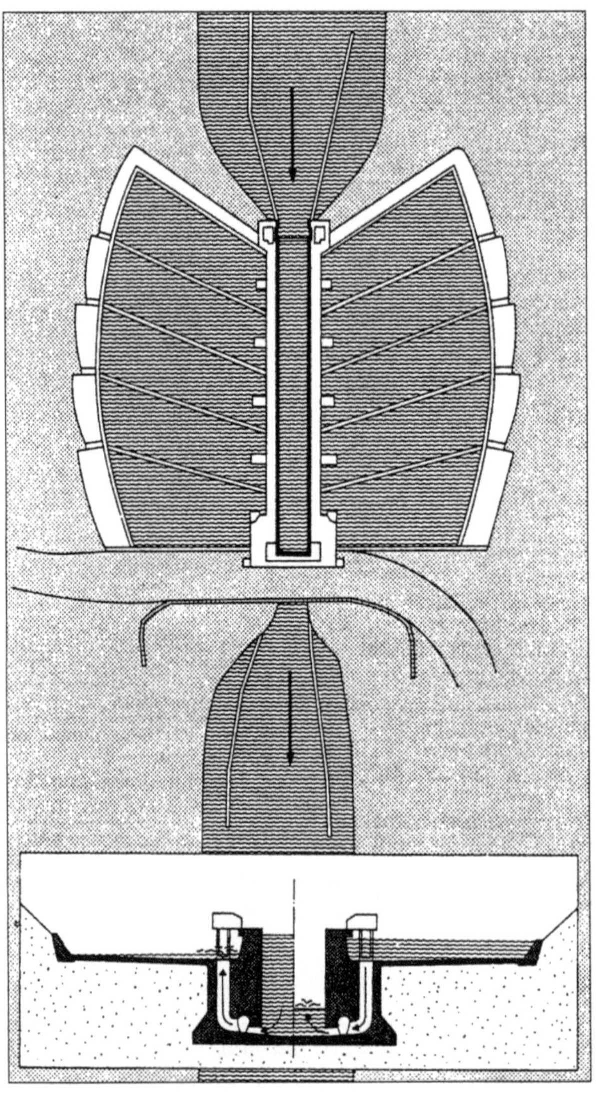

Abb. 42   Schleuse Henrichenburg (1906): Skizze zur Anordnung der Sparbecken.

serverluste beim Schleusungsvorgang wurde das Bauwerk als Sparschleuse ausgebildet. Dabei sind die treppenförmig in 5 Ebenen angeordneten Sparbecken wie ein Fächer um die Schleusenkammer gruppiert. Bei der Schleusenentleerung werden zunächst die Sparkammern gefüllt und bei der Schleusenfüllung wird dieses Wasser wieder zurückgeführt. Mit dieser Betriebsweise können hier rund 70 % einer Schleusenkammerfüllung eingespart werden (Abb. 42).

Im Jahre 1989, als eine neue Schachtschleuse in Dienst gestellt wurde, wurde der Betrieb der alten Schleuse eingestellt. Der Rhein-Herne-Kanal im Tal der Emscher zwischen Duisburg und Dortmund-Ems-Kanal war 1914 fertiggestellt worden. Zur gleichen Zeit wurde auch der Datteln-Hamm-Kanal gebaut. Der Verkehr auf dem Rhein-Herne-Kanal nahm eine solche Größe an, daß er zur verkehrsreichsten künstlichen Wasserstraße Europas wurde. Seine Querschnittsgestaltung mit Schleusen von 10 m Breite war ausgerichtet auf den Rhein-Herne-Kanal-Kahn-Typ mit 80 m Länge, 9,50 m Breite und einer normalen Abladetiefe bis 2,50 m. Dieser Typ ist heute unter der Bezeichnung „Europaschiff" bekannt und verdankt dies dem Umstand, daß 1954 der Rhein-Herne-Kanal-Kahn-Typ als Standardschiff für ein einheitliches europäisches Wasserstraßennetz vorgeschlagen wurde. Diesem Vorschlag stimmte die Europäische Verkehrsministerkonferenz 1961 zu.

Nach der aktuellen Klassifizierung der europäischen Binnenwasserstraßen von 1992 entspricht dieses Schiff der Klasse IV. Dem Aus- und Neubau bedeutender Binnenwasserstraßen wird heute die Klasse Vb zugrunde gelegt. Sie läßt den Verkehr mit Schubverbänden bis 185 m Länge, mit 11,40 m Breite und einer Abladetiefe von 2,50 m bis 4,50 m zu. Je nach Abladetiefe beträgt die Tonnage 3200 bis 6000 t.

Als im Jahre 1906 mit dem Bau des Mittellandkanals, vom Dortmund-Ems-Kanal ausgehend, begonnen wurde, da war der zweite Schritt zur Verbindung von Rhein und Elbe getan. Noch während des ersten Weltkriegs führte der Bau bis über Hannover hinaus und erreichte schließlich mit der Eröffnung des Hebewerks Rothensee bei Magdeburg 1938 die Elbe. Damit war die Verbindung Rhein–Ems–Weser–Elbe geschaffen und für den Wirtschaftsraum Hannover–Salzgitter–Braunschweig der so wichtige Wasserstraßenanschluß hergestellt. Der ursprüglich für 600- bis 1000-Tonnen-Schiffe ausgelegte Kanal ist inzwischen bis auf die sogenannte Osthaltung nach dem Standard der Wasserstraßenklasse IV (Europaschiff) ausgebaut.

Mit dem Wesel-Datteln-Kanal wurde 1930 eine zweite Verbindung des Dortmund-Ems-Kanals mit dem Rhein und mit der Inbetriebnahme des Küstenkanals ab 1935 eine zweite Verbindung des Dortmund-Ems-Kanals mit der Weser hergestellt.

Rhein-Ruhr-Hafen Duisburg

Die Geschichte des heute Rhein-Ruhr-Hafen Duisburg genannten Hafens ist lang und von großer Dynamik gezeichnet. Sie kann in dieser Abhandlung nur andeutungsweise wiedergegeben werden.

Als Geburtsjahr wird das Jahr 1716 angegeben, in dem in Ruhrort ein Hafen primitivster Art entstand. Im Verlaufe des 18. Jahrhunderts wurden an diesem Standort lediglich Nachbesserungen, wie Vertiefungen oder Uferbefestigungen, vorgenommen. Das blieb so bis zum Jahre 1820, in dem mit dem Ausbaubeginn am sogenannten Inselhafen oberhalb von Ruhrort, dem späteren „Alten Hafen", die Reihe der Hafenbeckenausbauten begann, die in unseren Tagen die imponierende Zahl von mehr als 20 erreicht hat. In dieser Entwicklung nehmen die folgenden baulichen Maßnahmen einen besonders erwähnenswerten Rang ein:
- 1837/42 Schleusenhafen mit Verbindung zum Inselhafen und Schleusenkanal zur Ruhr mit Kammerschleuse
- 1840/44 „Hafenbassin", später Innenhafen genannt, in Duisburg
- 1895/98 Parallelhafen mit unmittelbarem Anschluß an den Rhein
- 1903/08 Hafenbecken A, B und C in den Ruhrwiesen Meiderichs und deren eigene Anbindung an den Rhein mit dem „Hafenkanal"
- 1914 Verkehrsübergabe des Rhein-Herne-Kanals und damit Anschluß der Ruhrorter Häfen über den Dortmund-Ems-Kanal an den Mittellandkanal
- nach dem 2. Weltkrieg Beseitigung umfangreicher Kriegsschäden
- 1956/68 Absenkung der Hafensohlen der Ruhrorter Hafengruppe durch gezielte Bergsenkung um im Mittel 1,60 m sowie Absenkung der Schleuse zum Rhein-Herne-Kanal; Technische Meisterleistung zur Erhaltung der Fahrwassertiefe in den Häfen, ausgelöst durch die Sohlenerosion im Rhein.

Schon im Jahre 1905 hatten sich die bis dahin selbständigen und in Konkurrenz stehenden staatlichen Ruhrorter und die städtischen Duisburger Häfen zum Zwecke der gemeinsamen Verwaltung und Nutzbarmachung der Häfen im Rahmen einer BGB-Gesellschaft zur „Verwaltung der Duisburg-Ruhrorter Häfen" zusammengefunden. Gleichzeitig erfolgte die Vereinigung der Städte Duisburg, Ruhrort und Meiderich. Die Hafenbetriebsgemeinschaft wurde 1926 von einer Aktiengesellschaft abgelöst, der „Duisburg-Ruhrorter Häfen AG in Duisburg".

Der Rhein-Ruhr-Hafen Duisburg hat hinsichtlich der Umschlagsgüter einen besonders starken Wandel erfahren seit der Zeit, als hier fast ausschließlich Massengüter, insbesondere Kohle und Erz, umgeschlagen wurden. Rückgang des Massengutverkehrs bei gleichzeitigem Anwachsen des Stück- und Schwer-

gutverkehrs erforderten neue Konzepte und Maßnahmen. So entstand beispielsweise 1983 der erste Container-Terminal sowie eine Roll-on/roll-off-An-
lage.

Von großer Bedeutung für die positive Weiterentwicklung waren besonders
zwei Ereignisse. In den 1980er Jahren erhält Duisburg die Anerkennung als
Seehafen; 1990 erfolgt die Errichtung des „Freihafens Duisburg".

Heute ist der Rhein-Ruhr-Hafen Duisburg noch immer der Welt größter und
verkehrsreichster Binnenhafen. Allein die öffentlichen Häfen haben 21 Hafenbecken. Daneben gibt es zahlreiche private Häfen. 1995 lag die Zahl der bela-
denen Schiffe bei über 31 000. Davon waren rund 2400 See-Fluß-Schiffe mit
bis zu 4500 tdw (tons dead weight) Gesamttragfähigkeit, die zu über 100 Häfen
in der Welt direkte Verbindungen haben. Der Gesamtgüterumschlag 1995 im
Rhein-Ruhr-Hafen betrug rund 46 Mio. Tonnen. Darin waren enthalten rund
25 Mio. Tonnen Erze und Schrott, 6,3 Mio. Tonnen Kohle und rund 3,6 Mio.
Tonnen Stückgüter.

Neckar – Schiffahrt und Energiegewinnung

Die Schiffahrt auf dem Neckar in ihren Anfängen lag seit dem ausgehenden Mittelalter in den Händen der „Neckartaler Schiffsbruderschaft". Ihr oblag unter anderen die Aufgabe, das Fahrwasser in Ordnung zu halten. Die dafür benötigten Geldmittel mußten von ihren Mitgliedern aufgebracht werden. Die finanziellen und technischen Möglichkeiten der Schiffsbruderschaft waren gering. Sie verlor ihre Bedeutung, als der Württembergische Staat Anfang des 18. Jahrhunderts sich um den Wasserweg zu kümmern begann. Der planmäßige Ausbau der Wasserstraße durch das Land Württemberg wurde ab dem Jahr 1817 durchgeführt. Die Neckarschiffahrt konnte sich jedoch nicht mehr behaupten, als ab 1853 zunächst mit der Eröffnung der Eisenbahnlinie Mannheim-Stuttgart die Abwanderung des Güterverkehrs auf die Bahn begann. Auch die 1878 eingeführte Kettenschleppschiffahrt auf der Flußstrecke Mannheim-Heilbronn konnte daran nur wenig ändern. In der Folgezeit wurden viele Initiativen von den Regierungen der Länder Württemberg, Baden und Hessen sowie von Handelskammern und Verbänden mit dem Ziel entwickelt, den Neckar zu einer Großschiffahrtsstraße auszubauen. Als dann in der Weimarer Reichsverfassung vom 11. August 1919 in Artikel 97 der Übergang der Wasserstraßen auf das Reich verankert war, übernahm es die Aufgabe des Neckarausbaus und errichtete 1920 die Neckarbaudirektion in Heilbronn als eine dem Reichsverkehrsminister unmittelbar unterstellte Mittelbehörde. Die Voraussetzungen für die Durchführung des Neckarausbaus waren damit geschaffen. 1921 folgte die Gründung der Neckar-Aktiengesellschaft, die sich verpflichtete, den Neckar von Mannheim bis Plochingen auszubauen, und zwar für Schiffe von 1200 t Tragfähigkeit. Sie erhielt die Konzession, von 1935 bis 2034 auf dieser Strecke die Wasserkräfte zu nutzen und den Bau und Betrieb der Wasserkraftwerke durchzuführen. Nach Ablauf der Konzession hat die Neckar-AG die Kraftwerke unentgeltlich und lastenfrei auf das Reich zu übertragen. Der Ausbau der Wasserstraße soll von der Neckar-AG aus den Erlösen der Kraftwerke finanziert werden. Die Neckarbaudirektion erhielt die Aufgabe, Entwurf und Ausführung des Schiffahrtsstraßenausbaus zu besorgen und die Wasserstraße zu verwalten und zu unterhalten. Es stellte sich bald heraus, daß das Finanzierungsmodell nicht zu verwirklichen war, so daß eine Regelung getroffen wurde, die die Finanzierung der Wasserstraße mit öffentlichen Mitteln vorsieht und nach der die Neckar-AG im Rahmen ihrer Möglichkeiten einen Beitrag dazu leistet. Der im Jahre 1921 von der Neckarbaudirektion – heute Wasser- und Schiffahrtsdirektion – vorgelegte Rahmenentwurf für die 200 km lange Strecke zwischen Mann-

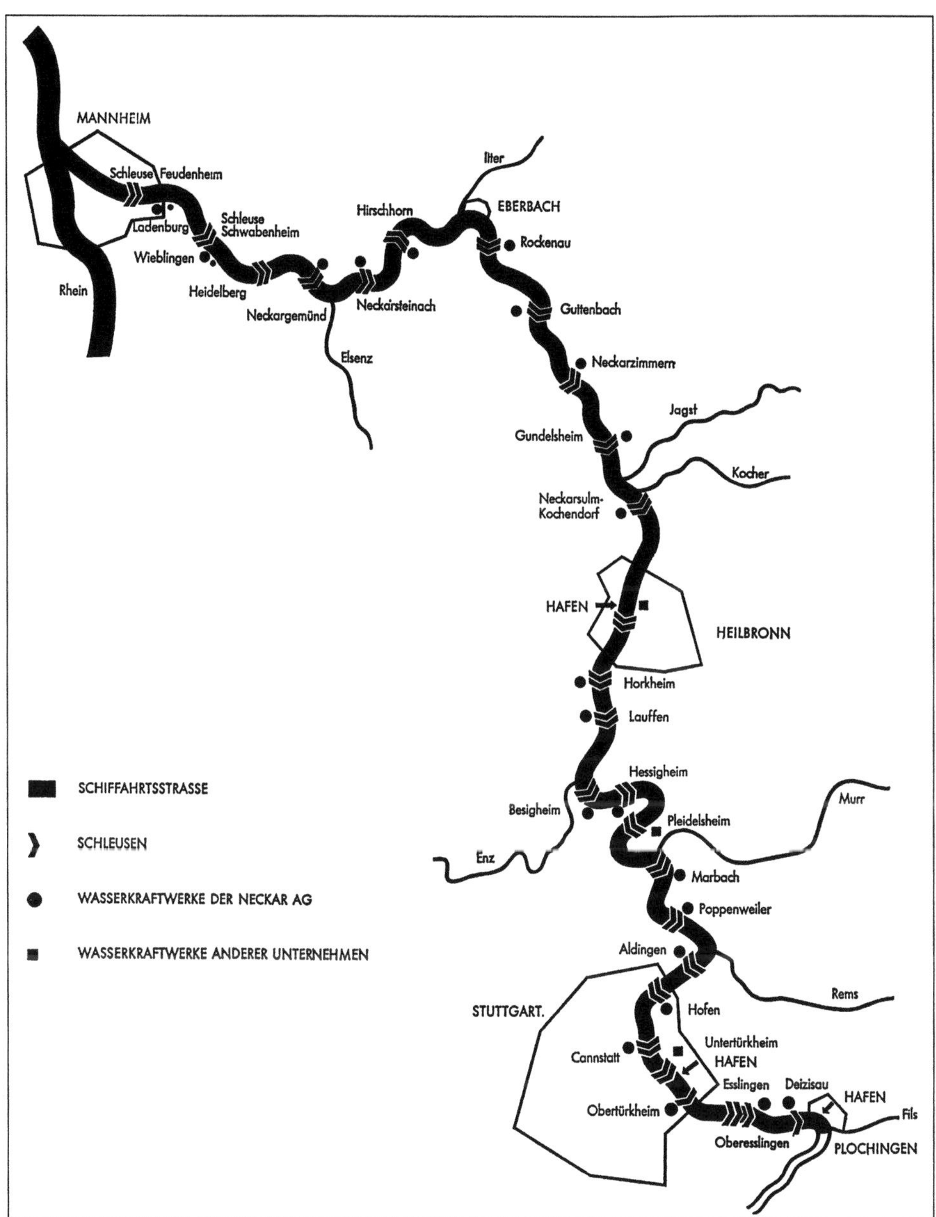

Abb. 43   Neckar-Wasserstraße Mannheim-Plochingen.

heim und Plochingen sah 26 Staustufen vor. Der Planung lag der Normal-
schleppzug mit einem 25 m langen Schlepper und einem Schleppkahn mit 80 m
Länge, 10,25 m Breite und 2,30 m Tiefgang zugrunde. Dementsprechend erhalten die Schleusen eine Länge von 110 m, eine Breite von 12 m und eine Drem-

peltiefe von 3,20 m. Für die Fahrrinne waren mindestens 2,50 m Tiefe und 36 m Breite vorgesehen. Diese Planung blieb im wesentlichen die Grundlage für den Nekkarausbau (Abb. 43).

Mit den Bauarbeiten wurde 1920 begonnen. Und trotz der großen Schwierigkeiten, die durch Geldwertverfall und Inflation 1923 und schließlich Weltwirtschaftskrise 1929 mit all ihren Folgen eintraten, konnten die Arbeiten auf der 113 km langen Strecke Mannheim-Heilbronn bis 1935 im wesentlichen abgeschlossen werden. Es wurden elf Staustufen mit jeweils Wehr, Schleuse und Kraftwerk errichtet. Lediglich in Feudenheim und Heidelberg wurden Doppelschleusen gebaut (Abb. 44 und 45). Die Staustufen Ladenburg, Wieblingen und Kochendorf wurden als sogenannte Kanalstufen ausgebildet, bei denen am Ende eines gemeinsamen Schiffahrts- und Kraftwerkskanals Schleuse und Kraftwerk angeordnet sind. In diesem Zeitabschnitt wurden auch bereits umfangreiche Arbeiten auf der Strecke Heilbronn–Plochingen durchgeführt. Später führten dann in diesem Abschnitt die Kriegsereignisse zu Verzögerungen und dann zur völligen Einstellung der Bauarbeiten. Die Beseitigung der Kriegsschäden auf der gesamten Neckarstrecke erforderte einen großen zeitlichen und materiellen Aufwand, so daß der Fortgang der Arbeiten auf der Strecke oberhalb Heilbronn stark verzögert wurde. Dennoch konnten die Ausbaumaßnahmen bis nach

Abb. 44   Schleusengruppe Feudenheim von Unterwasser, fertiggestellt 1927.
Wasser- und Schiffahrtsamt (WSA) Heidelberg

Abb. 45 Stauanlage Heidelberg von Oberwasser, fertiggestellt 1929.
WSA Heidelberg

Stuttgart und der Bau des Hafens Stuttgart im Jahr 1958 zum Abschluß gebracht werden. Bis zum Jahr 1962 waren alle Staustufen von Mannheim bis Stuttgart mit Doppelschleusen ausgerüstet.

Ausgelöst durch den Strukturwandel in der Binnenschiffahrt mit dem Übergang vom Schleppzug auf das schnellfahrende Gütermotorschiff wurden auf der vor dem 2. Weltkrieg ausgebauten Strecke Mannheim-Heilbronn ab dem Jahre 1963 Anpassungsmaßnahmen durchgeführt, insbesondere an den Seitenkanälen und Schleusenvorhäfen sowie durch Vertiefung des Fahrwassers von 2,50 m auf 3,0 m. Oberhalb von Heilbronn war eine Fahrrinnentiefe von 2,70 m in Kies- und 2,80 m in Felsstrecken von vornherein geschaffen worden oder wurde geschaffen. Als 1968 die Flußstrecke von Hafen Stuttgart bis Plochingen und der Hafen Plochingen ausgebaut waren, konnte der Neckarausbau bis auf die noch laufenden Anpassungsmaßnahmen als beendet angesehen werden. Der ausgebaute Neckar entspricht der aktuellen Wasserstraßenklasse Va.

Während Laufwasserkraftwerke in den Anfängen als Alleinnutzung an einem Fluß gebaut wurden – wie beispielsweise in Lauffen am Neckar sowie in Rheinfelden am Hochrhein Ende des 19. Jahrhunderts – wurde später die kombinierte Nutzung für Schiffahrt und Krafterzeugung bevorzugt, so auch beim Ausbau des Neckars zur Großschiffahrtsstraße. Auf der gesamten Ausbaustrecke wurden 25 Kraftwerke errichtet, der überwiegende Teil als Flußkraftwerke, d. h. in einer Achse mit dem Wehr. Bei Fallhöhen zwischen 3,5 m und 8,0 m und Ausbauwassermengen zwischen 45 m³/s am oberen und 100 m³/s am unteren Neckar beträgt die gesamte installierte Leistung 90 MW. Abbildung 46 zeigt einen Schnitt durch das Kraftwerk der Staustufe Obertürkheim, das als typisches Beispiel für ein Flußkraftwerk am Neckar angesehen werden kann.

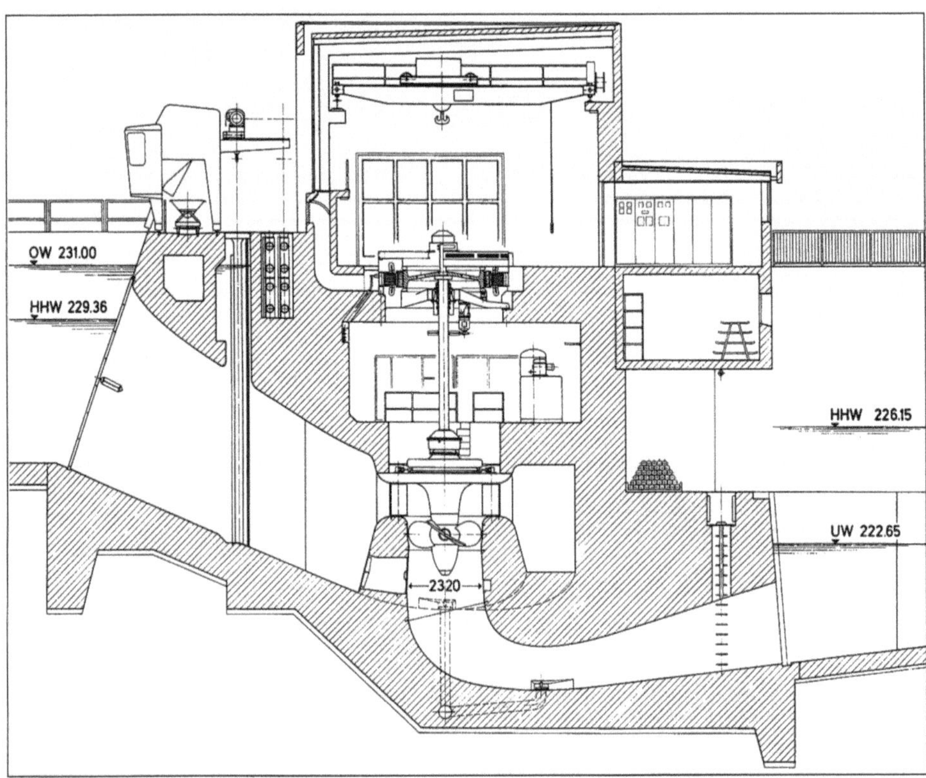

Abb. 46   Kraftwerk der Staustufe Obertürkheim am Neckar.

Die große Flut von 1825 an der Nordseeküste und deren Lehren

Die Februarflut von 1825 (3./4. Februar) traf die gesamte Nordseeküste von Holland bis Dänemark. Die Höhe dieser Sturmflut übertraf an vielen Orten diejenigen der bis dahin eingetretenen Sturmfluten. Die nach der Flut von 1717 erhöhten Deiche wurden überströmt. Trotzdem waren die Verluste an Menschenleben sowie die materiellen Schäden wesentlich geringer als im Jahre 1717. Insgesamt ertranken 789 Menschen und etwa 45 000 Stück Vieh. 2400 Gebäude wurden völlig, 8700 teilweise zerstört. Beispielsweise ertranken von den insgesamt 940 Bewohnern der nordfriesischen Halligen 74 Menschen. Von den 339 Häusern wurden 79 völlig zerstört, weitere 233 wurden so stark beschädigt, daß sie unbewohnbar waren. Auf Sylt wurden vom Roten Kliff bei Wenningstedt etwa 60–70 Fuß (ca. 20 m) und von den Dünen vor Westerland stellenweise bis zu 160 Fuß (ca. 50 m) weggerissen.

Die bei der Orkanflut 1825 gewonnenen Erkenntnisse wurden in der Folgezeit bei den Maßnahmen des Küstenschutzes verwertet. Das bezog sich in erster Linie auf die Deichhöhen und die Profilgestaltung und -verstärkung.

Schon Ende des 17. Jahrhunderts waren in Hamburg und seit Anfang des 18. Jahrhunderts am Jadebusen regelmäßig Wasserstandsmessungen durchgeführt worden. Seit Ende des 18. Jahrhunderts wurden auch an anderen Stellen der Küste Pegel eingerichtet. Die dort gewonnenen Erkenntnisse über die jeweiligen Wasserstände waren für die zu treffenden weitergehenden Schutzmaßnahmen aufschlußreich. Die Aussagekraft der Beobachtungen wuchs, als ab Mitte des 19. Jahrhunderts mit systematischen Pegelablesungen begonnen wurde. Es ist indessen darauf hinzuweisen, daß die genaue Bearbeitung der älteren Sturmfluten leider nicht möglich ist, da in früheren Zeiten die Wasserstände nur einmal am Tage am Lattenpegel abgelesen wurden und man bis in die jüngste Zeit hinein die Windrichtungen und Windstärken nur roh nach dem Gefühl schätzte. Erst durch die Einführung der Schreibpegel (z. B. 1875 in Tönning, 1905 in Husum) ergab sich die Möglichkeit für einwandfreie Erfassung der Gezeitenwasserstände, während Aufzeichnungen selbstschreibender Windmeßgeräte an der Westküste erst seit 1936 für wenige Stationen zur Verfügung stehen.

Neben den Deicherhöhungen wurden nun die Deichaußenböschungen flacher gestaltet und mit Neigungen von 1:3,5 bis 1:5 versehen. Die Stackwerke entfielen. An ihre Stelle traten nach und nach Granit-Steindecken und Basaltdecken. Auch neben den Deichfußschutz mit Stroh trat derjenige mit leichtem oder schwerem Deckwerk aus Steinen. Das leichte Deckwerk bestand aus Ziegelsteinen, das schwere aus Natursteinen. Die Binnenböschungen blieben mit Neigungen von 1:2 weiterhin zu steil, weil mit gelegentlichem Überströmen gerechnet werden mußte. An sandigen Küstenabschnitten wurde mit dem Anpflanzen von Strandhafer zum Aufbau und zum Festlegen der Dünen begonnen. Das weitverzweigte Wurzelwerk des Strandhafers hält den lockeren Sand zusammen. Sandfangzäune aus Buschreisig bewirken den Aufbau von Vordünen unter Ausnutzung des natürlichen Sandfluges. An der Sylter Westküste beispielsweise wurden ab etwa 1870 senkrecht zur Küste Buhnen aus doppelreihig angeordneten Eichenholzstämmen gebaut, um die küstenparallele Strömung vom Strand fernzuhalten oder zu bremsen und damit den Sandabtransport zu verhindern.

Durch die staatliche Entwicklung in Deutschland – Gebietsgewinne Preußens 1864 und 1866, Reichsgründung 1871 – wurden die Einflußnahme des Staates auf den Küstenschutz und die Hilfe in Notfällen größer. Das Interesse des Staates wuchs auch durch die gewachsenen Anforderungen des Seeverkehrs an die Ausgestaltung der Seewasserstraßen und deren Berührung mit dem Küstenschutz sowie die größer werdende Bedeutung der Inseln als Seebäder.

Die Entwicklung der Küstenschutzmaßnahmen an der Ostsee seit der Katastrophensturmflut des Jahres 1872 bis zur Mitte des 20. Jahrhunderts

Nach der verheerenden Sturmflut vom 12./13. November 1872, bei der wie auch bei weiteren schweren Sturmfluten des ausgehenden 19. Jahrhunderts erkannt wurde, daß viele Dünen den extremen Belastungen nicht standhalten konnten, begann eine lebhafte Bautätigkeit, bei der hauptsächlich Deiche mit Grasdecke geschaffen wurden. Das gilt beispielsweise für die Küstenabschnitte Dierhagen-Wustrow und Prerow-Pramort. Der Seedeich Prerow-Pramort mit einer Länge von etwa 18,5 km, der 1884 gebaut wurde, übernahm zusammen mit der vorgelagerten Düne und dem Küstenschutzwald sowohl für die Halbinsel Darß-Zingst wie auch für das Festland den Schutz vor Sturmfluten.

Unter den verschiedenartig ausgebildeten Uferdeckwerken, die noch im letzten Jahrhundert ausgeführt wurden, ist besonders das im Ostseebad Heringsdorf aus dem Jahre 1884 von Interesse. Hier wurde eine Betondecke gebaut mit einer Neigung 1 : 1,5 und einer sich verjüngenden Stärke zwischen 0,4 bis 0,3 m.

An Uferschutzwerken der besonderen Art der ersten Hälfte des 20. Jahrhunderts sollten Erwähnung finden der etwa 1,3 km lange Steinwall aus Granitsteinpack vor Neuendorf/Hiddensee, der nach der schweren Sturmflut von 1904 errichtet wurde, ferner die in den 1930er Jahren an der Außenküste von Hiddensee errichteten rund 60 einreihigen offenen und dichten Pfahlbuhnen sowie das Aufkommen von Stahlspundwand-Buhnen ebenfalls in den 1930er Jahren.

In diesem Zusammenhang ist das von HANSEN[30] im Jahre 1938 propagierte „Totalitätsverfahren" zu nennen. Darunter ist ein System von Großbuhnen aus Stahlspundwänden in einem Abstand untereinander von etwa 500 m zu verstehen, welches auf der ganzen Länge einer Abbruchküste anzuordnen wäre. Die Großbuhnen sollten so lang werden, daß die Sandbeförderung durch den Küstenstrom unterbunden würde. Zur Stranderhaltung innerhalb der Buhnenfelder sollten kürzere Zwischenbuhnen zwischen den Großbuhnen errichtet werden. Dieses äußerst aufwendige Verfahren ist jedoch nicht zur Ausführung gekommen; es wurde bezweifelt, daß das angestrebte Ziel, nämlich die Schaffung größerer Strandbreiten und -höhen, erreicht werden könne. Um das Jahr 1950 wurde dann bei Eckernförde mit dem Bau von Stahlbetonpfahlbuhnen, den ersten an der Ostsee, begonnen.

---

[30] HANSEN, A.: Küstenschutz an der Ostsee, in: Die Bautechnik, Jan. 1938, S. 46

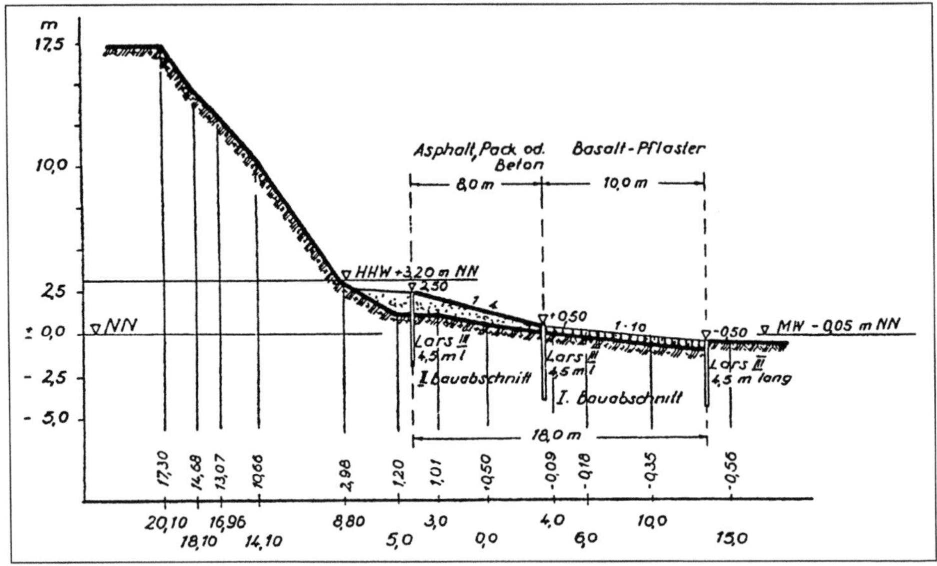

Abb. 47   Deckwerk zur Ufersicherung 1950er Jahre.
PETERSEN, MARCUS: Abbruch und Schutz der Steilufer an der Ostseeküste,
in: Die Küste, 1952

Trotz vielfältiger andersartiger Versuche hinsichtlich Konstruktion und Material ist die einreihige Holzpfahlbuhne bis heute mit großem Abstand dominierend geblieben. Während in geringem Umfang auch doppelreihige Pfahlbuhnen, Steinkistenbuhnen und schwere Werke aus Steinmaterial eine gewisse Bedeutung behielten, konnte sich die Stahlspundwandbuhne nicht behaupten. Die Profilschwächung durch Rost und Sandschliff ist der wesentliche Grund dafür. Diese Nachteile treten bei einer Verwendung von Stahlspundbohlen in der Art, wie sie sich gemäß Abbildung 47 im Rahmen des Deckwerks vor einem Hochufer darstellt, nicht ein. Die Abbildung zeigt zugleich alternative Möglichkeiten der Materialwahl bei der Ausgestaltung von Uferdeckwerken.

Oskar von Miller *und die bayerische Wasserkraft- und Stromwirtschaft*

OSKAR VON MILLER (Abb. 48) wurde 1855 in München geboren und studierte an der dortigen Technischen Hochschule Bauingenieurwesen. Aufenthalte in Paris und London gaben ihm Anregung, sich intensiv mit Fragen der Elektrizität zu befassen.

Mit dem Bau der ersten Dynamomaschine durch WERNER VON SIEMENS 1866 hatte die eigentliche Starkstromtechnik – die Erzeugung und der Transport elektrischer Energie und deren Umsetzung in mechanische, Licht- und Wärmeenergie – begonnen.

Abb. 48 OSKAR VON MILLER.
Deutsches Museum München

OSKAR VON MILLER organisierte 1882 die erste deutsche Elektrizitätsausstellung in München und 1891 die Internationale Elektrotechnische Ausstellung in Frankfurt am Main. Mit der aus diesem Anlaß vorgenommenen Übertragung von Drehstrom mit 150 kW von Lauffen am Neckar nach Frankfurt mittels einer 175 km langen Leitung wurde zum einen der Expertenstreit um Gleichstrom und Wechselstrom/Drehstrom zugunsten des Drehstroms entschieden und zum anderen der Beweis erbracht, daß Strom über größere Entfernungen transportiert werden kann. Zuvor hatte VON MILLER als freischaffender Ingenieur in Lauffen ein Wasserkraftwerk zur Stromversorgung der Stadt Heilbronn gebaut. 1892 wird das erste deutsche Überlandversorgungsunternehmen zur Verteilung von Drehstrom auf der Grundlage von Wasserkraft gegründet, das Elektrizitätswerk Argen AG in Wangen/Allgäu. Die Gründung der Pfalzwerke AG zur Stromversorgung im Rheinpfalzgebiet im Jahre 1909 geht auf die Initiative von OSKAR VON MILLER zurück. Das gilt auch für den in den Jahren 1908 bis 1911 von der Obersten Baubehörde Bayerns ausgearbeiteten Generalplan für den Ausbau der bayerischen Wasserkräfte.

Abb. 49 Walchenseekraftwerk. Bayernwerk

Abb. 50   Walchenseekraftwerk: Nietarbeiten bei der Rohrmontage.
Bayernwerk

VON MILLER blieb auch weiter der Motor für die Weiterentwicklung der
Stromversorgung in Bayern und den Ausbau der bayerischen Wasserkräfte.
1919 beginnt der Bau der Kraftwerkstreppe Mittlere Isar. 1921 wird als erstes
Landesversorgungsunternehmen die Bayernwerk AG gegründet – kurz vor der
Gründung der Badischen Elektrizitätsversorgungs-AG, dem späteren Baden-
werk. 1923 ist die erste Ausbaustufe des 110-Kilovolt-Netzes des Bayernwerks
abgeschlossen. 1924 liefert das Walchenseekraftwerk den ersten Strom. Auch
hier war VON MILLER, Mitglied des Reichsrates der Krone Bayern, die treibende
Kraft. Es verwundert nicht, daß VON MILLER als der bayerische Strompionier
bezeichnet wird.

Der Bau des Walchenseekraftwerks begann im Jahre 1918. Dem waren lebhafte Diskussionen des Für und Wider im bayerischen Landtag und in der
Bevölkerung vorausgegangen: „Wohin mit all dieser elektrischen Energie?" Der
Ausbau selbst war eine gewaltige Leistung, insbesondere wegen der unvollkom-
menen technischen Hilfsmittel der damaligen Zeit und der topografischen
Höhenlage zwischen 600 und 800 m, die große Schwierigkeiten insbesondere
im Winter verursachte. Die Fallhöhe von 200 m zwischen dem als Speicher dienenden Walchensee und dem Kochelsee wird zum Betreiben von 4 Francis-
Turbinen mit einer Leistung von zusammen 72 MW und 1 Pelton Turbinen

mit 52 MW Gesamtleistung genutzt. Der Turbinendurchfluß beträgt maximal 84 m³/s. Der von den Pelton-Turbinen mit Einphasenstromgeneratoren erzeugte Strom war von Anfang an für die Bahnstromversorgung vorgesehen. Die Einphasenstromgeneratoren waren seinerzeit die größten in Europa wie auch das Kraftwerk als solches das größte Speicherwasserkraftwerk Europas war.

Abbildung 49 zeigt das Walchenseekraftwerk mit der aus sechs Rohrsträngen bestehenden Rohrbahn im Vordergrund und dem Kochelsee im Hintergrund. Die Durchmesser der Stahlrohre betragen im oberen Bereich 2,25 m, an den Turbinen 1,85 m. Die Wandstärke nimmt von 10 mm am Wasserschloß bis 27 mm am Kraftwerk zu.

Die Darstellung des Lebenswerks von OSKAR VON MILLER wäre unvollständig, würde man nicht das von ihm 1903 gegründete Deutsche Museum in München ansprechen, in dem Meilensteine in der Entwicklung von Naturwissenschaft und Technik dargestellt sind. Auch die von ihm betriebene Einrichtung des Forschungsinstituts für Wasserbau und Wasserkraft in Obernach am Walchensee im Jahre 1929, heute Oskar-von-Miller-Institut der Technischen Universität München, verdient besondere Würdigung.

Urfttalsperre, seinerzeit größte Sperre auf dem europäischen Kontinent – neue Dimensionen des Talsperrenbaus mit OTTO INTZE

In den letzten Jahren des 19. Jahrhunderts und Anfang des 20. Jahrhunderts sind in Deutschland zahlreiche Talsperren gebaut worden. Sie dienten der Trinkwasserversorgung, der Niedrigwasseranreicherung, dem Hochwasserschutz und vereinzelt der Energiegewinnung.

Die erste Trinkwassertalsperre Deutschlands, die Eschbachtalsperre im Bergischen Land, wurde in den Jahren 1889–1892 nach den Plänen von INTZE für die Stadt Remscheid mit einem Stauinhalt von 1,1 Mio. m³ und einer Höhe über Gründungssohle von 25 m errichtet. Sie dient auch heute noch der Trinkwasserversorgung. Ihr folgte eine Reihe von Trinkwassertalsperren im Bergischen Land, die im Gefolge der industriellen Entwicklung zur Versorgung einer größer gewordenen Bevölkerungszahl und von Gewerbe und Industrie notwendig wurden. Neben der Beseitigung der Zollschranken durch den deutschen Zollverein 1833 hatte die Reichsgründung 1871 starke Impulse zur Industrialisierung gegeben: Niederlassungsfreiheit, volle Freizügigkeit von Waren und Arbeitskräften, Vereinheitlichung von Währung, Maßen und Gewichten wurden geschaffen. Die weiteren Trinkwassertalsperren waren u. a.: 1900 die Talsperre Herbringhausen I zur Versorgung der Stadt Barmen, 1902 die Talsperre am Sengbach für Solingen, 1903 die Sperre Verse I zur Versorgung von Lüdenscheid.

Schon im Jahre 1894, nur zwei Jahre später als die Talsperre Eschbach, wurde in Sachsen die Talsperre Einsiedel mit einem Stauvolumen von 0,3 Mio. m³ und einer Gewichtsstaumauer in Betrieb genommen.

Trinkwassergewinnung aus Talsperrenwasser begegnete zunächst heftigem Widerstand aus hygienischen Gründen, der aber anhand der Fakten überwunden werden konnte.

Die Eschbachsperre, mit der der eigentliche Talsperrenbau in Deutschland beginnt, wurde wie fast alle anderen Talsperren dieser Zeit als Gewichtsmauer in Mauerwerk erbaut. Die Speicherwassermenge all dieser Sperren ging bis kaum über 3 Mio. m³ hinaus. Ihre Höhen über Talsohle gingen bis 43 m.

Die Remscheider Sperre stand aus vielen Gründen im Blickpunkt des Interesses. Es bezog sich auf hydrologische und hydraulische Fragen, besonders aber auf die Standfestigkeit und dabei wiederum auf die statischen Nachweise, die Pressungen im Mauerwerk und in der Gründungsfuge sowie die Materialwahl.

Die damals übliche Berechnungsweise für die Ermittlung der Pressungen gründet sich auf die Theorie der Franzosen MÉRY und BÉLANGER.[31] Sie wurde in Deutschland bei geringeren Mauerhöhen angewandt. Danach verteilen sich bei Annahme der Gültigkeit des Hookeschen Gesetzes die Pressungen auf eine waagerechte Mauerwerksfuge nach einem Trapez (Trapezregel), dessen Flächeninhalt gleich der senkrechten Komponente S der in der Fuge angreifenden Resultierenden R ist und dessen Schwerpunkt in der Richtungslinie von S liegt (s. Skizze 1).

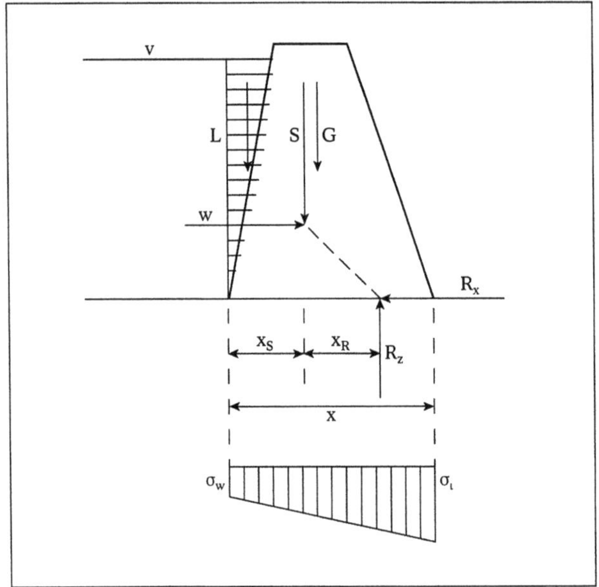

Skizze 1   Trapezregel

Mit einem Mauerabschnitt b ergeben sich die luft- und wasserseitigen Pressungen zu

$$\sigma_1 = \frac{6\ S}{b\ x^2}\left(x_S + x_R - \frac{x}{3}\right)$$

$$\sigma_W = \frac{6\ S}{b\ x^2}\left(\frac{2x}{3} - (x_S + x_R)\right)$$

Dabei sind:
S = G (Eigengewicht des Mauerblocks) + L (Wasserauflast der Stauwand)
W = waagerechter Wasserdruck

31   Annales des Ponts et Chaussées 1840

Der ebene oder zweiachsige Spannungszustand in Gewichtsmauern wurde schon Ende des 19. Jahrhunderts von MAURICE LÉVY untersucht.[32]
Für den häufig vorkommenden Fall dreieckiger Mauerform mit senkrechter Stauwand ergibt sich mit den Bezeichnungen der Skizze 2:

$$\lambda = \frac{x}{z} = \mathrm{tg}\,\alpha \; ; \quad \alpha = \mathrm{arc\,tg}\,\lambda$$

$$S = G = \gamma_b \cdot \lambda \, \frac{z^2}{2} \, b$$

$$W = \gamma_w \cdot \frac{z^2}{2} \, b$$

$$x_s = \frac{x}{3} \; ; \quad x_R = \frac{\gamma_w}{\lambda^2 \cdot \gamma_b} \cdot \frac{x}{3}$$

$$\sigma_W = z \left(\gamma_b - \frac{\gamma_w}{\lambda^2} \right)$$

$$\sigma_1 = z \, \frac{\gamma_w}{\lambda^2}$$

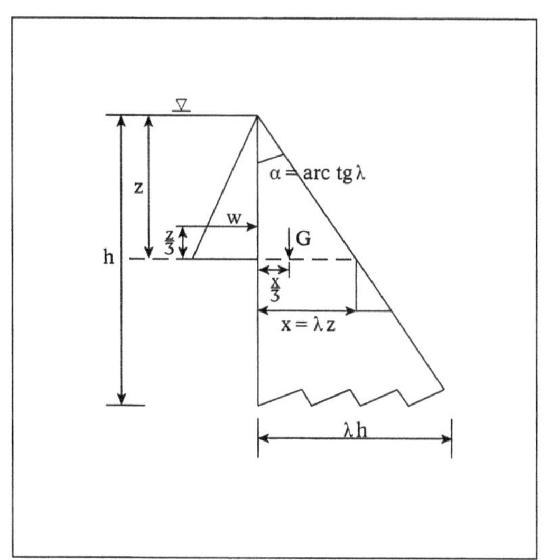

Skizze 2   Senkrechte Stauwand

Soll die wichtige Forderung erfüllt sein, daß die Druckspannung an der Wasserseite Null ist, dann folgt aus

$$\sigma_W = z \left(\gamma_b - \frac{\gamma_w}{\lambda^2} \right) = 0$$

$$\lambda = \sqrt{\frac{\gamma_w}{\gamma_b}} \quad \text{oder allgemeiner} \quad \lambda = \sqrt{\frac{\gamma_w}{\gamma_b'}}$$

mit γ_b' gleich dem um den Sohlenwasserdruck bzw. um den Porenwasserdruck verminderten Raumgewicht des Betons.
Die bei Gewichtsmauern interessierenden Hauptspannungen an der Luftseite ergeben sich mit $x = \lambda\,(h - z)$ aus den Grundspannungen

---

[32] LÉVY, MAURICE: Quelques considérations sur la construction des grands barrages. In: Comptes rendus des séances de l'Académie des sciences, Paris, 1895

$$\sigma_x = -\gamma_w\,(h-z)\;;\quad \sigma_z = -\,\frac{\gamma_w\,(h-z)}{\lambda^2}\;;\quad \tau = \frac{\gamma_w\,(h-z)}{\lambda}$$

$$\text{zu}\quad \sigma_1 = -\gamma_w\,(h-z)\left(1+\frac{1}{\lambda^2}\right)$$

$$\sigma_2 = 0$$

$$\tau_{1\atop 2} = \pm\,\frac{1}{2}\,\sigma_1$$

INTZE verwendet bei seinen Talsperren als Mauerwerksmörtel ein Gemisch aus Traß, Kalk und Sand. Die besondere Festigkeit und Dichtigkeit des Mörtels entsteht durch die chemische Verbindung zwischen der Kieselsäure, die im Traß ist, und dem Kalk. INTZE läßt im Mauerwerk eine Pressung von bis zu $12\,\text{kg/cm}^2$ zu.

Die Bedingung dafür, daß Gleiten der Mauer in einer Horizontalfuge oder in der Gründungsfläche nicht eintritt, ist

$$W < G\,f$$

bei Vernachlässigung des Sohlenwasserdrucks. W = Horizontalkraft aus Wasserdruck; G = Mauergewicht; f = Reibungskoeffizient. Mit f = 0,75 wird

$$W < \frac{3}{4}\,G.$$

Der Erfolg der Remscheider Talsperre, deren Bewährung zunächst bei den maßgeblichen Stellen abgewartet wurde, hat den Talsperrenbau nicht nur in Rheinland und Westfalen, sondern auch in Schlesien und Böhmen sprunghaft eingeleitet und anwachsen lassen. Nach INTZE betrug die Zahl der in Ausführung begriffenen und fertiggestellten Talsperren im Jahre 1904 25, die Kostensumme, die für die Talsperren allein angelegt wurde, 40 Mio. Mark, mit den Nebenanlagen rund 60 Mio. Mark. Der Stauinhalt dieser Anlagen lag bei 160 Mio. m³. Es sei hier auch auf die Zusammenstellung „Talsperren" im Anhang I hingewiesen, die die chronologische Abfolge ihrer Errichtung angibt, wobei bis zum Inbetriebnahmejahr 1905 nur solche Sperren aufgeführt sind, deren Höhe über Gründungssohle mehr als 20 m beträgt, ab dem Jahr 1905 (Urftsperre) nur Talsperren mit mehr als 20 Mio. m³ Inhalt.

Einen bedeutenden Abschnitt in der Geschichte des Talsperrenbaus leitet die von INTZE in den Jahren 1899–1905 in der Eifel erbaute Urfttalsperre ein. Ebenfalls als Gewichtsmauer aus Mauerwerk ausgeführt, hat sie ein Speichervolumen von 45,5 Mio. m³ und eine Höhe über Gründungssohle von 58 m. Sie war

zum damaligen Zeitpunkt die größte Talsperre auf dem Europäischen Kontinent. Der Geheime Regierungsrat Prof. Dr.-Ing. OTTO INTZE (1843–1904) war
Ordinarius für Baukonstruktion und Wasserbau an der Technischen Hochschule Aachen (Abb. 51). Er entwickelte unter anderem eine spezielle Form von
Wassertürmen, auf die an anderer Stelle eingegangen wurde. In späteren Jahren
widmete er sich besonders dem Talsperrenbau. Vor allem im Rheinland und in
Westfalen, aber auch in Ostpreußen, Schlesien, Böhmen und Ungarn wurden
von ihm Talsperren geplant und ausgeführt. Er gilt als einer der bedeutendsten
Vertreter des neuzeitlichen Talsperrenbaus.

Abb. 51   OTTO INTZE.
Deutsches Museum München

Die Urfttalsperre wurde, wie es im Konzessionsantrag von 1899 heißt, „als
Sammelbecken zur Verminderung der schädlichen Hochfluten im Flußgebiet
der Rur sowie zur Regulierung des Abflusses im allgemeinen, im Tal der Urft
unterhalb Gemünd, in Verbindung mit einer Wasserkraftnutzung projektiert."
Das aus Grauwackesteinen gemauerte Absperrbauwerk wurde durch einen
Putz und Asphaltanstriche gedichtet, im oberen Teil durch ein Blendmauer-
werk, im unteren durch eine Vorschüttung aus bindigem Material, dem sogenannten INTZE-Keil, geschützt. Die Hochwasserentlastung ist als festes Über-

fallwehr mit 91 m Breite und anschließenden Kaskaden ausgebildet und für ein höchstes Hochwasser HHQ von 220 m³/s bemessen. Über einen ca. 2,7 km langen Druckstollen mit anschließender Druckrohrleitung wird das Wasser zum Kraftwerk bei Heimbach im Rurtal geleitet, wo es bis zum Jahre 1974 acht Francis-Turbinen mit einer Leistung von zusammen 12 MW bei einer maximalen Fallhöhe von 106 m und einer Ausbauwassermenge von 18 m³/s antrieb. Heimbach gehörte damals neben dem Wasserkraftwerk an den Niagarafällen zu den bedeutendsten Wasserkraftwerken der Welt. 1975 wurden die alten Turbinen durch zwei Francis-Turbinen ersetzt.

Das Kraftwerk selbst in ein herausragendes Beispiel für eine gelungene architektonische Gestaltung im Jugendstil. Mit der Urfttalsperre wurde erstmals eine Talsperre ausschließlich aus ihrer Energiegewinnung finanziert.

Welch ungeheure Bedeutung der Talsperrenbau in Deutschland in diesen Jahren gewonnen hat, geht aus einer Überlegung von MATTERN[33] hervor: „Wenn zwar mit dem Aufhören der Kohlengewinnung in unseren Gegenden der gesammte Vorrath der Erde nicht erschöpft sein wird, da noch große unaufgeschlossene Massen in anderen Erdtheilen lagern, so würde dieser Vorgang doch ein Verlegen der Kulturzentren zur Folge haben. Zwar können derartige Betrachtungen heute noch nicht zu ernsthaften Sorgen Anlass geben und sie spielen daher auch noch keine Rolle bei dem Wettstreit zwischen Wasser und Dampfkraft. Aber immerhin mahnen diese Erscheinungen den Menschen, nach Kraftquellen Umschau zu halten, die von dauernder und unversiegbarer Beschaffenheit sind. Die Aufstauung des Wassers in künstlichen Haltungen (Talsperren) muß die Hauptkraftquelle der Zukunft werden. Dieser Gedanke bricht sich heute mehr und mehr Bahn und wie die „schwarzen Diamanten" die Geburtsstätte und Grundlage der modernen Industrie geworden sind, so werden zweifellos in zukünftigen Zeiten jene Länder Mittelpunkte der Kultur werden, die die Natur mit Wasserreichthum gesegnet hat und die diese freie Gabe auszunutzen verstehen. Dann wird, nach REULEAUX[34], das elektrische Zeitalter kommen, in dem die Wasserkraft durch Electricität in physikalische, chemische und mechanische Energie umgesetzt werden wird." FRANZ REULEAUX (1829–1905) war Professor für Maschinenbau in Berlin und Zürich.

Was die Berechnung und Ausgestaltung der von INTZE entworfenen bzw. erbauten Talsperren angeht, soll er selbst zu Wort kommen[35]: „Der Mauerquerschnitt der Urfttalsperre (Abb. 52 bis 54, siehe auch Farbteil, S. I Abb. [53a], [54a])* ist nach den bereits angegebenen Grundsätzen entworfen und ausgeführt. Dem Eindringen des Wassers von der Wasserseite her ist wieder durch

---

33 MATTERN, E.: Der Talsperrenbau und die Deutsche Wasserwirtschaft, Berlin 1902, S. 74
34 REULEAUX: Die Naturkräfte und ihre Umsetzung, Vortrag
35 INTZE, O.: Die geschichtliche Entwicklung, die Zwecke und der Bau der Talsperren. Berlin 1906, S. 36 und 41
*   Abbildungen in eckiger Klammer erscheinen im Farbteil.

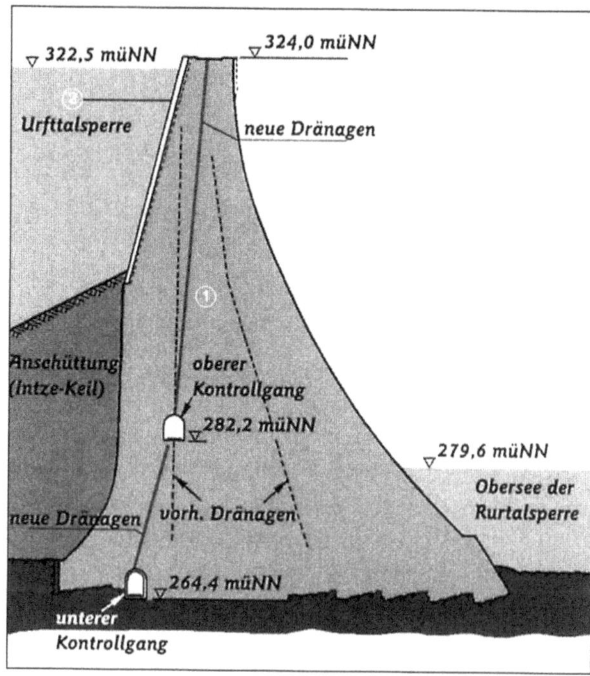

Abb. 52   Urfttalsperre: Querschnitt der Staumauer nach Sanierung.
1 Bruchsteinmauerwerk
2 Verblendmauerwerk
Wasserverband Eifel-Rur

Abb. 53   Urfttalsperre: Hochwasserentlastung mit anschließenden Kaskaden.
Wasserverband Eifel Rur

Abb. 54   Urftkraftwerk Heimbach – Deutschlands schönstes Jugendstilkraftwerk.
Wasserverband Eifel-Rur

Abdichtung, durch Verputz und Siderosthenanstrich, der sich vorzüglich bewährt hat, vorgebeugt.

Eine Anschüttung des aus der Baugrube ausgehobenen Erdreichs sichert ebenfalls gegen Eindringen von Wasser, gegen Witterungseinflüsse, gegen Wellenschlag. Im oberen Teil, wo der Schutz durch Erde und durch Geröll nicht mehr erzielt werden kann, ist eine Brandmauer gegen jeden Einfluß von der Wasserseite vorgesetzt. Die Kraftwirkungen sind durch die Stützlinie dargestellt; sie verlaufen für leeres und volles Becken im Kern der Mauer. Hierbei sind allerdings nur der Druck von der Wasserseite her, die eigene Last des Mauerwerks und der Druck des Erdreiches in Rechnung gezogen. Ich werde bei der Sperrmauer Marklissa nochmals auf diesen Punkt zurückkommen, wo man aus übertriebener Rücksichtnahme auf die Befürchtungen der Bevölkerung noch einen Schritt weiter gegangen ist. Bei den Vorsichtsmaßregeln, wie sie hier getroffen sind, erscheinen aber die obigen Annahmen als völlig ausreichend, besonders wenn man sehr dichten Untergrund in Rücksicht zieht, in den das Wasser nicht eindringen kann, und wenn man sich mit dem Fundament, wie es überall geschieht, tief in den festen Felsen hineinsetzt."

„Die statische Untersuchung dieser Mauer (Anm.: Marklissa) ist für weitergehende Ansprüche durchgeführt als bei den bisherigen Mauern. Es ist in jeder Fuge voller Wasserdruck angenommen, der Wasserspiegel bis zur Mauerkrone steigend. Dies letztere geschieht auch bei uns im Westen; daß das Wasser vielleicht einmal bis über die Mauerkrone aufsteigen und überlaufen könnte, ist ja im allgemeinen nicht anzunehmen, aber zur Vorsicht wird dieser Fall vorausgesetzt. Bei diesem Wasserstand ist nun, wie gesagt, in jeder Fuge voller Druck angenommen worden, obgleich es bei der Beschaffenheit des außerordentlich dichten und festen Gneisfelsens und seiner innigen Verbindung mit dem Mauerwerk vollkommen ausgeschlossen erscheint, daß das Wasser in solchen Massen eindringt. Auch hier ist die Wasserseite durch Putz und Siderosthenanstrich völlig abgedichtet, so daß schon deshalb das Wasser nicht hineingelangen kann. Aber wie ich schon erwähnt habe: Die Ängstlichkeit der schlesischen Bevölkerung, daß die Anlage einer solchen Talsperre eine neue, vielleicht noch viel größere Gefahr bringen möchte, als bis jetzt bei Hochwasser schon bestanden hat, gab Veranlassung, daß man das Profil hier noch stärker machte. Damit ist nun, und das möchte ich betonen, die Grenze der Konstruktion erreicht, über die hinaus jede Verstärkung nicht nur keinen Nutzen mehr bringt, sondern schädlich wirkt, da sie zu einer Überlastung des Mauerwerks führt. Wenn der volle Druck in den Fugen angenommen wird, und man dann noch voraussetzt, daß die Resultierende durch das innere Drittel hindurchgeht, so ist daraus der Schluß zu ziehen, daß Zugspannungen nicht entstehen können. Der Wasserdruck kann aber nur ausgeübt werden, wenn sich Fugen öffnen, und diese können sich doch nur öffnen, wenn Zugspannungen eine Klaffung hervorrufen. Das ist also auch die äußerste Grenze, bis zu der man überhaupt gehen könnte; für die Folge wird es wohl schwerlich wieder vorkommen."

Die von INTZE vertretene Auffassung wird von einer großen Zahl namhafter Fachkollegen seiner Zeit geteilt, nämlich, daß das weiter oben beschriebene Verfahren ohne Berücksichtigung der Auftriebswirkungen praktisch ausreicht, um die Grenzen der Beanspruchung für Schwergewichtsmauern zu bestimmen. Zu ihnen gehören ZIEGLER, SYMPHER, LIECKFELDT und BACHMANN.[36] Anders KIEL. Er vertritt die Auffassung, daß das Wasser überall dort eindringen kann, wo die Pressung kleiner ist als der Wasserdruck mit der Folge, dort Auftrieb berücksichtigen zu müssen.

Eine besondere Sensibilisierung von Fachwelt und Öffentlichkeit zu Fragen der Standsicherheit und Sicherheit war schon deshalb gegeben, weil es in jüngerer Zeit Zerstörungen mehrerer Talsperren gegeben hatte, zwar nicht in Deutschland, aber auch in seiner Nähe. Beispielhaft seien genannt die Habrasperre in Algier und die Sperrmauer von Bouzey in Frankreich. Die Schwergewichtsmauer von Habra, die einen Beckeninhalt von 30 Mio. m³ aufstaut, wurde in den Jahren 1863 bis 1872 erbaut. Nachdem die Anlage fast 9 Jahre in Betrieb war, brach sie unter der Hochflut vom 16. Dezember 1881 auf rund 140 m Länge und 18 m Tiefe weg. Das Dorf Perrégaux wurde weggeschwemmt;

---

[36] ZIEGLER, P.: Der Talsperrenbau – nebst Beschreibung ausgeführter Talsperren. Berlin, 1911

400 Menschen kamen ums Leben. Die Ursache des Mauerbruchs wurde nicht endgültig geklärt. Es gab, wie in solchen Fällen meist, mehrere Erklärungsversuche. Einer davon bezog sich zum Teil auf die angewandte Berechnungsmethode. Die Mauer war nach der auch in Deutschland seinerzeit für niedrigere Mauern angewandten DELOCREschen Methode berechnet worden, das heißt nur unter Berücksichtigung der auf die waagerechte Fuge wirkenden senkrechten Komponente der Resultierenden. Die Nachrechnung hat ergeben, daß nach BOUVIERS Methode, nämlich bei Ansatz der Resultierenden auf schräger Fuge, sich bedeutend höhere Werte für die Pressung an der Basis ergaben.

Die Sperrmauer von Bouzey wurde im Tal des Avièrebaches, eines Nebenflüßchens der Mosel, zur Speisung des Ostkanals – Verbindung von Maas und Saône – errichtet und 1881 fertiggestellt. Das 7 Mio. m³ große Becken wurde aus der Mosel mit Hilfe eines Wehres gespeist. Die größte Mauerhöhe betrug 23,7 m. Am 27.4.1895 klappte die Mauer auf 171 m Länge und 12 m Höhe in einem Stück um. 90 Todesopfer waren zu beklagen. Zur Erklärung des Bruchs wurden folgende Vorstellungen entwickelt: Aufgetretene Zugspannungen in der Mauer verursachten eine Fugenbildung, die dann Auftriebskräfte zuließ. Für denkbar gehalten wurde auch, und zwar allein für sich oder zusätzlich, Auftrieb in der Gründungssohle, wobei das unter die Gründungsfläche eindringende Wasser nicht nur die Reibung f verminderte, sondern durch den Auftrieb auch das Gewicht des Mauerwerkes G, bis der Wasserdruck den Reibungswiderstand f × G überwog.

Als INTZE die Urfttalsperre plante, war in Europa die Zeit vorbei, in der die Talsperrenbauer vor allem eine Verschiebung auf der Gründungssohle und ein Umkippen befürchteten. Schon 1853 hatte der Franzose DE SAZILLY die Notwendigkeit formuliert, von der Festigkeit der Materialien, Mauerwerk und Baugrund, auszugehen. Dabei dürften an keiner Stelle des Mauerwerks zu große Spannungen übertragen werden und der Baugrund dürfe sich nicht zu stark setzen. Mit DE SAZILLY endete 1853 die Ära der gefühlsmäßigen Dimensionierung der Gewichtstalsperren. MAURICE LÉVY hatte entscheidenden Anteil an der Suche nach dem optimalen, theoretisch richtig begründeten Querschnitt, an der sich in Deutschland auch INTZE und FRANZ KREUTER, Ordentlicher Professor der Ingenieurwissenschaften an der Königlich bayerischen Technischen Hochschule in München (1842–1930) beteiligt haben. INTZE gab seinen Staumauern mit Rücksicht auf Temperaturspannungen eine gekrümmte Linienführung. Die Gewölbewirkung stellte er jedoch nicht in Rechnung, die bei den breiten Tälern auch unbedeutend ist.

Es kann zunächst einmal dahingestellt bleiben, ob die INTZE-Sperren in statischer Hinsicht heutiger Betrachtungsweise standhalten. Fest steht jedenfalls, daß INTZE der eigentliche Motor des modernen Talsperrenbaus in Deutschland geworden ist. Seine zahlreichen und umfassenden wasserwirtschaftlichen Überlegungen auf der Grundlage von Niederschlags-, Wasserstands- und Wassermengenmessungen gaben Sicherheit für die Bemessung der Beckeninhalte, die Beckenbewirtschaftung und die Bemessung der Entlastungs- und sonstigen Betriebsanlagen und die damit zusammenhängenden hydraulischen Berechnungen. Nicht zuletzt waren dies Voraussetzungen dafür, das Erreichen der angestrebten Ziele bei den verschiedenen Nutzungsarten der Talsperren voraussagen zu können. Er lieferte damit einen Beitrag zur Verminderung der Unsicherheiten, die das bis dahin weitgehende Fehlen zuverlässiger hydrologischer Daten bewirkte, das sich im Talsperrenbau nachteilig bemerkbar machte. Schließlich konnten die späteren Nutzer des Talsperrenwassers, insbesondere auch bei gegenläufiger Interessenlage, fundierter von der Erreichbarkeit des Zwecks, der Finanzierbarkeit und der Wirtschaftlichkeit der Anlage überzeugt werden. Ein besonders bedeutendes Beispiel solcher Überzeugungsarbeit sind die von INTZE initiierten Vorarbeiten, die der Gründung des Ruhrtalsperrenvereins im Jahre 1898 vorausgingen. Auf der Grundlage genauer hydrologischer Untersuchungen gelang es dem Regierungspräsidenten von Düsseldorf, FREIHERRN VON RHEINHABEN, Städte, Industrie, Pumpwerks- und Triebwerksbesitzer an der übernutzten unteren Ruhr von Herdecke bis Ruhrort zu dem Ruhrtalsperrenverein zusammenzufassen, der dann eine wasserwirtschaftliche Vorbildfunktion ausüben sollte. Das Ziel war, einen Interessenausgleich zu schaffen durch Ersatz des entzogenen Wassers und Vergleichmäßigung der Ruhrwasserführung. Gewährleistet wurde das durch die Errichtung von Talsperren in den Gebirgstälern, die das Hochwasser speichern und in Trockenzeiten wieder abgeben.

Zu diesen Talsperren zählen:

Versesperre	mit I =	1,7 Mio. m³	1903
Haspesperre	mit I =	2,1 Mio. m³	1904
Ennepesperre	mit I =	10,0 Mio. m³	1904
Glörsperre	mit I =	2,1 Mio. m³	1904
Jubachsperre	mit I =	1,1 Mio. m³	1905
Hennesperre	mit I =	11,0 Mio. m³	1906
Oestersperre	mit I =	3,1 Mio. m³	1907[37]
Listersperre	mit I =	22,0 Mio. m³	1911
Möhnesperre	mit I =	134,0 Mio. m³	1912

---

[37] An der Oestertalsperre wurde erstmals der Nachweis des Sohlenwasserdrucks durch Druckmessungen erbracht (SCHAFER: Unterdruck bei Staumauern, Zeitschrift für Bauwesen, 1913, S. 101)

Flußkraftwerk Rheinfelden
und die Wasserkraftnutzung am Hochrhein

Der Hochrhein – Flußabschnitt zwischen Bodensee und Basel mit einer Länge von rund 140 km – weist für Zwecke der Energiegewinnung günstige hydrologische Verhältnisse auf. Der Bodensee, die Seen des Voralpengebietes und in neuer Zeit entstandene künstliche Speicherseen bewirken ein vorteilhaftes Verhältnis von Klein- zu Mittelwasser. Die Niedrigwasserführungen des Winters betragen noch etwa ein Drittel der mittleren Wasserführung. Im Durchschnitt der Jahre fließen aus dem Bodensee etwa 450 m³/s. Unterhalb der Einmündung der Aare, dem größten Seitenzufluß der Hochrheinstrecke, vermehrt sich der mittlere jährliche Abfluß auf rund 1000 m³/s. Es verwundert nicht, daß diese Voraussetzungen schon früh den Gedanken einer Kraftgewinnung zur Erzeugung elektrischer Energie aufkommen ließen, nachdem im Jahr 1849 die Francis-Turbine entwickelt worden war. Mit der aufkommenden Industrialisierung in Deutschland nahm dieser Gedanke konkrete Formen an, und zwar hinsichtlich eines Kraftwerks in Rheinfelden. Zunächst waren erhebliche Schwierigkeiten zu überwinden. Das betraf nicht nur die technische Ausgestaltung des Projekts in einer Zeit stürmischer Entwicklung der Maschinen- und Elektrotechnik, sondern gleichermaßen die Finanzierung einer noch nicht erprobten technischen Anlage. Schließlich waren auch Fragen zu beantworten, die sich auf die wasserrechtlichen Konzessionen bezogen, die wegen der Grenzeigenschaft des Rheins in diesem Abschnitt sowohl von den zuständigen Behörden des Großherzogtums Baden als auch des Kantons Aargau erteilt werden mußten. Die Uferstaaten hatten am 10. Mai 1879 einen Vertrag geschlossen, nach dem die Kraftnutzung entsprechend der eingestauten Uferlänge aufgeteilt werden und die Wasserbauten im gegenseitigen Einvernehmen errichtet werden sollen. 1890 wurde von beiden Uferstaaten einer Vorbereitungsgesellschaft die Konzession erteilt. Die Pläne wurden von Prof. INTZE, Aachen, überprüft und im Oktober 1894 wurde die Aktiengesellschaft „Kraftübertragungswerke Rheinfelden in Station bei Rheinfelden" gegründet. Mit dem Bau des Wasserkraftwerks wurde sodann 1895 begonnen; Fertigstellung und Inbetriebnahme erfolgten im Jahre 1898. Die Kraftwerksanlage Rheinfelden ist ein sogenanntes Kanalkraftwerk, bestehend aus einem 360 m langen Stauwehr, einem 800 m langen, 50 m breiten Oberwasserkanal und dem parallel zum Rhein angeordneten Maschinenhaus auf deutscher Seite. Das Kraftwerk ist mit 20 Maschinengruppen ausgestattet. Die bei der Inbetriebnahme eingebauten Francis-Turbinen hatten zwei übereinander angeordnete Laufräder. Bei einer Schluckfähigkeit der Turbine von 28 m³/s bei einer mittleren Fallhöhe von 5 m wurde eine Lei-

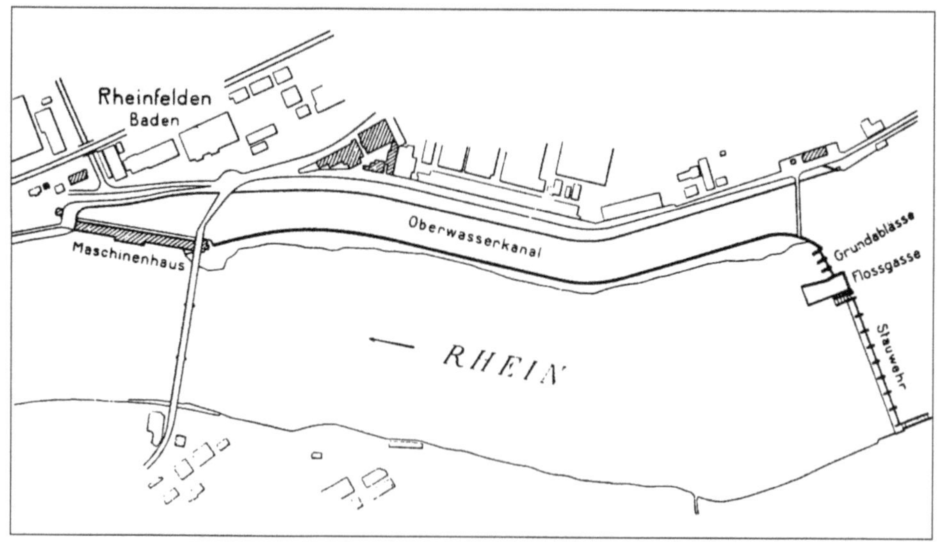

Abb. 55   Kraftwerk Rheinfelden.
SCHWING, E. A.: Die Kraftübertragungswerke Rheinfelden AG und die Nutzung
der Hochrhein-Wasserkräfte, in: Das Markgräflerland, 1981

Abb. 56   Kraftwerk Rheinfelden: Luftaufnahme.
Energie Dienst Rheinfelden

stung von 617 kW je Turbine erzeugt. Die gesamte installierte Leistung betrug rund 12,3 MW, die Jahresarbeit anfänglich 70 Mio. kWh. Durch Höherstau und Einbau modernerer Maschinen konnte die Leistung bis heute auf rund 23 MW, die Jahresarbeit auf etwa 180 Mio. kWh erhöht werden. Abbildung 55 zeigt die Gesamtanordnung des Kraftwerks Rheinfelden und Abbildung 56 eine Luftaufnahme der bestehenden Kraftwerksanlage.

Zweitältestes Wasserkraftwerk am Hochrhein ist das Doppelkraftwerk Augst/Wyhlen, das in den Jahren 1908 bis 1912 erbaut wurde.

Dieses Kraftwerk ist insofern eine Besonderheit, als es aus zwei eigenständigen Kraftwerken besteht: Wyhlen auf deutscher und Augst auf schweizerischer Flußseite. Die Maschinenhäuser mußten zur Vermeidung von Problemen bei der Hochwasserabführung entlang der beiden Ufer errichtet werden. Sie sind durch ein gemeinsames Stauwehr miteinander verbunden. Die installierte Leistung beider Kraftwerke zusammen betrug bis zu den 1990 bis 1994 am Kraftwerk Wyhlen durchgeführten Ausbau- und Erneuerungsarbeiten 35 MW.

Eine Gesamtplanung zur Ausnutzung des ganzen Wasserkraftpotentials des Hochrheins wurde erst durch einen internationalen Wettbewerb eingeleitet und in der deutsch-schweizerischen Konferenz vom 14./15. September 1920 in Schaffhausen festgeschrieben. Die in der Folge vorgenommenen Kraftwerksplanungen und -ausführungen fügten sich in diese Gesamtplanung ein (s. Abb. 57).

Nachdem die im Jahre 1987 ausgelaufenen wasserrechtlichen Konzessionen für das Doppelkraftwerk Augst/Wyhlen der beiderseitigen Behörden durch neue Konzessionen ersetzt worden waren, wurde 1990 am Kraftwerk Wyhlen mit Ausbau- und Erneuerungsarbeiten begonnen, die 1994 zu Ende geführt werden konnten. Fünf der vorhandenen 10 Francis-Turbinen wurden stillgelegt und durch 6 sogenannte Strafloturbinen ersetzt. Die verbliebenen 5 Francis-Turbinen wurden modernisiert. Strafloturbinen sind Propellermaschinen, die einer Rohrturbine ähneln. Ihre Laufradschaufeln sind feststehend. Der Generator ist konzentrisch um das Laufrad angeordnet. Die 6 Straflomaschinen haben Laufraddurchmesser von 3,80 m und eine Leistung von je 4,5 MW. Zusammen mit den verbliebenen Francis-Turbinen ergibt sich eine Gesamtleistung von 38,5 MW. Die konzessionierte Wassermenge beträgt maximal 750 m³/s, die mittlere Jahresarbeit ungefähr 203 Mio. kWh. Die Abbildung [58] im Farbteil, S. II, zeigt das Doppelkraftwerk Wyhlen/Augst.

Die Konzession für das bestehende Kraftwerk Rheinfelden lief im Jahre 1988 aus. Durch den schweizerischen Bundesrat und das Regierungspräsidium Freiburg wurden 1990 neue wasserrechtliche Konzessionen erteilt, und zwar für weitere 80 Jahre. Sie sind unter anderen an folgende Bedingungen geknüpft: Errichtung eines neuen Kraftwerks mit Fertigstellung bis spätestens zum Ende des Jahres 2004, verbunden mit einer Erhöhung der Turbinen-Schluckwassermenge von 600 m³/s auf bis zu 1500 m³/s bei Erhöhung des Stauziels um 1,4 m und gleichzeitiger Spiegelabsenkung im Unterwasser, darüber hinaus Auflagen zum

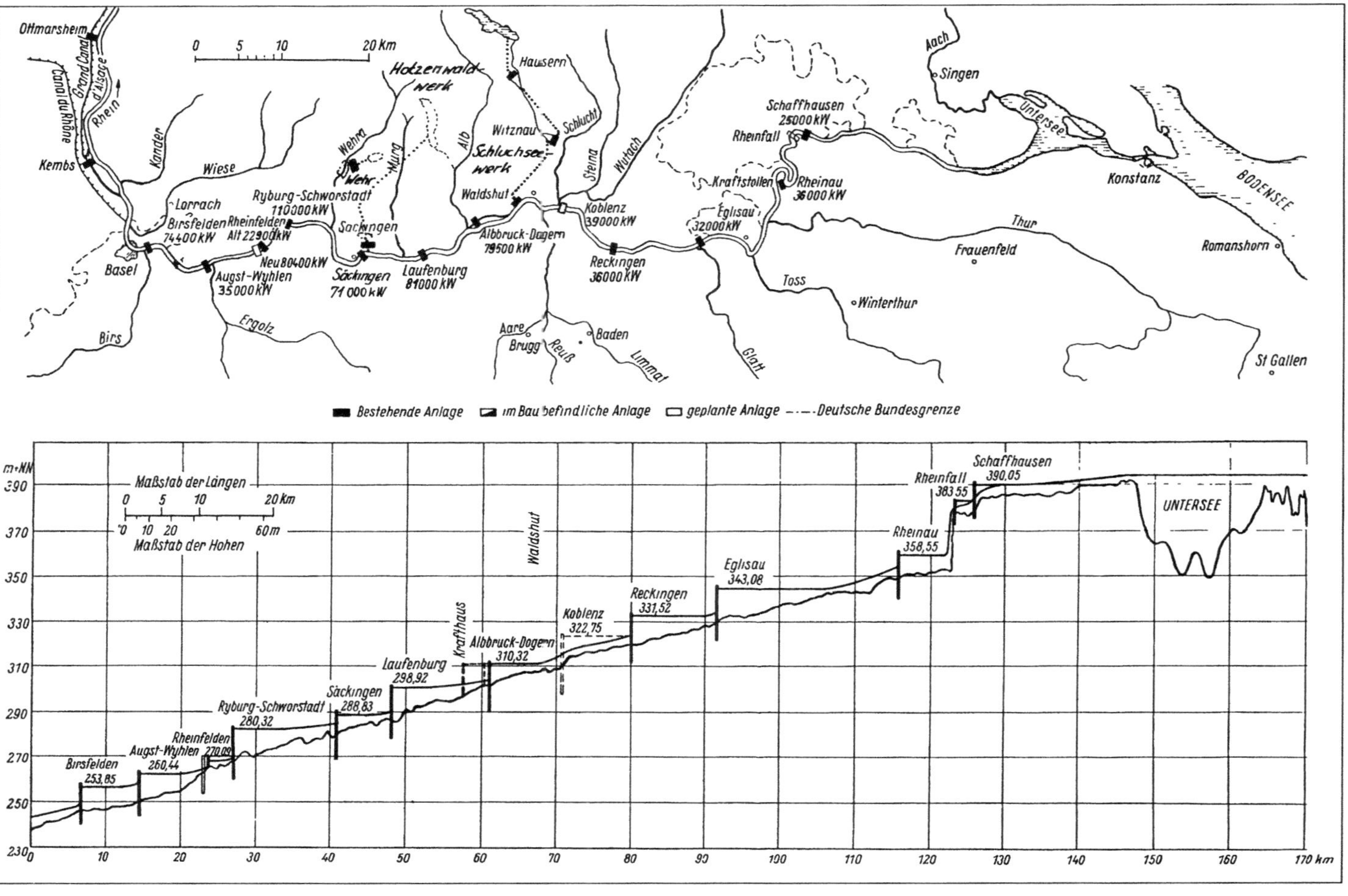

Abb. 57 Lageplan und Höhenplan der Wasserkraftwerke am Hochrhein, Stand 1981.
SCHWING, E. A.: Die Kraftübertragungswerke Rheinfelden AG und die Nutzung der Hochrhein-Wasserkräfte,
in: Das Markgräflerland, 1981

Schutze des Grundwassers, im Interesse der Fischerei und des Naturhaushalts. Das projektierte neue Krafthaus liegt in gleicher Achse mit dem neuen Wehr ungefähr 130 m unterhalb des alten Wehres, und zwar am Schweizer Ufer. Die vier Rohrturbinen werden eine Gesamtleistung von 116 MW haben, die erwartete mittlere Jahresproduktion liegt bei 565 Mio. kWh. Die sehr umfangreiche und zeitaufwendige Umweltverträglichkeitsprüfung des Projektes ist noch nicht gänzlich abgeschlossen; der vorgesehene Zeitplan zur Verwirklichung der Maßnahme dürfte nicht mehr eingehalten werden können.

Wasserversorgung von der Jahrhundertwende bis zum 2. Weltkrieg

Nachdem im Jahre 1891 die erste Trinkwassertalsperre in Deutschland, die Eschbachtalsperre für die Stadt Remscheid, mit einem Fassungsraum von 1,1 Mio. m³ in Betrieb gegangen war, folgte ihr mit der Inbetriebnahme der Talsperre Einsiedel 1894 zur Versorgung der Stadt Chemnitz eine weitere Trinkwassertalsperre in Deutschland. Zum Bau dieser Talsperre kam es im Zusammenhang mit der industriellen Entwicklung im Erzgebirgischen Becken mit den Schwerpunkten im Raum Chemnitz und Zwickau und auf Grund der Tatsache, daß es weder örtlich noch in größeren Entfernungen im Erzgebirge Möglichkeiten ausreichender Wassergewinnung mittels Brunnen oder Quellen gab. Die Entscheidung der Stadtväter von Chemnitz für eine Talsperre wurde maßgeblich durch den Ingenieur WILLIAM LINDLEY beeinflußt. Das Fassungsvolumen der Sperre Einsiedel beträgt 0,3 Mio. m³; das Absperrbauwerk wurde in Bruchsteinmauerwerk errichtet (Abb. [59], siehe Farbteil, S. II).

Zur Aufbereitung des Wassers wurden überwölbte Langsamfilter gebaut. Welche Aufmerksamkeit die Talsperre Einsiedel zur damaligen Zeit erlangte, ist daran zu sehen, daß die Pläne der Wasserversorgung von Chemnitz auf zwei Weltausstellungen gezeigt und prämiiert wurden: 1900 in Paris und 1904 in St. Louis. Das weitere Aufblühen der Stadt Chemnitz erforderte zusätzliche Trinkwassertalsperren: Talsperre Klatschmühle (0,55 Mio. m³; Inbetriebnahme 1909), Lautenbachsperre (3 Mio. m³; 1914), Saidenbachsperre (22,4 Mio. m³; 1933).

Ein besonderes Augenmerk muß der Wasserversorgung in dem Gebiet Deutschlands zukommen, in dem die industrielle Entwicklung besonders stürmisch verlaufen ist, dem Ruhrrevier. Einige wenige Zahlen mögen das verdeutlichen: von 1870 bis 1900 Anstieg der Kohleförderung von jährlich 12 auf 60 Mio. t, der Eisenproduktion von 0,42 auf 2,86 Mio. t. Die Einwohnerzahl Dortmunds beispielsweise stieg in der zweiten Hälfte des 19. Jahrhunderts von ca. 8000 auf 150 000. Es liegt auf der Hand, daß dies enorme Anstrengungen zur Versorgung mit Trink- und Brauchwasser erforderlich machte. Die natürlichen, insbesondere topografischen Gegebenheiten bedingen, daß auch nahe an der Ruhr gelegene Städte Vorflut zur Emscher haben und ihr Abwasser dorthin ableiten. Das bedeutete, daß die Emscher für die Trinkwasserentnahme nicht in Frage kam. Andererseits wuchs der Ruhr damit die Funktion des Trinkwasserflusses zu, aus dem auch eine Versorgung mit Wasser in das Emscher- und in das Lippegebiet erfolgen mußte. Um dieser Aufgabenzuordnung gerecht werden zu können, kam es zur Bildung der Emschergenossenschaft 1904

(s. S. 134), zum Ruhrtalsperrenverein, zunächst auf privatrechtlicher Grundlage im Jahre 1898, dann 1913 auf genossenschaftlicher Basis, und im gleichen Jahr zum Ruhrverband. Der Ruhrtalsperrenverein (s. auch S. 119) sorgte von Anfang an durch Errichtung und Bewirtschaftung von Talsperren im Einzugsgebiet der Ruhr für einen Mengenausgleich für das entzogene Wasser. Bis zum Jahre 1913 konnte bereits ein Stauraum von 191 Mio. m³ geschaffen werden; bei Beginn des zweiten Weltkriegs stand dann ein Stauraum von insgesamt rund 280 Mio. m³ zur Verfügung. Die Wassergewinnung im Ruhrtal erfolgte zunächst in der Form der Uferfiltrat-Nutzung. Als dies auf Grund des angewachsenen Bedarfs einerseits, andererseits wegen vermehrter Abwassereinleitung und damit einhergehender Beeinträchtigung der Uferfiltration durch Schlammablagerung schwierig wurde, suchten die Wasserwerke nach anderen Lösungen und fanden sie in der Form der künstlichen Grundwasseranreicherung. Sie wurde an der Ruhr erstmals im Jahre 1902, und zwar in Essen angewandt. Dabei bediente man sich der Erfahrungen, die andernorts mit Langsamfilteranlagen gemacht worden waren. So hatte beispielsweise die Stadt Stuttgart schon 1861/62 Langsamfilteranlagen für Neckarwasser gebaut und die Stadt Hamburg nach der Choleraepidemie des Jahres 1892 ebenfalls für Elbwasser. Die Anlagen hatten sich bewährt; sie lieferten eine ausgezeichnete Qualität des Filtrats. Den „biologischen Effekt" der Langsamfiltration hatte man schon vor der Entdeckung der Bakterien „erahnt", nachdem SIMPSON 1839 in London die erste Langsamfilteranlage gebaut hatte. Bei der künstlichen Grundwasseranreicherung an der Ruhr fand die Langsamfiltration in den Infiltrationsbecken ein weiteres Anwendungsgebiet. Das Prinzip der künstlichen Grundwasseranreicherung ist denkbar einfach: an der Ruhr Entnahme des Wassers aus dem Fluß und Einleitung in die Infiltrationsbecken, in denen auf dem durchlässigen Ruhrschotter eine etwa 50 cm dicke Filterschicht aus gewaschenem Feinsand aufgebracht ist. Nach der Filtration und der anschließenden Bodenpassage wird das gereinigte Wasser in ungefähr 50 m entfernten Sickergalerien wiedergewonnen und danach in das Wasserwerk gepumpt.

Im Jahre 1908 wurde das Wasserwerk Haltern zur Versorgung mit Trink- und Industriewasser im nördlichen Ruhrgebiet erbaut. Die Wassergewinnung erfolgte zunächst allein aus den bis zu 200 m mächtigen Haltener Sanden mit ihren günstigen Bedingungen für die Trinkwassergewinnung. Es folgte die Errichtung der Talsperre Haltern mit Fertigstellung im ersten Ausbau im Jahre 1930 und späteren Erweiterungen. Sie dient der Speicherung von Wasser der Stever, das zur Grundwasseranreicherung in Versickerungsbecken geleitet und nach Bodenfiltration mittels vertikaler Brunnen entnommen wird. Dem gleichen Zweck dient die nach dem zweiten Weltkrieg errichtete Talsperre Hullern. In Trockenzeiten kann Wasser aus dem Dortmund-Ems-Kanal für die Talsperren entnommen werden. Diese Wassergewinnungsmöglichkeiten zusammen haben das Wasserwerk Haltern zu einem der größten in Europa gemacht. Mit den vier Ruhrwasserwerken Essen, Witten, Halingen/Fröndenberg und Echthausen bildet es die Wassergewinnungsbasis der heutigen Gelsenwasser AG mit einer Gesamtförderkapazität von rund 225 Mio. m³/a.

Im Jahre 1901 hatte es in Gelsenkirchen eine größere Typhusepidemie gegeben, die durch verseuchtes Trinkwasser verursacht war. Dieses Ereignis führte zu einer dringend notwendigen sorgfältigen Befassung mit den hygienischen Fragen der Trinkwasserversorgung. Das war umso leichter, als ROBERT KOCH die wissenschaftlichen Grundlagen dafür geliefert hatte. Unter seinem Einfluß entstand in dieser Zeit das Hygiene-Institut in Gelsenkirchen.

Im Ruhrrevier wurde von den Wasserwerken, wie übrigens auch sonstwo, die Desinfektion mit Chlor durchgeführt. War in Hamburg aus Anlaß der Choleraepidemie noch Chlorkalk eingesetzt worden – später nur noch bei Behelfsmaßnahmen verwendet –, so wurde im übrigen ausschließlich noch Chlorgas, das bis heute am weitesten verbreitete Desinfektionsmittel, angewandt. Auch Ozonanlagen kamen schon um die Jahrhundertwende zum Einsatz, so beispielsweise im Jahre 1912 in Chemnitz in einer WV-Anlage mit einer Leistung von 375 m³/h. Seit den 1930er Jahren wird die Entkeimung mit Silber, etwa nach dem Katadyn-Verfahren, in besonderen Fällen bei kleinen Wassermengen angewandt, ohne daß dieses Verfahren größere Bedeutung erlangt hätte.

Die Entsäuerung des Wassers bewirkt die Entfernung der überschüssigen freien Kohlensäure, die rostschutzverhindernd und kalkangreifend ist. Das heißt, es wird angestrebt, das entscheidend wichtige sogenannte Kalk-Kohlensäure-Gleichgewicht herzustellen. Mit den damit zusammenhängenden Fragen hat sich JOSEPH TILLMANS (1876–1935) intensiv befaßt. Er war Nahrungsmittelchemiker und Direktor des Universitäts-Instituts für Nahrungsmittelchemie in Frankfurt am Main. Verfahrenstechnisch kommen für die Entsäuerung die Belüftung oder die Filterung über chemisch aktives Material in Frage. In die Praxis haben neben der Belüftung durch Rieselung oder Verdüsung die Marmorentsäuerung, die Filterung über halbgebrannten Dolomit und das Kalkhydratverfahren Eingang gefunden.

In der Fördertechnik war der Einsatz von Heberleitungen bei Brunnengalerien verbreitet. Die Wirkungsweise einer Heberleitung besteht darin, daß die Leitung evakuiert wird und das Wasser durch den atmosphärischen Luftdruck in die luftleere Leitung gefördert wird. Abbildung 60 zeigt das Prinzip einer Heberleitung. Sie hat an Bedeutung verloren, insbesondere wegen des Nachteils, daß der Brunnenwasserspiegel nur bis maximal ungefähr 8 Meter unter den Scheitel der Leitung abgesenkt werden kann. Die Entwicklung ging deshalb tendenziell in Richtung auf sogenannte eigenbewirtschaftete Brunnen, die mit Unterwasserpumpen ausgestattet sind.

Eine statistische Aussage aus dem Jahre 1934 über den Stand der Wasserversorgung in Deutschland stellt folgendes fest:[38] Von insgesamt 66 Mio. Ein-

---

[38] WEILAND, HANS: Stand der Wasserversorgung in Deutschland und das Problem der Arbeitsbeschaffung, in: Deutsche Wasserwirtschaft 1935, S. 30–32

wohnern sind rund 40 Mio. an zentrale Trinkwasserversorgungsanlagen angeschlossen, und zwar in rund 4500 Gemeinden. Die übrigen 26 Mio. Einwohner leben in etwa 59 000 Gemeinden. Das ist eine überraschend hohe Zahl, wenn dies auch die kleinen und kleinsten Gemeinden betrifft.

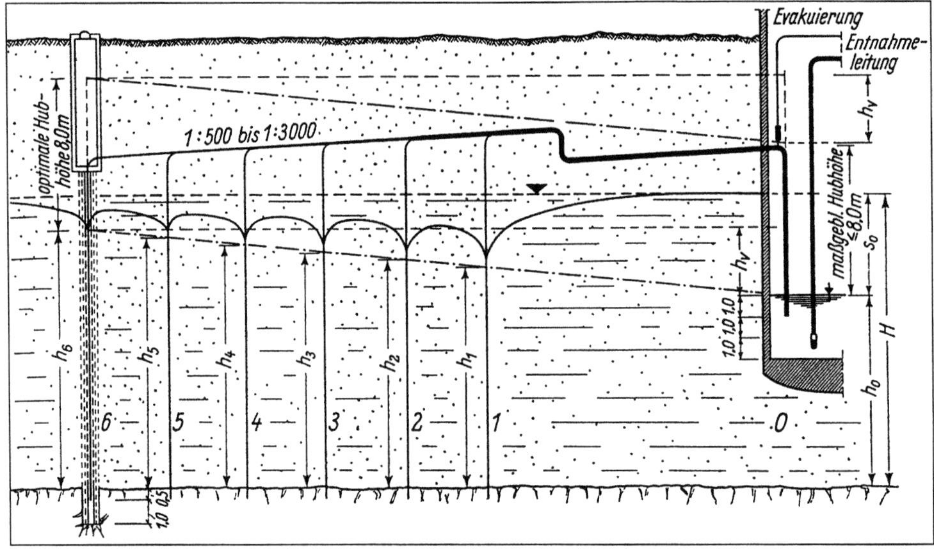

Abb. 60   Prinzipskizze einer Brunnenreihe mit Heberleitung und Sammelschacht.

Abwasserreinigung von ihren Anfängen bis zum 2. Weltkrieg – die Bedeutung Karl Imhoffs

Stand und Entwicklung im Kanalisationswesen

Auf Seite 25 wurde bereits auf die Rieselfelder verschiedener großer Städte hingewiesen. Ein weiteres Beispiel der frühen Abwasserverrieselung ist das der Stadt Braunschweig, besonders auch deshalb, weil die Anlagen den jeweils geltenden Ansprüchen angepaßt wurden. Braunschweig hatte 1885 mit dem Ausbau seiner Kanalisation begonnen und nahm bereits 1895 seine erste Rieselanlage in Betrieb. Die unbedingte Voraussetzung für eine Verrieselung, das Vorhandensein sandigen Bodens, war gegeben. Auf einem 490 ha großen Terrain des Klostergutes Steinhof mit leichtem Sandboden wurde die Verrieselung vorgenommen. Nach dem Wasserrechtsbescheid konnten „11 127 m³ im Tage städtischer Kanaljauche bestehend aus dem Klosett- und Wirtschaftswasser, dem Abwasser aus Fabriken und dem Regenwasser" unschädlich beseitigt werden. Nach dem 2. Weltkrieg konnten die Rieselfelder die große Abwassermenge nicht mehr verkraften. Es kam dann 1954 zur Gründung des Abwasserverbandes Braunschweig unter Einbeziehung von Teilen des Umlands. Seitdem werden auf einer landwirtschaftlich genutzten Fläche von 3000 ha etwa ⅔ der Braunschweiger Abwässer durch Verregnung gereinigt, wobei das System weitgehende Ergänzungen erfahren hat, insbesondere was die Vorbehandlung des Abwassers angeht. Zum Vergleich: Berlin hatte 1926 etwa 10 700 ha Rieselfeldfläche, 1975 noch rund 1000 ha nutzbare Rieselfeldfläche. Durch die Errichtung von Kläranlagen ist die Rieselfeldaufleitung inzwischen fast gänzlich aufgegeben.[39]

Wie in Frankfurt am Main setzte man auch in anderen Städten chemische Fällungsmittel ein. Durchgreifende Erfolge traten nicht ein, ob man nun Ätzkalk wegen Abtötung der Infektionskeime einsetzte oder aus der großen Zahl anderer Chemikalien beispielsweise Eisen- oder Aluminiumsulfat. Besonders Art und Menge des Schlammes bereiteten Probleme. Auch die anfangs gehegte Hoffnung, man könne neben den Schwebstoffen auch einen größeren Teil der gelösten organischen Stoffe entfernen, erfüllte sich nicht. Darüber hinaus waren die Verfahren sehr kostspielig. König[40] bewertet die chemischen Verfahren so: „Die Kosten der chemischen Reinigung stellen sich mindestens ebenso hoch

---

39 Bjarsch, Benno: 125 Jahre Berliner Rieselfeld-Geschichte, in: Wasser & Boden 3/1997, S. 45–48

40 König, J.: Die Verunreinigung der Gewässer, Verlag von Julius Springer, 1899

Abb. 61   Siebtrommel mit Druckluftreinigung, betrieben 1913–1955.
Stadt Trier

wie die der Reinigung durch Berieselung, ohne nur annähernd deren Wirkungsgrad zu erreichen."

In zeitlicher Parallele vollzog sich die Entwicklung verschiedener mechanischer Reinigungsverfahren vom einfachen Rechen über die Siebe und Sandfänge verschiedenster Bauart bis zu den Absitzbrunnen und Absitzbecken. Abbildung 61 zeigt eine Windschildsche oder Bromberger Siebtrommel mit Druckluftreinigung aus dem Jahre 1913. In Abbildung 62 ist die Siebscheibenhalle in Dresden mit Riensch-Wurlschen Siebscheiben dargestellt, die in den 1920er Jahren gebaut wurde.

Schon ab 1887 wurde der Dortmundbrunnen mit senkrecht nach oben gerichteter Wasserströmung eingesetzt, im übrigen auch bei der chemischen Fällung (Abb. 63). Der Dortmundbrunnen sollte eine ähnliche weltweite Verbreitung finden wie der im Jahre 1906 von KARL IMHOFF (1876–1965) entwickelte Emscherbrunnen. Der Emscherbrunnen (Abb. 64) hat Ähnlichkeit mit dem von dem Engländer TRAVIS erfundenen und 1903 erstmals verwirklichten zweistöckigen Becken und unterscheidet sich dennoch in einem ausschlaggebenden Punkt davon: während im TRAVIS-Brunnen ein Teil des Abwassers durch den Faulraum geleitet wird, durchfließt im Emscherbrunnen das zu reinigende Abwasser ausschließlich den Absetzraum und kommt mit dem Faulschlamm nicht in Berührung. Während der Ablauf des TRAVIS-Beckens faulig ist, bleibt derjenige des Emscherbrunnens frisch. Der Emscherbrunnen, in der englischsprachigen Welt IMHOFF-Tank genannt, war damit in einer wichtigen Frage dem TRAVIS-System überlegen.

Abb. 62 Siebscheiben in Dresden, um 1920.
Stadt Dresden

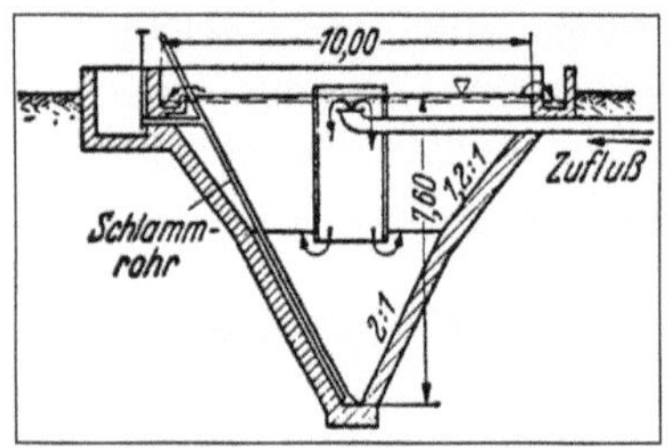

Abb. 63   Dortmundbrunnen.

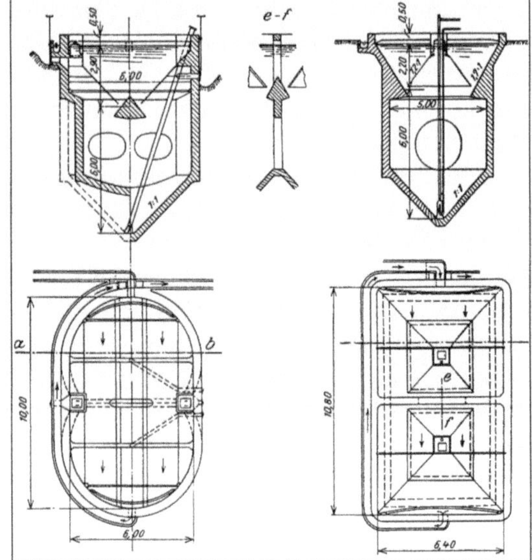

Abb. 64   Formen des Emscherbrunnens.

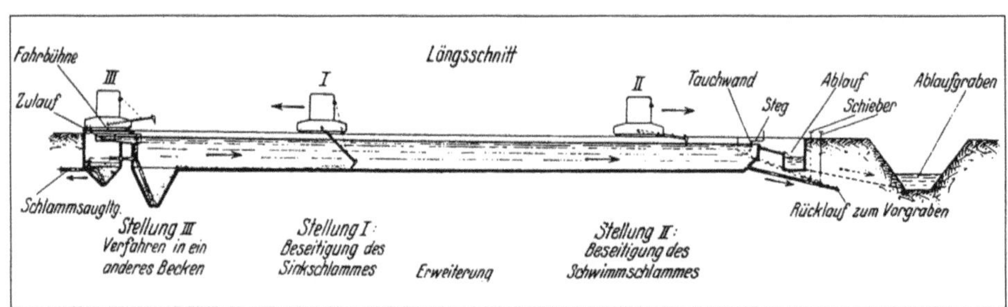

Abb. 65   Absetzbecken in Leipzig, 1925

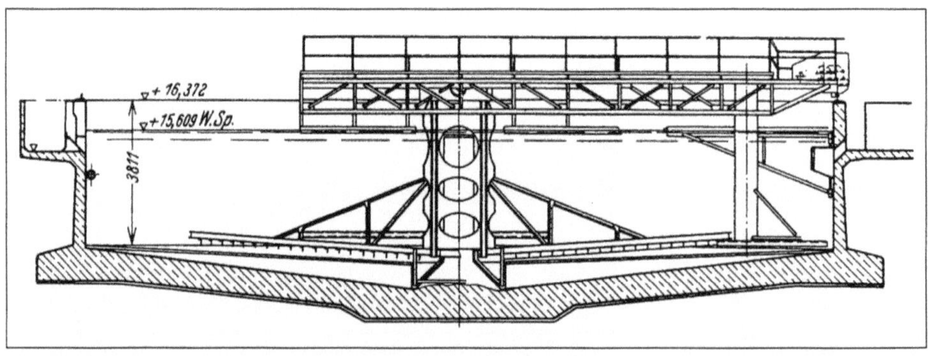

Abb. 66   DORR-Becken mit kreisrundem Schlammkratzer.

In den Abbildungen 65 und 66 sind zwei maßgebliche Entwicklungen der flachen Absetzbecken wiedergegeben. Bei beiden ist die Technik der Schlammräumung gut gelöst. Das Absetzbecken mit Schildräumer sowohl für Sink- wie für Schwimmschlamm wurde 1925 in Leipzig gebaut. Das DORR-Becken mit kreisrundem Schlammkratzer stammt aus etwa der gleichen Zeit.

Mit den Rieselfeldanlagen der 1880er Jahre wurde bereits eine teilbiologische Abwasserreinigung erreicht. Auf den Rieselfeldern Berlins wurden zu dieser Zeit auch Versuche mit Abwasserfischteichen unternommen, die mit verrieseltem Wasser beschickt wurden. 1889 wurden auf dem Berliner Rieselfeld Malchow zwei große Abwasserfischteiche in Betrieb genommen und neben weiteren Teichen erfolgreich eingesetzt. Die Abwasserreinigung in Fischteichen wurde insbesondere unter dem Einfluß des Vorstandes der Königlich Bayerischen Biologischen Versuchsstation für Fischerei, Professor Dr. HOFER, in der Hinsicht modifiziert und weiterentwickelt, als lediglich mechanisch vorgereinigtes Abwasser in die Teiche eingeleitet wurde, allerdings verdünnt mit reinem Wasser in zwei- bis dreifacher Menge.

Die biologische Abwasserreinigung erfuhr im Jahre 1894 eine entscheidende Fortentwicklung durch die Erfindung des Tropfkörpers in England. Der Tropfkörper besteht aus einem aufgeschichteten Haufwerk aus Schlacken verschiedener Herkunft. Vulkanische Lavaschlacke ist wegen ihres geringen Gewichts besonders günstig. Die Abwasseraufbringung geschieht durch Streudüsen oder Drehsprenger. Dabei und bei der Rieselung über das Haufwerk wird Luft aufgenommen. Reinigungswirksam ist die mit schleimigen Bakterienhäuten bewachsene Oberfläche der Brocken. Das Haufwerk ist auf einem Doppelboden aufgebaut, wobei der obere Boden gelocht oder geschlitzt ist. Diese Anordnung gewährleistet einen von unten nach oben gehenden Luftzug, der durch dichte Seitenwände noch unterstützt wird, welche gleichzeitig vor kaltem Wind schützen. Auf dem unteren Boden kann das Wasser abfließen. Anfänglich wurden sogenannte schwach belastete Tropfkörper eingesetzt (Abb. 67).

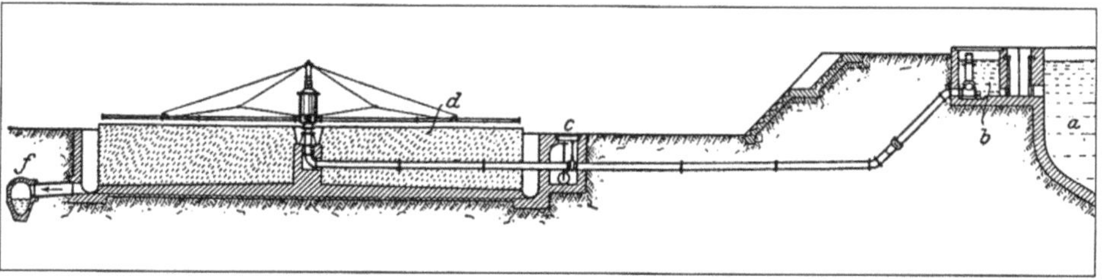

Abb. 67   Schwach belasteter Tropfkörper.

Emschergenossenschaft

Das seit der Mitte des 19. Jahrhunderts sprunghafte Anwachsen von Kohlebergbau und Schwerindustrie führte besonders an der Emscher gegen Ende des Jahrhunderts durch übermäßige Inanspruchnahme des Flusses zu einer katastrophalen Zuspitzung der Lage, die dringender Abhilfe bedurfte. Die Emscher war zu einem Jauchekanal geworden. Ihre Vorflut war durch die immer zahlreicher werdenden gewaltigen Bergsenkungen völlig gestört. Das führte zur Bildung der Emschergenossenschaft, die durch das Preußische Gesetz von 1904 „zur Regelung der Vorflut und zur Abwasserreinigung für das Niederschlagsgebiet der Emscher" ihre rechtliche Grundlage erhielt, nachdem die Einsicht gewachsen war, daß man mit Einzelmaßnahmen, wie in der Vergangenheit, die großen Probleme nicht mehr bewältigen könnte. Städte, Fabriken und Bergwerke wurden so zu einer beitragszahlenden Genossenschaft vereinigt. Grundlage für die von der Genossenschaft auszuführenden Arbeiten waren Untersuchungen des Meliorationsbauinspektors MICHAELIS und der Entwurf (1904) des Königlichen Baurats MIDDELDORF, der auch erster Geschäftsführer der Genossenschaft wurde. Nach diesem Entwurf und, soweit es sich um Abwassermaßnahmen handelte, unter dem wesentlichen Einfluß von IMHOFF wurden die Arbeiten zügig durchgeführt: Regulierung von Emscher und Nebengewässern; da Rohrleitungen wegen der Bergsenkungen nicht in Frage kamen, Abwasserableitung über offen bleibende Bäche und offene Abwassergräben mit glatter Sohlenauskleidung zur schnellen und ablagerungsfreien Wasserableitung sowie mit Einzäunungen und Bepflanzungen, damit kein Zutritt möglich ist; Entwässerung großer Teile des Emschergebietes durch Polderpumpwerke. Nicht gebaut wurden die von MIDDELDORF an den Mündungen der Schmutzwasserläufe vorgesehenen Tropfkörperanlagen.

Im Jahre 1906 trat IMHOFF in die Emschergenossenschaft ein und übernahm dort die Leitung des Abwasseramtes. KARL IMHOFF brachte die dafür notwendige Qualifikation mit durch Studium des Bauingenieurwesens an der Technischen Hochschule München, Vorbereitungsdienst in der Badischen Wasserbauverwaltung mit der Großen Staatsprüfung und Erlangung der Berufsbezeichnung Regierungsbaumeister und schließlich Tätigkeit als wissenschaftliches Mitglied der Preußischen Prüfungsanstalt für Wasserversorgung und Abwässerbeseitigung sowie während dieses Aufenthalts Promotion zum Dr.-Ing. an der Technischen Hochschule Dresden (Abb. 68). Obgleich IMHOFF sich bei seiner wissenschaftlichen Tätigkeit besonders mit der biologischen Reinigung des Abwassers befaßt hatte, plädiert er bei den besonderen Verhältnissen an der Emscher dafür, zunächst nur eine mechanische Reinigung durchzuführen und setzt sich damit trotz behördlicher Widerstände durch: die Emschergenossenschaft baute, von wenigen Ausnahmen abgesehen, nur Kläranlagen in der Emscherbrunnenbauart. Ab den 1920er Jahren wurde eine mechanische Reinigung des Emscherwassers in der sogenannten Emscherflußkläranlage vorgenommen. Biologische Abwasserreinigung im großen Stil hat die Emschergenossenschaft erst sehr viel später – lange nach dem zweiten Weltkrieg – praktiziert.

Abb. 68   KARL IMHOFF.
Archiv KLAUS R. IMHOFF

Den entscheidenden Durchbruch in der biologischen Reinigung des Abwassers brachte die Erfindung des Belebungsverfahrens im Jahre 1913 durch die Engländer ARDERN und LOCKETT. Bei diesem Verfahren wird das Abwasser durch Mischung mit belebtem Schlamm unter künstlicher Zufuhr von Luft gereinigt. BUSWELL erklärt das Verfahren folgendermaßen: „Die Flocken des belebten Schlammes bestehen aus einem schleimigen Grundstoff, worin Bakterien und Protozoen leben. Die Reinigung des Abwassers geht dadurch vor sich, daß seine organischen Stoffe von den Lebewesen aufgenommen und in die lebende Masse der Flocken verwandelt werden. Durch diesen Vorgang werden die organischen Stoffe des Abwassers aus der gelösten und kolloiden Form in

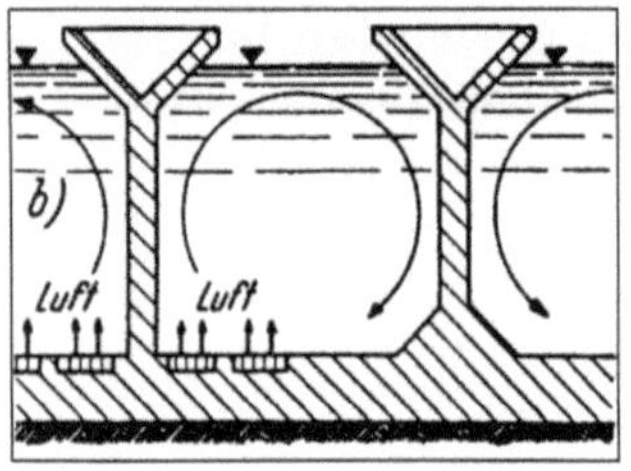

Abb. 69   HURD-Becken.

Abb. 70   Belebungsbecken
Kläranlage Essen-Relling-
hausen.

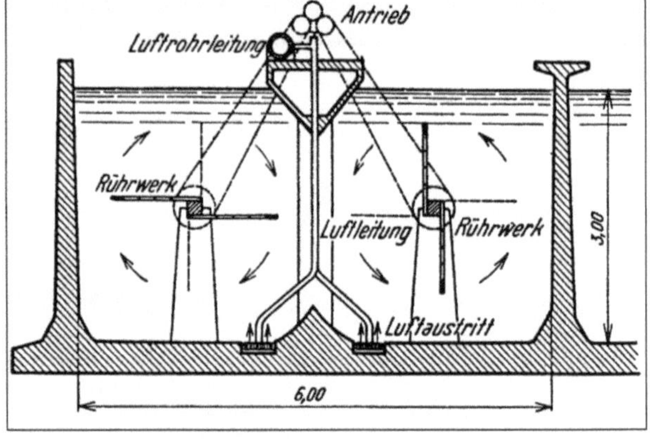

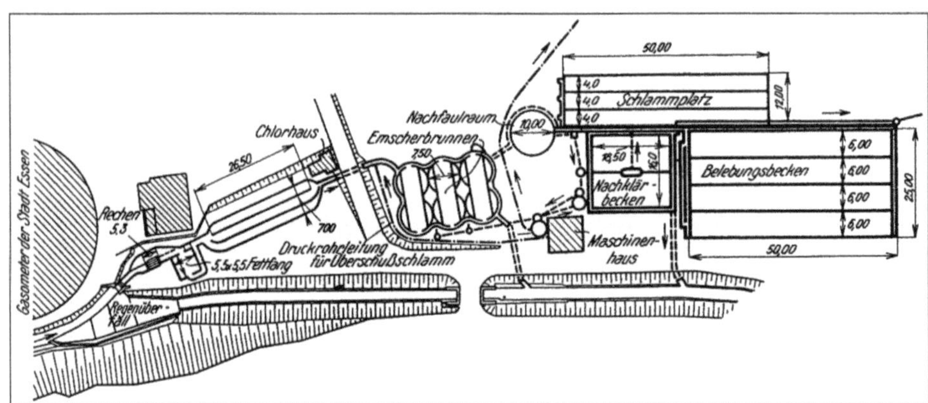

Abb. 71   Kläranlage Essen-Rellinghausen.

eine körperliche Form übergeführt, so daß sie dann durch Absetzen aus dem
Abwasser beseitigt werden können."[41]

Das Belebungsverfahren wurde unter Beibehaltung der Grundidee in vielfältiger Ausgestaltung weiterentwickelt, in England, in den Vereinigten Staaten,
aber auch in Deutschland:

- Die HAWORTH-Rinnen mit Paddelrädern 1920 in England.
- Der BOLTON-Kreisel, ein Wurfkreisel, der Wasser und Schlamm an der
  Sohle aufnimmt und in feiner Verteilung über die Wasserfläche wirft, im
  Jahre 1921.
- Das Verfahren nach HURD, bei dem in einem Umwälzungsbecken Druck-
  luft an den Beckenlängsseiten über Filterplatten oder Filterrohre eingetra-
  gen wird, 1923 in den Vereinigten Staaten (Abb. 69).

41   IMHOFF, KARL: Taschenbuch der Stadtentwässerung, 14. Aufl., München 1951, Verlag von
     R. Oldenbourg, S. 153/154

– IMHOFF, SIERP und FRIES bauten 1925 die Anlage in Essen-Rellinghausen, die besonders deshalb beachtenswert war, weil die Belüftungszeit gegenüber den anglo-amerikanischen Vorbildern erheblich verkürzt wurde. Die Belebungsbecken, sogenannte Essener Becken, erhielten Rührwerke (s. Abb. 70 und 71).

Mit der erfolgreich arbeitenden Anlage in Essen-Rellinghausen begann sich das Belebungsverfahren in Deutschland durchzusetzen. Die Entwicklung war damit jedoch noch lange nicht abgeschlossen.

Ruhrverband

Im Jahre 1910 verfaßt KARL IMHOFF ein Gutachten über die Reinhaltung der Ruhr, in dem er die bei der Emschergenossenschaft gemachten Erfahrungen verwertet. Er empfiehlt, auch für das Einzugsgebiet der Ruhr eine Genossenschaft zu bilden. Im Jahre 1913 wird dann durch ein besonderes Preußisches Gesetz der Ruhrverband gebildet mit allen kommunalen und industriellen Abwassererzeugern als Mitglieder. IMHOFF wird zunächst nebenamtlicher und ab 1922 hauptamtlicher Geschäftsführer. Die Aufgabenstellung an der Ruhr war insofern eine gänzlich andere als an der Emscher, als die Ruhr die Wasserversorgung nicht nur im eigenen Einzugsgebiet, sondern auch in angrenzenden Gebieten sicherstellte (Abb. 72). Zur besseren Erfüllung dieser Aufgabe war im Jahre 1898 der Ruhrtalsperrenverein gegründet worden (s. S. 126). Dennoch versuchte IMHOFF auch hier, mit den technisch adäquaten und nicht etwa mit den technisch möglichen Mitteln der gestellten Aufgabe zu begegnen in dem Bestreben, wirtschaftlich vertretbare und dennoch ausreichend wirksame Lösungen zu finden. Erstlinig sollten nach seinen Vorstellungen mechanische Kläranlagen errichtet werden und darüber hinaus – orientiert an besonders begründeter Notwendigkeit – auch biologische Anlagen. Als Ausfluß seines Wirtschaftlichkeitsdenkens ist wohl auch die Errichtung einer Kette von Stauseen im Verlaufe der Ruhr zu sehen: Hengstey-, Harkort- und Baldeney-See in den Jahren 1929–1932 und ebenfalls nach seinem 1927 aufgestellten Reinigungsplan die Stauseen Kettwig und Kemnade nach dem zweiten Weltkrieg. Sie wirken als Absetzbecken und haben auch eine gewisse biologische Reinigungswirkung. Auf die von IMHOFF wesentlich mitgestaltete Kläranlage Essen-Rellinghausen – erste deutsche Belebungsanlage – wurde bereits eingegangen.

Mit dem Emscherbrunnen war eine Lösung für die Schlammfaulung gefunden, die automatisch eine Mischung des frischen Schlammes mit dem schon in alkalischer oder sogenannter Methangärung befindlichen Schlamm gewährleistete durch das laufende Abrutschen des frischen Schlammes durch die Schlammschlitze in den Schlammfaulraum. Bei den getrennt angeordneten Schlammfaulbehältern, wie etwa dem in Abbildung 73 dargestellten, in den

1930er Jahren erbauten Schlammfaulraum der Kläranlage Essen-Nord, muß diese Mischung künstlich herbeigeführt werden, zum Beispiel durch Schraubenschaufler oder durch außerhalb des Behälters angeordnete Umwälzpumpen. Allen Faulbehältern gemeinsam ist die zwar unerwünschte, aber unvermeidliche sogenannte Einarbeitungszeit, eine Zeit der sauren Gärung mit unangenehmem Gestank, die in Abhängigkeit von der Temperatur unterschiedlich lange andauert.

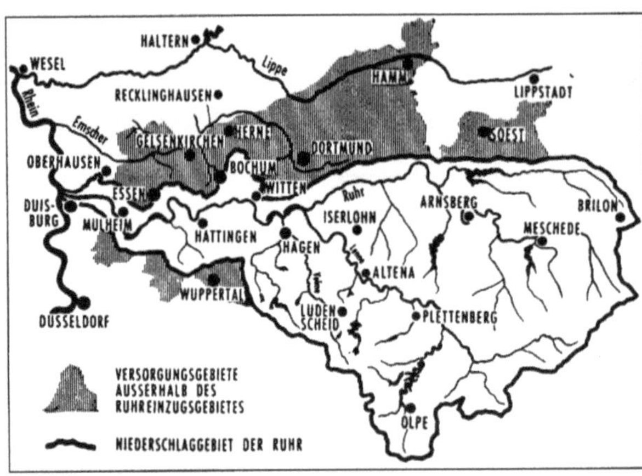

Abb. 72   Einzugsgebiet der Ruhr und von dort mit Wasser versorgte weitere Gebiete.

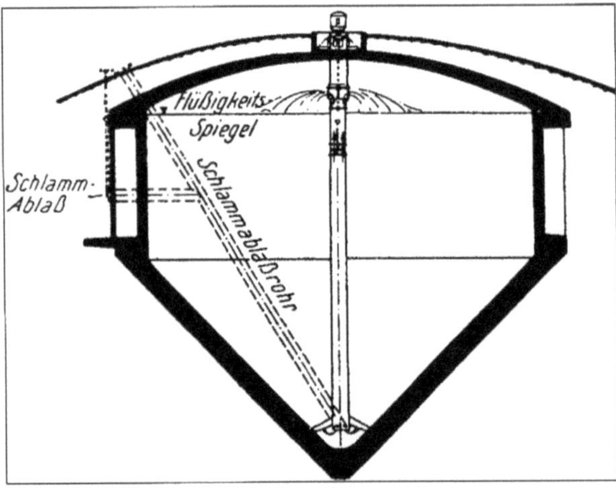

Abb. 73   Schlammfaulraum der Kläranlage Essen-Nord.

Kanalisationswesen

Um die Jahrhundertwende, als die Abwasserreinigung noch in ihren Anfängen steckte, war das Kanalisationswesen schon weit entwickelt. Das gilt sowohl für die Kanäle selbst, die aus Ton- oder Betonrohren, Ortbeton oder Klinkermauerwerk verschiedenster Ausformung hergestellt wurden, wie auch für die

Sonderbauwerke, wie etwa Pumpwerke und dazugehörige gußeiserne Druckrohrleitungen. In Abbildung 74 sind beispielhaft Leitungsquerschnitte der Berliner Stadtentwässerung aus dieser Zeit wiedergegeben.

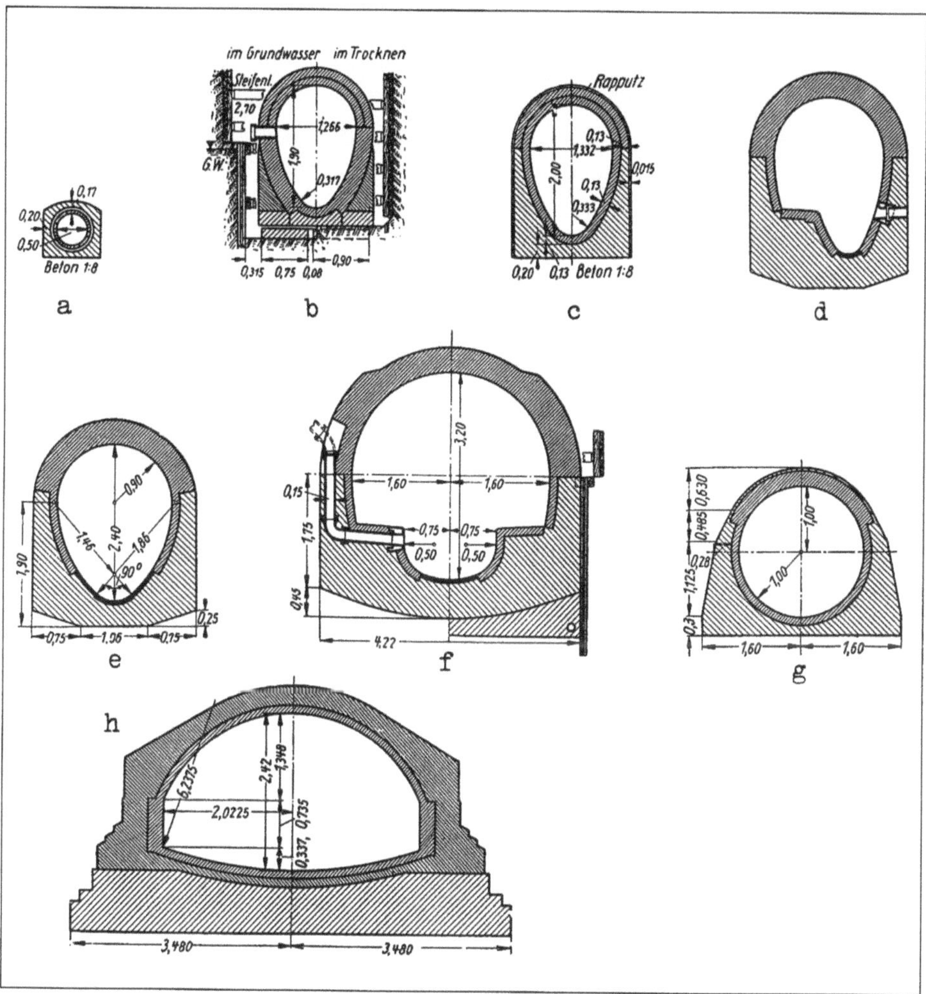

Abb. 74 a–h Leitungsquerschnitte der Berliner Stadtentwässerung:
      a Tonrohrleitung mit Betonummantelung
      b Eikanal in Klinkermauerwerk mit Sohlstücken
      c Eikanal mit Betonhintermauerung
      d Eikanal mit einseitigem Bankett
      e Eikanal mit Tonschalen
      f Sammelkanal mit Mittelrinne
      g Kreisprofil
      h Hauptsammelkanal.
     MATSCHOSS: Technik Geschichte

Schon um 1850 war in Deutschland nach Errichtung der ersten Zement-
fabriken mit der Herstellung von Betonrohren begonnen worden. Auf der
Grundlage der Erfindung des Franzosen JOSEPH MONIER (1823–1906) wurden
1886 im Harzer Bergbau „Cementröhren mit Eiseneinlagen" verwendet. Die
Actien-Gesellschaft für Monier-Bauten fertigte um 1890 in Neckarau kreis-
und eiförmige Monierröhren. Um 1910 begann in Deutschland die Herstellung
von Schleuderbetonrohren wie auch von vorgespannten Rohren.

Auch in der Rohrhydraulik hatte es bereits große Fortschritte gegeben. JULIUS
WEISBACH (1806–1871), Dozent für angewandte Mathematik, Bergmaschinen-
lehre und Markscheidekunst an der Königlich Sächsischen Bergakademie in
Freiberg, hatte bahnbrechende experimentelle Forschungen und theoretische
Untersuchungen auf dem Gebiete der Hydraulik durchgeführt. Nach ihm wurde
die Formel für die Berechnung gleichförmiger Strömungen

$$h_v = \lambda \, \frac{L}{D} \, \frac{v^2}{2g} \quad (1845)$$

benannt, die irrtümlich HENRI DARCY (1803–1858) zugeschrieben wurde. Die
von WILHELM KUTTER (1818–1888), in Ravensburg geborener, später in der
Schweiz lebender Bauingenieur, 1870 aufgestellte Formel

$$v = \frac{100 \, \sqrt{R_h}}{m + \sqrt{R_h}} \, R_h^{\frac{1}{2}} \, J^{\frac{1}{2}},$$

KUTTER-Formel genannt, nach der insbesondere in Deutschland über lange
Zeiträume Rohrleitungen berechnet wurden, erwies sich später als wenig
brauchbar. KUTTER selbst hatte auch nur an ihre Anwendung für offene Gerinne,
nicht aber für Rohrleitungen gedacht.[42]

Die Untersuchungen von L. HOPF und K. FROMM (1923), bei denen erstmals
zwischen zwei verschiedenen Arten der Rauhigkeit unterschieden wurde, wurden u. a. von PRANDTL (1875–1953) und COLEBROOK Mitte der 1930er Jahre
weiterentwickelt. LUDWIG PRANDTL studierte Maschinenbau, war Professor für
Mechanik, Direktor des Kaiser-Wilhelm-Instituts für Strömungsforschung (später Max-Planck-Institut) und wurde zu einem der bedeutendsten Forscher auf
den Gebieten der Aerodynamik und der Hydrodynamik. Im Rahmen seiner
Grenzschichtbetrachtungen hat PRANDTL zwischen einer schmalen laminaren
Randströmung in der Grenzschicht und einer turbulenten Kernströmung unterschieden (Abb. 75). In der Grenzschicht entsteht ein echter Reibungswider-

---

42 KIRSCHMER, O.: Tabellen zur Berechnung von Steinzeug-Rohrleitungen nach Prandtl-
Colebrook, Hrsg. Fachverband Steinzeugindustrie e. V., Frechen-Marsdorf, 1962, S. 12

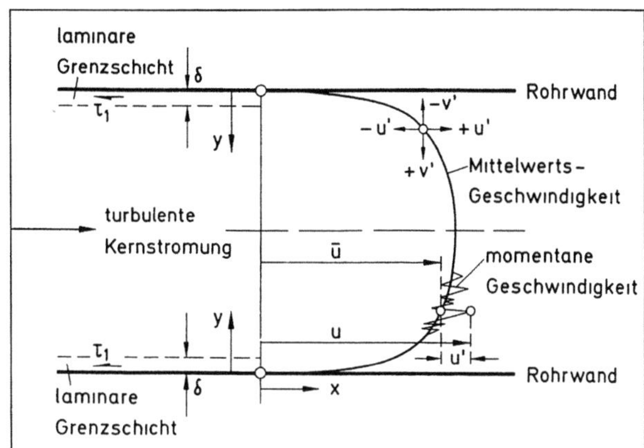

Abb. 75 Laminare Rand-
strömung und turbulente
Kernströmung nach PRANDTL.

stand, im Bereich der Kernströmung entstehen Reibungsverluste durch den
Turbulenzmechanismus. PRANDTL und COLEBROOK haben den Reibungsbeiwert
für die Grenzfälle „hydraulisch glatt", „hydraulisch rauh" und die Kombination
dieser beiden Grenzfälle theoretisch ermittelt.

Das 20. Jahrhundert bis zu den Katastrophensturmfluten 1953 in Holland und 1962 an der deutschen Nordseeküste

Von den Sturmfluten in der ersten Hälfte des 20. Jahrhunderts ist zunächst die Märzflut 1906 (13. März) zu nennen, von der vornehmlich Ostfriesland und Oldenburg betroffen waren. Obwohl diese Flut an der Jade höher als die von 1825 war, waren keine hohen Verluste an Menschenleben, Land und Sachgütern zu beklagen. Eindrucksvolle Bilder von der Gewalt des Meeres wurden an der Strandpromenade in Westerland auf Sylt bei der Sturmflut im Herbst 1936 festgehalten (Abb. 76), bei der unter anderem der Musikpavillon um 3 Meter versetzt wurde.

In diesem Zusammenhang ist darauf hinzuweisen, daß die die Küste betreffenden Beobachtungs- und Warnsysteme sowie Forschungseinrichtungen seit Beginn des 20. Jahrhunderts maßgebliche Erweiterungen erfahren haben oder erst neu geschaffen wurden. So waren erst nach der Jahrhundertwende im Nordseeküstengebiet hinreichend viele Pegel vorhanden, um langfristige Wasserstandsänderungen erkennen zu können. 1924 wurde der öffentliche Windstau- und Sturmflutwarndienst mit täglichen Vorhersagen für die Deutsche Bucht eingerichtet. Er wird vom Bundesamt für Seeschiffahrt und Hydrographie in Hamburg (ehemals Deutsches Hydrographisches Institut) wahrgenommen. Mitte der 1930er Jahre wurde die Forschungsstelle für Insel- und Küstenschutz auf Norderney eingerichtet.

Im Deichbau trat nach der Jahrhundertwende ein völliger Umbruch in der Technik ein durch den Übergang von der Hand- zur Maschinenarbeit: die Schubkarre wurde durch Feldbahnen und Loren ersetzt. Dadurch wurden bauliche Leistungen erbracht, die bis dahin unvorstellbar waren. Unter den zahlreichen Bauweisen zur Seedeichsicherung, die in der ersten Hälfte dieses Jahrhunderts ausgeführt wurden, soll auf die Asphaltbauweisen hingewiesen werden. 1937 wurde auf der Insel Pellworm hinter der steinernen Deichfußsicherung auf dem unteren Streifen der Berme eine Asphaltdecke zum Schutz gegen Wellenbrandung – Übersturzsicherung – angeordnet. Wegen der glatten Oberfläche, die einen hohen Wellenauflauf zuläßt, traten dennoch Schäden an der anschließenden Grasnarbe auf, wie das auch bei den früher hergestellten Hinterpflasterungen der Fall war. Deshalb führte die weitere Entwicklung in den 1950er Jahren zu möglichst rauhen Oberflächen mit kombinierten Bauweisen aus Asphalt und Steinen. Dabei schließt an die Deichfußsicherung ein Rauhstreifen als Übersturzstreifen aus Basaltschotter, Granitspaltsteinen und Asphaltsteingußmasse an, der den Übergang zur Asphaltdecke bildet. In Deutschland wurde im Jahr 1956 erstmals der Einbau von Asphalt-

Abb. 76 Sturmflut 1936 an der Strandpromenade von Westerland-Sylt.

Mischdecken vorgenommen, die den Einsatz von größeren Mischanlagen erfordern.

Bereits nach der Jahrhundertwende wurden neben bestehenden Sielen die ersten Schöpfwerke zur Vergrößerung der Entwässerungsleistung errichtet. Dies hat sich immer weiter entwickelt und findet seine Begründung sowohl in den Veränderungen im Binnengebiet als auch im tidebeeinflußten Außensystem. Die schrittweise Ergänzung der tideabhängigen Siele durch mit Pumpen ausgestattete Schöpfwerke, die tideunabhängig arbeiten, ist die Folge veränderter landwirtschaftlicher Nutzungen in den Einzugsgebieten vom Grünland zur hinsichtlich der Wasserbewirtschaftung ungleich sensibleren Ackernutzung einerseits und andererseits von Eingriffen in das Küstengebiet etwa durch Küstenschutzmaßnahmen mit morphologischen Veränderungen, die zu einem Anstieg der Tideniedrigwasserstände führen. Vor allem die im Winter regelmäßig auftretenden langandauernden Überflutungen von großen Niederungsgebieten war im Rahmen neuzeitlicher Grünlandwirtschaft nicht mehr hinnehmbar. Schließlich ist in diesem Zusammenhang auf den säkularen Anstieg der Tidewasserstände hinzuweisen. Für die deutsche Nordseeküste wird der säkulare Anstieg mit 25 cm im Jahrhundert abgeschätzt.

Ab 1900 wurden von der preußischen Staatsdomänenverwaltung systematische Vorlandarbeiten durch Aufschlickung von Wattflächen durchgeführt. Sie dienten ausschließlich der Landgewinnung. Dabei nützt das System von Lahnungen und Grüppen die Sedimentationstendenzen der Schwebstoffe des Meeres aus. Wenn die Aufhöhung MThw erreicht hat, wachsen die Gräser, zunächst der Andel. Die Eindeichungsreife wird bei einer Höhe von 0,30 – 0,50 m über MThw erreicht. Das Ziel der Verlandarbeiten hat sich etwa Mitte der 1950er Jahre grundlegend geändert, weil die agrarpolitischen Rahmenbedingungen Landgewinnung nicht mehr vertretbar erscheinen ließen. Der Aspekt, Vorlandarbeiten zum Zwecke des Küstenschutzes auszuführen, trat in den Vordergrund. Später kamen dazu Gesichtspunkte der Ökologie.

Hochwasser und Hochwasserschutz im 20. Jahrhundert bis nach dem 2. Weltkrieg – die Wasserrückhaltung wird zum Instrument des Hochwasserschutzes

Seit der Jahrhundertwende wurden in Deutschland große und größte Talsperren errichtet, die als Mehrzwecktalsperren allesamt auch dem Hochwasserschutz dienen. Mit diesen Anlagen wird in Deutschland erstmals Hochwasserrückhaltung zum Zwecke der Abminderung von Spitzenabflüssen und damit zur Reduzierung von Wasserständen zum Schutz von Menschen, Tieren und Sachen betrieben.

Zu nennen sind hier insbesondere die Urfttalsperre in der Eifel (Inbetriebnahme 1905), die Edertalsperre (1914) und die Diemeltalsperre (1923), die großen Talsperren an der oberen Saale Bleiloch (1932) und Hohenwarte (1939) sowie die Sperre Schwammenauel an der Eifel-Rur, die im 1. Ausbau 1938 fertiggestellt und in einer 2. Ausbaustufe 1958 erweitert wurde.

Mit einer Reihe von Talsperren im Harz wurde seit Gründung der Harzwasserwerke im Jahre 1928 dem Hochwasserproblem im Harz und im Harzvorland begegnet. Es sind Mehrzwecktalsperren mit der Hauptfunktion Hochwasserschutz und den weiteren Aufgaben der Niedrigwasseranreicherung und der Trinkwasserbereitstellung. Der Schwerpunkt der Hochwasserrückhaltung liegt auf Grund der meteorologischen Verhältnisse im Westharz mit seinen Niederschlagshöhen von 900 bis 1600 mm. Während der Westharz zum Einzugsgebiet der Weser gehört, entwässert der Ostharz, der im Regenschatten liegt und wesentlich geringere Niederschlagshöhen aufweist, zur Elbe hin.

Im Westharz handelt es sich um die Sösetalsperre (Inbetriebnahme 1931), die Odertalsperre (1933), die Eckertalsperre (1942) sowie nach dem 2. Weltkrieg um die Talsperren an der Oker (1956), Innerste (1966) und Grane (1969). Diese Talsperren haben sich bewährt. Lediglich die Innerste-Talsperre kann auf Grund ihres geringen Ausbaugrades ihre Hochwasserschutzfunktion nur unvollkommen erfüllen. Abbildung 77 gibt einen Überblick über die Talsperren im Westharz.

Im Ostharz wurde 1936 die Zillierbachtalsperre errichtet, die neben der Aufgabe der Trinkwasserversorgung auch eine Hochwasserschutzfunktion erfüllt. Im Zuge des Bodewerks wurde dann 1959 das Hochwasserschutzbecken Kalte Bode in Betrieb genommen.

Beim Hochwasserschutz am Rhein ab der Jahrhundertwende ist zunächst darauf hinzuweisen, daß im Zusammenhang mit der Errichtung des Hochrhein-Kraftwerks Rheinfelden (Inbetriebnahme 1898) und weiterer Hochrhein-Kraftwerke ab 1912 in den Staubereichen ein Hochwasserschutz bis zum 1000jähr-

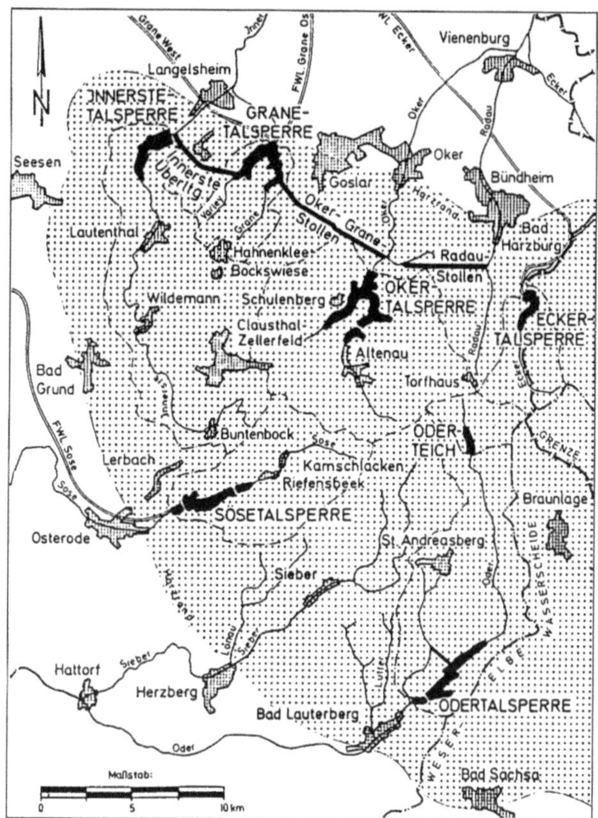

Abb. 77 Talsperren
im Westharz.

lichen Hochwasser erreicht wurde. In den freifließenden Zwischenstrecken ist
der Schutzgrad geringer, wird aber als ausreichend angesehen.

In dem am 28.6.1919 zwischen Deutschland und den Ententemächten geschlossenen und am 10.1.1920 in Kraft getretenen Vertrag von Versailles erhält
Frankreich das Recht zugesprochen, die Wasserkraft des Rheins zwischen Basel und Neuburgweier/Lauterburg (Karlsruhe) zu nutzen (siehe Abb. 80). Der
zu diesem Zweck ausschließlich auf französischem Gebiet geplante Rheinseitenkanal wurde 1928 begonnen und, nach Unterbrechung durch den 2. Weltkrieg, in Abänderung der ursprünglichen Planung auf nur 4 Staustufen oberhalb
Breisach begrenzt und 1959 fertiggestellt. Die vier weiter unterhalb folgenden
Staustufen wurden auf Grund des Oberrhein-Vertrages vom 27.10.1956 in
einer sogenannten „Schlingenlösung" verwirklicht. Der Rheinseitenkanal führt
eine Wassermenge bis zu 1200 m³/s ab. Die Hochwasserabführung erfolgt nach
wie vor im Rhein, wobei in der Erosionsstrecke von Wehr Kembs bis oberhalb
Breisach keine Ausuferung erfolgt.

Neben den im Interesse der Schiffahrt durchgeführten Ausbauarbeiten wurden ab 1905 auch zahlreiche Maßnahmen zur Regelung der Hochwasserver-

hältnisse an der oberen, mittleren und unteren Oder durchgeführt, nachdem das Hochwasser vom Juli 1903 erhebliche Schäden angerichtet hatte, die unter anderem durch zahlreiche Brüche alter Deiche verursacht wurden. Bei diesen Maßnahmen handelt es sich um neue Deiche und vornehmlich um die Errichtung von Talsperren im Einzugsgebiet der besonders hochwassergefährlichen Oderzuflüsse, von denen die größeren allerdings hauptsächlich zum Zwecke der Zuschußwasserabgabe für die Schiffahrt gebaut wurden, sowie um die Anordnung von Überlaufpoldern in der Oderniederung selbst wie auch von besonderen Flutkanälen zur Umleitung des Hochwassers am Stadtgebiet größerer Städte vorbei.

Wasserstraßen in und um Berlin
seit der Jahrhundertwende

Havel und Spree sind die beiden natürlichen schiffbaren Flüsse in Berlin. Alle anderen der Schiffahrt dienenden Wasserstraßen der Stadt sind künstlich angelegt. Gegen Ende des 19. Jahrhunderts war die „Canalisirung der Unterspree von den Dammühlen in Berlin bis Spandau" mit Begradigung, Verbreiterung und Tieferlegung der Sohle der Spree sowie dem Bau der Staustufen Charlottenburg und Mühlendamm durchgeführt worden.

Um 1900 wurden auf den Berliner Wasserstraßen 83 000 Schiffe mit einer durchschnittlichen Ladung von rund 140 Tonnen registriert, wobei die Frachten zu 99 % auf Segelschiffen und nur zu 1 % auf Dampfschiffen transportiert wurden. Bei den Frachten handelte es sich hauptsächlich um Güter zur Versorgung der Stadt – Getreide, Brennstoffe und Baustoffe. Der Teltowkanal, der eine Entlastung der innerstädtischen Wasserstraßen bewirken und Vorflut für die Entwässerung neuer Siedlungsgebiete im Süden der Stadt schaffen sollte, wurde in den Jahren 1901 bis 1905 gebaut. Das Regelprofil des rund 40 km langen Kanals weist eine Wasserspiegelbreite von 27,50 m und eine Mindesttiefe von 2,10 auf und ist für den Verkehr mit 600-Tonnen-Schiffen angelegt.

Das Preußische Gesetz über die Herstellung und den Ausbau von Wasserstraßen vom 1. April 1905 bewirkte auch für den Großraum Berlin eine beachtliche Bautätigkeit. Dazu zählt insbesondere der 1914 eröffnete Teil des Großschiffahrtsweges Berlin-Stettin mit einer Gesamtlänge zwischen Schleuse Plötzensee und Hohensaaten von rund 100 km – Oder-Havel-Kanal genannt –, der den alten Schiffahrtsweg (für Schiffe des Finowmaßes: Tiefgang 1,60 m, 200 t Tragfähigkeit) ersetzt und für Schiffe des Plauermaßes mit 1,75 m Tiefgang und einer Tragfähigkeit von 650 t befahrbar ist.

Als die Weimarer Verfassung im Jahre 1921 den Übergang der dem allgemeinen Verkehr dienenden Wasserstraßen von den Ländern auf das Reich vorschrieb, waren in Berlin davon die Wasserstraßen Spree, Havel, Hohenzollernkanal, Berlin-Spandauer Schiffahrtskanal, Charlottenburger Verbindungskanal, Landwehrkanal und Teltowkanal betroffen. Zuvor waren durch das Gesetz über die Bildung der neuen Stadtgemeinde Berlin vom 1. Oktober 1920 die Städte Charlottenburg, Köpenick, Lichtenberg, Neukölln, Schöneberg, Spandau und Wilmersdorf sowie 59 Landgemeinden und 27 Gutsbezirke mit Berlin zu einer neuen Verwaltungseinheit zusammengeschlossen worden. Berlin hatte damit eine Einwohnerzahl von rund 3 860 000.

Eine technische Großtat wurde durch die Errichtung des Schiffshebewerks Niederfinow in den Jahren 1927 bis 1934 im Zuge des Oder-Havel-Kanals vollbracht. Mit der gewaltigen Hubhöhe von 36 m überbrückt es den Höhenunterschied zur Oder und ersetzt eine aus vier Schleusen bestehende Schleusenkette. Abbildung 78, siehe auch Farbteil, S. III, Abb. [78a], zeigt das Schiffshebewerk, dessen Trog eine Länge von 85 m, eine Breite von 12 m, eine Wassertiefe von 2,5 m hat und für 1000-t-Schiffe ausgelegt ist. Mittels am Trog angebrachter Ritzel, die in am Traggerüst befestigten Zahnstangen eingreifen, wird durch langsame Drehungen der Trog bewegt. Die Abbildungen 14, 15 und 79 geben ein Bild von der Gesamtsituation der Wasserstraßen in und um Berlin.

Der zweite Weltkrieg brachte auch für die Wasserstraßen in und um Berlin enorme Schäden und hinterließ ein trostloses Bild. Es galt zunächst, die Schäden schrittweise zu beseitigen. Das geschah sowohl in der DDR als auch in Berlin (West). Auf Grund der Artikel 87 und 89 des Grundgesetzes vom 23. Mai 1949 war die Bundesrepublik Deutschland Eigentümer der ehemaligen Reichswasserstraßen geworden. Die treuhänderische Verwaltung der ehemaligen Reichswasserstraßen in Westberlin oblag der Berliner Senatsverwaltung. Auf Grund alliierter Vereinbarungen wurden fünf Schleusen der ehemaligen Reichswasserstraßen in Westberlin vom Wasserstraßenhauptamt in Ostberlin betrieben, ohne jedoch Hoheitsrechte ausüben zu können. Dabei handelt es sich um die Ober- und Unterschleuse des Landwehrkanals sowie um die Schleusen Charlottenburg, Spandau und Plötzensee. Mit dem in den Jahren

Abb. 78   Schiffshebewerk Niederfinow, 1997.
MEURER

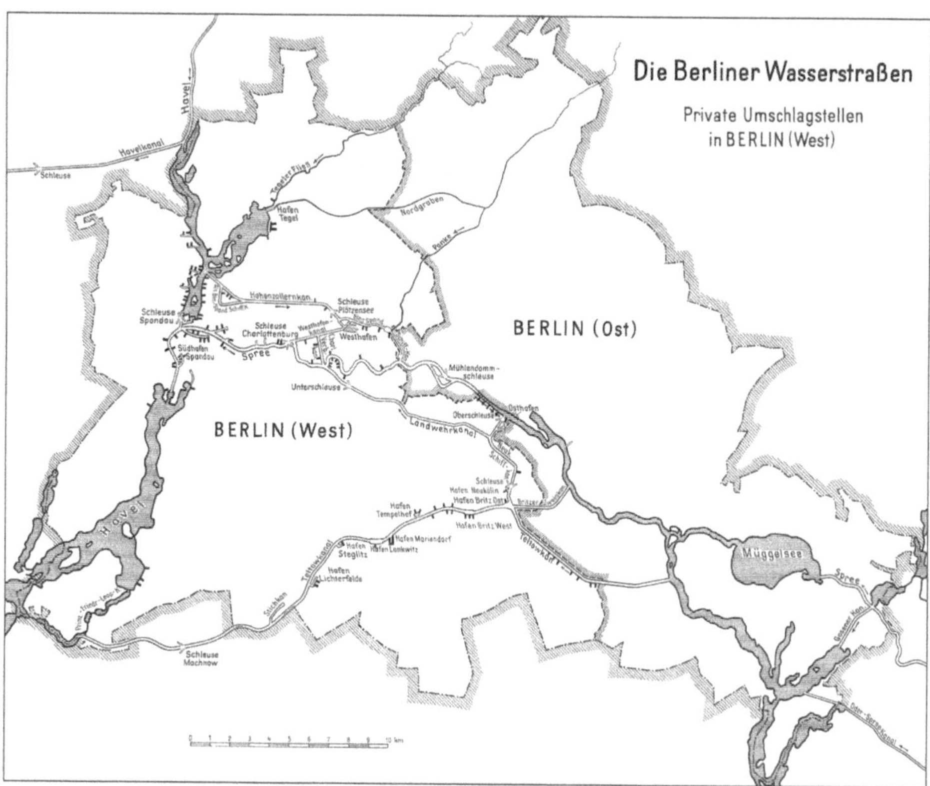

Abb. 79   Die Berliner Wasserstraßen.

1951 und 1952 gebauten Havel-Kanal wurde Westberlin umfahren. Der Kanal, der nördlich von Berlin aus der Havel abzweigt und bei Paretz wieder in die Havel zurückführt, hat eine Länge von rund 35 km bei einer Wassertiefe von 3,0 m. Auf ihm können 750-t-Schiffe verkehren. Der bereits vor dem zweiten Weltkrieg begonnene, aber nicht zu Ende geführte Ausbau des Westhafenkanals von der Schleuse Charlottenburg zum Westhafen wurde 1954–1956 zur Vollendung gebracht. Er ist für 1000-t-Schiffe ausgelegt. Während bis in die Mitte der 1960er Jahre der Ausbau an den Hauptwasserstraßen für den Verkehr mit 1000-t-Schiffen erfolgte, wurde für die weitere Zukunft eine Ausbauplanung für das Europaschiff mit 1350-t-Ladefähigkeit und für Schubverbände entwickelt.

In der schwierigen politischen und tatsächlichen Situation Berlins war es von besonderer Bedeutung, daß es zu dem Abkommen zwischen der Bundesrepublik Deutschland und der DDR über den Transitverkehr von zivilen Personen und Gütern zwischen der Bundesrepublik und Westberlin vom 20. Dezember 1971 und dem Viermächteabkommen über Berlin von 1972 gekommen ist.

Mit diesen Regelungen wurden klare Rechtsverhältnisse unter anderem für den Güterverkehr auf den Wasserwegen von und nach Westberlin geschaffen.

Nach umfangreichen Bauarbeiten, die auf einer Teilstrecke eine Mindestwasserspiegelbreite von 37,00 m und eine Mindestwassertiefe von 2,50 m bewirkten, kam es im Jahre 1981 auf Grund von Vereinbarungen zwischen der DDR und dem Westberliner Senat zur Öffnung des Teltowkanals vom Westen her.

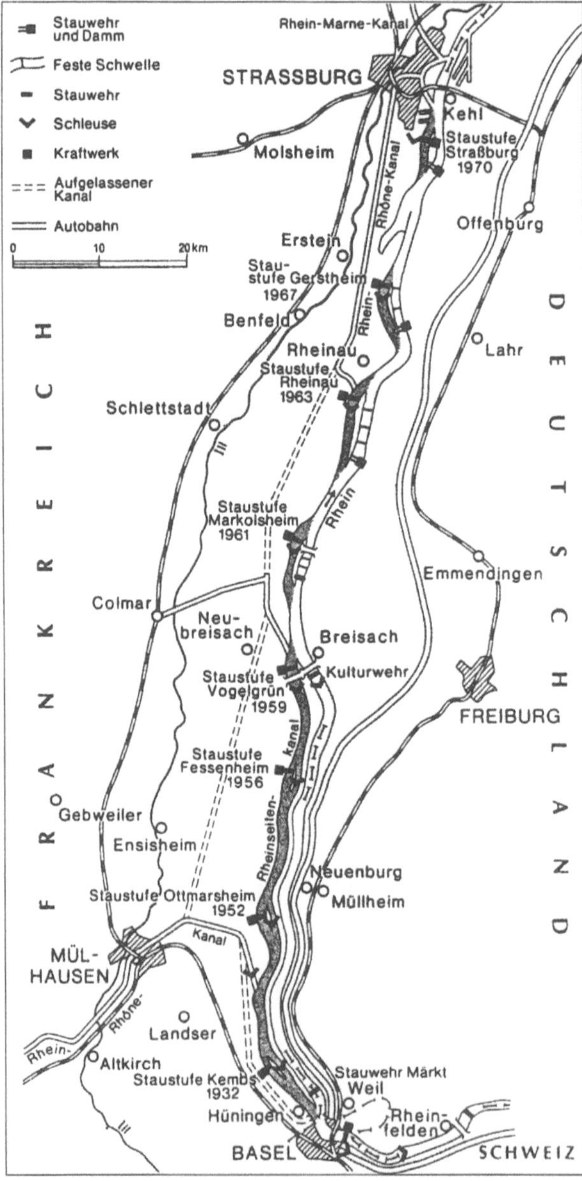

Abb. 80 Rheinausbau Basel-Strassburg: Rhein-Seiten-kanal/Schlingenlösung.

Der Rheinausbau seit der Jahrhundertwende

Die Rheinkorrektion zwischen Basel und Karlsruhe nach den Plänen von TULLA wurde zwischen 1817 und 1874 ausgeführt. Weitere Regulierungsmaßnahmen, die insbesondere der Schiffahrt dienten, wurden auf der Grundlage von Entwürfen von HONSELL in der ersten Hälfte des 20. Jh. vorgenommen. Auf Grund des Versailler Vertrages von 1919 begann Frankreich im Jahre 1928 auf seinem Hoheitsgebiet mit der Errichtung des Rhein-Seiten-Kanals, Grand Canal d'Alsace, durch den Baubeginn an der ersten Staustufe Kembs. Die weiteren Staustufen Ottmarsheim, Fessenheim und Vogelgrün entstanden 1952–1959. Die durch diese Baumaßnahmen verursachten erheblichen Beeinträchtigungen von Landschafts- und Wasserhaushalt führten 1956 im Saarabkommen zur Vereinbarung einer sog. Schlingenlösung für die Wasserkraftnutzung in der weiter unterhalb liegenden Rheinstrecke, in der die Schiffahrtsrinne im Wechsel im alten Rheinbett und in kurzen reinen Kanalstrecken verläuft.

In diesem Abschnitt wurden 1961–1970 4 weitere Staustufen errichtet (Abb. 80), und zwar jeweils in einem Kanalabschnitt. Die Energieausbeute in den Kraftwerken zwischen Basel und Strassburg beträgt jährlich ca. 7000 GWh. Die mit dem Ausbau des Rhein-Seiten-Kanals und den Maßnahmen im Abschnitt der Schlingenlösung verbundenen vielfältigen Nachteile in wasserwirtschaftlicher und landeskultureller Hinsicht erforderten umfangreiche schadenverringernde Maßnahmen in den Altrheinbereichen, in denen ein Restabfluß in der Größenordnung von 15 m³/s verblieb. Wehre und Schwellen im Altrhein wirken der Grundwasserabsenkung entgegen. Sie leisten damit einen wesentlichen Beitrag zur Erhaltung eines gesunden Naturhaushalts in der Rheinniederung. Besondere Erwähnung verdienen die Kulturwehre Breisach, Kehl und Burkheim, die ab 1965 errichtet wurden. Die Schaffung von Retentionsräumen dient einem verbesserten Hochwasserschutz. Den Abschluß der Stauregelung des Oberrheins bilden – zumindest auf absehbare Zeit – die zwischen 1969 und 1977 gebauten Staustufen Gambsheim und Iffezheim. Sie bestehen aus Wehr, Kraftwerk und Doppelschleuse mit den Kammerabmessungen 270 × 24 m. Ergänzend werden hier zur Zeit im Rahmen des Programms „Lachs 2000" sehr aufwendige Fischaufstiegsanlagen gebaut. Zur Verhinderung der Sohlenerosion wird seit 1978 unterhalb der Staustufe Iffezheim planmäßig Geschiebe zugegeben.

Schon 1964 war mit dem Projekt „Ausbau des Rheins zwischen Neuburgweier/Lauterburg und der deutsch-niederländischen Grenze" begonnen worden. Der wichtigste Abschnitt auf dieser langen Strecke ist der zwischen Neuburgweier (km 355) und St. Goar (km 557), in dem die Mindestfahrwassertiefe

Abb. 81   Binger Loch – Strecke mit Nahemündung, Mäuseturminsel und Binger Riff.
Wasser- und Schiffahrtsdirektionen Mainz und Duisburg

durchgehend auf 2,10 m unter dem sog. Gleichwertigen Wasserstand (GlW) gebracht wurde. Der GlW ist definiert als der Wasserstand, der im Jahresdurch-
schnitt an 20 eisfreien Tagen erreicht oder unterschritten wird. Diese Maßnahme
war deshalb so bedeutungsvoll für die Schifffahrt, weil sowohl die staugere-
gelte Strecke des Oberrheins als auch die unterhalb St. Goar beginnende Rheinstrecke diese Mindestfahrwassertiefe und mehr schon aufwies und durch die
Vertiefungsarbeiten die Ausnutzung der Schiffsladekapazitäten maßgeblich verbessert wurde. Von überragender Bedeutung innerhalb der Gesamtheit aller
Rheinausbaumaßnahmen nach dem 1964er Projekt war der Ausbau der Binger-
Loch-Strecke im Zeitraum 1966–1974. Wo der Rhein bei Bingen in das Rheinische Schiefergebirge eintritt, durchzieht eine außerordentlich harte Quarzitader,

das Binger Riff, den Fluß, die in früheren Jahrhunderten Schiffahrt dort praktisch unmöglich machte. Der erste erfolgreiche Versuch, eine Durchfahrt im Riff zu schaffen, gelang Anfang des 17. Jh. durch Sprengen, nachdem das Schießpulver erfunden war. Im Auftrag eines Frankfurter Handelshauses wurde durch holländische Ingenieure eine 4,5 m breite Öffnung im Riff am rechten Ufer geschaffen – das Binger Loch. Bis zur letzten Jahrhundertwende wurde die Öffnung schrittweise auf 30 m erweitert. 1860/73 wurde auf der linken Seite eine weitere Durchfahrtsöffnung, das II. Fahrwasser, mit einer Breite von 60 m geschaffen und mit einem Steindamm zum Strom hin abgetrennt. Das war die Situation, von der die neuerlichen Ausbauarbeiten am Binger Loch auszugehen hatten (Abb. 81).

Mit dem 1974 abgeschlossenen Ausbau wurde die 30 m breite Binger-Loch-Durchfahrt durch Felsabtrag im Riffbereich auf 120 m erweitert. Diese Felsarbei-

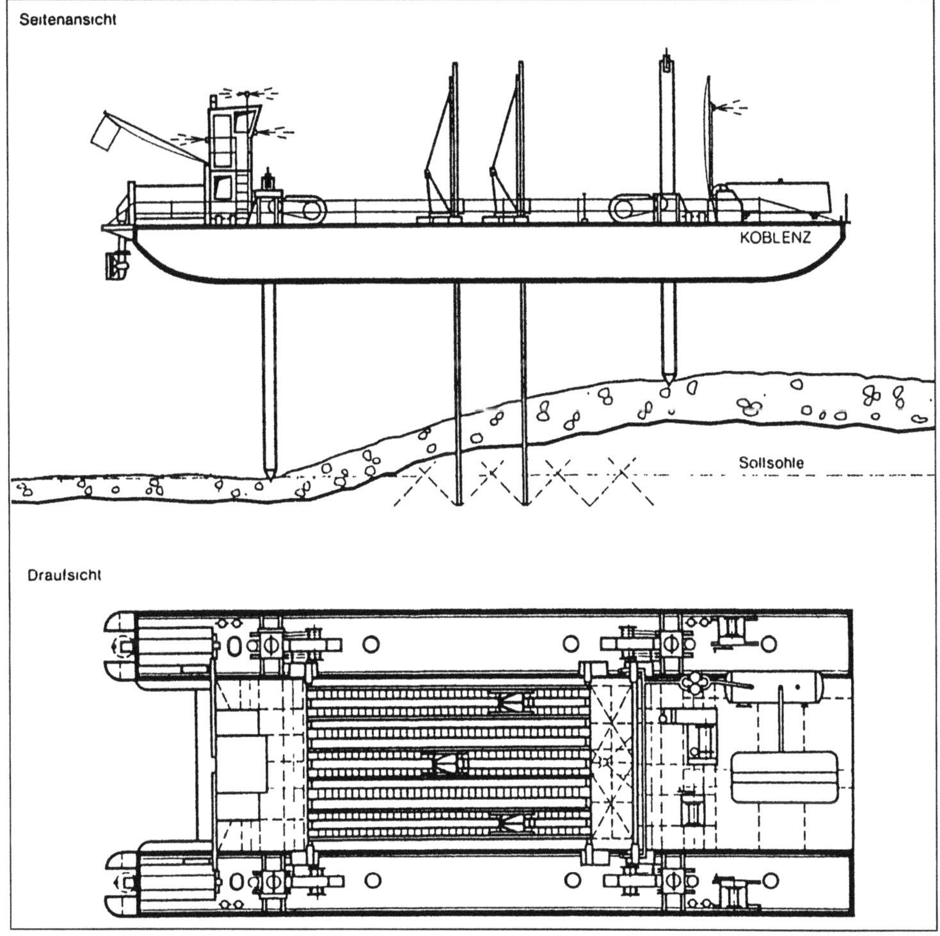

Abb. 82   Stelzenbohrschiff „Koblenz".
WSD Südwest und West

Abb. 83   Stelzenbohrschiff „Koblenz" im Einsatz an der Loreley.
WSD Mainz und Duisburg

ten wie auch die übrigen auf der Gebirgsstrecke zwischen Bingen und St. Goar erforderten den Einsatz speziellen Gerätes. In der Flußsohle standen Grauwacke und Tonschiefer an, die zum Teil mit Quarzit durchsetzt waren. Die Riffs bestanden fast ausschließlich aus Quarzit, der seine enorme Widerstandskraft über lange Zeitepochen bewiesen hatte. Je nach Beschaffenheit wurde der Fels entweder durch Sprengung oder durch Meißelung gelöst. Überwiegend kamen Bohr- und Sprengschiffe zum Einsatz. Abb. 82 zeigt die Prinzipskizze des Stelzenbohrschiffs „Koblenz" in Katamaranbauweise und Abb. 83 dessen Einsatz oberhalb der Loreley. Die nachhaltige Sicherung der Fahrrinnentiefe auf 2,10 m unter GlW im Bereich der Binger-Loch-Strecke konnte erst 1995 nach Fertigstellung des 1700 m langen Leitwerkes aus Wasserbausteinen entlang der linksrheinischen Fahrrinnenbegrenzung im Zuge der „Nachregelung" erreicht werden.

Im Rahmen des Rheinausbaus nahm der Fahrrinnenausbau Neuburgweier–St. Goar mit dem Schwerpunkt in der Gebirgsstrecke zwischen Bingen und St. Goar sicherlich den wichtigsten Platz ein. Aber auch stromab bis hin zur deutsch-niederländischen Grenze wurden und werden noch zahlreiche Maßnahmen zur Beseitigung von Engpässen etwa durch Buhnen- und Leitwerksbau durchgeführt.

Der Rhein – Europas verkehrsreichster Strom – wird mit der Gesamtheit dieser Maßnahmen einen Ausbaustandard erreichen, der den gewachsenen Ansprüchen der internationalen Schiffahrt, insbesondere mit Schubverbänden, in einer weiteren Zukunft gerecht werden wird.

Mittellandkanal und Weserausbau

Abgesehen von der Donau fließen alle großen natürlichen Wasserwege
Deutschlands von Süden in nördliche Richtung: Rhein, Ems, Weser, Elbe und
Oder. Der Gedanke, eine west-östliche Verbindung dieser Stromgebiete zu
schaffen, lag daher nahe und verstärkte sich, als in Deutschland die Industrialisierung begann. Konkrete Überlegungen und technische Vorarbeiten für einen
Rhein-Weser-Elbe-Kanal gab es dann in der zweiten Hälfte des 19. Jahrhunderts. Doch die parlamentarischen Hürden im Preußischen Landtag konnten
lange Zeit nicht genommen werden. Beschlossen wurde jedoch der Bau des
Dortmund-Ems-Kanals, der in den Jahren 1892 bis 1899 durchgeführt wurde.
Damit war ein erster Schritt auf dem Wege einer Rhein-Elbe-Verbindung getan. Im Jahre 1906 wurde dann mit dem Bau des Mittellandkanals begonnen,
ausgehend vom Dortmund-Ems-Kanal bei Bergeshövede. Die Verwirklichung
dieses großen Projektes nahm, bedingt durch Weltkrieg, Inflation und Weltwirtschaftskrise, sehr viel Zeit in Anspruch. Die Weser bei Minden wurde 1915 erreicht, 1916 Hannover. Erst 1938 konnte mit der Fertigstellung des Schiffshebewerks Rothensee der Anschluß an die Elbe erreicht werden. Abbildung 84
zeigt einen Längsschnitt des Schiffshebewerks Rothensee. Das Hebewerk
wurde nach dem gleichen Prinzip wie der 1. Abstieg Henrichenburg, also als
Schwimmhebewerk, konzipiert, aber nur mit 2 Schwimmern und erheblich größeren Dimensionen. Der Trog hat eine Länge von 85 m, eine Breite von 12 m
und 2,50 m Wassertiefe. Die beiden Schwimmerschächte sind 70 m tief, die
Schwimmer 36 m hoch bei 10 m Durchmesser. Bei Niedrigwasser der Elbe beträgt die Hubhöhe bis zu 18,70 m. Die Anlage ist für 1000-t-Schiffe bemessen.

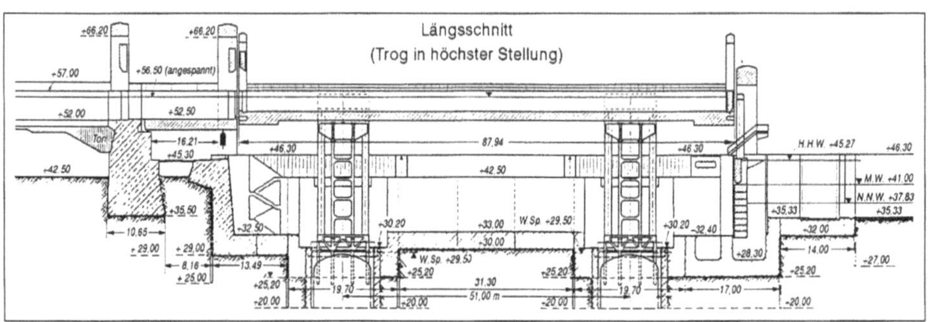

Abb. 84 Schiffshebewerk Rothensee, 1938.
Wasserstraßen-Neubauamt Magdeburg

Abb. 85   Schachtschleuse Minden von Unterwasser, 1988.
MEURER

Mit 325 km ist der Mittellandkanal die längste künstliche Wasserstraße Deutschlands. Er schafft die Verbindung zwischen dem westdeutschen und dem märkischen Kanalnetz und damit die Anbindung von Berlin. Der Ausbau erfolgte für das 600-t-Schleppschiff mit Abmessungen von 67 m × 8,20 m und einer Tauchtiefe von 2 m. Eine besonders interessante und technisch herausragende Anlage ist das Wasserstraßenkreuz Minden, an dem der Mittellandkanal mittels einer Kanalbrücke in rund 10 m über Gelände die Weser kreuzt. Die Kanalbrücke hat eine Länge von 375 m und ist damit noch das größte Brückenbauwerk der Binnenschiffahrt in Europa. Die Verbindung zur Weser stellen der Nord- und der Südabstieg aus dem Kanal her. Während der Südabstieg den Höhenunterschied mit zwei Schleusen überwindet, hat der Nordabstieg nur eine Schleuse. Diese als Schachtschleuse mit Sparkammern ausgebildete Anlage überbrückt eine Höhe von 13 m. Sie ist in Abbildung 85 vom Unterwasser her abgebildet. Das Schleusenoberhaupt ist mit einem Klapptor, das Unterhaupt mit einem Hubtor ausgestattet.

Untrennbar verbunden sind die Vorbereitungen zum Bau des Mittellandkanals und maßgebliche Teile seines Ausbaus selbst mit dem Namen des Wasserbauingenieurs LEO SYMPHER (1854–1922). Seine Tätigkeit in der Wasserbauabteilung des preußischen Ministeriums der öffentlichen Arbeiten, zuletzt bis zum Übergang der Wasserbauaufgaben auf das Reich im Jahre 1921 als deren

Leiter mit der Dienstbezeichnung eines Ministerial- und Oberbaudirektors, hatte in vielfältiger Hinsicht geradezu entscheidenden Anteil an diesem epochalen Werk des Verkehrswasserbaus. Das gilt zum Beispiel für die verschiedenen Wasserstraßenvorlagen an den preußischen Landtag wie auch für besondere Baumaßnahmen im Zusammenhang mit der Ausführung des Mittellandkanals, die uns noch heute größte Bewunderung abnötigen, wie etwa die Überleitung des Kanals über die Weser bei Minden oder die Eder- und Diemeltalsperre zur Wasserabgabe an die Weser und Speisung des Mittellandkanals.

Die Entwicklung in der Binnenschiffahrt nach dem zweiten Weltkrieg von den Schleppverbänden zu den selbstfahrenden Motorgüterschiffen und Schubverbänden führte 1965 zu dem Entschluß, den Kanal für das Europaschiff mit 1350 t Ladefähigkeit als dem Regelschiff der Wasserstraßenklasse IV (heute Vb) auszubauen. Dieser Ausbau läßt auch den Verkehr mit dem Großmotorschiff zu mit Abmessungen von 110 m × 11,40 m und einem maximalen Tiefgang von 2,80 m sowie mit Schubverbänden. Dieser Ausbau ist bis zum Abzweig des Elbe-Seitenkanals abgeschlossen. Stichkanäle nach Osnabrück und Hildesheim erschließen bedeutende Industriegebiete. Die Abbildung [87], siehe Farbteil, S. IV, zeigt die Hindenburg-Schleuse Anderten bei Hannover.

Die Weser ist bereits in ihrem Oberlauf bis Minden schiffbar und in Wasserstraßenklasse III eingeordnet. Auf Grund eines Verwaltungsabkommens zwischen dem Bund und Bremen aus dem Jahre 1988 wird die Mittelweser zwi-

Abb. 86 Leo Sympher.
WSD Mitte

schen Minden und Bremen für die ganzjährige Befahrung mit dem Europaschiff (Wasserstraßenklasse IV) ausgebaut. Dies geschieht durch Fahrrinnenbaggerungen, Uferrückverlegungen und Arbeiten an den Schleusenkanälen.

Zur Bedeutung der Zuschußwasserabgabe aus der Eder- und der Diemeltalsperre für die Weserschiffahrt und die Speisung des Mittellandkanals s. Seite 159.

Die West-Ost-Verbindung zur Elbe und nach Berlin hat nach der Wiedervereinigung Deutschlands in hohem Maße an Bedeutung gewonnen. Dies erfordert indessen große Anstrengungen, um den heutigen Anforderungen an den Schifftransport, was Ladefähigkeit und Schnelligkeit angeht, gerecht werden zu können. Schwerpunkt der erforderlichen Maßnahmen ist das Wasserstraßenkreuz Magdeburg. Aber auch Verbreiterungs- und Vertiefungsarbeiten am Elbe-Havel-Kanal und an der Unteren Havel-Wasserstraße, Schleusenerweiterungen und weitere Ausbaumaßnahmen, die dem Anschluß des West- und des Osthafens dienen, müssen vordringlich verwirklicht werden. Siehe hierzu Seite 316ff.

Die Edertalsperre – Errichtung, Zerstörung und Wiederaufbau

Die Edertalsperre ist aus mehreren Gründen von besonderem Interesse. Mit einem Stauinhalt von 202 Mio. m³ war sie zum Zeitpunkt ihrer Errichtung die mit großem Abstand größte deutsche Talsperre. Diesen Rang hatten bis dahin die Urfttalsperre mit 45,5 Mio. m³ (Inbetriebnahme 1905) und dann die Möhnetalsperre mit 134 Mio. m³ (Inbetriebnahme 1912).

Die Edertalsperre wurde vornehmlich errichtet, um mit Zuschußwasser die Schiffahrt auf der Weser in Trockenzeiten aufrechtzuerhalten, die ihrerseits Wasser zur Speisung des Mittellandkanals abgeben sollte. Schließlich widerfuhr ihr ein seltenes Schicksal: Sie wurde im zweiten Weltkrieg durch englische Fliegerbomben zerstört.

Die Edertalsperre wurde in den Jahren 1909 bis 1914 in der vorherrschenden Bauweise dieser Zeit als Schwergewichtsmauer in Mauerwerk errichtet. Die Mauer, mit einer größten Höhe über Gründungssohle von 50 m, wurde aus dort heimischen Grauwackesteinen gebaut. Planung und Bauleitung oblagen der Weserstrombaudirektion; oberster Bauleiter war der damalige Geheime Oberbaurat Dr.-Ing. SYMPHER. Die Ausführung oblag der Firma Philipp Holzmann A. G., Frankfurt am Main. Etwa eintausend Arbeiter waren an der Ausführung beteiligt. Für die Herstellung der Mauer allein wurden 7,5 Mio. Goldmark aufgewendet. Drei Dörfer und weitere Gehöfte, die im späteren Staubereich lagen, mußten vollständig aufgegeben werden; mehr als 700 Menschen verloren dadurch ihre Heimat. Die der Edertalsperre wie auch der im Jahr 1923 fertiggestellten Diemeltalsperre (20 Mio. m³ Stauinhalt) zugedachte Hauptaufgabe, die Schiffbarkeit der Weser zu gewährleisten – eine bis dahin erstmalige Aufgabe einer Sperre sowohl in Deutschland wie auch wohl in ganz Europa – fußte auf dem Preußischen Gesetz vom 1. April 1905 „betreffend die Herstellung und den Ausbau von Wasserstraßen", in dessen Mittelpunkt die Planung und der Bau des Mittellandkanals standen. Eder- und Diemeltalsperre zusammen ermöglichen eine Wasserentnahme aus der Weser bei Minden bis zu 7,5 m³/s zur Speisung des Kanals. Zugleich kann die Niedrigwasserführung der Weser aufgehöht werden. Darüber hinaus dienen die beiden Sperren dem Hochwasserschutz und der Kraftgewinnung. Am Fuße der Edertalsperrmauer wurden 1915 das Kraftwerk Hemfurth I und 1933 das Kraftwerk Hemfurth II errichtet. Das im Unterwasser des Ederstausees gelegene Ausgleichsbecken Affoldern dient als Unterbecken für das 1931 fertiggestellte Pumpspeicherwerk Waldeck I und das 1975 in Betrieb genommene Pumpspeicherwerk Waldeck II.

Eine einmalige Katastrophe in der Geschichte des Talsperrenbaus ereignete

Abb. 88   Edertalsperre früher.
Verlag Bing, Korbach

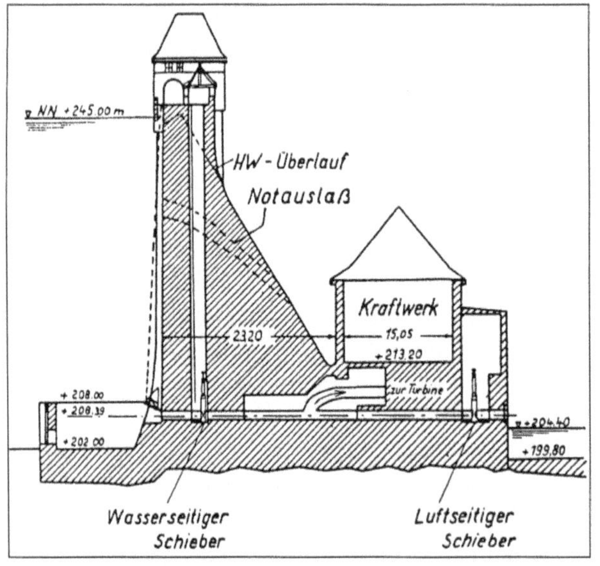

Abb. 89   Edertalsperre: Querschnitt der Staumauer.

sich in der Nacht vom 16. zum 17. Mai 1943, in der britische Lancaster-Bom-
ber die Eder-, die Möhne- und die Sorpetalsperre angriffen. Dieser Angriff war
von langer Hand vorbereitet, zu seiner Ausführung war eigens eine sogenannte
Rotationsbombe entwickelt worden. Während das Unternehmen „Sorpe" weitgehend mißlang, wurden die Möhne- und die Edertalsperre schwer getroffen.

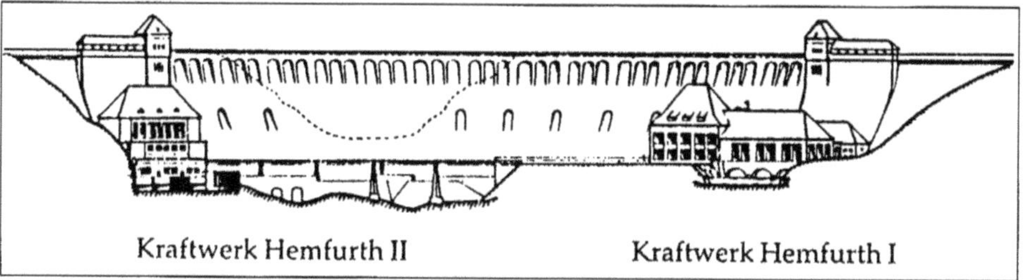

Abb. 90   Edertalsperre: Ansicht von der Luftseite.

In die Mauer der Edertalsperre wurde ein Loch von oben fast 70 m Breite gerissen, das eine größte Tiefe von 22 m hatte. Mit ungeheurer Wucht stürzten rund 160 Mio. m³ Wasser aus dem Speicher, und zwar mit maximal etwa 8 500 m³ in der Sekunde. Das entspricht einer sekundlichen Wassermenge, die größer ist als die doppelte Höchsthochwassermenge der Mosel. 47 Menschen fanden den Tod, viele wurden verletzt. Der Sachschaden ging ins Unermeßliche; allein 213 Gebäude wurden zerstört. Mit dem Wiederaufbau der Mauer wurde sofort begonnen. Er wurde mit einem riesigen Aufgebot an Arbeitskräften und Maschinen so vorangetrieben, daß noch vor den Herbstniederschlägen die Mauerlücke wieder geschlossen war. Weitere Ausbesserungsarbeiten und Folgeschädenbeseitigung zogen sich indessen bis in die sechziger Jahre hin. Die Abbildungen 88 bis 92 (siehe Farbteil, S. V, Abb. [92]) zeigen Ansichten, Querschnitt und Zerstörung der Sperre.

Abb. 91   Edertalsperre: Zerstörung am 16./17. Mai 1943.
Verlag Bing, Korbach

Wachsende Bedeutung der Wasserkraft – Pumpspeicherung von Herdecke bis Vianden

MATTERN hatte 1902 in seiner Schrift „Der Talsperrenbau und die Deutsche Wasserwirtschaft" auf die wachsende Bedeutung der Wasserkraftnutzung hingewiesen. Mit einem weiten Blick in die Zukunft hatte er auf die Endlichkeit der Kohlenvorräte aufmerksam gemacht und das Talsperrenwasser als die Hauptkraftquelle der Zukunft gesehen.

Schon einige Jahre bevor in Deutschland nach dem verlorenen Ersten Weltkrieg, der sowohl Gebietsverluste mit Kohlevorkommen wie auch Reparationsleistungen in Kohle und dadurch Versorgungsengpässe zur Folge hatte, die Abhängigkeit der Energieversorgung von der Kohle erkannt wurde und vermehrt Wasserkraftanlagen gebaut wurden, hatte die Firma Carl Zeiss, Jena, damit begonnen (1915/1916), Überlegungen über einen Ersatz der „schwarzen Kohle" durch „weiße Kohle" anzustellen. Dadurch sollten auch die Nachteile vermieden werden, die durch Ruß und Flugasche für die Produktion der optischen Geräte entstanden. Es wurden umfangreiche Untersuchungen angestellt und Grundstückskäufe getätigt. Als das im Jahr 1920 gebildete Land Thüringen alle den Ausbau der thüringischen Wasserkräfte betreffenden Angelegenheiten in die Hand nahm, stellte die Fa. Carl Zeiss alle bis dahin für die Bleilochsperre erstellten Unterlagen dem Land zur Verfügung. Die Aktiengesellschaft „Obere Saale" errichtete die beiden großen Talsperren Bleiloch (1932) und Hohenwarte (1939) mit den Pumpspeicherkraftwerken Bleiloch und Hohenwarte I (s. Abb. 112). Die Firma Carl Zeiss erbaute schon zwischen 1919 und 1922 unter anderen das Speicherkraftwerk Wisenta, das von ihr später erweitert wurde.

Um das Jahr 1920 war in Deutschland die Idee der Pumpspeicherung aufgekommen, bei der in Schwachlastzeiten mit überschüssigem Strom aus Wärmekraftwerken aus einem Unterbecken Wasser in ein möglichst hoch gelegenes Oberbecken gepumpt wird, von wo es bei großer Energienachfrage unter Ausnutzung der Fallhöhe im Turbinenbetrieb wieder dem Unterbecken zugeführt wird. Pumpspeicherkraftwerke haben im Zusammenwirken mit Wärmekraftanlagen wichtige der Versorgungssicherheit dienende Aufgaben zu erfüllen. Ihr Einsatz im Tag-Nacht-Verlauf etwa in der Zeitspanne zwischen 6.00 Uhr und 22.00 Uhr – unterschiedlich in Art und Umfang zwischen Sommer und Winter und bei weiteren Gegebenheiten – dient der Spitzenstromerzeugung. Dabei ist die Schnelligkeit, mit der sie auf plötzliche Nachfragesteigerungen reagieren können, von besonderer Bedeutung, was sie von den Wärmekraftwerken unterscheidet. Diese Eigenschaft macht sie auch bei etwaigem Ausfall eines Wärmekraftwerksblocks unentbehrlich. In etwa zwei Minuten kann das Wasserkraftwerk aus dem Stand heraus am Netz sein.

Die Idee der Pumpspeicherkrafterzeugung wurde erstmalig in Deutschland, ja in der ganzen Welt, in Herdecke an der Ruhr in die Tat umgesetzt. Hier wurde im Jahre 1927 das später KOEPCHEN-Werk genannte Pumpspeicherkraftwerk in Betrieb genommen. Professor KOEPCHEN, der Initiator dieser Anlage, war Vorstandsmitglied des RWE. Der Hengsteysee dient als Unterbecken, ein 150 m höher gelegener künstlicher See als Oberbecken. Vier horizontale Francis-Turbinen mit einer Leistung von zusammen 132 MW taten ihre Arbeit, bis sie im Jahre 1989 gegen eine Pumpturbine mit 150 MW Leistung ausgewechselt wurden.

Nur wenige Jahre später, nämlich 1930, wurde das Pumpspeicherkraftwerk Niederwartha bei Dresden mit einer Leistung von 80 MW bei einer Fallhöhe

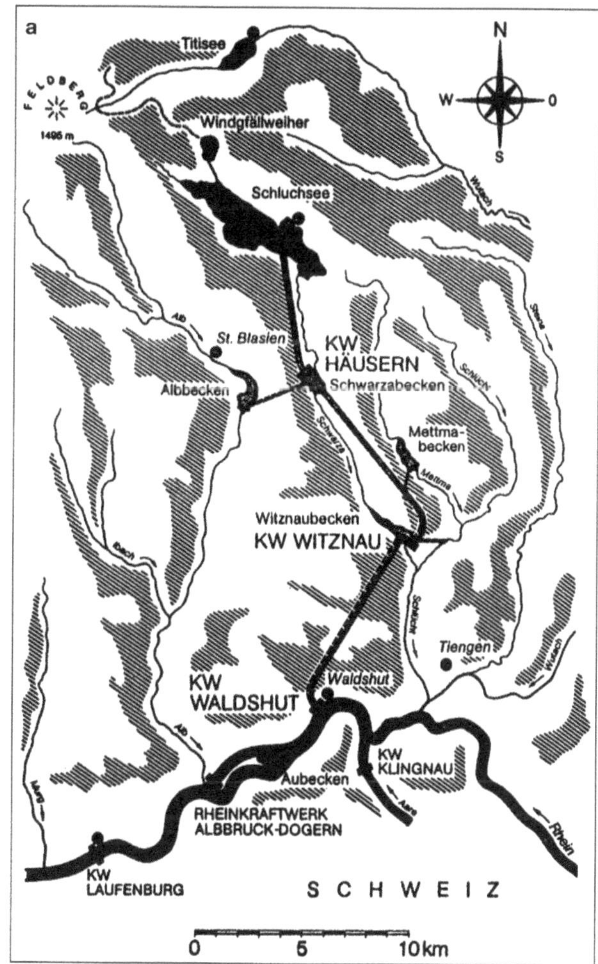

Abb. 93 a, b   Werksgruppe Schluchsee: Pumpspeicherkraftwerke Häusern, Witznau, Waldshut. Schluchseewerk AG
a Lageplan
b Längsschnitt

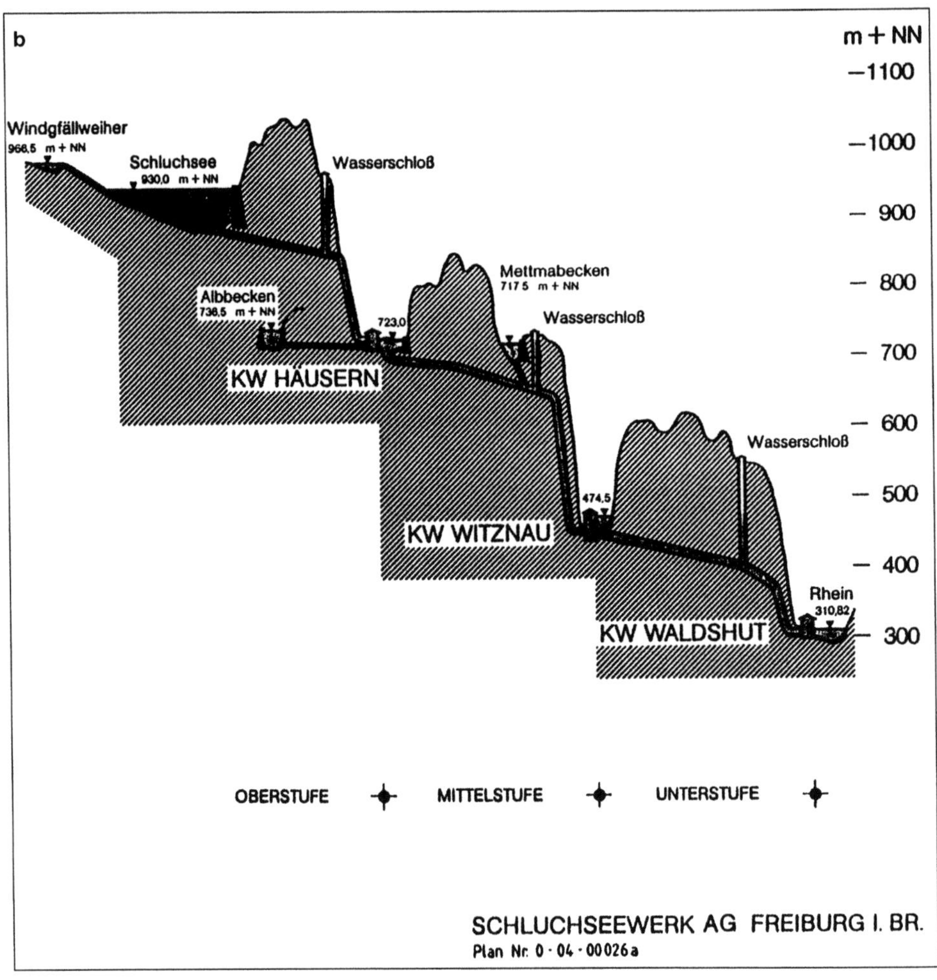

von rund 142 m in Betrieb genommen. Seine Leistung wurde 1960 auf 120 MW erhöht.

Der erste Schritt zu einer europäischen Verbundwirtschaft wurde mit der 1929 in Betrieb gegangenen Höchstspannungs-Südleitung (380 Kilovolt) des RWE getan. An diese Leitung erhielt 1930 das Vermuntwerk im österreichischen Vorarlberg Anschluß.

Im Schwarzwald wurde zur gleichen Zeit mit der Errichtung einer Pumpspeicherwerkskette, der Werksgruppe Schluchsee der Schluchseewerk AG, begonnen. 1929 wurde mit den Bauarbeiten an der Schluchseeschwergewichtsmauer angefangen, die mit einer Höhe von 63,5 m eine Wasserspiegelanhebung des Schluchsees von 30 m bewirkt und damit einen Gesamtbeckeninhalt des als Oberbecken für das Kraftwerk Häusern dienenden Sees von 108 Mio. m³ schafft. Unterbecken für Häusern ist das Schwarzabecken mit einem Nutzin-

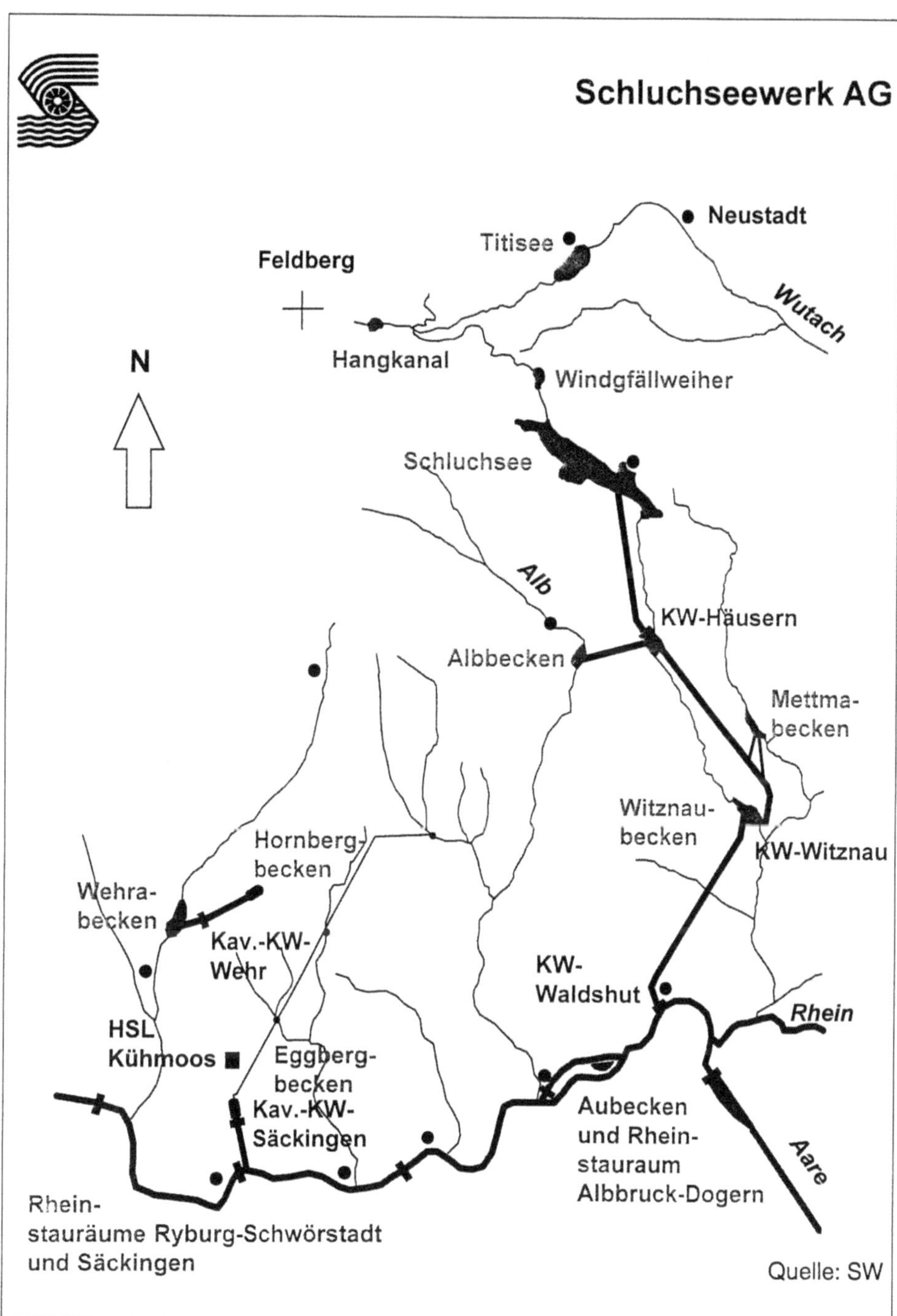

Abb. 94 Übersicht über die Werksgruppen Schluchsee und Hotzenwald der Schluchseewerk AG.

halt von 1,3 Mio. m³, das als Tagesausgleichsbecken dient. Das Kraftwerk Häusern nahm 1931 seinen Betrieb auf mit 4 Francis-Turbinen in vertikaler Aufstellung und einer Gesamtleistung von 110 MW bei einer Fallhöhe von 210 m. Abbildung 93 zeigt die Gesamtanlage der Werksgruppe Schluchsee mit den weiteren Kraftwerken Witznau (Inbetriebnahme 1943; 220 MW) und Waldshut (Inbetriebnahme 1951; 140 MW). Zur Werksgruppe Hotzenwald der Schluchseewerk AG gehören die Tagespumpspeicherwerke Säckingen (1968; 370 MW) und Wehr (1976; 1000 MW). Abbildung 94 gibt eine Übersicht über beide Werksgruppen.

Pumpspeicherkraftwerk Vianden

Schon Anfang der 1920er Jahre waren Überlegungen zur Nutzung der Wasserkräfte im deutsch-luxemburgischen Grenzraum, insbesondere am Grenzfluß Our, angestellt worden. Dabei spielte auch schon der Gedanke der Pumpspeicherung eine Rolle. Aber erst nach dem zweiten Weltkrieg sollten diese Überlegungen neu belebt werden. Der Anstoß dazu kam von luxemburgischer Seite und führte 1951 zur Gründung der Société Electrique de l'Our (SEO), die u. a. die Voruntersuchungen und Planungen durchzuführen hatte. Neben dem luxemburgischen Staat ist das RWE maßgeblicher Gesellschafter der SEO. Die Lage der beabsichtigten Wasserkraftanlage an der Our und die Nutzung deren Wassers erforderte sowohl zwischenstaatliche wie auch besondere wasserrechtliche Regelungen. Der 1958 geschlossene Staatsvertrag zwischen dem Großherzogtum Luxemburg und dem Land Rheinland-Pfalz stützt sich auf einen im Gefolge des Wiener Kongresses im Jahre 1816 geschlossenen Vertrag zwischen dem Königreich Preußen und dem Königreich der Niederlande. Er bestimmt die Our zu einem sogenannten Kondominium mit der Folge, daß alle Handlungen am Fluß nur im beiderseitigen Einvernehmen vorgenommen werden dürfen. Mit den Bauarbeiten wurde 1959 begonnen; die Inbetriebnahme des Werkes erfolgte 1964. Mit einer Gesamtleistung der Turbinen von 900 MW war es der Welt größtes Pumpspeicherwerk. Als Unterbecken dient die Our, die mittels einer Schwergewichtsmauer angestaut wurde und bei einem Gesamtbeckenvolumen von 10 Mio. m³ einen Nutzraum für die Pendelwassermenge von 5,9 Mio. m³ vorhält. Das Oberbecken besteht aus zwei nebeneinander liegenden Becken, die miteinander verbunden sind. Aus den Becken werden die beiden Turbinengruppen I–IV und V–IX mittels zweier Druckschächte getrennt voneinander beaufschlagt. Abbildung 95 zeigt im Vordergrund Becken I mit Entnahmebauwerk, im Hintergrund Verbindungs- und Entnahmebauwerk sowie Becken II im Bauzustand. Die Becken-Dichtungsarbeiten sind in Abbildung 96 dargestellt. Der Nutzinhalt beider Becken zusammen beträgt 6,6 Mio. m³. Die Umfassungsdämme sind aus Schiefermaterial hergestellt und haben eine As-

Abb. 95   Pumpspeicherwerk Vianden: Oberbecken.
Société Électrique de l'Our (SEO), Luxembourg

Abb. 96   Pumpspeicherwerk Vianden: Becken-Dichtungsarbeiten.
SEO

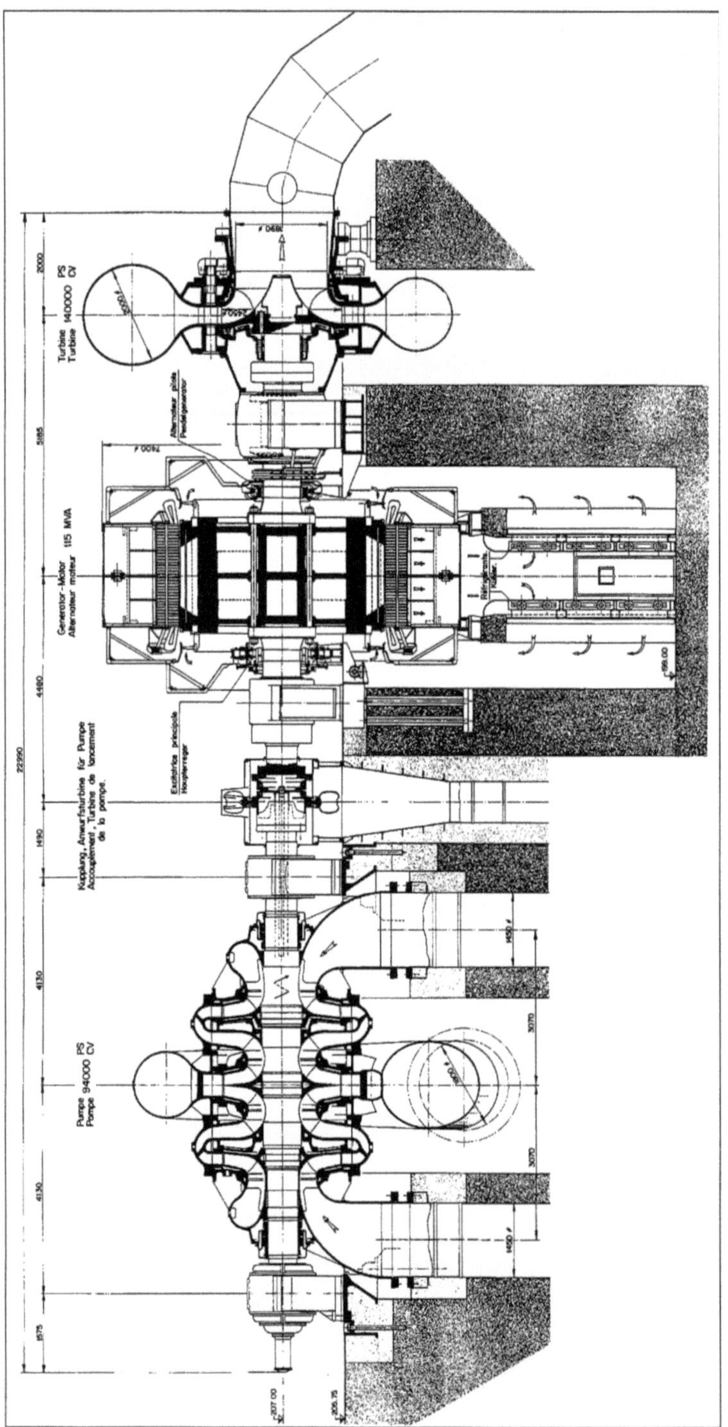

Abb. 97   Pumpspeicherwerk Vianden: Längsschnitt eines Maschinensatzes.
SEO

Abb. 98　Pumpspeicherwerk Vianden: Maschinenmontage.
SEO

phaltdichtung. Die beiden Druckschächte sind 652 m und 856 m lang bei Durchmessern von 6,0 m und 6,5 m und auf ganzer Länge mit einer Stahlpanzerung ausgekleidet. Die neun Maschinensätze, bestehend aus Francis-Turbine, Motorgenerator und zweistufiger doppelflutiger Pumpe, sind in einer 326 m langen Kaverne untergebracht. Das Gefälle zwischen Oberbecken und Kavernenkraftwerk beträgt 280 m. Der Gesamtwirkungsgrad des Pumpspeicherbetriebes unter Berücksichtigung aller mechanischen, elektrischen und hydraulischen Verluste liegt bei 74 %. In Abbildung 97 ist ein Maschinensatz im Längsschnitt dargestellt, Abbildung 98 zeigt den Montagevorgang in der Kaverne.

Im Jahre 1973 wurde in Vianden die 10. Maschine in Betrieb genommen. Es ist eine Pumpturbine mit einer Leistung von 200 MW. In einer Pumpturbine arbeitet ein Francis-Laufrad in der einen Drehrichtung als Turbinenrad und in der anderen Richtung als Rad einer Pumpe. Die 10. Maschine in Vianden bezieht ihr Wasser über einen stahlgepanzerten Druckstollen mit 4,50 m Durchmesser aus Becken II. Sie ist in einem Schacht gesondert aufgestellt. Das Pumpspeicherkraftwerk Vianden hat nach Inbetriebnahme der 10. Maschine eine Gesamtleistung von 1100 MW.

Transkontinentaler Schiffahrtsweg von der Nordsee zum Schwarzen Meer – Rhein-Main-Donau-Wasserstraße

Der Gedanke an eine leistungsfähige Wasserstraßenverbindung von Main und Donau, die den gewachsenen und weiter wachsenden Ansprüchen der Wirtschaft gerecht werden würde, blieb lebendig, nachdem der Ludwig-Donau-Main-Kanal seine verkehrswirtschaftliche Bedeutung verloren hatte. Als im Jahre 1921 die Rhein-Main-Donau-Staatsverträge zwischen dem Deutschen Reich und dem Freistaat Bayern abgeschlossen und die Rhein-Main-Donau-Aktiengesellschaft gegründet war, konnte mit der Verwirklichung des Projektes begonnen werden. Die Rhein-Main-Donau AG wurde beauftragt, die 677 km lange Main-Donau-Wasserstraße zwischen Aschaffenburg und der Landesgrenze bei Passau zu bauen. Gleichzeitig erhielt sie das Recht, die Wasserkräfte des Main zwischen Aschaffenburg und Bamberg, der Donau, der Altmühl, der Regnitz und des unteren Lech auszubauen. Die Erlöse aus der Kraftgewinnung müssen zur Finanzierung der Wasserstraße verwendet werden. Im Jahre 2050 soll die Rhein-Main-Donau AG aufgelöst werden; die Wasserkraftwerke sind dann an den Bund und an das Land Bayern ohne Kostenersatz zu übergeben. Die Staatsverträge von 1921 wurden durch den sogenannten Duisburger Vertrag von 1966 und den Donaukanalisierungsvertrag von 1976 ergänzt. Es war ein langer Weg bis zur Schaffung und Nutzung des 3600 km langen transkontinentalen Wasserweges von der Nordsee bis zum Schwarzen Meer, in dessen Rahmen der Main-Donau-Kanal von Bamberg bis Kehlheim – der künstliche Teil das Wasserweges – mit 171 km sich von der Länge, nicht jedoch von der technischen Leistung eher bescheiden ausnimmt (Abb. 99).

Nicht nur gewaltige planerische, bautechnische und finanzielle Probleme waren zu meistern. Es mußte z. B. auch die freie Schiffahrt auf der Donau durch mehrere Vertragswerke gesichert werden: Der Frieden von Adrianopel 1829, der den russisch-türkischen Krieg beendete, bewirkte eine gewisse Liberalisierung von Handel und Schiffahrt auf der Donau. Schon 1830 wurde die Erste Donau-Dampfschiffahrts-Gesellschaft mit Sitz in Wien gegründet, die bis 1914 die größte Binnenschiffahrtsgesellschaft der Welt war und Pionierarbeit bei der Verkehrserschließung der unteren Donau geleistet hat. Die freie Nutzung der Donau für die Schiffahrt wurde durch die Pariser Donaukonvention von 1921 und durch die Belgrader Donaukonvention von 1948 gewährleistet.

Daß der Ludwig-Donau-Main-Kanal seinerzeit sehr schnell seine Bedeutung verlor, lag nicht nur an seinen zu kleinen Abmessungen, sondern auch an den ungenügenden Schiffahrtsverhältnissen in Main und Donau. Gemäß dem der

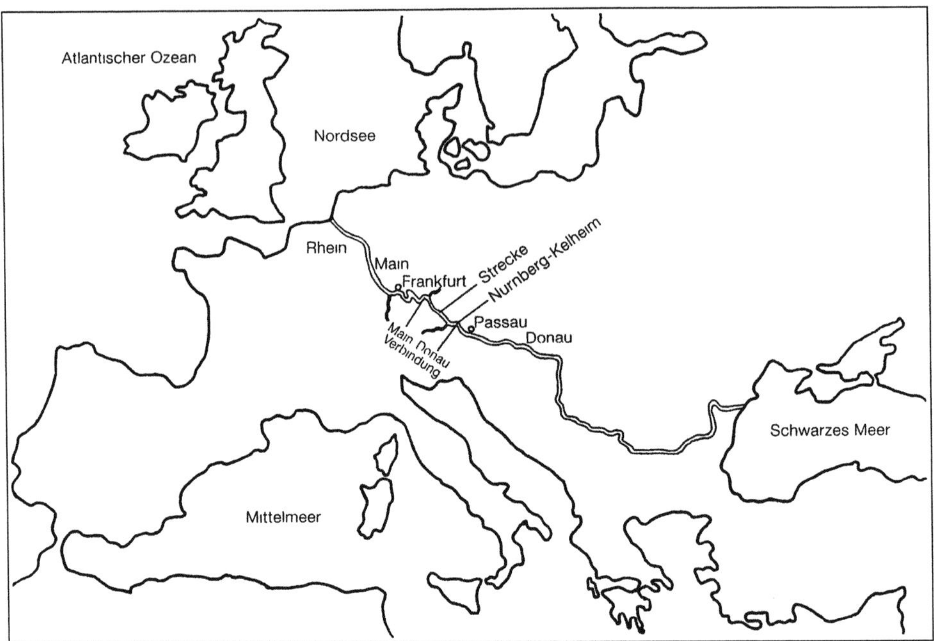

Abb. 99   Transkontinentaler Wasserweg von der Nordsee zum Schwarzen Meer.

RMD AG übertragenen Auftrag werden von ihr auch die an den Main-Donau-Kanal anschließenden Strecken des Main und der Donau ausgebaut.

Der Main-Ausbau zwischen Aschaffenburg und Bamberg mit einer Stauregelung erfolgte im Zeitraum zwischen 1926 und 1962, nachdem schon zwischen 1883 und 1920 der Abschnitt zwischen Mündung und Aschaffenburg staugeregelt worden war. Ein zweiter Ausbau begann bereits 1929 in der Mündungsstrecke und wurde mit großen Unterbrechungen bis zum Jahr 1983 fortgeführt, wobei die Zahl der Staustufen unterhalb Aschaffenburg von 12 auf 6 verringert wurde. Insgesamt 34 Staustufen sind im Main zwischen Mainz und Bamberg errichtet. 33 Laufwasserkraftwerke haben zusammen eine Leistung von rund 120 MW. Die jetzt laufenden Arbeiten zur Verbreiterung der Fahrrinne auf mindestens 40 m mit einer Tiefe von 2,90 m entsprechend der europäischen Wasserstraßenklasse Vb von Freudenberg bis Bamberg sollen im Jahr 2005 abgeschlossen sein, nachdem der Mündungsabschnitt diesen Ausbaustandard bereits aufweist.

Donauausbaumaßnahmen im Abschnitt von Kelheim abwärts bis zur deutsch-österreichischen Landesgrenze begannen 1922 und sind ebenfalls noch nicht abgeschlossen. Schiffahrtstechnisch und historisch bedeutsam ist die 1922 in Bauausführung gegangene Kachlet-Staustufe, mit der das Kachlet, eine felsige Strecke des Donaubetts, überstaut wird (Abb. [100], siehe Farbteil, S. V). In den 1950er Jahren wurde zusammen mit Österreich die Staustufe

Jochenstein errichtet. Abbildung 101 (siehe Farbteil, S. VI, Abb. [101]) zeigt die Wehranlage und das Kraftwerk von der österreichischen Seite des Flusses her.

In den Jahren zwischen 1922 und 1968 wurde zwischen Regensburg und Vilshofen durch den Einbau von Buhnen und Leitwerken eine Niedrigwasserregulierung durchgeführt. Die durch diese Maßnahmen eintretenden massiven Veränderungen der Flußmorphologie sowie der Einsatz immer größer werdender Schiffseinheiten führte zu der Erkenntnis, die gesamte Strecke mit Staustufen ausbauen zu müssen. Die Staustufen Geisling und Straubing sind fertiggestellt, darüber hinaus diejenigen von Regensburg und Bad Abbach.

Mit dem Donau-Main-Kanal selbst wurde 1960 bei Bamberg, also im Bereich der sogenannten Nordrampe, begonnen. Ab 1975 kam der Ausbau im Abschnitt der Südrampe hinzu. Die Abbildungen 102 und 103 zeigen den Kanal im Grundriß und im Höhenschnitt. Vom Main bis zur Scheitelhaltung Hilpoltstein/Bachhausen ist ein Höhenunterschied von rund 175 m, von der Donau bis zur Scheitelhaltung ein solcher von rund 68 m zu überwinden. Der Planung und Verwirklichung dieser Trasse, die zum Teil den Tälern der Regnitz und der Altmühl folgt, gingen zahlreiche Planungsvarianten voraus. Äußerst umfangreiche Untersuchungen wurden hinsichtlich der Gestaltung des Kanalquerschnitts angestellt, insbesondere was die nautischen Zusammenhänge zwischen Schiff und Fahrwasser angeht. Die in der Hamburger Schiffbau-Versuchsanstalt gefundenen Ergebnisse führten zur Ausführung eines Querschnitts mit F = 175 m², dessen Verhältnis F : f des Regelschiffs 7,4 beträgt (Abb. 104).

Von besonderer Bedeutung waren die Überlegungen zur Anordnung und Ausgestaltung der Schleusen, in deren Zusammenhang auch die Errichtung von Schiffshebewerken erwogen, der Gedanke aber wieder aufgegeben wurde. Aus dem Umstand, daß die natürlichen Wasserzuflüsse in der Kanalstrecke für den Betrieb nicht ausreichen, wobei auf der Verlustseite vornehmlich Schleu-

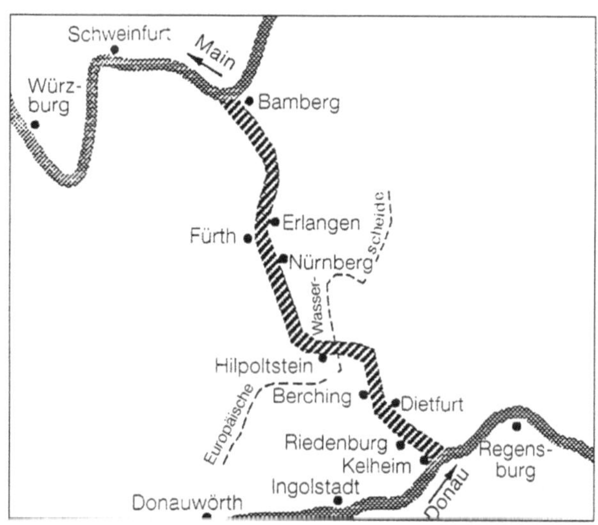

Abb. 102 Main-Donau-Kanal im Grundriß.

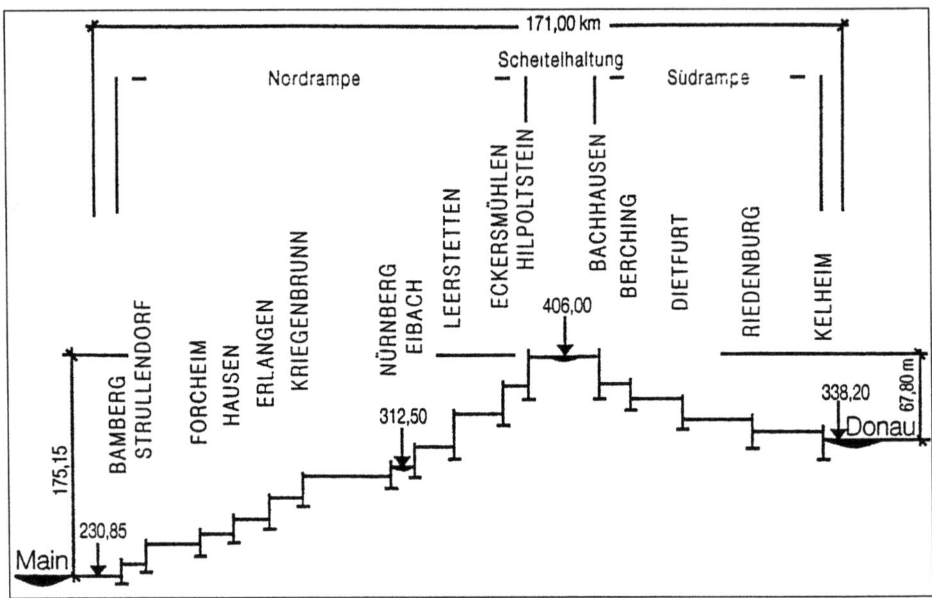

Abb. 103   Main-Donau-Kanal im Höhenschnitt.

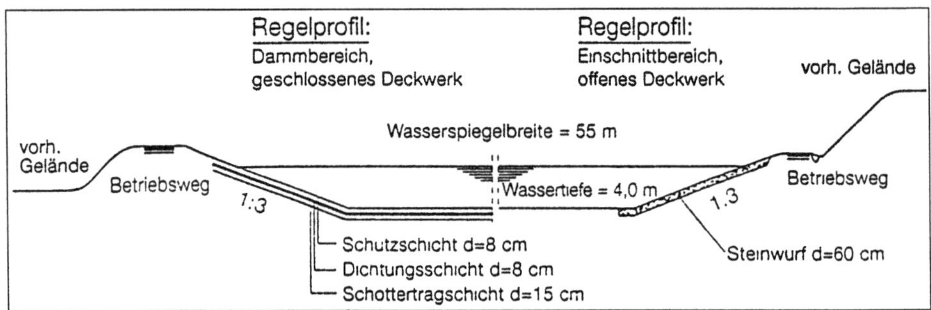

Abb. 104   Main-Donau-Kanal: Regelprofil.

sungswasser, Verdunstung und Versickerung stehen, wurde der Entschluß gefaßt, Sparschleusen zu bauen. Dies geschah auf der ganzen Strecke mit Ausnahme der Stauhaltungen, die mit Regnitz- oder Altmühlwasser ausreichend versorgt werden können. Durch den Betrieb der seitlich angeordneten Sparbecken können bis zu 60 % des Wassers gespart werden. Abbildung [105] (siehe Farbteil, S. VII) zeigt die Schleuse Eckersmühlen. Sie gehört mit einer Hubhöhe von 24,67 m zusammen mit den höhengleichen Schleusen Leerstetten und Hilpoltstein zu den bisher höchsten in Deutschland gebauten Schleusen.

Die Betriebswasserversorgung des Main-Donau-Kanals konnte im Zusammenhang mit einer großräumigen wasserwirtschaftlichen Maßnahme des Landes Bayern gelöst werden. Im Zuge eines überregionalen Ausgleichs wird näm-

lich Wasser aus dem Donaugebiet in das wasserarme Regnitz-Main-Gebiet geleitet. Das geschieht auf zwei Wegen: Oberhalb eines Mindestabflusses in der
Donau können aus ihr bei Kelheim und aus der Altmühl bei Dietfurt maximal
35 m³/s Wasser entnommen werden, die über die an den 5 Schleusen der Südrampe angebrachten Pumpwerke in die Scheitelhaltung, in den Dürrlohspei-
cher und in den Rothsee gepumpt werden. Aus dem Rothsee wird das Wasser
über die Rednitz in das Regnitz-Main-Gebiet abgegeben. Von der Pumpwasser-
menge von 35 m³/s entfallen 14 m³/s auf Kanalbetriebswasser und 21 m³/s
auf den überregionalen Ausgleich. Die Jahreswasserfracht beträgt im Mittel
125 Mio. m³.

Wenn die Abflußverhältnisse der Donau eine Wasserentnahme nicht mehr
gestatten, dann tritt an die Stelle der Kanalüberleitung die Brombachüberlei-

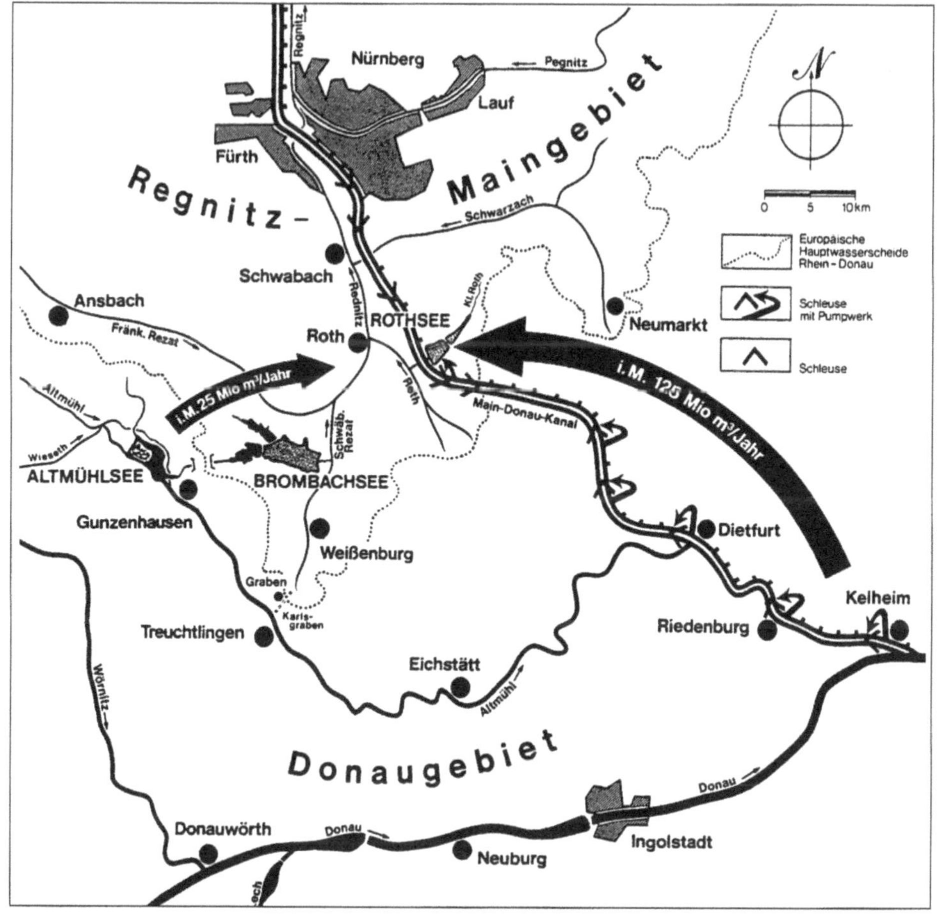

Abb. 106   Überleitung aus dem Donau- in das Regnitz-Main-Gebiet.
Talsperren-Neubauamt Nürnberg, 1995

Abb. 107   Main-Donau-Kanalstrecke im Altmühltal.
MEURER

tung. Zu dieser Lösung kam es nach langen Überlegungen und verschiedenartigen Planungen. Die Brombachüberleitung hat vornehmlich die Aufgaben, den Wassermangel in Franken zu mildern und eine Hochwasserverringerung im mittleren Altmühltal herbeizuführen. Dazu dienen ein Ausgleichsbecken an der Altmühl, eine Überleitung in das Brombachtal und der rund 150 Mio. m³ fassende Brombachspeicher, aus dem jährlich bis zu 25 Mio. m³ Wasser in das Regnitz-Main-Gebiet abgegeben werden können (Abb. 106).

Der Main-Donau-Kanal, der 1992 fertiggestellt wurde und damit eine durchgehende Schiffahrt aus dem Rhein- in das Donaugebiet erlaubt, begegnete in der Planungs- und Bauphase größten Bedenken in der Öffentlichkeit. Nicht nur Fragen der Wirtschaftlichkeit des Projektes spielten dabei eine Rolle, sondern in den letzten Jahrzehnten vornehmlich Aspekte des Naturhaushalts und der Landschaftsästhetik. In einem ungewöhnlich großen Umfang und mit entsprechend hohen finanziellen Aufwendungen wurden landespflegerische Ausgleichs- und Ersatzmaßnahmen im Zusammenhang mit dem Wasserstraßenausbau durchgeführt. Der Erfolg dieser Maßnahmen ist deutlich zu erkennen. Abbildung 107 zeigt beispielhaft ein Kanalstück im Altmühltal.

An die Verbindung von Main und Donau werden hohe Erwartungen geknüpft. Sie gestattet den durchgehenden Schiffsverkehr zwischen dem Rhein und den Donauanliegerstaaten. Es ist zu wünschen und zu hoffen, daß diese Erwartungen erfüllt werden.

Stahlbeton im Talsperrenbau

Die Fortschritte im Stahlbetonbau – Regierungsbaumeister MATTHIAS KOENEN
(1849–1924) hatte im Jahre 1886 die erste Theorie zur statischen Berechnung
von Stahlbeton geliefert, der schon 1867 von dem französischen Gärtner MO-
NIER ohne theoretische Kenntnisse verwendet worden war – legten den Gedanken nahe, auch im Talsperrenbau diesen Baustoff einzusetzen. Dies geschah in
Deutschland erstmalig an dem Flüßchen Linach im Schwarzwald, an dem 1924
die Vöhrenbachtalsperre errichtet wurde. Die der Energiegewinnung dienende
Anlage mit einem Stauinhalt von 1,1 Mio. m³ und einer Höhe über Gründungssohle von 32,4 m wurde als Gewölbereihen-Staumauer ausgeführt. Bei dieser
aufgelösten Bauweise werden die Stützpfeiler mit aneinandergereihten geneigten Gewölben als Stauwand überdeckt. Die aufgelösten Staumauern sind sehr
empfindlich und erfordern besonders tragfähigen Felsuntergrund. Die Abbildungen 108 und 109 zeigen die Vöhrenbachtalsperre. Sie ist die einzige Gewölbe-

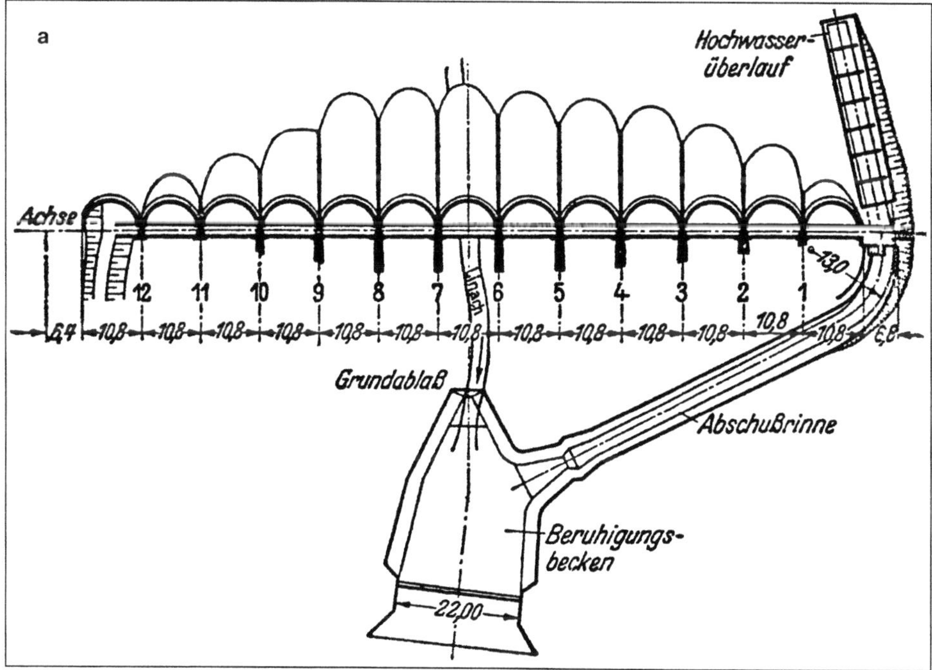

Abb. 108 a, b Vöhrenbachtalsperre: Draufsicht (a) und Querschnitt (b).
SCHOKLITSCH, A.: Handbuch des Wasserbaues II, 1952

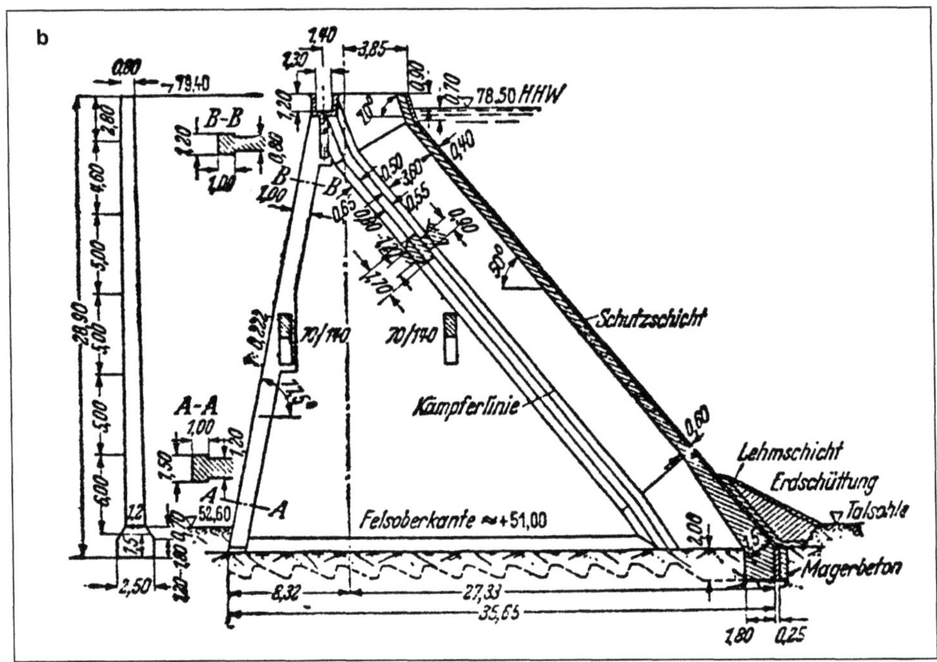

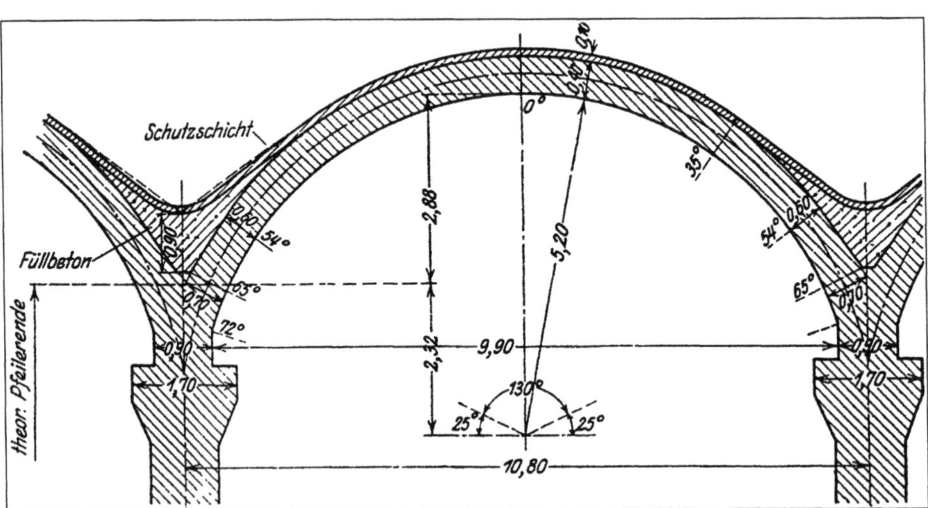

Abb. 109   Vöhrenbachtalsperre: Schnitt durch die Gewölbe.
SCHOKLITSCH, A.: Handbuch des Wasserbaues II, 1952

reihen-Staumauer in Deutschland geblieben. Lediglich die in den fünfziger Jahren gebaute Oleftalsperre ist als Pfeilerzellenmauer wie die Vöhrenbachmauer zu den Pfeilerstaumauern zu rechnen. Sie wird später noch zu beschreiben sein.

Kraftwerkstreppe Mittlere Isar

Die Isar entspringt im Karwendelgebirge und mündet nach einer Lauflänge von 295 km bei Deggendorf in die Donau. Mit der Nutzung der Wasserkräfte der Isar in größerem Umfang wurde in den 1920er Jahren begonnen. Etwa zur gleichen Zeit erfolgte die Isarüberleitung zum Walchensee im Rahmen der Errichtung des Walchenseekraftwerks wie auch der Ausbau der Kraftwerkstreppe Mittlere Isar. Eine Gesamtübersicht des Isarlaufs ist in Abbildung 110 dargestellt.

Von der „Mittleren Isar Aktiengesellschaft" wurden zunächst die Kraftstufen Finsing, Aufkirchen und Eitting errichtet; sie konnten ihren Betrieb im Jahre 1924 aufnehmen. 1929 wurde sodann die Stufe Pfrombach gebaut und damit

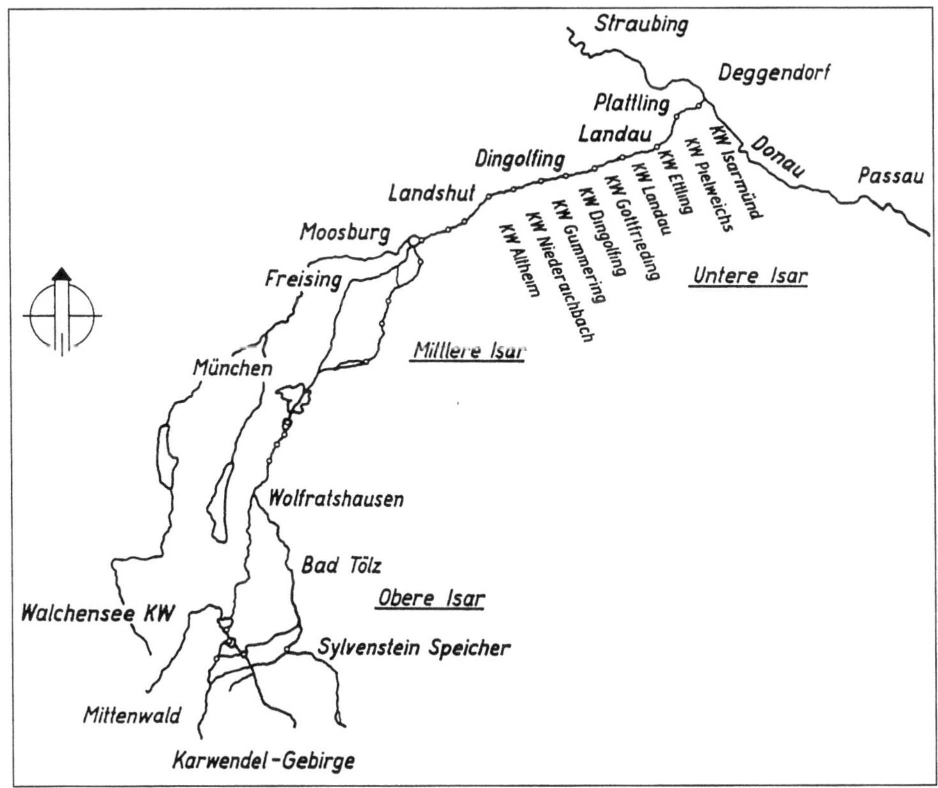

Abb. 110 Gesamtübersicht des Isarlaufs.
Ostbayerische Energieanlagen

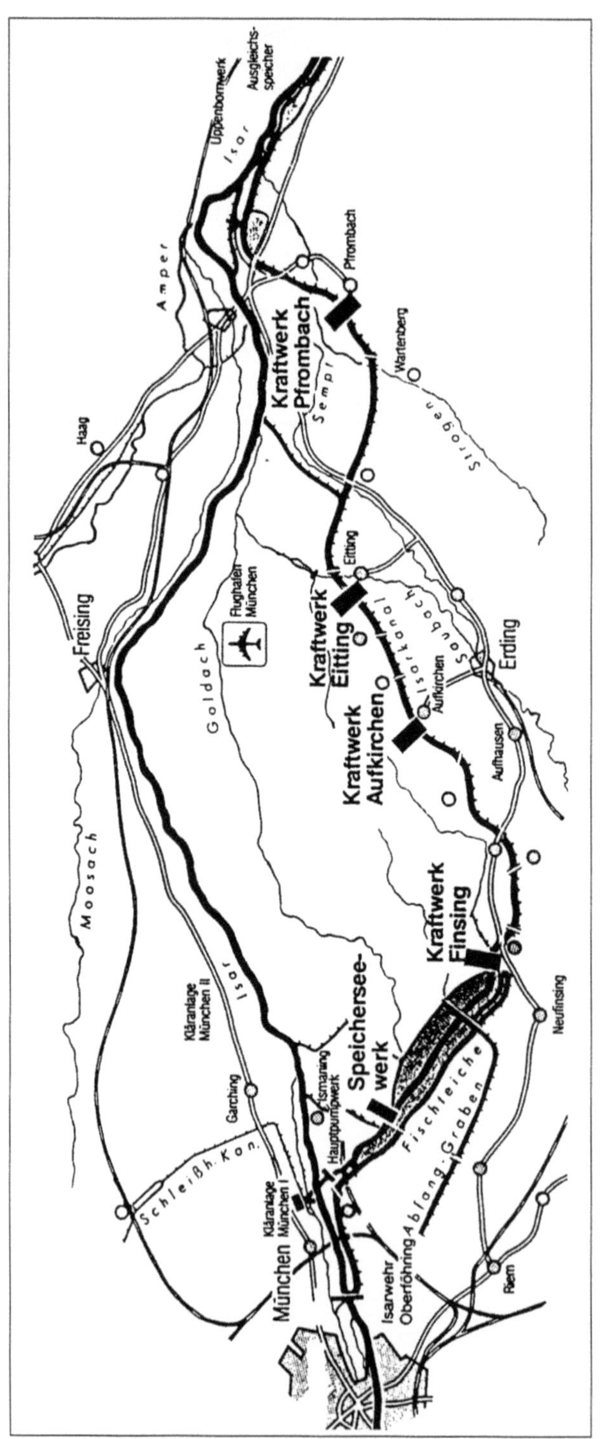

Abb. 111   Kraftwerkstreppe Mittlere Isar.
Bayernwerk

die Kraftwerkstreppe praktisch vollendet. Die Besonderheit dieser Kraftwerkstreppe besteht darin, daß die Kraftwerke in einem Werkkanal angeordnet sind. Dieser zweigt am Isarwehr Oberföhring unterhalb München ab und mündet nach einer Lauflänge von rund 54 km wieder in die Isar. Die vier Kraftwerke mit Fallhöhen zwischen 4,5 und 26 m und einer installierten Leistung von zusammen 83 MW erzeugen im Regeljahr rund 470 Mio. kWh. Abbildung 111 gibt eine Übersicht über die Kraftwerkstreppe Mittlere Isar.

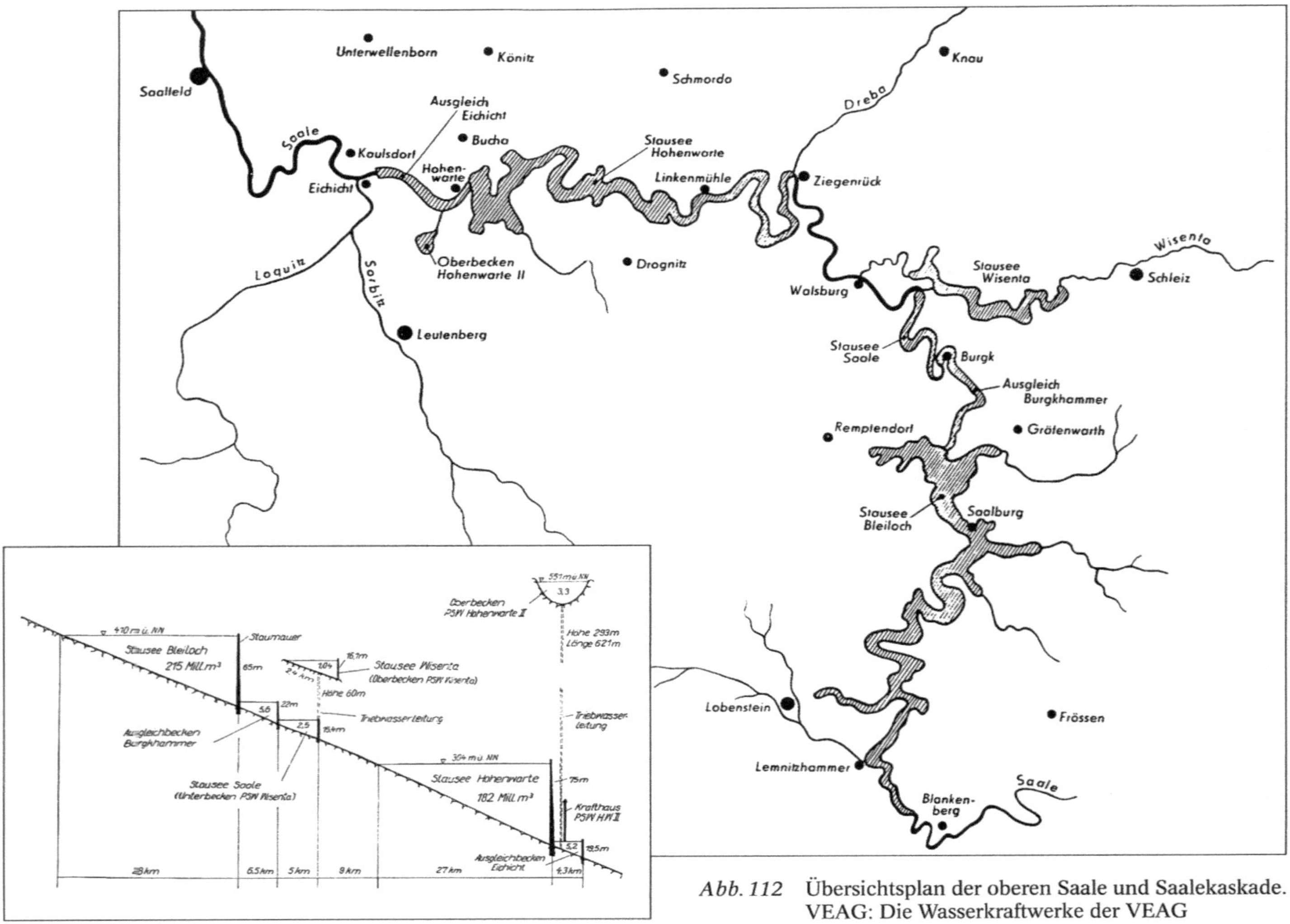

Abb. 112   Übersichtsplan der oberen Saale und Saalekaskade. VEAG: Die Wasserkraftwerke der VEAG

Urfttalsperre: Hochwasserentlastung mit anschließenden Kaskaden. [53 a]
Wasserverband Eifel-Rur

Urftkraftwerk Heimbach – Deutschlands schönstes Jugendstilkraftwerk. [54 a]
Wasserverband Eifel-Rur

Doppelkraftwerk Wyhlen/Augst. [58]
Energie Dienst Rheinfelden

Talsperre Einsiedel, links Langsamfilter, rechts Sandwäsche. [59]
Südsachsen Wasser, Chemnitz

Schiffshebewerk Niederfinow, 1997. [78a]
MEURER

Hindenburgschleuse Anderten. [87]
WSA Braunschweig

Edertalsperre heute. [92]
Verlag Bing, Korbach

Staustufe Kachlet, 1995. [100]
Rhein-Main Donau AG

Staustufe Jochenstein, 1981. [101]
Rhein-Main-Donau AG

Oleftalsperre. [128 a]
Wasserverband Eifel-Rur

Schleuse Eckersmühlen, 1988. [105]
Rhein-Main-Donau AG

Rappbode-Staumauer. [132]
Talsperrenbetrieb Sachsen-Anhalt

Wasserwerk Sipplinger Berg der Bodenseewasserversorgung. [158]
Bodenseewasserwerk

Deutschlands größte Talsperre

Mit einem Speichervolumen von 215 Mio. m³ ist die Bleilochtalsperre an der oberen Saale Deutschlands wasserreichste Talsperre. Sie wurde in den Jahren 1925 bis 1932 bei Saalburg als Notstandsmaßnahme gebaut und bildet zusammen mit der Talsperre Hohenwarte (Fertigstellung 1939) das Kernstück der sogenannten Saalekaskade (Abb. 112). Mit einem Gesamtstauraum von 415 Mio. m³ stellen die Saaletalsperren das größte Speichersystem Deutschlands dar. Die Talsperren sind Mehrzweckspeicher. Sie erfüllen Hochwasserschutzaufgaben, gewährleisten eine Mindestwasserführung in der Saale zur Abdeckung verschiedener Nutzungsanforderungen von Industrie und Landwirtschaft und erlauben eine Kraftnutzung im Pumpspeicher- und Laufwasserbetrieb.

Die Bleilochtalsperre hat eine größte Höhe über Gründungssohle von 65 m; die Mauerkrone hat eine Länge von 205 m. Sie wurde, wie einige andere Talsperrenmauern dieser Zeit, nach amerikanischem Vorbild als Schwergewichtsmauer in Gußbeton ausgeführt. Die erste deutsche Schwergewichtsmauer in Gußbeton, die Schwarzenbachtalsperre, wurde 1925 fertig gestellt. Die erste Großanwendung der Wasser-Innenkühlung im Beton-Talsperrenbau in Deutschland wurde bei der in plastischem Beton hergestellten Hohenwarte-Staumauer vorgenommen. Abbildung 113 zeigt die Anordnung der Betoniereinrichtung an der Bleiloch-Talsperre, die mit ihrer zweigeschossigen Betonier-

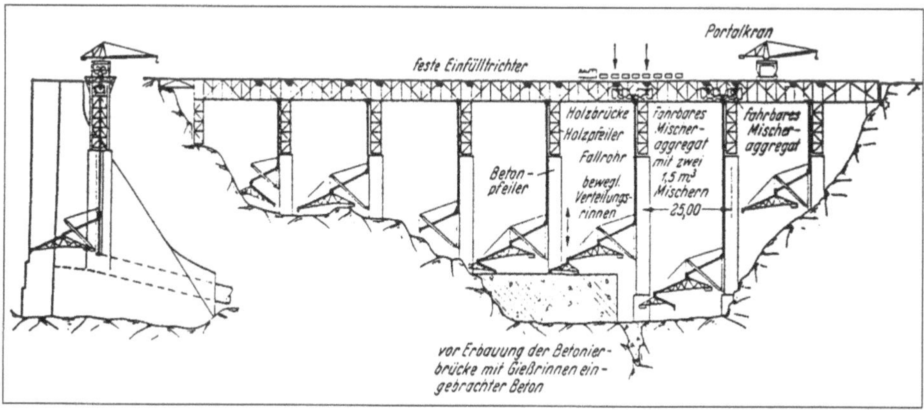

Abb. 113 Bleilochsperre: Betoniereinrichtung.
TOLKE, FRIEDRICH: Talsperren, 1938

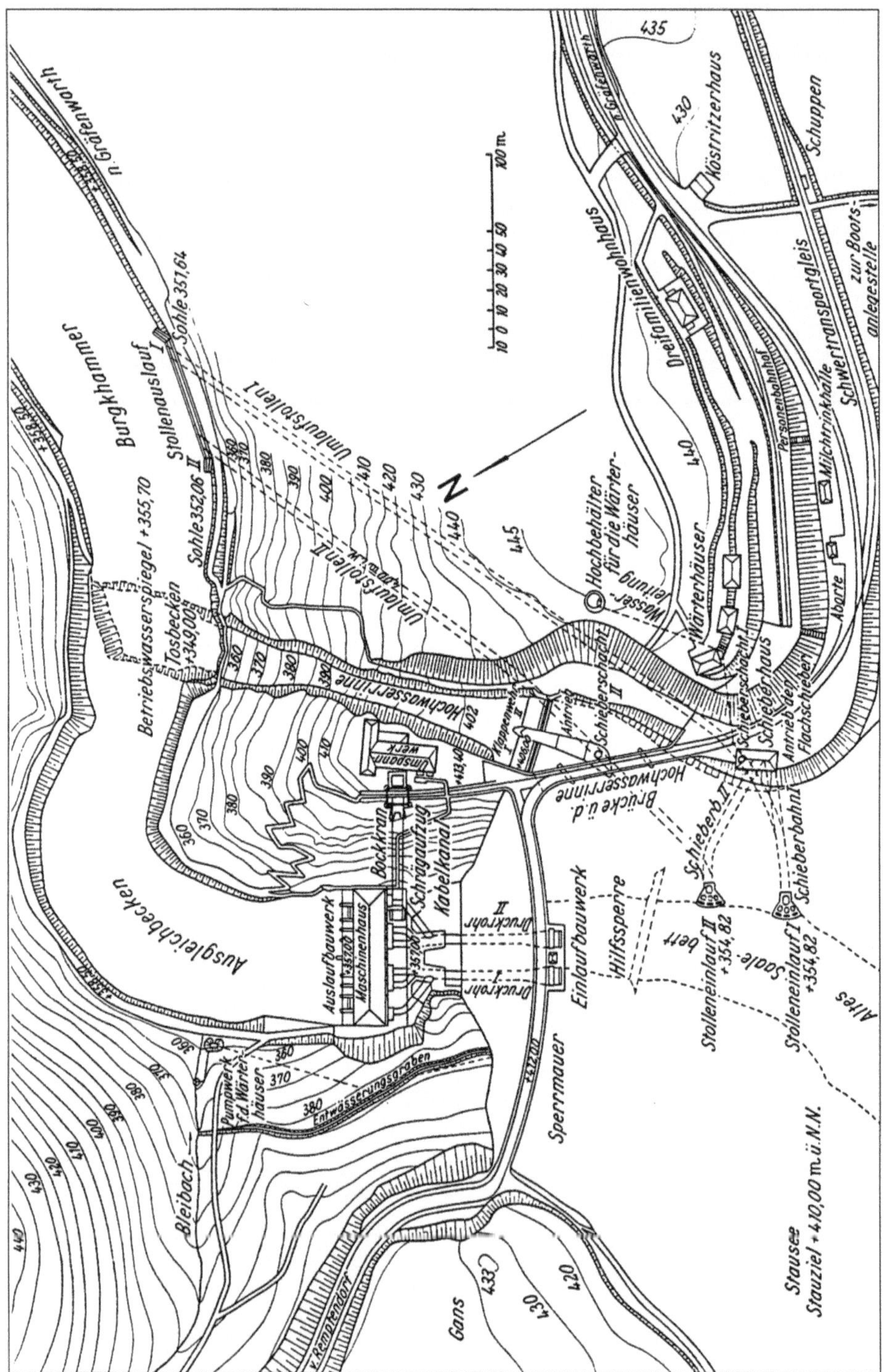

Abb. 114   Lageplan der Bleilochsperre mit Hochwasserrinne.
PRESS, HEINRICH: Talsperren, 1958

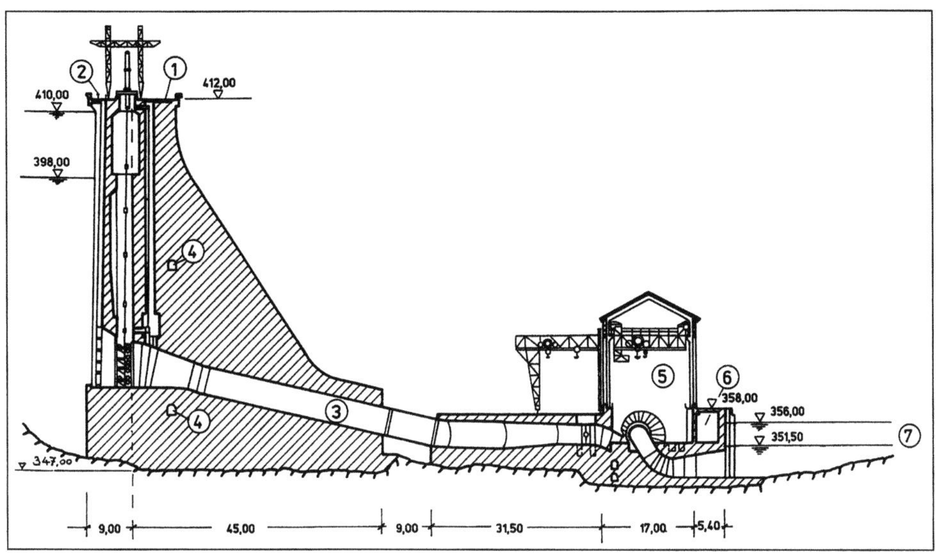

Abb. 115   Bleilochsperre: Mauerquerschnitt.
1 Mauerkrone
2 Einlaufbauwerk mit Hauptverschluß (Rollschütz)
3 Triebwasserleitung
4 Kontrollgänge
5 Krafthaus mit Pumpspeichersätzen
6 Auslaufbauwerk
7 Ausgleichbecken Burgkhammer.
FLACHOWSKY, HORST und KLAUS WALOTKA: Energetische und wasserwirtschaftliche Nutzung der Saalekaskade, in Wasserwirtschaft, 1993

brücke mit fahrbarer Mischanlage und Fallrohren einen wesentlichen Fortschritt in der Betoniertechnik gebracht hat. Lageplan und Mauerquerschnitt mit Krafthaus zeigen die Abbildungen 114 und 115. Im Kraftwerk sind zwei Maschinensätze für Pumpspeicherbetrieb mit einer Gesamtleistung von 80 MW untergebracht. Als Unterbecken dient die Talsperre Burgkhammer.

Zur Zeit sind umfangreiche Sanierungsarbeiten im Gange, die alsbald abgeschlossen sein sollen. Sie betreffen die Betonsanierung der Sperre und des Auslaufbauwerks, die Straßenbrücke, den Stahlwasserbau sowie die Revision der beiden Pumpspeichersätze.

Hohe Talsperrendämme – Schwammenauel in der Eifel

Die Abschlußbauwerke der Talsperren hatten bis in die zwanziger Jahre, wenn sie in Dammbauweise ausgeführt wurden, nur relativ bescheidene Höhen. Sie blieben fast ausschließlich unter 20 m. Dabei spielten nachteilige Erfahrungen eine Rolle, die insbesondere in den USA gemacht worden waren. Die Haltung der deutschen Aufsichtsbehörden, für die Sicherheit im Talsperrenbau oberstes Gebot war und ist, änderte sich Ende der zwanziger/Anfang der dreißiger Jahre. In dieser Zeit entstanden die ersten Dammbauten mit wesentlich größeren Höhen. Es seien hier genannt der künstliche Hochspeicher für das Pumpspeicherwerk Niederwartha mit einer Höhe von 42 m über Gründungssohle (1929), die Söse-Hauptsperre mit 57,3 m (1931), die Oder-Sperre mit 62,3 m (1933) sowie die Sorpe mit 68 m (1935).

Eine besondere Stellung nimmt die Talsperre Schwammenauel an der Eifel-Rur ein, die im ersten Ausbau 1938 fertiggestellt wurde mit einer Dammhöhe über Gründungssohle von 62 m und die in einer zweiten Ausbaustufe zwanzig Jahre später eine Höhe von 77,40 m erreichte (Abb. 116). Die Gestaltung der innen liegenden Dammdichtung weicht von der damals üblichen Art ab und ist auch heute nicht gebräuchlich. Sie besteht aus einer 4 m dicken Tonschicht, die

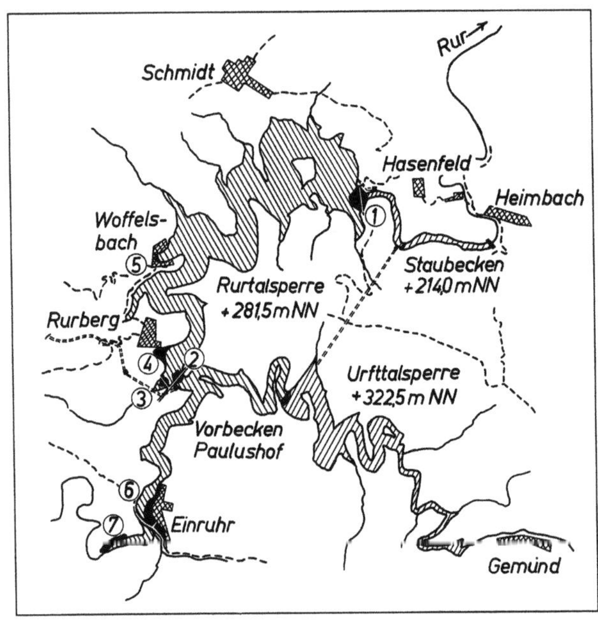

Abb. 116 Rurtalsperre
Schwammenauel:
Lageskizze:
1 Hauptdamm Schwammen-
 auel
2 Vordamm Paulushof
3 Eiserbachdamm
4 Sief
5 Woffelsbach
6 Einruhr
7 Roßauel
Wasserverband Eifel-Rur

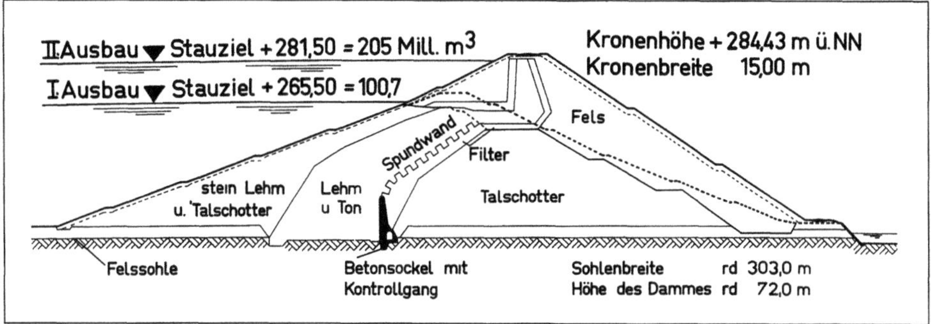

Abb. 117   Rurtalsperre Schwammenauel: Dammquerschnitt II. Ausbau.
Wasserverband Eifel-Rur

sich im unteren Teil gegen eine senkrechte Betontafel und nach oben gegen eine schräg liegende Stahlspundwand abstützt. Auf der Wasserseite sind Lehm und Steinmaterial, auf der Luftseite Fels und Schotter eingebaut. Die Abbildung 117 zeigt den Dammquerschnitt nach Vollendung der zweiten Ausbaustufe. Der Speicherinhalt der Talsperre im ersten Ausbau betrug 100 Mio. m³; im zweiten Ausbau faßt sie 205 Mio. m³. Sie ist damit, hinter der Bleilochsperre, die Talsperre mit dem zweitgrößten Speichervolumen in Deutschland. Außerdem hat sie das höchste Absperrbauwerk in Dammbauweise. Schwammenauel ist eine Mehrzwecktalsperre für Hochwasserversorgung sowie für Energiegewinnung. Man kann davon ausgehen, daß die Eifel-Talsperren von Rur, Urft und Olef in ihrer Gesamtheit für den Hochwasserschutz und die Niedrigwasseranreicherung der holländischen Maas eine ähnlich große Bedeutung haben wie die Edertalsperre auf die Abflußverhältnisse der Weser.

Der Lechausbau

Die Geschichte der Kraftgewinnung am Lech beginnt mit der Gründung der Bayerischen Wasserkraftwerke AG, München im Jahre 1940. Ziele des Unternehmens waren neben dem Ausbau des Lechs von Füssen bis Augsburg die Kraftnutzung der Unteren Isar zwischen Landshut und Donau sowie der Oberen Donau zwischen Ulm und Kelheim. Der Gründung des Unternehmens waren Interessenkonflikte und Kämpfe um Einflußsphären großer Energieversorgungsunternehmen vorausgegangen, in denen parteipolitische Einmischungen und Machenschaften eine unrühmliche Rolle spielten. MANFRED POHL spricht in seinem Buch „Das Bayernwerk" von einer nationalsozialistischen Interessenpolitik.[43] Schlüsselfiguren waren dabei ARNO FISCHER, Ministerialdirektor im Bayerischen Staatsministerium des Innern und seine einflußreichen Freunde und Helfer in höchsten Partei- und Staatsämtern.[44] An der Gesellschaft waren und sind noch heute das Land Bayern, die RWE Aktiengesellschaft, Essen und die VIAG Aktiengesellschaft, Berlin zu je einem Drittel beteiligt. FISCHER gelang es, daß in einem Vertrag festgeschrieben wurde, alle Kraftwerke einheitlich nach dem Unterwasserkraftwerks-System SCHWEDE-COBURG-FISCHER auszubauen und dabei die bei dem 1938 erbauten Kraftwerk Steinbach an der Iller mit dem gleichen Kraftwerkstyp gemachten Erfahrungen zu nutzen. SCHWEDE-COBURG war als Altparteigenosse zunächst Oberbürgermeister geworden, dann Regierungspräsident und schließlich ab 1934 Gauleiter und Oberpräsident von Pommern. Das Unterwasserkraftwerks-System SCHWEDE-COBURG-FISCHER war in Expertenkreisen von Anfang an in technischer und wirtschaftlicher Hinsicht umstritten. Die Bedenken sollten sich später eindeutig bestätigen, das System sollte sich als Fehlplanung erweisen. Zwischen 1943 und 1950 wurden auf der Strecke Schongau-Landsberg neun Unterwasserkraftwerke nach SCHWEDE-COBURG-FISCHER in Betrieb genommen mit je 6 im Wehrkörper untergebrachten horizontal liegenden Propeller-Rohrturbinen mit Kranz-Generatoren und einer installierten Leistung je Kraftwerk von 8 MW. Die Hochwasser-Entlastung erfolgt über aufgesetzte Klappen sowie über Grundablässe.

Der weitere Ausbau des Lech erfolgte zunächst mit der Errichtung der Talsperre Roßhaupten und dem Kopfspeicher Forggensee, benannt nach dem Ort Forggen, der der Überstauung zum Opfer gefallen ist. Roßhaupten ist die bedeutendste Anlage im Zuge des gesamten Lechausbaus. Die Talsperre mit Neben-

43 POHL, MANFRED: Das Bayernwerk, 1921 bis 1996, Piper, München und Zürich, 1996, S. 232
44 RUMELIN, BURKART und ROBERT FENZ: Unterwasserkraftwerke nach Fischer-Fentzloff und die Elektrizitätswirtschaft, in: Wasserwirtschaft 1991, 11, S. 539–543

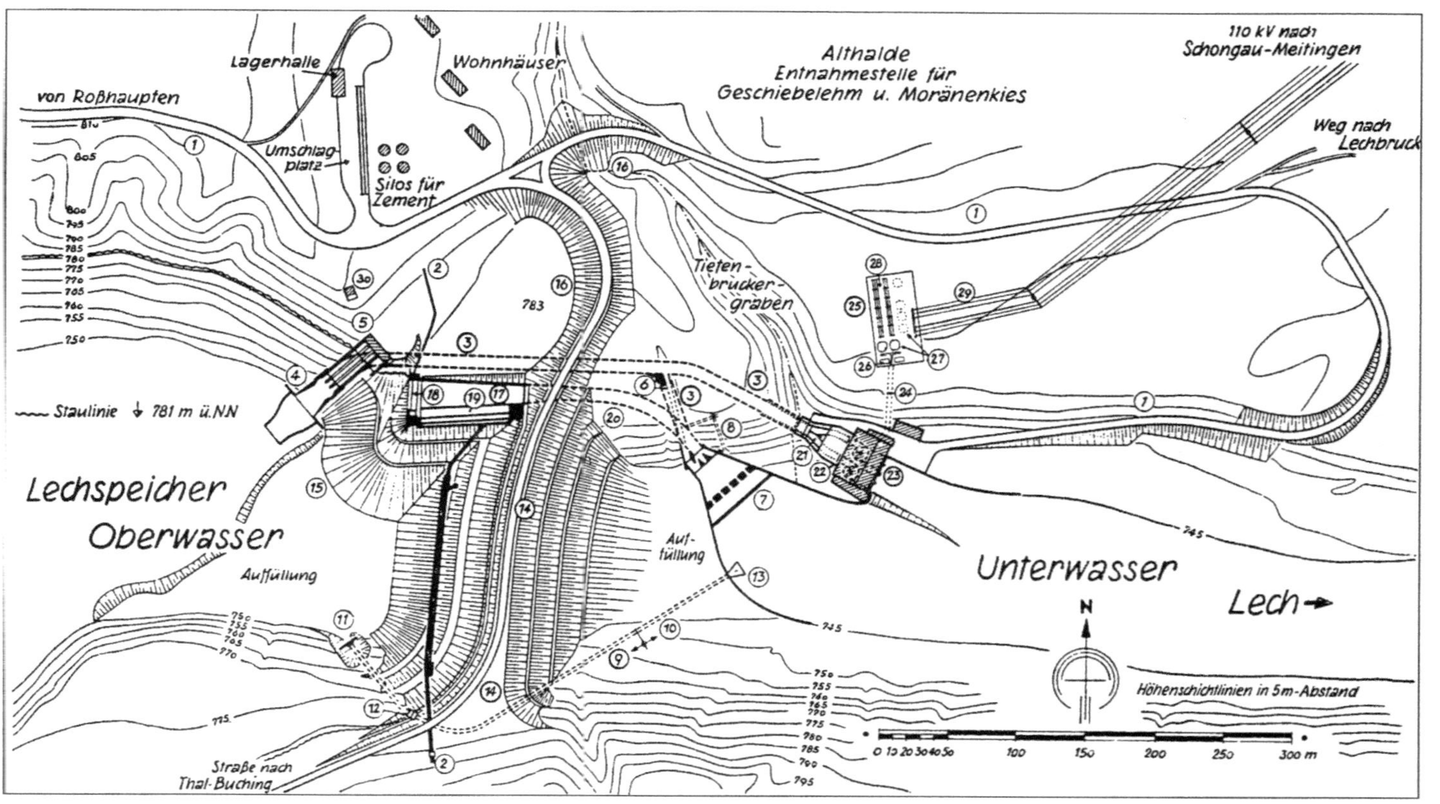

Abb. 118   Talsperre Roßhaupten.
TREIBER, F. und A. GSAENGER: Der Bau des Zwischenspeichers
Lechstaustufe 6 – Dornau, in: Der Bauingenieur, 1961

anlagen wurde in den Jahren 1950 bis 1954 errichtet. Roßhaupten hat nicht nur energiewirtschaftliche, sondern auch wasserwirtschaftliche Funktionen. Der aus den Vorarlberger Alpen kommende Lech hat eine stark schwankende Wasserführung. Drei Viertel der gesamten Wasserfracht fließen im Sommerhalbjahr ab. Bei einem mittleren Jahresabfluß von rund 65 m³/s schwanken die Extremwerte bei Füssen zwischen 10 und 915 m³/s. Der Kopfspeicher Forggensee hat demzufolge eine wichtige ausgleichende Wirkung. Von den im See insgesamt gespeicherten 150 Mio. m³ können im Winterhalbjahr bis zu 135 Mio. m³ zur Energiegewinnung und Niedrigwasseranreicherung abgegeben werden. Abbildung 118 gibt einen Überblick über die Anlage Roßhaupten mit Dammbauwerk, Hochwasserentlastungsanlage und Kraftwerk.

Die Hochwasserentlastung erfolgt mittels 14 selbsttätig anspringender Heber mit einer Gesamtleistung von 535 m³/s und einer zusätzlichen Stauklappe, die 215 m³/s abführen kann. Zwei senkrecht stehende Kaplan-Turbinen mit einer installierten Leistung von je 24 MW erzeugen bei Fallhöhenschwankungen zwischen 20 und 37 m je nach Füllstand des Sees eine mittlere Jahresarbeit von 168 Mio. kWh.

In den Jahren 1960 bis 1971 gingen die Stau- und Kraftanlagen Prem, Urspring, Dessau und Dornau in Betrieb mit einer Leistung von zusammen rund 56 MW. Ihnen folgte der Ausbau des Unteren Lech von Landsberg bis Augsburg, der noch nicht gänzlich abgeschlossen ist. Energieerzeugung und flußbauliche Sanierung stehen hier im Vordergrund. Sohlenerosionen großen Ausmaßes, die zum Teil durch bauliche Maßnahmen im Interesse des Hochwasserschutzes verursacht waren und auch durch Stützwehre und Stützschwellen nicht gebremst werden konnten, erforderten eine grundlegende Sanierung. Sie wurde Anfang der 1970er Jahre eingeleitet, indem eine Kette von Staustufen geplant und nacheinander verwirklicht wurde. Die bauliche und maschinentechnische Gestaltung entspricht derjenigen der Kraftwerke Urspring und Dessau; je 3 liegende Rohrturbinen mit Fallhöhen zwischen 9,6 und 13,3 m haben zusammen Leistungen zwischen 12 und 16,7 MW. Die gesamte Kraftwerksleistung zwischen Landsberg und Augsburg beträgt etwa 130 MW, wenn man diejenige der noch im Bau befindlichen bzw. der noch möglichen Kraftwerke mitrechnet. Für alle Kraftwerke am Lech ergibt sich damit eine Ausbauleistung von ungefähr 300 MW und im Regeljahr eine Gesamtarbeit von etwa 1400 Mio. kWh.

Das Gesamtsystem Speicherkraftwerk Roßhaupten und anschließende Kraftwerkstreppe, in der die Laufkraftwerke im Schwellbetrieb gefahren werden können, ermöglicht eine gute Anpassung der Kraftwerksleistung an den Bedarf. In Schwachlastzeiten wird im Kopfspeicher Forggensee das ankommende Wasser zum Teil zurückgehalten. In den Starklaststunden werden dann die Turbinen voll beaufschlagt. In der Kraftwerkskette wird die Laufwassermenge kurzfristig in den Stauhaltungen gespeichert und dann in den Stunden hohen Bedarfs abgearbeitet. Mit dieser Betriebsweise ist es möglich, einen hohen Anteil der erzeugten Energie als hochwertige Starklastenergie abzugeben.

Die Mosel – internationaler Schiffahrtsweg und Energiequelle

Als am 26. Mai 1964 der Internationale Moselschiffahrtsweg nach Abschluß der Ausbauarbeiten in einem Festakt in Anwesenheit Ihrer Königlichen Hoheit Großherzogin CHARLOTTE VON LUXEMBURG, des Bundespräsidenten HEINRICH LÜBKE und des französischen Staatspräsidenten CHARLES DE GAULLES seiner Bestimmung übergeben wurde, da war ein bedeutendes Kapitel Europäischer Geschichte geschrieben, da hatten das deutsche und europäische Wasserstraßennetz eine wichtige Erweiterung erfahren, und nicht zuletzt war von den beteiligten Institutionen und Mitarbeitern aller Ebenen in grenzüberschreitender Zusammenarbeit eine organisatorische und technische Meisterleistung vollbracht worden (Abb. 119).

Die Mosel, größter Nebenfluß des Rheins, die in den Vogesen entspringt und nach einer Lauflänge von 520 km bei Koblenz in den Rhein mündet, zeigt auf Grund der geografischen, topografischen und meteorologischen Eigenheiten ihres Einzugsgebietes ein sehr wechselvolles Abflußverhalten, weshalb sie auch eine „hysterische Jungfrau" genannt wird. Ihre Abflüsse unterhalb der Saareinmündung bei Trier beispielsweise schwanken zwischen etwa 20 m³/s und 4000 m³/s. Die Schiffbarkeit des Flusses war deshalb schon immer eingeschränkt, kam in Niedrigwasserzeiten fast ganz zum Erliegen und blieb ohne große Bedeutung. Daran konnten auch die zwischen 1838 und 1890 auf deutschem Boden durchgeführten Flußregulierungsmaßnahmen nichts ändern, zumal die dabei geschaffenen Buhnen und Längswerke sich im wesentlichen auf die Furtabschnitte konzentrierten. Seit Ende des 19. Jahrhunderts wurde der Gedanke einer Stauregelung erwogen, und zwar zunächst insbesondere von der lothringischen Industrie. Zahlreiche Entwürfe wurden von verschiedener Seite aufgestellt. Zum Baubeginn an der ersten Staustufe, nämlich der in Koblenz, kam es erst 1941. Fertiggestellt wurde sie 1951, nachdem die Arbeiten wegen der Kriegsereignisse eingestellt worden waren. Das Interesse an einem Moselausbau war auch nach dem zweiten Weltkrieg auf französischer Seite groß, diente er doch in erster Linie der lothringischen Wirtschaft, die den Anschluß an das Rheinstromgebiet suchte. Die französische Regierung wurde vom Parlament im Zusammenhang mit der Ratifizierung des Pariser Vertrages über die Schaffung der Europäischen Gemeinschaft für Kohle und Stahl 1951 aufgefordert, „mit den beteiligten Regierungen zur baldigen Durchführung der Moselkanalisierung zwischen Diedenhofen und Koblenz in Verhandlungen einzutreten." Nach mühevollen, mit Zähigkeit und Geduld geführten Verhandlungen wurde am 27. Oktober 1956 in Luxemburg von den drei Außenministern BECH,

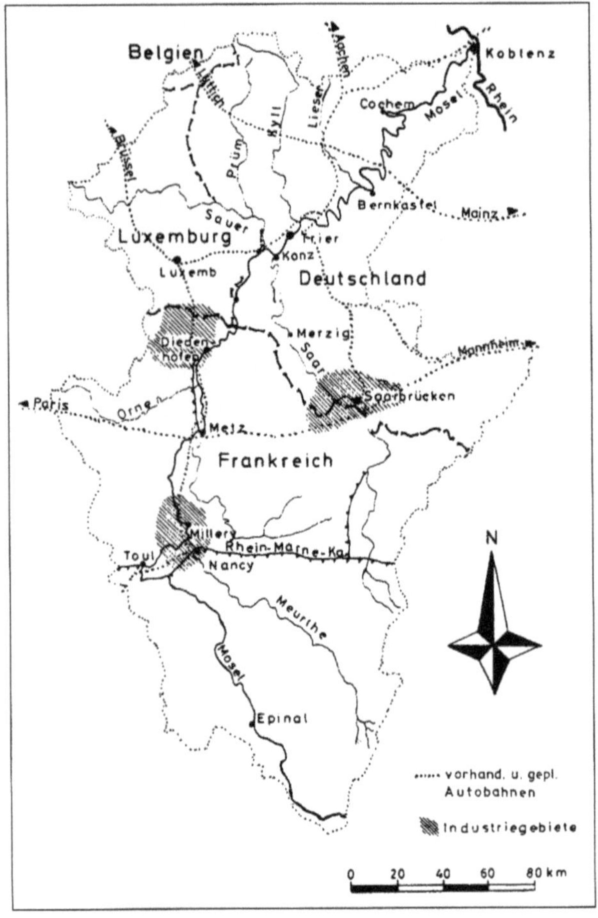

Abb. 119   Das Moselgebiet und seine Lage in Mitteleuropa.

VON BRENTANO und PINEAU der Vertrag über die Schiffbarmachung der Mosel unterzeichnet. Darin verpflichteten sich die Vertragsstaaten, die Mosel zwischen Diedenhofen (Thionville) in Frankreich und Koblenz, also auf einer Strecke von 270 km, für Schiffe mit 1500 t Ladefähigkeit auszubauen. Später wurde beim Ausbau das Schubschiff mit 3500 t Ladefähigkeit berücksichtigt. Die Bedürfnisse der Elektrizitätswirtschaft, der Landeskultur, der Fischerei, der Wasserwirtschaft und des Fremdenverkehrs sollten berücksichtigt werden. Auf eine Schonung des Landschaftsbildes sollte geachtet werden. Die Ausnutzung der Wasserkraft blieb jedem Staat auf seinem Gebiet vorbehalten. Die Durchführung der Baumaßnahmen wurde in die Hände der nationalen Bauverwaltungen gelegt. Die Internationale Moselgesellschaft mbH wurde mit der Finanzierung der Maßnahmen sowie den Koordinierungs-, Prüfungs- und Genehmigungsaufgaben betraut. Die Ausbaukosten sollten von Deutschland und Frankreich im Verhältnis von ungefähr 1:2 übernommen werden, Luxemburg wurde nur zu einer Kostenübernahme von 2 Mio. DM verpflichtet. Mit den Bauarbeiten wurde 1957 begonnen.

Die wichtigsten Maßnahmen sind:
- 13 Staustufen, davon 2 in Frankreich, 2 im deutsch-luxemburgischen Kondominium, 9 in Deutschland (s. Abb. 120 Lage- und Höhenplan der gestauten Mosel)
- Ausbau der Fahrrinne mit 40 m Breite und 2,70 m Tiefe
- Sicherheitshäfen
- Maßnahmen zur Verhütung von Stauschäden

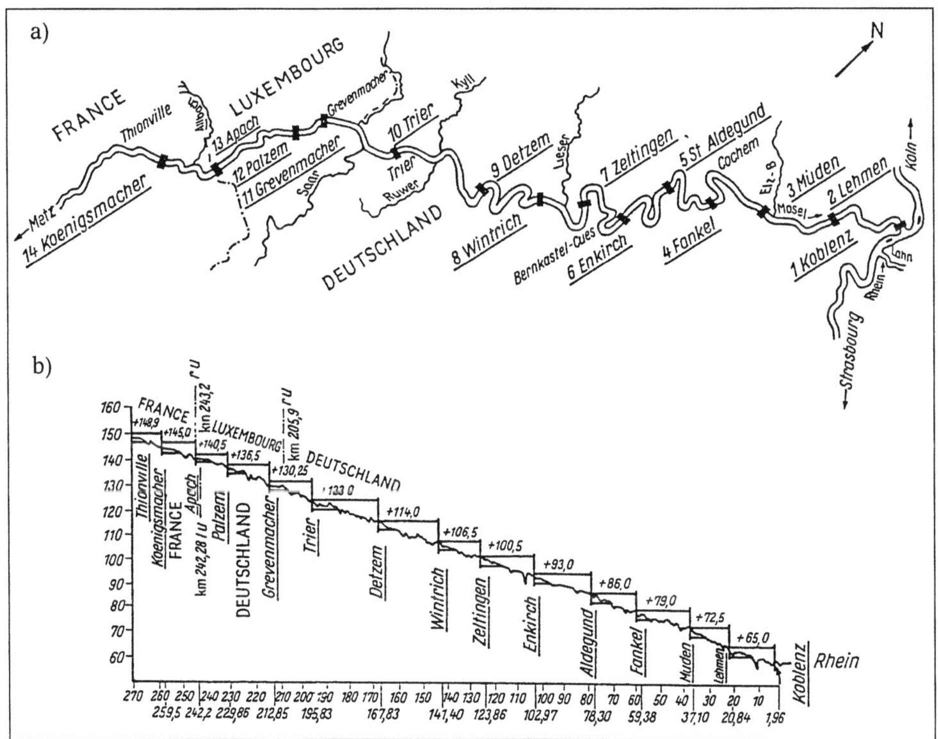

Abb. 120 a, b　Lage- und Höhenplan der gestauten Mosel.
　　　　　　　a Übersicht
　　　　　　　b Längsschnitt
　　　　　　　WSD Mainz

Bei einer mittleren Fallhöhe der Staustufen von 6,40 m liegen die Extreme in Königsmacher/Frankreich mit 3,90 m und in Detzem/Deutschland mit 9,00 m. Als Wehrverschlüsse wurden in Frankreich Klappen und Segmente gewählt. Auf der deutsch-luxemburgischen und der deutschen Strecke wurden ausschließlich Sektorwehre gebaut (s. Abb. 121).

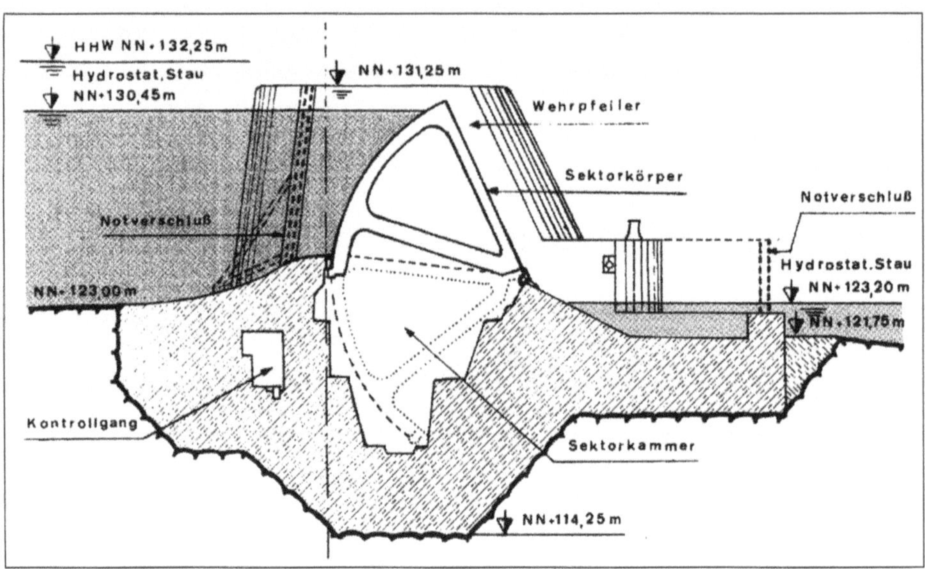

Abb. 121   Sektorwehr an einer Moselstaustufe.
WSD Mainz

Die Sektorverschlüsse – an jedem Wehr drei von je 40 m Breite, auf der
deutsch-luxemburgischen Strecke nur je zwei – werden bei höheren Wasserführungen überströmt. Bei Hochwasserabfluß werden sie vollends in den Wehrkörper versenkt. Der „Wehrhöcker" wurde auf Grund von wasserbaulichen
Modellversuchen so gestaltet, daß die durch ihn verursachte Querschnittsein-
engung nicht zu einem Rückstau führt. Die Wehranlagen, bei denen der sonst
übliche Wehrsteg durch einen Kontrollgang im Wehrfundament ersetzt wurde,
fügen sich besonders unauffällig in die Landschaft ein. Die Schleusen haben
Abmessungen von 170 und 12 m. An den Staustufen sind weiter Bootsschleu-
sen und Fischpässe angeordnet.
Die Enge des Moseltals mit seinen zahlreichen unmittelbar am Fluß liegenden Ortschaften erforderte schadenverhütende Einrichtungen, wie sie bis dahin
an keinem anderen deutschen Fluß im Rahmen von Ausbaumaßnahmen notwendig waren. Auf vielen Gebieten mußte dabei unter Einschaltung zahlreicher
Experten Neuland betreten werden. Besondere Vorkehrungen waren erforderlich zum Schutz oder zum Ersatz von Wasserversorgungsanlagen, zur Anpassung von Kanalisationsanlagen an die staubedingten Veränderungen oder zur
Errichtung völlig neuer Abwassersysteme, zum Schutz von Gebäuden und
Grundstücken vor Schäden durch staubedingt erhöhtes Grundwasser, zur Anpassung der Seitengewässer an die neuen Wasserstandsverhältnisse. Hinsichtlich ihrer Wasserversorgungsanlagen waren auf deutschem Gebiet 26 Gemeinden und bezüglich ihrer Abwasseranlagen 46 Gemeinden betroffen. Bei der
großen Zahl der von den Ausbau- und flankierenden Maßnahmen im privaten

und öffentlichen Bereich Betroffenen nimmt es nicht wunder, daß in den von den Bezirksregierungen Koblenz und Trier durchgeführten Verfahren mehr als 2 600 Einwendungen im Enteignungsverfahren erhoben wurden.

Beispielhaft soll die erforderlich gewordene völlig neue Gruppenwasserversorgungsanlage „Mittelmosel" für vier renommierte Weinbaugemeinden genannt werden, die als Ersatz für die vorher im Moselvorland vorhandenen Brunnen gebaut wurde (Abb. 122).

Die Anhebung der Grundwasserstände erforderte in großem Umfang Schutzmaßnahmen für Gebäude, die der jeweiligen tatsächlichen Situation entsprechend sehr unterschiedlich zu gestalten waren. Bei etwa 250 Gebäuden mußten Einzelabdichtungen vorgenommen werden. Dabei wurden wasserdichte wannenartige Sohlen- und Innenwandausbildungen aus Stahlbeton, Beton oder Mörtel vorgenommen und in den Wänden Kunststoff- oder Aluminiumfolien als Isolierung gegen aufsteigende Feuchtigkeit eingebracht. In Orten, in denen eine Massierung grundwassergefährdeter Gebäude vorlag, wurden anstelle der Einzelabdichtungen Maßnahmen ergriffen, die den bisherigen Grundwasserstand beibehielten. Dies geschah vornehmlich durch horizontal verlegte Sickerleitungen aus im oberen Teil geschlitzten Rohren, in die das Grundwasser eintreten kann, und Pumpwerke, die dieses Wasser in die Mosel pumpen, sowie Dichtungswände zwischen Sickerleitung und Fluß, um den Wasseran-

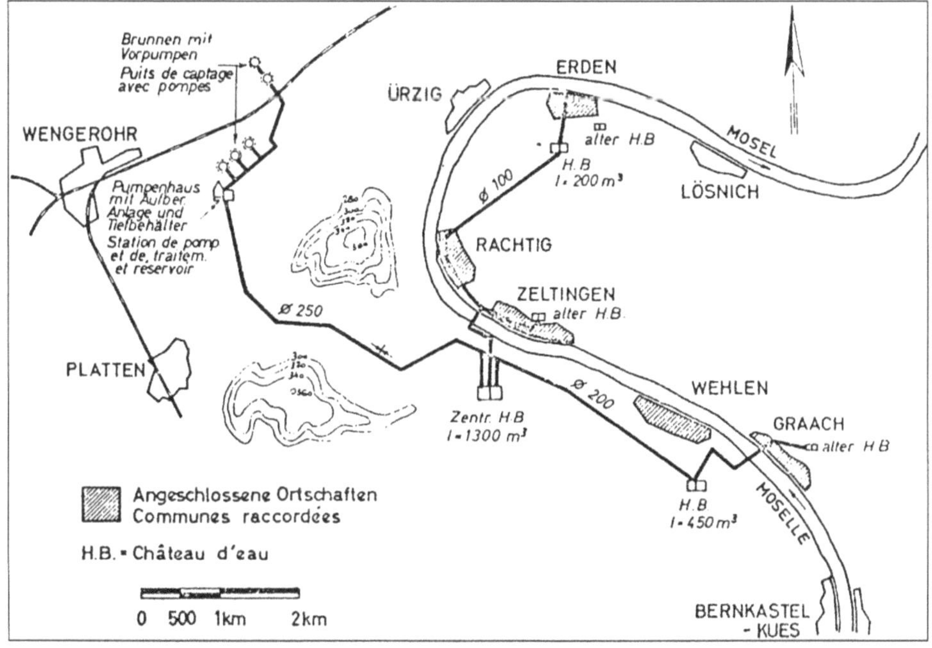

Abb. 122 Gruppenwasserwerk Mittelmosel. WWA Trier

drang von der Mosel her zu verhindern. In Einzelfällen wurde die Grundwasserentnahme durch senkrecht niedergebrachte Brunnen vorgenommen.

Eine Schutzmaßnahme besonderer Art und außerordentlichen Ausmaßes wurde in der Gemeinde Mehring durchgeführt. Auf Grund des Aufstaus der Mosel an der Staustufe Detzem wurde der Wasserspiegel vor der Ortschaft Mehring um rund 6 m angehoben. In dem davon besonders betroffenen Unterdorf waren daher durchgreifende Schutzmaßnahmen erforderlich. Einige Alternativen wurden planerisch durchgearbeitet. Die Entscheidung fiel zugunsten einer Lösung, bei der 72 Anwesen abgerissen werden mußten. Bei dieser Maßnahme wurde das Gelände des Unterdorfes so aufgehöht, daß die an Ort und Stelle im Rahmen eines Bebauungsplanes errichteten neuen Häuser sowohl grundwasserfrei als auch zugleich hochwasserfrei angeordnet werden konnten. Die Durchführung dieser Maßnahme war eine ungewöhnlich große Herausforderung in organisatorischer Hinsicht, insbesondere wegen der Hand in Hand gehenden Arbeiten zur Wasserleitungs-, Abwasserleitungs- und Kabelverlegung, zur Geländeaufhöhung, zum Straßenbau und der nur nacheinander durchführbaren Umsiedlung und Neuansiedlung der Familien.

Die Gesamtkosten des Moselausbaus einschließlich der schadenverhütenden Maßnahmen, aber ohne den Kraftwerksbau, beliefen sich auf 780 Mio. DM.

Der Ausbau der Wasserkraftwerke auf der deutschen Moselstrecke wurde auf Grund eines schon vorhandenen Optionsrechts von der Moselkraftwerke GmbH, einer Tochtergesellschaft der RWE Aktiengesellschaft, durchgeführt. Die Errichtung der Kraftwerke an den Staustufen Grevenmacher und Palzem erfolgte auf der Grundlage des Moselvertrages zwischen der Bundesrepublik Deutschland, dem Großherzogtum Luxemburg und der Société Electrique de l'Our vom 10. August 1962.

Bei der Planung der Moselkraftwerke spielte die Rücksichtnahme auf die feingliedrige Flußlandschaft ebenso eine Rolle wie bei der Planung der Wehranlagen. Der Einsatz von Rohrturbinen – Kaplanturbinen mit nahezu horizontaler Achse – mit umströmten Generatoren konnte diesem Gesichtspunkt gerecht werden. Dabei ist darauf hinzuweisen, daß diese Bauweise sich grundlegend von den Unterwasserkraftwerken der Bauart SCHWEDE-COBURG-FISCHER unterscheidet. Wehr und Kraftwerk zusammen bestimmen die sogenannte „Moselbauweise", die sich durch die ungemein flache Ausbildung als ästhetisch besonders ansprechend erweist. Abbildung 123 zeigt den Querschnitt eines Moselkraftwerks. Die Rohrturbinen haben einen Laufraddurchmesser von 4,60 m. Die Turbine ist mit dem Generator über ein Planetengetriebe mit einer Übersetzung von etwa 1 : 10 verbunden. Dies ist aus folgenden Gründen erforderlich: Das den Generator umschließende und allseits umströmte Gehäuse darf aus hydraulischen Gründen keinen allzu großen Durchmesser haben. Die kleinere Abmessung des Generators erfordert eine höhere Drehzahl, die bei der niedrigen Turbinendrehzahl von 70 bis 90 U/min die Zwischenschaltung eines Getriebes notwendig macht. Die Rohrturbine weist mehrere Vorzüge auf: neben

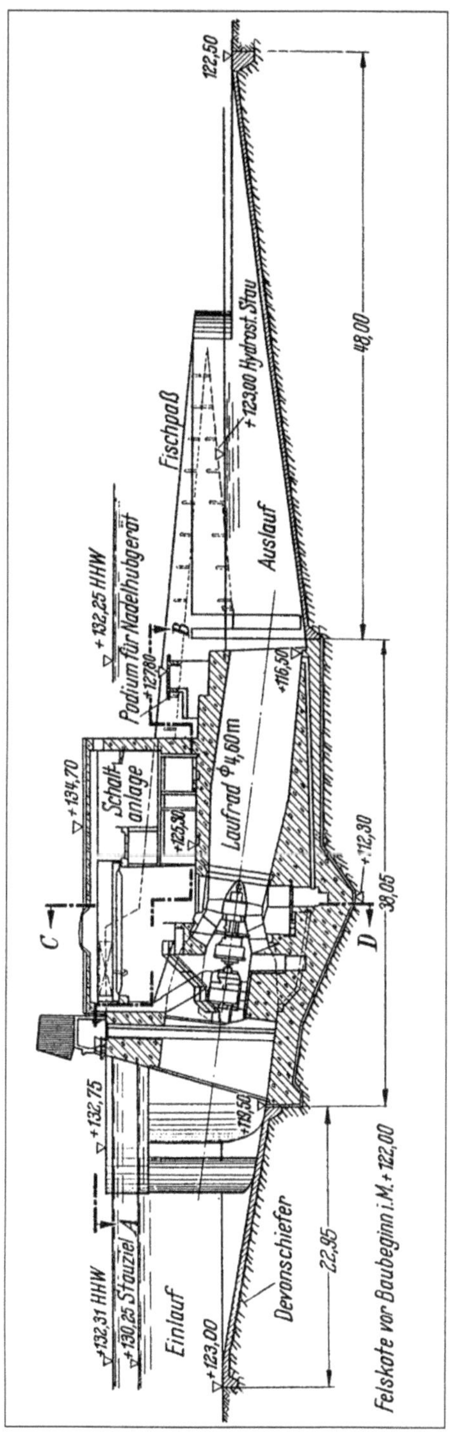

Abb. 123   Querschnitt eines Moselkraftwerks.
RWE Energie

anderen die Verbesserung des hydraulischen Wirkungsgrades durch die geradlinige Führung des Wasserstromes; wegen besseren elektrischen Wirkungsgrades durch höhere Generatordrehzahl trotz Wirkungsgradverlustes durch Getriebe Verbesserung des Gesamtwirkungsgrades gegenüber direkt gekuppeltem Generator; Vergrößerung der Schluckfähigkeit gegenüber der klassischen Kaplanturbine; Verwendung von Normalkonstruktionen für den hydraulischen und elektrischen Teil im Gegensatz zum durchströmten Generator nach FISCHER; vereinfachte Bauausführung durch den Wegfall der Einlaufspirale und des Saugkrümmers; elegante niedrige Gestaltung des Krafthauses. Abbil-

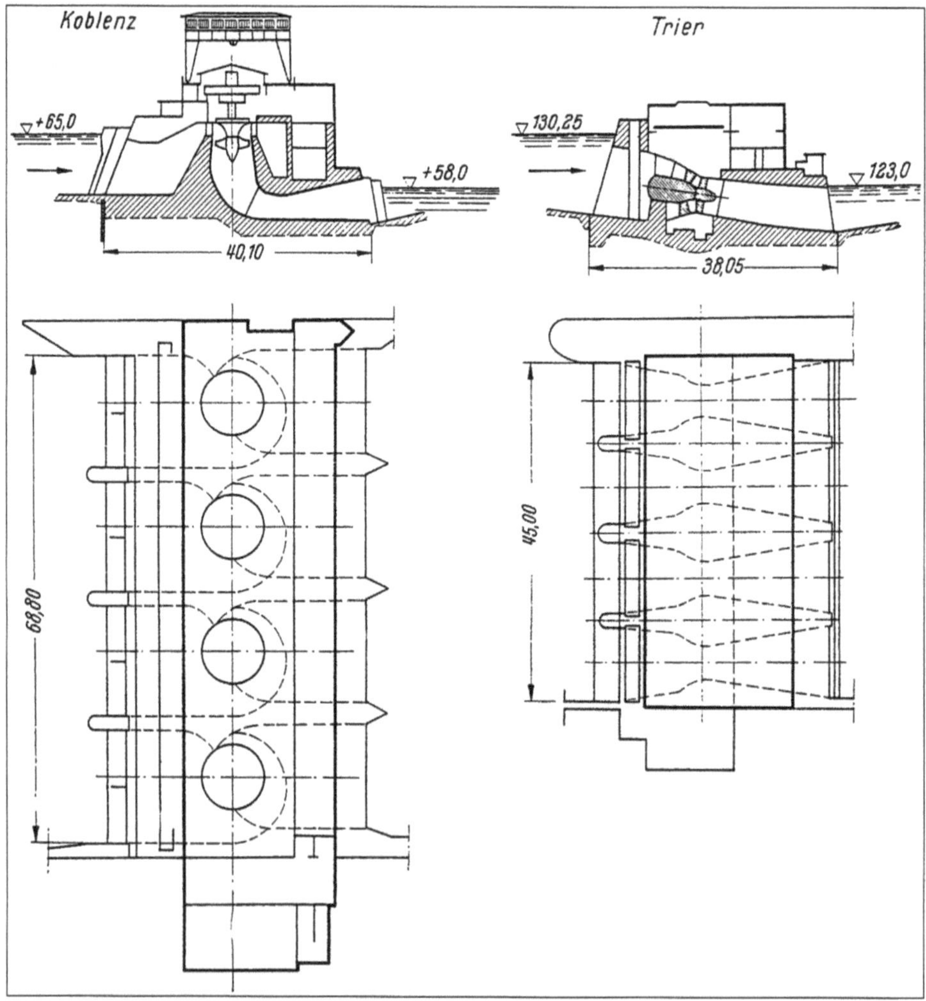

Abb. 124   Größenvergleich zwischen den Moselkraftwerken Koblenz und Trier.
LENSSEN, G.: Bauliche Einzelheiten des Moselkraftwerkes Trier, in: Der Bauingenieur, 1961

dung 124 zeigt beispielsweise den Größenunterschied zwischen den Kraftwerken Koblenz (Kaplanturbine mit stehender Welle, 1951) und Trier (Kaplanturbine als Rohrturbine, 1961) in Grundriß und Querschnitt.

Da unterhalb der Saareinmündung von Trier an moselabwärts bis Koblenz nur kleine Seitenzuflüsse in die Mosel münden und sich dadurch ihr Abfluß auf dieser Strecke nur geringfügig ändert, konnten alle Kraftwerke in diesem Abschnitt für die gleiche hydraulische Kapazität ausgelegt werden, nämlich für eine im langjährigen Mittel an 90 Tagen vorhandene Wassermenge von 380 m³/s. Bei Überöffnung beträgt die Schluckfähigkeit der je 4 Turbinen aller Kraftwerke bis zu 420 m³/s. Dies ist eine gute Voraussetzung für die Durchführung von Schwellbetrieb mit der Stauhaltung Trier als Speicher- und der Haltung Koblenz als Ausgleichsbecken. Diese Betriebsart wurde nicht realisiert. Die beiden Kraftwerke auf der deutsch-luxemburgischen Strecke, die von der Société Electrique de l'Our betrieben werden – oberhalb der Mündungen von Saar und Sauer gelegen –, haben Ausbauwassermengen von rund 150 m³/s. Die Inbetriebnahme der gesamten Kraftwerkskette von Palzem bis Lehmen erfolgte in den Jahren 1961 bis 1966. Die installierte Leistung beträgt zusammen 176 MW, die Jahresarbeit 800 GWh.

Der Ausbau der Mosel zur Großschiffahrtsstraße mit all seinen unmittelbaren und mittelbaren Folgemaßnahmen brachte eine tiefgreifende Veränderung des Landschaftsbildes mit sich. Die Bemühungen, mit dieser einzigartigen Landschaft so schonend wie möglich umzugehen, endeten nicht an den Bauwerken der Staustufen, sondern betrafen ebenso die ganzen Stauhaltungen. Landschaftsgerechte Führung der Uferböschungen und Ausformung der Aufhöhungen sind ebenso Ausdruck dieses Bemühens wie der Erhalt von Bäumen, wo immer dies möglich war, und die Neuanpflanzungen auf den verfügbaren Flächen. Heute sind die beim Ausbau entstandenen, zum Teil doch schweren Wunden vernarbt, und der Fluß bietet sich, insbesondere wegen seiner wesentlich größer gewordenen Wasserflächen, in einem ansprechenden Bild dar.

Der Verkehr auf der Mosel seit ihrem Ausbau hat eine Entwicklung genommen, die beträchtlich über den seinerzeitigen eher pessimistischen Prognosen der deutschen Seite liegt. Die Vorausschätzungen der Franzosen waren dagegen nahe an dem tatsächlich erreichten Verkehrsaufkommen. Die Mosel nimmt, wenn man einmal vom Rhein absieht, unter den deutschen Binnenwasserstraßen eine Spitzenstellung ein. Nachdem die Saar bis Dillingen ausgebaut war und der dortige Hafen 1988 seinen Betrieb aufgenommen hatte, stieg der Durchgang in der Schleuse Trier auf rund 15 Mio. t je Jahr. Daran ist die Bergfahrt mit etwa 10 Mio. t und die Talfahrt mit ungefähr 5 Mio. t beteiligt. Haupttransportgüter zu Berg sind Erz und Kohle, während im Talverkehr überwiegend Getreide, Futtermittel, Eisen- und Stahlerzeugnisse sowie Baustoffe transportiert werden. Nach Nationalitäten geordnet liegen niederländische Schiffe mit weitem Abstand an der Spitze; einen größeren Anteil halten auch Belgien, Deutschland und Frankreich (1997).

Das Verkehrsaufkommen einerseits und die Entwicklung zu größeren Schiffsgefäßen haben inzwischen sichtbar gemacht, daß weder die Fahrrinnentiefe noch die Schleusenbauwerke den heutigen Anforderungen noch voll gerecht werden können. Beginnend im Jahre 1992 sind daher bis heute fast in allen Stauhaltungen an deren oberen Enden die Schiffahrtsrinnen um 0,30 m auf 3,00 m vertieft worden. Nach langwierigen Untersuchungen zu einer verkehrstechnischen und wirtschaftlichen Optimierung ist inzwischen die Entscheidung gefallen, sämtliche deutsche Moselschleusen, vorrangig die beiden Engpaßschleusen Zeltingen und Fankel, durch zweite Schleusenkammern zu ergänzen, und zwar mit Rücksicht auf die Flottenstruktur auf der Mosel sowie die Containerschiffahrt auf dem Rhein mit Kammerabmessungen von 210 m Länge und 12,50 m Breite.

Außergewöhnliches im Talsperrenbau an Oker, Olef und Innerste

Die zwischen 1952 und 1956 errichtete Okertalsperre mit einem Stauvolumen von rund 47 Mio. m³ und einer größten Mauerhöhe über Gründungssohle von 74 m ist in mehrfacher Hinsicht außergewöhnlich und bemerkenswert. Die Okerstaumauer ist eine sehr elegante und ästhetisch ansprechende Mauer. Sie bezieht diese Eleganz aus der Bogenform. Im unteren Teil läßt die Beschaffenheit der Talflanken es zu, über ein Bogengewölbe Kräfte auf diese abzulenken; dies ist im oberen Teil nicht möglich. Deshalb ist auf die Bogenmauer eine Schwergewichtsmauer aufgesetzt, die die an diesem Teil der Mauer angreifenden Kräfte ausschließlich nach unten ableitet.

Der zylinderförmige Bogenmauerteil wurde nach dem auf HUGO RITTER[45] zurückgehenden, später weiter entwickelten Lastaufteilungsverfahren berechnet. Bei diesem Verfahren faßt man das Gewölbe einmal als aus horizontalen Ringen zusammengesetzt auf, die als gelenklose, d. h. an ihren Kämpfern eingespannte Bögen betrachtet werden; sodann als aus senkrecht stehenden unten eingespannten Balken. Unter Zuhilfenahme der elastischen Durchbiegungen wird eine Lastverteilung auf die beiden Systeme bestimmt. Da jeder Punkt der Mauer sowohl dem einen wie dem anderen System angehört, müssen die elastischen Linien der Balken und die Verbindungslinien der in ihnen enthaltenen Bogenpunkte nach erfolgter Bogensenkung identisch sein. Gestützt auf diese Lastverteilung lassen sich dann die Spannungen in vertikalen und horizontalen Schnitten berechnen. Die Lastaufteilung für die Okertalsperre ergibt sich aus Abbildung 125. Außergewöhnlich ist auch die Hochwasserentlastungsanlage. Sie besteht aus acht Hebern, die mit einer Leistung von 120 m³/s mehr als das größte bekannte Hochwasser abführen können. Die Hauptfunktionen der Okertalsperre, Hochwasserschutz und Niedrigwasseraufhöhung, werden seit 1971 ergänzt durch die Bereitstellung von Rohwasser zu Trinkwasserversorgungszwecken, indem über einen 7,3 km langen Stollen Überschußwasser in die Granetalsperre abgeleitet und in dem in Dammnähe gelegenen Wasserwerk Grane zu Trinkwasser aufbereitet wird. Die Okertalsperre zeigt Abbildung 126.

In der Eifel wurde in den Jahren 1955–1959 an der Olef die bisher einzige Pfeilerzellenmauer Deutschlands errichtet. Ihre Baugeschichte ist nicht ohne Schwierigkeiten verlaufen. Die Olef gehört über die Urft und die Rur zum

[45] RITTER, HUGO: Die Berechnung von bogenförmigen Staumauern, Dissertation Karlsruhe 1912, J. Langs Buchdruckerei, Karlsruhe, 1913

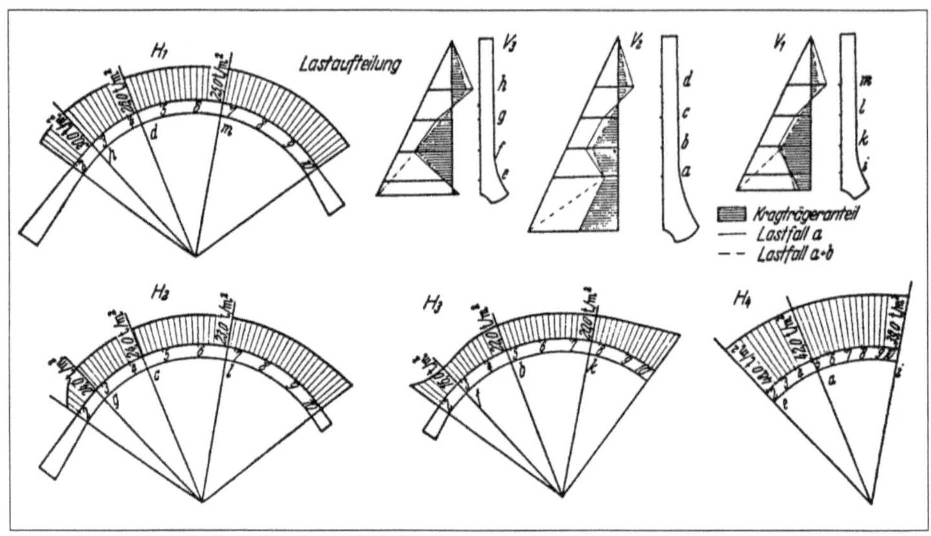

Abb. 125   Okertalsperre: Lastaufteilung.
PRESS, HEINRICH: Talsperren, 1958

Abb. 126   Okertalsperre, 1995
Harzwasserwerke

Einzugsgebiet der Maas. Die Sperrstelle liegt unweit von Schleiden. Bei einem
Gesamtspeicherraum von 19,3 Mio. m³ beträgt die maximale Stauhöhe 53 m.
Die Talsperre dient dem Hochwasserschutz, der Niedrigwasseraufhöhung, der
Trinkwasserversorgung und der Energieerzeugung. Die Abbildungen 127, 128
und [128 a] zeigen Einzelheiten der Sperre. Die sechzehn Hohlpfeiler bilden je
für sich eine statische Einheit; sie sind in den Fugen lediglich durch Dichtungs-
elemente verbunden. In sämtlichen Pfeilerscheiben traten Risse auf, deren Ursache in Zwängungskräften zwischen Gründungsfels und Fundamentbeton gesehen wurde. Dies führte in den Jahren 1962–1965 zu einer ersten Sanierung,
indem die Hohlpfeilerwände innen rundum durch Stahlbeton verstärkt wurden. Eine zweite Sanierung wurde notwendig, und zwar in den Jahren 1982
bis 1985, nachdem in der wasserseitigen Stauwand und in den luftseitigen Pfei-

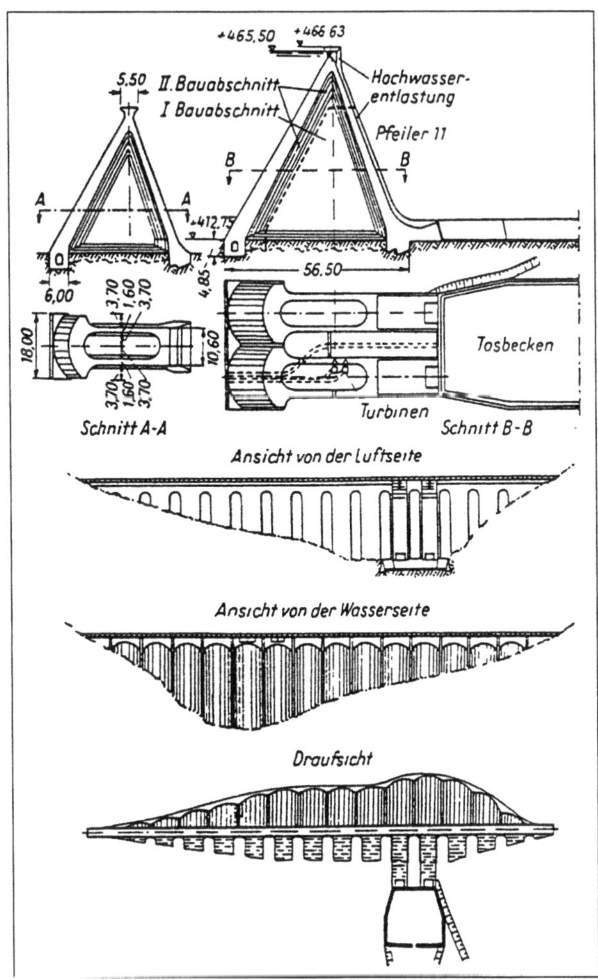

Abb. 127   Olefsperre:
Ansichten und Querschnitte.

Abb. 128   Oleftalsperre.
Wasserverband Eifel-Rur

Abb. 129   Innerstesperre:
Überlaufturm.
Harzwasserwerke

Abb. 130   Innerstesperre.
MEURER

lerrücken Haarrisse festgestellt worden waren. Vornehmlich überhöhte Zugspannungen als Folge von Temperaturschwankungen wurden als ursächlich
erkannt. Als Sanierungsmaßnahme wurde im Bereich der Wasserwechselzone eine 50 cm dicke wasserdichte Stahlbetonschale auf der Stauwand angebracht.

Bautechnisch und hydraulisch interessant ist die Hochwasserentlastungsanlage der in den Jahren 1963–1966 erbauten Innerstetalsperre. Die bei Däm-
men stets davon getrennt anzuordnende HW-Entlastung wurde an der Innerstesperre in der Form eines Überlaufturmes ausgeführt. Der besondere Reiz dieser
Ausbildung erschließt sich in den Abbildungen 129 und 130. Zur ungefähr gleichen Zeit wurde eine Lösung mit Überlaufturm u. a. auch an der Biggetalsperre
verwirklicht. Hydraulisch ergeben sich bei solchen Anlagen in Abhängigkeit
von der Höhe des Wasserstandes über der Überlaufkrone des Turmes die Ab-
flußformen „Wehr", „Ausfluß aus einer Öffnung" und „Heber". Die Abfluß-
leistung bezogen auf den Zuwachs an Überströmhöhe nimmt in der angegebenen Reihenfolge ab.

Das Bode-Talsperrensystem im Ostharz

Das aus sechs Talsperren bestehende Bode-Talsperrensystem wurde in den
Jahren 1952 bis 1967 gebaut (Abb. 131). Das Herzstück dieses Mehrzwecksy-
stems ist die Rappbodetalsperre. Sie ist mit einer Höhe über Gründungssohle
von 106 m Deutschlands höchste Talsperre. Die unmittelbar vor der Einmündung der Rappbode in die Bode errichtete Staumauer speichert auch die mit
Abstand größte Wassermenge in dem gesamten System: 109 Mio. m³. Die übrigen fünf Sperren haben einen Stauraum von zusammen rund 17,2 Mio. m³.
Allerdings wird mittels einer sogenannten Überleitungssperre, die in der Großen Bode angeordnet ist, ein Einzugsgebiet von 158 km² beigeleitet, das größer
ist als das eigene Einzugsgebiet der Rappbode an der Sperrstelle, das eine Größe
von 116 km² aufweist. Die Beileitung erfolgt über einen Stollen von 1,7 km
Länge mit einem Querschnitt von rund 8 m². Bei den übrigen Sperren handelt
es sich um die Vorsperren Rappbode und Hassel, das Hochwasserschutzbecken
Kalte Bode und die Talsperre Wendefurth. Letztere hat ein Fassungsvermögen

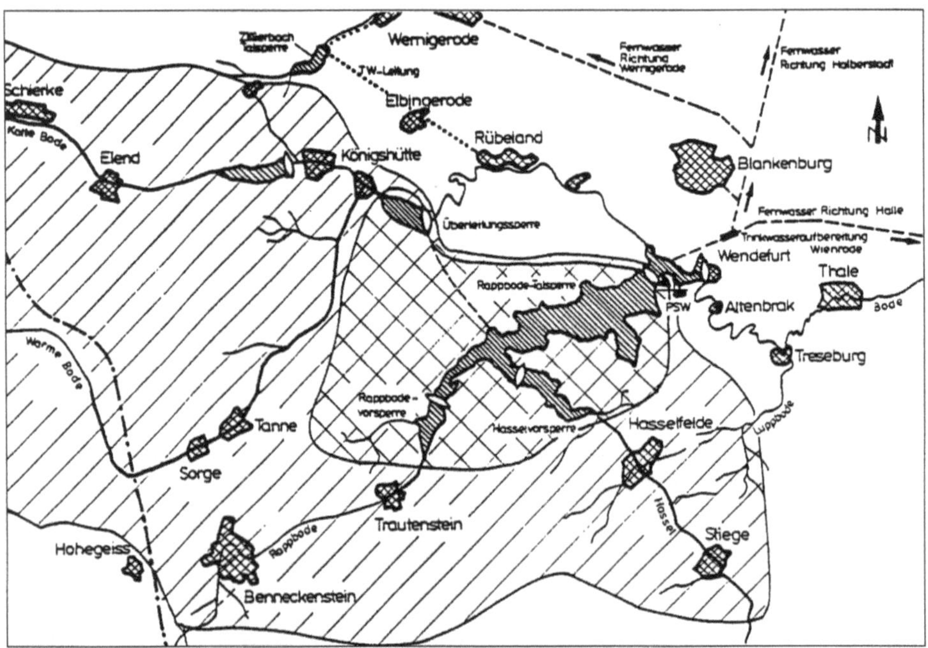

Abb. 131   Bode-Talsperrensystem im Ostharz.

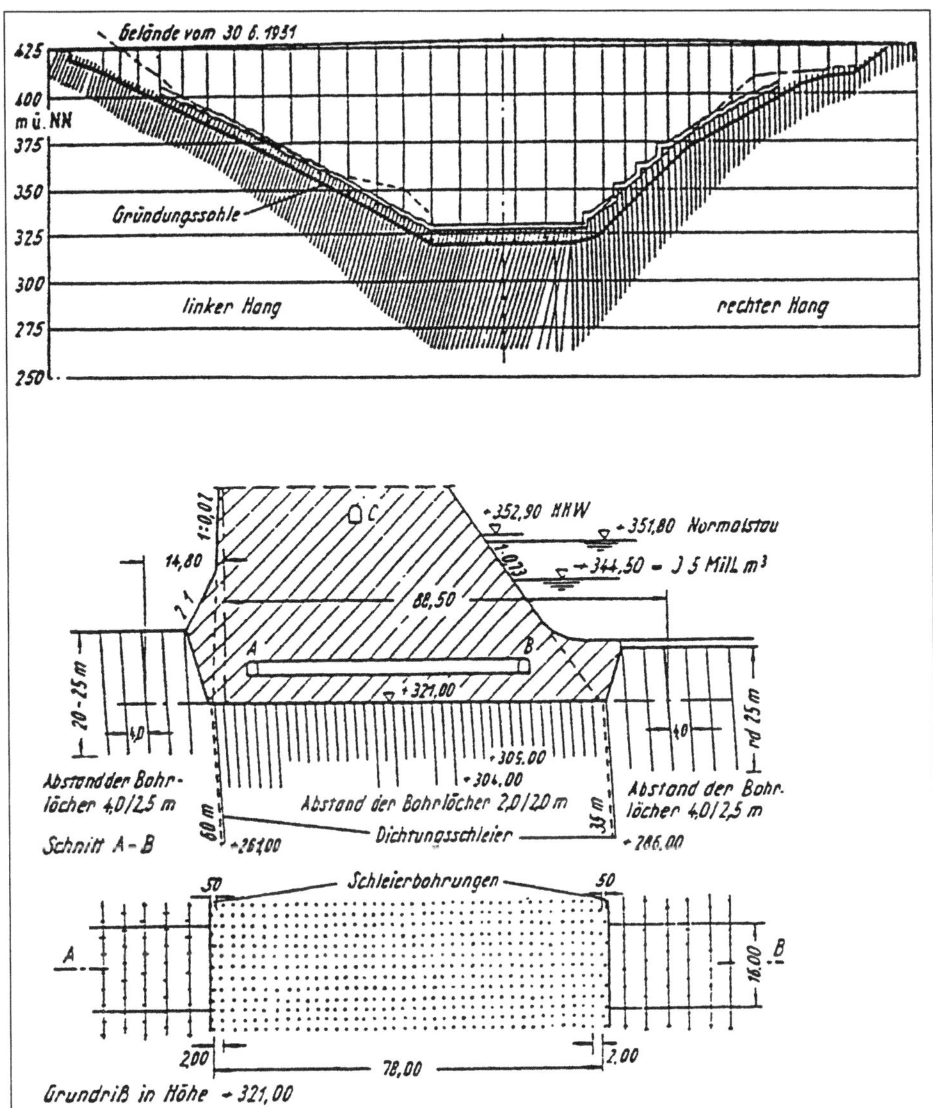

Abb. 133   Rappbodesperre: Dichtungsschleier und Baugrundvergütung.
PAPE, HELMUT: Die Talsperren im Ostharz, in: Wasserwirtschaft, 1993

von 8,54 Mio. m³ und ist zugleich Unterbecken des Pumpspeicherwerks Wendefurth. An erster Stelle unter den verschiedenen Nutzungen des Talsperrensystems steht die Bereitstellung von Rohwasser für die Trinkwasserlieferung in die Regierungsbezirke Magdeburg und Halle mit einer maximal möglichen Menge von 250 000 m³/Tag. Die Hochwasserschutzfunktion bewirkt, daß der mittlere jährliche Hochwasserschaden am Bodelauf um 65 % reduziert wird.

Niedrigwasseranreicherung und Energiegewinnung sind weitere wichtige Funktionen des Systems. Das Pumpspeicherwerk Wendefurth hat eine Leistung von 96 MW.

Das Absperrbauwerk der Rappbodetalsperre (Abb. [132], siehe Farbteil, S. VIII) ist eine Betonschwergewichtsmauer. Bei einer Kronenlänge von 415 m ist sie in 30 Blöcke unterteilt, um unplanmäßige Risse in der Mauer durch Wärmespannungen beim Erhärten des Betons zu vermeiden. Die Fugen zwischen den Blöcken sind durch Kupferbleche von 1,20 m Breite an der Wasserseite gedichtet. Der aus Tonschiefer bestehende Untergrund verlangte neben einer Gründungstiefe bis etwa 15 m eine Baugrundvergütung bis zu 18 m Tiefe. Ein wasserseitiger Dichtungsschleier geht bis 60 m tief, ein luftseitiger bis 35 m (Abb. 133). Der derzeitige Sickerwasserdurchfluß der Rappbodetalsperre wird mit 3,5 bis 4,5 l/s angegeben.

Der Ausbau der Saar zur Großschiffahrtsstraße – Interesse der Industrie, alternative Planungen, Wasserkraft, ökologische Belange

Wie für Rhein und Mosel ist auch für die Saar Schiffahrt schon zur Römerzeit bekundet. Wenn auch die diesbezüglichen Zeugnisse aus dem Mittelalter eher spärlich sind, so ist doch davon auszugehen, daß es auch in dieser Zeitepoche und später Schiffahrt mit den jeweiligen Möglichkeiten und in lokalem Umfang gegeben haben wird. Nachdem Frankreich in den Jahren von 1838 bis 1853 den Rhein-Marne-Kanal gebaut hatte, schuf es auf der Grundlage eines Staatsvertrages mit Preußen den Saar-Kohlen-Kanal (1862–1866), der den Rhein-Marne-Kanal mit der Saar bei Saargemünd verbindet (Abb. 119 im Kapitel Mosel und Abb. 134). Gleichzeitig wurde die Saar von Saargemünd abwärts bis Luisenthal und 1875/1879 weiter stromab bis Ensdorf staugeregelt und damit für Penichen mit einer Ladefähigkeit von 200 bis 300 t befahrbar gemacht. Das Kohlerevier an der Saar hatte damit einen Anschluß an die französischen Wasserstraßen und an den Rhein gefunden. Um die Jahrhundertwende wurde das Für und Wider eines Wasserstraßenausbaus von Saar und Mosel in den Industriekreisen der Saar und der Ruhr unter den Gesichtspunkten des Kohlebergbaus und der Stahlindustrie mit gegensätzlichen und wechselnden Standpunkten lebhaft diskutiert. 1903 entstand ein Entwurf zur Kanalisierung der Saar zwischen ihrer Mündung in die Mosel bei Konz und Saarbrücken mit 20 Staustufen für Schiffe mit einer Ladefähigkeit von 600 t. Er wurde nicht verwirklicht. Der Entwurf des Regierungsbaurats WULLE aus dem Jahr 1921 mit 9 Staustufen, an denen auch Kraftwerke errichtet werden sollten, und für Schiffe mit 1200 t Trägfähigkeit wurde für spätere Planungen richtungweisend. Die auf Grund dieses Entwurfs ausgeführte bedeutendste Maßnahme war die 1924–1927 errichtete Staustufe Mettlach mit ihrem Kraftwerk (Abb. 135). Das Kraftwerk mit 4 Francis-Turbinen war bis zum Jahre 1980 in Betrieb. Als im Jahre 1969 erneut eine Saarausbauplanung vorgelegt wurde, war diese nicht konkurrenzlos. Zur gleichen Zeit wurde nämlich ein alter Gedanke wieder aufgegriffen, der darin bestand, eine unmittelbare Verbindung zwischen der Saar bei Saarbrücken und dem Rhein nördlich Ludwigshafen durch einen „Saar-Pfalz-Rhein-Kanal" zu schaffen. Dieser Schiffahrtskanal mit einer Länge von rund 130 km und mit einer großen Zahl von Kunstbauwerken wie 3 Schrägaufzügen (quergeneigt) mit Hubhöhen zwischen 63 und 88 Metern, Kanalbrücken, Sperrtoren, Brücken und Stauseen sowie der Sparschleuse Frankenthal/Rhein wäre ein gewaltiger Eingriff in Natur und Landschaft gewesen, kaum ausgleichbar und damit unter

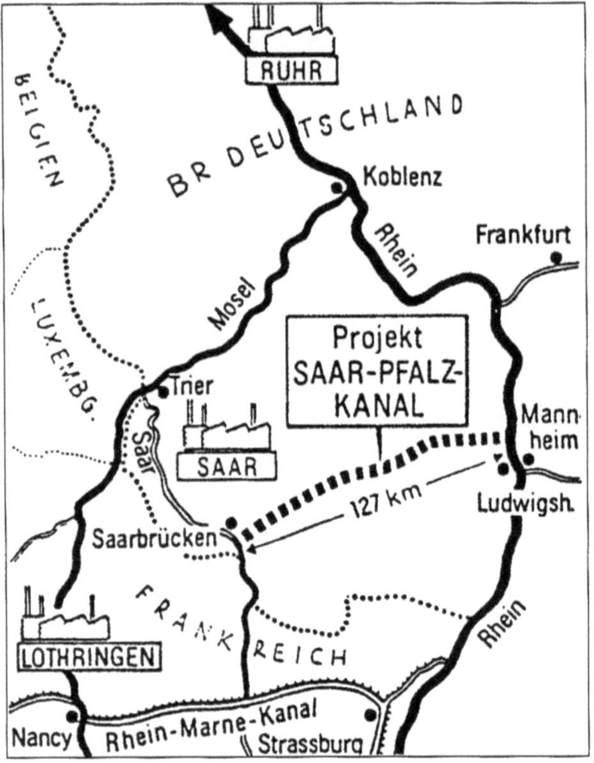

Abb. 134   Übersicht Saar im
Netz der Wasserstraßen.

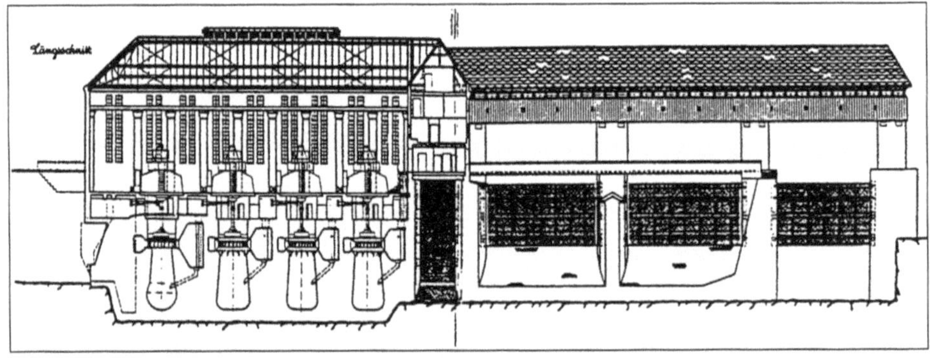

Abb. 135   Altes Kraftwerk Mettlach 1927–1980 (von unterstrom).

den heutigen Vorstellungen von umweltgerechtem Bauen nicht zu verwirklichen. Die errechneten Herstellkosten waren deutlich höher als diejenigen für einen Saarausbau zwischen Saarbrücken und Konz, wobei der Ausbau zwischen Saarbrücken und Dillingen auch erforderlich gewesen wäre.

Die Bundesregierung entschloß sich 1973 für den Ausbau der Saar und schloß 1974 mit den beteiligten Bundesländern Saarland und Rheinland-Pfalz ein Verwaltungsabkommen, in dem insbesondere die Finanzierungsbeiträge festgelegt wurden: Bund 2/3, Saarland 4/15, Rheinland-Pfalz 1/15 der Gesamtkosten. Dem Ausbau wurde der Rahmenentwurf 1974 für die Wasserstraßenklasse IV (heute Vb) zugrunde gelegt, der 6 Staustufen mit Schleusen 190 m × 12 m vorsah und den Verkehr mit Schubverbänden, bestehend aus zwei Leichtern „Europa IIa" von je 76,50 m Länge und 11,40 m Breite und einem Schubboot von 19 m Länge, berücksichtigt. Die Tragfähigkeit dieses Verbandes beträgt 3320 t bei 2,50 m Abladetiefe. Abbildung 136 zeigt die Lage der Ausbaustrecke zwischen Konz und Saarbrücken. In Abbildung 137 ist der zugehörige Längsschnitt dargestellt.

Die Staustufen bestehen im Regelfall aus einem dreifeldrigen Zugsegmentwehr mit Aufsatzklappe – Ausnahme Schoden mit 4 Feldern –, der schon genannten großen Schiffsschleuse, der kleinen Schleuse für den Penichen-, Fahrgast- und Sportschiffahrtsverkehr mit 40 m Nutzlänge und 6,75 m Breite sowie dem Wasserkraftwerk. Der Streckenausbau erfolgte mit einer Fahrrinnentiefe von mindestens 3,50 m und einer Wasserspiegelbreite von mindestens 55 m bei

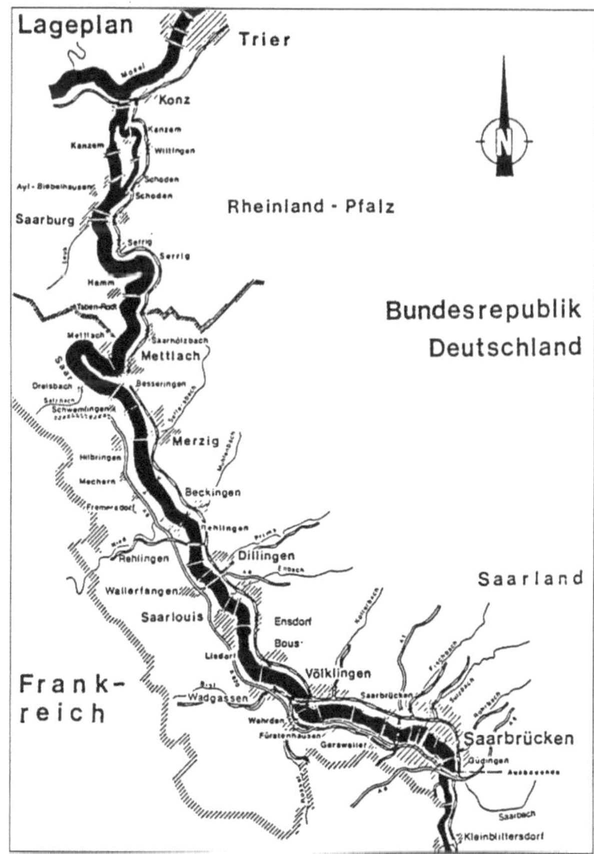

Abb. 136 Ausbaustrecke der Saar.
WSD Südwest

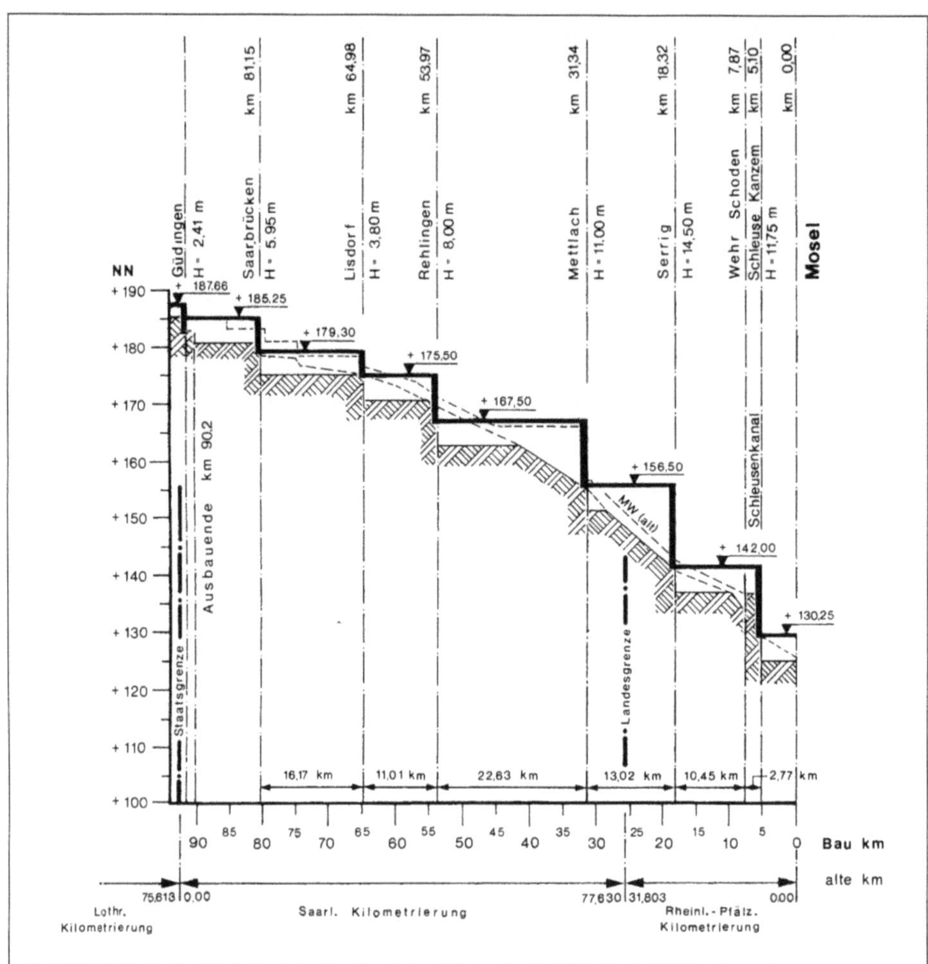

Abb. 137   Längsschnitt der Saarausbaustrecke.
WSD Südwest

1 : 3 geneigten Böschungen (Abb. 138). Eine Besonderheit bildet die unterste
Stauanlage Schoden-Kanzem (Abb. 139), die am sogenannten Wiltinger Saarbogen in aufgelöster Bauweise errichtet ist: Wehr und Kraftwerk befinden sich
in Schoden, die Schleusengruppe und ein Pumpkraftwerk am unteren Ende des
2,5 km langen künstlichen Schleusenkanals Biebelhausen-Hamm. Der Schleusenkanal dient zunächst der Schiffahrt und dem Zufluß von Wasser zur Füllung
der Schleuse Kanzem. Darüber hinaus dient er als Triebwasserkanal für das
Pumpkraftwerk Kanzem bei Turbinenbetrieb oder bei Pumpbetrieb der Zulei-
tung von Wasser aus der unteren Haltung zum Ausgleich des Schleusungswas-
serverbrauchs. Weiterhin kann der Kanal auch zur Hochwasserableitung mit
herangezogen werden.

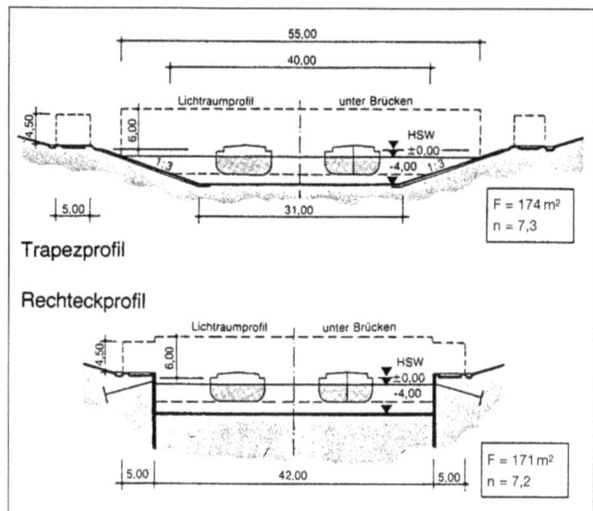

Abb. 138   Ausbauquer-
schnitte.
WSD Südwest

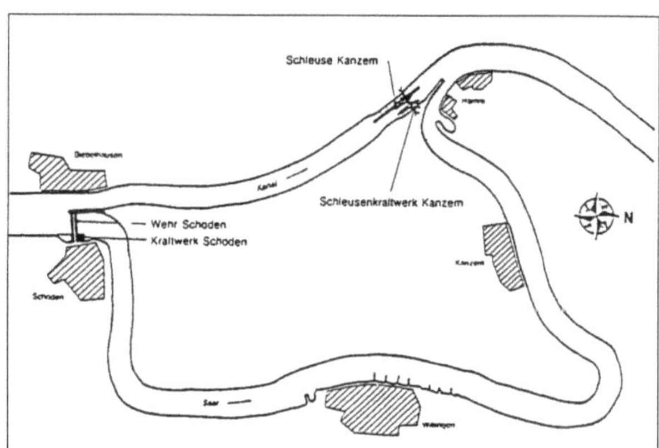

Abb. 139   Wiltinger Saarbogen.

Aufgrund vertraglicher Regelungen zwischen der Wasser- und Schiffahrtsverwaltung des Bundes und der Saarwasserkraftwerke GmbH, Tochtergesellschaft der RWE AG, wurden im baulichen Zusammenhang mit allen Wehren
und darüber hinaus an der Schleusengruppe Kanzem Kraftwerke errichtet. Zur
Ausführung kamen waagerecht liegende Kaplan-Rohrturbinen mit umströmten Generatoren. Die Turbinenleistungen liegen in Abhängigkeit von Ausbauwassermenge und Fallhöhe an den verschiedenen Stufen zwischen 1,4 MW in
Lisdorf und 12 MW in Serrig, wo die Fallhöhe beachtliche 14,50 m und die
Ausbauwassermenge 85 m³/s beträgt. An der Schleusengruppe Kanzem sind
zwei Pumpturbinen mit senkrechter Welle und einer Turbinenleistung von rund
2,3 MW installiert. Die gesamte installierte Leistung auf der Saarausbaustrecke
beträgt rund 32 MW, die Jahresarbeit etwa 154 GWh. In Abbildung 140 ist ein
Querschnitt durch das Kraftwerk Rehlingen dargestellt.

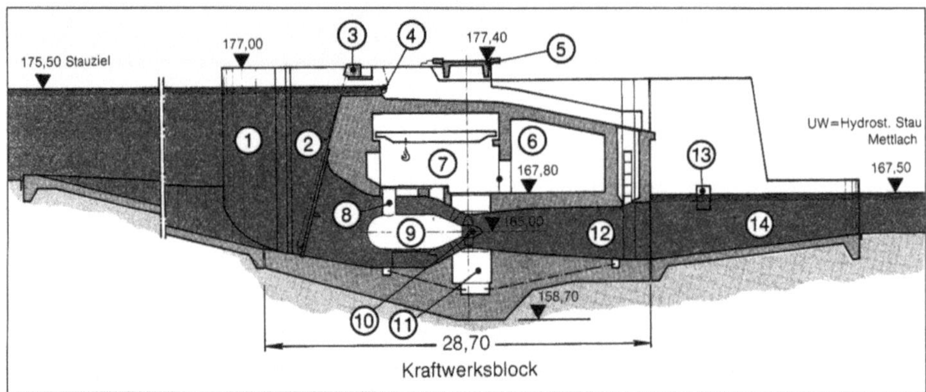

Abb. 140   Querschnitt des Kraftwerks Rehlingen:

1 Pfeilerkopf	7 Maschinenhalle mit Kran
2 Turbineneinlauf mit Rechen	8 Einstieg zum Generator
3 Rechenreinigungsmaschine	9 Generator
4 Stauklappe	10 Turbine
5 Brücke	11 Turbinenkeller mit Lenzkanal
6 Betriebsräume	12 Saugschlauch
	13 Einlaß zur Fischschleuse
Saarwasserkraftwerke GmbH	14 Auslauf

Die Betriebsführung der Wasserkraftwerke wird in nicht unerheblichem Maß vom Sauerstoffhaushalt des Flusses beeinflußt, der wiederum in einem kausalen Zusammenhang mit den wechselnden Abflußverhältnissen sowie der natürlichen und der durch den Ausbaueingriff am Gewässer veränderten Beschaffenheit des Saarwassers steht. Die praktischen Erfahrungen an der ausgebauten Mosel und Sauerstoffmodelluntersuchungen ließen es geboten erscheinen, eine Verschlechterung der ohnehin unzureichenden Wasserqualität der Saar durch die Ausbaumaßnahmen mittels gegensteuernder Einrichtungen und Handlungen zu verhindern. Dabei handelt es sich im wesentlichen um folgendes:

- Die Saarwasserkraftwerke schränken den Turbinenbetrieb ein oder verzichten gänzlich darauf, wenn dies die Sauerstoffverhältnisse im Flußwasser erfordern. Das Wasser fließt dann über die Wehre und wird dabei belüftet. Beginn, Umfang und Beendigung des jeweiligen Wehrüberfalls bestimmen die für den Gewässerschutz zuständigen Landesbehörden.

- Die Ausbauunternehmerin (Wasser- und Schiffahrtsverwaltung und Saarwasserkraftwerke) muß das Schleusungswasser der Schleuse Kanzem zurückpumpen, so daß der natürliche Abfluß im Wiltinger Saarbogen erhalten bleibt, und zwar bei Wasserführungen der Saar bis 27 m³/s im Sommerhalbjahr und 22 m³/s im Winterhalbjahr. Bei darüber hinaus gehendem Abfluß ist jeweils so viel Schleusungswasser zurückzupumpen, daß die Grenzwerte 27 und 22 m³/s nicht unterschritten werden. Diese Rege-

lungen sind von Bedeutung für die Wasserwirtschaft, das Kleinklima und den Naturhaushalt im Wiltinger Saarbogen.
– Die stationäre Sauerstoffbegasungsanlage Bous/Haltung Lisdorf wird in Betrieb genommen und das Sauerstoffbegasungsschiff „Oxygenia" der WSV zum Einsatz gebracht, wenn die Einhaltung der Schwellenwerte 2 mg O_2/l im Oberwasser und 4 mg O_2/l im Unterwasser der Staustufen dies neben dem Wehrüberfall erfordert. Die O_2-Sicherungsmaßnahmen an der Saar haben sich bewährt und werden bis auf weiteres fortgeführt.

Die Staustufen, ferner die im Hinblick auf die Stauwasserstände erforderlichen Uferaufhöhungen oder Dammschüttungen und die Baggerungen im Unterwasser der Staustufen führten auch an der Saar zu Veränderungen der Hochwasserverhältnisse. Mit Ausnahme der Baggerungen, die eine Absenkung des Hochwasserspiegels bewirken, gehen von den genannten baulichen Maßnahmen tendenziell nachteilige Veränderungen des Hochwasserabflusses aus. Es war deshalb Aufgabe der Planung, durch entsprechende Gestaltung der Staustufen und der Querschnitte auf den übrigen Flußstrecken diese nachteiligen Auswirkungen zu vermeiden. Für die Staustufen wurden wasserbauliche Modellversuche durchgeführt, für die offenen Flußstrecken mathematische Wellenablaufmodellrechnungen für die Zustände vor und nach dem Ausbau. Diesen Untersuchungen wurden die Hochwasserabflüsse HQ_{50} = 1320 m³/s und HQ_{200} = 1500 m³/s (Werte Mettlach abwärts) zugrunde gelegt.

In den wenigen Fällen, in denen zur Abwendung der Überflutung von Ortschaften durch die Stauerrichtung Dämme gebaut werden mußten, wurden diese so gestaltet, daß zugleich ein Hochwasserschutz erreicht wurde. Des weiteren nutzten einige Städte und Dörfer die Gunst der anstehenden Ausbauarbeiten, mit vergleichsweise geringerem Mehraufwand auf eigene Kosten mit Unterstützung der Länder Hochwasserschutzmaßnahmen durchzuführen.

Ein besonderes Problem stellt im Zusammenhang mit dem Hochwasserabfluß die Neufestsetzung der Überschwemmungsgebiete durch die dafür zuständigen Landesbehörden dar. Dies erfordert einen beachtlichen Arbeitsaufwand, der noch nicht abgeschlossen ist.

Von besonders großer Bedeutung beim Saarausbau war die notwendige Rücksichtnahme auf Natur und Landschaft, wie sie die neue landespflegerische Gesetzgebung von Bund und Ländern gebietet. Aufgabe des Ausbauunternehmers war es danach, vermeidbare Eingriffe zu unterlassen und unvermeidbare Eingriffe durch Maßnahmen des Naturschutzes und der Landschaftspflege auszugleichen oder, wo ein Ausgleich nicht möglich ist, geeignete sogenannte Ersatzmaßnahmen durchzuführen. Der Landschaftspflegerische Begleitplan, der Bestandteil des Ausbauplans ist, enthält die zum Ausgleich des Eingriffs erforderlichen Maßnahmen. Planungsgrundlagen waren insbesondere pflanzensoziologische und vegetationskundliche Kartierungen, geländeklimatische und ornithologische Ermittlungen, Landschaftsmodelle und Versuchsstrecken zur

Erprobung ökologisch günstiger Methoden des Uferverbaus, die an der schon ausgebauten Mosel angelegt waren. Der Deutsche Rat für Landespflege befaßte sich mit dem Saarausbau und sprach Empfehlungen aus.[46] Das im Bundeswasserstraßengesetz vom 2. April 1968 geforderte Einvernehmen zwischen der Wasser- und Schiffahrtsverwaltung des Bundes und den Ländern in Fragen der Wasserwirtschaft und der Landeskultur warf in rechtlicher Hinsicht wegen unterschiedlicher Auffassungen zum Begriff der Landeskultur schwierige Fragen auf.[47] In den dabei betroffenen landespflegerischen Sachfragen selbst konnten jedoch weitgehend Übereinstimmungen gefunden werden.

Die landespflegerischen Maßnahmen können verkürzt wie folgt dargestellt werden:
- Standortgerechte Bepflanzungen an den Staustufen und in den Stauhaltungen.
- Ökologisch orientierte Uferverbaumaßnahmen: Uferdeckwerke aus Steinschüttung mit Asphalt- oder Colcrete-Verklammerung mit einem Hohlraumgehalt von 15–30 %, die sowohl den Anspruch der Standfestigkeit gegenüber Hochwasser, gegenüber dem durch die Schiffahrt verursachten Sunk und Schwall sowie dem Wellenschlag erfüllen und zugleich im Unterwasserbereich vorteilhafte Auswirkungen auf das Benthos und die Fischfauna entfalten. Am oberen Rand der Deckwerke sind Weidenbusch und Baumarten der Weiden- und Erlenwälder gepflanzt.
- Stillwasserzonen als neue Lebensräume für Pflanzen und Tiere.
- Verlängerung der Einmündungsstrecken von Seitengewässern durch saarparallele Verschleppung zur Schaffung von Fließgewässerbiotopen.
- Erhaltung und Neuanlage von Buhnen im Bereich des Wiltinger Saarbogens, der von der Schiffahrt unberührt bleibt, zur Bildung ökologischer Nischen.
- Anlegung von Feuchtgebieten.
- Erwerb von schützenswerten Flächen und deren Weiterentwicklung in Naturschutzgebiete, in denen naturnahe Standorte mit vogel- und insektenreichen Pflanzengesellschaften vorherrschen.

Der Umfang dieser Ausgleichs- und Ersatzmaßnahmen wurde in gemeinsamer zeitaufwendiger Arbeit der Bundes- und Länderdienststellen über Bilanzbetrachtungen festgelegt, bei denen Flächenvergleiche vor und nach Ausbau für die verschiedenen Funktionstypen vorgenommen wurden. Die anfängliche Besorgnis, es müßten in anderen Flußgebieten Ersatzmaßnahmen entwickelt werden, hat sich nicht bestätigt.

<hr>

46   Deutscher Rat für Landespflege: Landschaft und Fließgewässer, Schriftenreihe des Deutschen Rates für Landespflege, Heft 33–1979
47   Meurer, Rolf: Rheinland-Pfalz und der Ausbau der Saar zur Großschiffahrtsstraße, in: Landschaft und Fließgewässer, Schriftenreihe des Deutschen Rates für Landespflege, Heft 33–1979, S. 210

Mit der Eröffnung der Schiffahrt auf der ausgebauten Saar zwischen Konz und Dillingen im Jahre 1987 konnte zugleich der mit Abstand wichtigste Umschlagsplatz an der Saar, der Hafen Saarlouis-Dillingen, der zu diesem Zeitpunkt ebenfalls im wesentlichen fertiggestellt war, erreicht werden. Damit hatte das Saarland einen leistungsfähigen Anschluß an das überregionale Wasserstraßennetz. Bei dem dadurch ermöglichten An- und Abtransport der Massengüter handelt es sich vornehmlich um Erze für die zentrale Roheisenerzeugung in Dillingen, um Magerungskohle zur Verwendung neben der saarländischen Kohle in der zentralen Kokerei in Dillingen, um den Abtransport saarländischer Kohle und von Stahl, Halbfertigwaren und Metallkonstruktionen. Es geht aber auch um den Transport von Mineralöl und von Steinen und Erden, von land- und forstwirtschaftlichen Erzeugnissen sowie von Futter- und Düngemitteln. Die Umschlagsleistung des Hafens Dillingen liegt bei 4 Mio. t/a. Inzwischen sind auf der Reststrecke zwischen Dillingen und Saarbrücken die Ausbauarbeiten auch nahezu abgeschlossen.

Es liegt auf der Hand, daß die wirtschaftliche Bedeutung des Saarausbaus für das Saarland ungleich größer ist als für den Raum Trier. Und dennoch: Während der Ausbau der Mosel mit seinem Abschluß im Jahre 1964 zunächst vornehmlich der französischen Interessenlage gerecht zu werden schien, tritt heute, durch die engere Verflochtenheit der europäischen Wirtschaften, der kostengünstiger zu gestaltende gegenseitige Güteraustausch in den Vordergrund. Flankiert von grenzüberschreitenden Autobahnen und elektrifizierten Eisenbahnstrecken im Bereich des Städtevierecks Trier-Luxemburg-Metz-Saarbrücken, wird die Erweiterung der Schiffahrtswege durch den Ausbau der Saar eine weitere Verbesserung der Standortqualität des Trierer Raumes mit sich bringen. Mit dem Saarausbau erhält Trier mit seinem Hafen einen, allerdings nicht überzubewertenden, Wasserstraßenanschluß an ein weiteres großes Industrierevier und an eine Vielzahl von Industriehäfen und Umschlagstellen.

Die heutige Wasserkraftnutzung
und das Wasserkraftpotential
in der Bundesrepublik Deutschland

Nach den Angaben von WAGNER[48] stellte sich die Situation der Wasserkraftnutzung in EVU- und netzgekoppelten Nicht-EVU-Anlagen für die allgemeine Stromversorgung in Deutschland für 1997 wie folgt dar: Aus 5461 Anlagen mit einer Gesamtleistung von 4578 MW wurden 15 764 GWh eingespeist. Das sind 3,4 % des gesamten Stromverbrauchs von 467 000 GWh. Unberücksichtigt geblieben ist dabei die Erzeugung aus gepumptem Wasser in Pumpspeicherkraftwerken, weil dies keine echte regenerative Energieerzeugung darstellt. Die Energieversorgungsunternehmen waren dabei mit 661 Anlagen mit einer Gesamtleistung von 4054 MW und einer Gesamteinspeisung von 14 293 GWh vertreten.

Nach einer VDEW-Schätzung des Zubaus 1998 bis 2005 von rund 250 GWh ergäbe sich für 2005 eine Normaljahr-Gesamterzeugung aller Wasserkraftanlagen – also auch einschließlich der Industriewasserkraft und der Bahnwasserkraft – von 19 718 GWh. Der prognostizierte geringe Zubau berücksichtigt die restriktive Genehmigungspraxis, die vornehmlich aus ökologischen und allgemein wasserwirtschaftlichen (Mindestwasserführung) Rücksichtnahmen herrührt.

Das gesamte technische Potential, d. h. das ingenieurwissenschaftlich realisierbare Potential für Wasserkraftnutzung, liegt in der Bundesrepublik Deutschland nach mehrheitlicher Auffassung bei etwa 25 TWh/a und zeigt erhebliche regionale Unterschiede. Das technische Wasserkraftpotential wird demnach zu etwa drei Vierteln genutzt. Eine weitergehende Nutzung dieses Potentials in der Zukunft wird aus den genannten Gründen nur in bescheidenem Umfang stattfinden können.

48 WAGNER, EBERHARD: Nutzung erneuerbarer Energien durch die Elektrizitätswirtschaft, Stand 1997, in: Elektrizitätswirtschaft, Nov. 1998, S. 13–26

Die Sturmflutkatastrophen 1953 in den Niederlanden sowie 1962 und 1976 an der deutschen Nordseeküste

Niederlande

Die Februarflut des Jahres 1953 war eine der stärksten Naturkatastrophen in der Geschichte der Niederlande. Ein Orkan aus Nordwest mit Windstärke 12 wütete gegen die holländische Südwestküste. 23 Stunden lang rannte die See gegen die Dünen und Deiche. Zahlreiche Deiche brachen oder wurden überspült, so daß ingesamt 500 km Deiche und Dünen zerstört und fast 200 000 ha Land überflutet wurden. Die traurige Bilanz: 1835 Tote, Zehntausende wurden obdachlos, 4500 Gebäude wurden verwüstet, 45 000 schwer beschädigt, 35 000 Stück Vieh fielen der Katastrophe zum Opfer. Um ein Haar wäre der 4 Meter hohe Deich an der Hollandse Ijssel überströmt worden. Dahinter liegt ein Gebiet, in dem 1,5 Mio. Menschen wohnen.

Diese Katastrophe führte zur alsbaldigen Inangriffnahme der groß angelegten Deltawerke, die mit einem gewaltigen finanziellen Aufwand nicht nur eine hohe Sicherheit gegen Sturmfluten schafften, sondern zugleich zahlreiche bedeutende infrastrukturelle Maßnahmen veranlaßten.

Und in Deutschland?

An der deutschen Nordseeküste wurden bis zur Sturmflut- und Überschwemmungskatastrophe in Holland am 1. Februar 1953 im wesentlichen die Erfahrungen aus der Sturmflutkatastrophe des Februar 1825 zugrunde gelegt. Trotz vorgenommener Einzelverbesserungen in der ersten Hälfte des 20. Jahrhunderts war in Fachkreisen schon seit langem die Auffassung vorherrschend, daß das deutsche Seedeichsystem grundlegend überholungsbedürftig sei. Diese Einschätzung konnte nach der Holland-Katastrophe nicht mehr übersehen werden. Es setzte sich die Erkenntnis durch, daß auf Grund eigener und der holländischen Erfahrungen und der Entwicklung der Wasserstände unsere Deiche auf weiten Strecken erhöht werden müßten. Die Arbeitsgruppe „Sturmfluten" im Küstenausschuß Nord- und Ostsee legte 1955 den „maßgebenden Sturmflutwasserstand" nach dem sogenannten Einzelwertverfahren fest. Es wird seitdem an der niedersächsischen Küste angewendet. Abbildung 141 zeigt an einem Beispiel die Ermittlung der Ausbauhöhe.

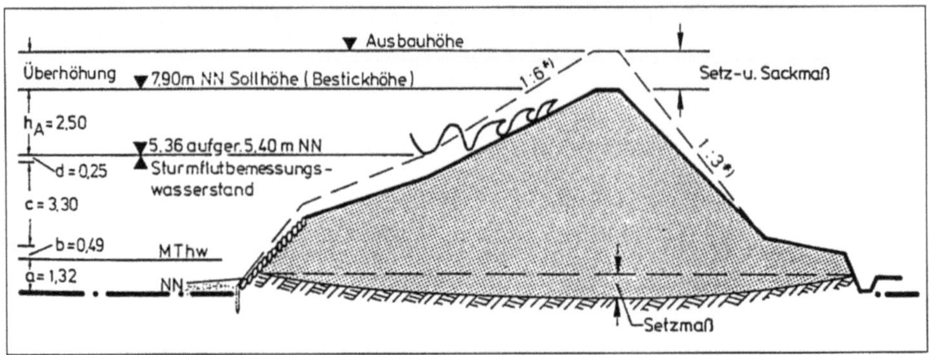

Abb. 141   Ermittlung der Ausbauhöhe nach dem Einzelwertverfahren:
a   MThw
b   größte Springerhöhung
c   größter Windstau
d   säkularer Wasserspiegelanstieg
h_A Bemessungs-Wellenauflauf
Überhöhung = Setz- und Sackmaß.
ERCHINGER, HEIE F.: Küsteningenieurwesen, in: Taschenbuch der Wasserwirtschaft, 1993

In Schleswig-Holstein ist dagegen seitdem das Häufigkeitsverfahren gebräuchlich. Dabei darf der „maßgebende Sturmflutwasserstand" durchschnittlich nur einmal in 100 Jahren erreicht oder überschritten werden und soll etwa der Summe aus dem höchsten vorausberechneten Springtidehochwasser und dem bisher beobachteten höchsten Windstau entsprechen und im übrigen bis zum Jahre 2000 Gültigkeit haben.

Zur Ermittlung des Bemessungswasserstandes der Tideströme wurden hydraulische und numerische Modellversuche durchgeführt.

Deutschland 1962

Nach der Orkanflut 1953 in den Niederlanden hat es nicht an Ermahnungen gefehlt, an der deutschen Küste die Konsequenzen aus den mit so großer Deutlichkeit gewonnenen Erkenntnissen für die notwendigen Küstenschutzmaßnahmen auch tatsächlich zu ziehen. Mit fast prophetischer Weitsicht hat dies der Mitinitiator des Niedersächsischen Küstenprogramms, Regierungsdirektor Dr.-Ing. KARL LÜDERS[49] 1957 getan. Er schrieb: „Die Küstenbevölkerung muß zunächst mit allen zu Gebote stehenden technischen und finanziellen Mitteln vor den Tod und Verderben bringenden Orkanfluten geschützt werden und,

---

49   LÜDERS, KARL: Wiederherstellung d. Deichsicherheit, WuB 1957, S. 37–40

wenn das erreicht ist, muß man mit der gleichen Energie fortfahren, die heute in großer Not befindlichen Küstengebiete landwirtschaftlich zu gesunden. Die Zeit zu bestimmen, die hierfür nötig ist, liegt in unserer Hand, aber die Zeit, die uns noch verbleibt, bis die nächste Orkanflut die Sicherheit und Standfestigkeit unserer Deiche prüfen wird, bestimmt nicht der Mensch. Möge das Schicksal uns dafür noch die unbedingt notwendige Frist gewähren."

Das Schicksal hat den Bewohnern der deutschen Nordseeküste diese Frist nicht gewährt, denn schon im Februar 1962 wurden sie von einer schweren Sturmflut mit ihren verheerenden Folgen heimgesucht. Diese zweite Julianenflut vom 16./17. Februar 1962 traf die gesamte Nordseeküste. Überall entstanden starke Deichschäden, aber es wurden nur wenige Köge überflutet. Besonders groß waren die Schäden in Hamburg, wo 315 Tote zu beklagen waren. Die Zahl der Toten im gesamten Küstengebiet lag bei 340.

Welche Erkenntnisse wurden aus dieser Katastrophe gewonnen? Die wichtigste war diejenige, daß die „maßgebenden Sturmflutwasserstände" gemäß den Empfehlungen aus dem Jahre 1955 an der Küste nicht erreicht, dagegen im Mündungsgebiet der Stör, Krückau und Pinnau mit in Richtung auf Hamburg steigender Höhe überschritten wurden. Mit 5,98 m ü. NN wurde in Hamburg-Neuenfelde der höchste jemals gemessene Wasserstand erreicht und lag damit beträchtlich über dem Hochwasserstand von 5,24 m ü. NN des Jahres 1825. Wie in Hamburg, wo es zu mehr als 60 Deichbrüchen kam, waren auch an den schleswig-holsteinischen und niedersächsischen Küstenabschnitten die auf Grund der 1955 gegebenen Empfehlungen zur Erhöhung und Ertüchtigung angelaufenen Sicherungsarbeiten bei weitem noch nicht abgeschlossen. Überdies zeigte sich, daß die Wellenauflaufhöhen unterschätzt worden waren und die Deichinnenböschungen flacher als 1 : 2 ausgeführt werden müssen. Der Wert systematischer Vorlandarbeiten zur Schaffung bzw. Erhaltung eines mindestens 200 m breiten Deichvorlandes wurde erneut bestätigt.

Sturmflut 1976

Die Sturmflut vom 3. Januar 1976 erfaßte wiederum die gesamte Nordseeküste. In einigen Bereichen traten Wasserstände ein, die bis dahin noch nie gemessen worden waren. Im Bereich der schleswig-holsteinischen Elbmarschen lief das Wasser bis zu 38 cm höher auf als bei der Februarflut 1962. Der höchste Wasserstand in Hamburg betrug 6,45 m ü. NN und war damit so hoch, wie nie zuvor. Auch im Bereich Pellworm, Nordstrand, Husum sowie an der Küste von Eiderstedt stieg die Flut höher als 1962. Daß die entstandenen Schäden verhältnismäßig geringer ausfielen, war eine Folge des bis dahin doch erheblich verbesserten Küstenschutzes. Schäden entstanden insbesondere dort, wo die vorgesehenen Deicherhöhungen und -umgestaltungen noch nicht ausgeführt waren.

Hochwasser und Hochwasserschutz nach dem 2. Weltkrieg

Hochwasserhydrologie, Hochwasserabfluß

Die Wirren des zweiten Weltkriegs und die dann folgenden Nachkriegsprobleme hatten auch ihre negativen Auswirkungen auf Wissenschaft und Forschung in Deutschland. Das galt auch für das Gebiet der Hydrologie, insbesondere der Hochwasserhydrologie. Die Entwicklungen in der Welt waren zwischenzeitlich weiter gegangen. Es mußte zum Beispiel wieder Anschluß gefunden werden an den Stand der Erkenntnisse in den Bereichen Ermittlung kritischer Hochwasserabflüsse, Hydrologie der Hochwasserrückhaltebecken oder Einsatz hydraulischer und insbesondere mathematischer Modelle, bei denen die Neuerungen auf dem Gebiet der stochastischen Prozesse, d. h. von wahrscheinlichkeitstheoretischen Betrachtungen, verwertet werden. Noch im Jahre 1970 weist ZIMMERMANN[50] auf die Notwendigkeit hin, daß Deutschland wieder Anschluß findet an den Stand der Wissenschaft in der Welt und sich wieder aktiv einbringt in die hydrologische Forschung, wie es deutsche Tradition war. Dabei spricht er von den Anstrengungen, die insbesondere in Rußland und den USA auf diesem Gebiet gemacht werden.

Inzwischen ist der Anschluß Deutschlands an das Weltniveau auf diesem Gebiet längst erreicht. In der Hydrologie haben bei uns stochastische Prozesse einen festen Platz.

Die Hochwasserwahrscheinlichkeit wird als Beziehung zwischen Hochwasserscheitelabfluß und dessen Überschreitungswahrscheinlichkeit oder dessen Wiederkehrintervall angegeben. Unter den verschiedenen Verteilungsfunktionen hat sich nach qualitativen Überlegungen und Vergleichsberechnungen von FORSTER der Typ III der PEARSONschen Verteilungsfunktion als besonders günstig für die Hochwasserabflußverteilung ergeben (Abb. 142). Die Verteilungskurve ist in einer Richtung begrenzt, in der anderen nähert sie sich im Unendlichen asymtotisch der x-Achse. Neben der PEARSON-III-Verteilung spielen in der Hydrologie die GAUSSsche Normalverteilung, die Log-Normalverteilung, die Log-PEARSON-III-Verteilung und die GUMBELverteilung eine besondere Rolle. Einen Vergleich der Hochwasserwahrscheinlichkeit nach verschiedenen Methoden hat H. LIEBSCHER für den Rheinpegel Kaub 1936–1965 angestellt

[50] ZIMMERMANN, FRIEDRICH (1902–1973), Professor an der Technischen Universität Braunschweig und Direktor des Leichtweiß-Instituts für Wasserbau und Grundbau, in: Die Wasserwirtschaft, Jan./Febr. 1970

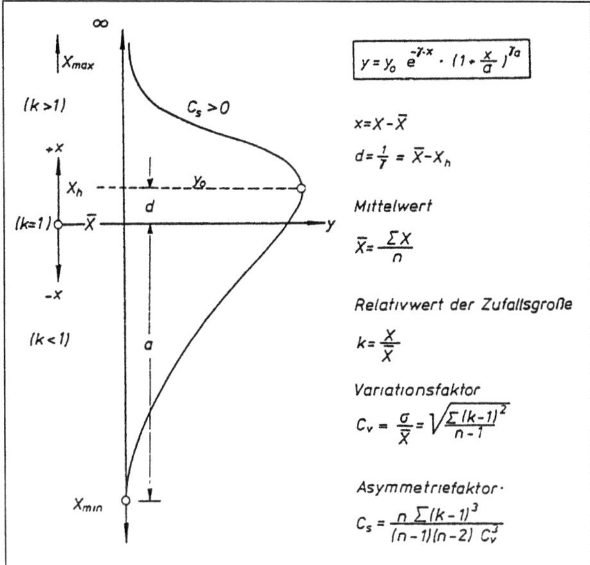

Abb. 142   PEARSON-III-Verteilungsfunktion.

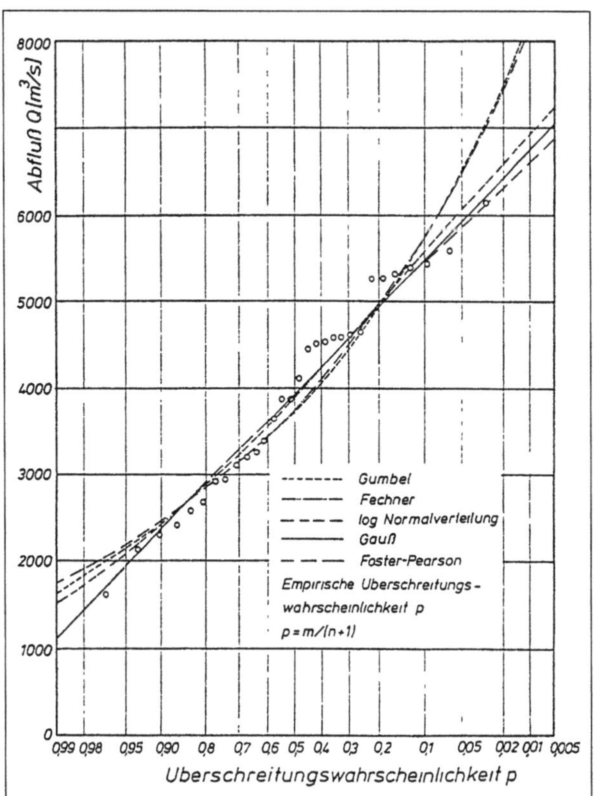

Abb. 143   Hochwasserwahrscheinlichkeit nach verschiedenen Methoden für den Rheinpegel Kaub 1936–1965. LIEBSCHER, H.

(Abb. 143). Auf der Abbildung sind die bekannten Durchflußwerte nach ihrer sogenannten empirischen Überschreitungswahrscheinlichkeit aufgetragen mit $p = m/(n + 1)$, m = Ordnungszahl des betrachteten Abflußwertes (von dem größten Wert aus gerechnet) und n = Gesamtzahl der Abflußdaten.

Bei Eindeichungen am Fluß, Gewässerregulierungen oder Speicheranlagen sind deren Wirkungen durch Berechnung der Wellenverformungen zu ermitteln. Man bedient sich dabei der Methoden, die als „Flood Routing"-Verfahren bezeichnet werden und die in die hydraulischen und die hydrologischen Verfahren unterteilt werden. Das hydraulische oder hydrodynamische Verfahren basiert auf den beiden Differentialgleichungen für instationäres Fließen von DE SAINT-VENANT: Kontinuitätsgleichung und Energiegleichung. Sie sind nicht geschlossen integrierbar und werden mit Hilfe von Differenzenverfahren gelöst. Die zahlreichen hydrologischen Verfahren sind unter Vernachlässigung der Energiegleichung auf der Kontinuitätsgleichung aufgebaut. Zu nennen sind hier insbesondere die schon in den 1930er Jahren in den USA entwickelte MUSKIN-GUM-Methode sowie die aus Rußland kommende KALININ-MILJUKOW-Methode und die Methode der Speicherkaskade. Diese mathematischen Verfahren verdrängen schrittweise die hydraulischen Modelle. HUBERT ENGELS (1854–1945), Professor an den Technischen Hochschulen Braunschweig und Dresden, hatte 1898 mit der Errichtung des Dresdener Flußbau-Laboratoriums das moderne wasserbauliche Versuchswesens begründet. 1941 wurde die Anstalt in „Hubert-Engels-Flußbaulaboratorium" umbenannt. Nach dem Vorbild von ENGELS in Dresden hatte THEODOR REHBOCK (1864–1950), Professor an der Technischen Hochschule Karlsruhe, 1900 in Karlsruhe ebenfalls ein Flußbaulaboratorium errichtet, das unter seiner Leitung internationales Ansehen erreichte und später den Namen „Theodor-Rehbock-Flußbaulaboratorium" erhielt. Ihnen war die Einrichtung wasserbaulicher Versuchsanstalten unterschiedlicher Ausstattung an praktisch allen Technischen Hochschulen und Technischen Universitäten gefolgt sowie auch die Gründung der Bundesanstalt für Wasserbau in Karlsruhe vornehmlich für Modelluntersuchungen, die die Bundeswasserstraßen betreffen. In diesen Anstalten wurden und werden auf der Grundlage von Ähnlichkeitsgesetzen, deren wichtigstes für das wasserbauliche Versuchswesen das FROUDEsche[51] Modellgesetz ist, Modellversuche durchgeführt.

Wasserbauliche Modellversuche werden trotz des weiteren Vordringens mathematischer Simulationen vorerst noch dort ihre Bedeutung behalten, wo das Zusammentreffen mehrerer schwer zu erfassenden Randbedingungen, wie Krümmung, geteiltes Profil, schräge Vorlandüberströmung, Flußteilung oder Zusammenflüsse die Anwendung zweidimensionaler hydrodynamisch-numerischer Strömungsmodelle in der Ingenieurpraxis noch vor gewisse Schwierigkeiten stellt. Abgesehen davon hat das hydraulische Modell auch den Vorteil

---

[51]   FROUDE, WILLIAM (1810–1879), engl. Schiffbauer, führte Schiffbauversuche mit geometrisch ähnlichen Modellen durch.

der Anschaulichkeit. Dennoch ist davon auszugehen, daß die weitergehende Grundlagenforschung mit Hilfe systematischer hydraulischer Modellversuche den Einsatz mathematischer Simulationen auch in den Fällen komplexer Randbedingungen immer weiter vorantreiben wird. Hydrodynamisch-numerische Strömungsmodelle, bei denen die sogenannten Flachwassergleichungen mit Hilfe numerischer Näherungsverfahren – Finite-Differenzen-Verfahren; Finite-Elemente-Verfahren – gelöst werden, haben bereits Eingang in die Praxis gefunden. In der wasserbaulichen Praxis werden in den einfacheren Fällen auch weiterhin eindimensionale Rechenverfahren angewandt, bei denen Einflüsse wie etwa geschwungener Verlauf des Gewässers oder unregelmäßige Gerinnegeometrie durch Schätzungen berücksichtigt werden. In neuester Zeit gewinnt dabei das wissenschaftlich fundierte Fließgesetz nach DARCY-WEISBACH[52] (1845) an Bedeutung:

$$v_m = \frac{1}{\sqrt{\lambda}} \sqrt{8\,g\,r_{hy}\,I}$$

mit dem Widerstandsbeiwert λ nach COLEBROOK und WHITE

$$\frac{1}{\sqrt{\lambda}} = -2\,\lg\left(\frac{k_s/r_{hy}}{14{,}84}\right)$$

mit k_s = äquivalente Rauheit.

Soll der Schutz gegen Hochwasser örtlich durch Deiche erfolgen, tritt neben vielen anderen Fragen auch diejenige des sogenannten Freibords – Deichhöhe über dem Bemessungswasserstand – auf. In den „Empfehlungen für Flußdeiche" des Arbeitskreises Flußdeiche des Deutschen Verbandes für Wasserwirtschaft e. V. (DVWW), der Länderarbeitsgemeinschaft Wasser (LAWA) und der Deutschen Gesellschaft für Erd- und Grundbau e. V. (DGEG) aus dem Jahre 1971 wird als Sicherheitshöhe ein Freibord von ¼ der Höhe des Wasserstandes W über dem zu schützenden Binnenland vorgeschlagen. Das entspricht ⅕ der Deichhöhe H. Bei einem Freibord in Abhängigkeit vom Wasserstand über dem zu schützenden Gelände tritt eventuelles Überströmen zunächst dort ein, wo der vergleichsweise geringste Schaden zu erwarten ist. Besondere tatsächliche Verhältnisse wie dichte Besiedlung oder empfindliche Industrien erfordern von den „Empfehlungen" abweichende Regelungen.

Auf Fragen der Deichführung, der Querschnittsgestaltung, der Materialauswahl, der Standsicherheit und der Bauausführung kann hier nicht eingegangen werden.

---

[52] Auf S. 140 wurde bereits darauf hingewiesen, daß dieses Fließgesetz irrtümlich mit DARCY in Verbindung gebracht wird (s. KIRSCHMER, S. 12).

Hochwasserrückhaltung

Neben den örtlichen Hochwasserschutzmaßnahmen wie insbesondere Profil-erweiterungen und Eindeichungen gewann in den ersten Jahrzehnten nach dem zweiten Weltkrieg der Hochwasserschutz durch Rückhaltung besondere Bedeutung. Gemeint ist hier die Aufnahme von Hochwasserwellen in Hochwasserrückhaltebecken, die sich von den schon in früherer Zeit geschaffenen Rückhalteräumen bei Talsperren in mehrfacher Hinsicht unterscheiden. Die Hochwasserrückhaltebecken können als flußbauliche Maßnahmen begriffen werden. Sie werden in mittleren und kleinen Wasserläufen angeordnet und dienen der vorübergehenden Aufnahme von Hochwasserspitzen. Ihre enge Verbindung zum Wasserlauf oberhalb und unterhalb, ihre Schutzwirkungen in Abhängigkeit von Art und Umfang der Schutzgüter, die vielfältigen Betriebsmöglichkeiten, die gewünschte Nutzung des Stauraumes, die gestalterische, bautechnische und steuerungstechnische Vielfalt lassen es verständlich erscheinen, daß es viele Versuche einer Systematisierung der Hochwasserrückhaltebecken unter den verschiedensten Gesichtspunkten gegeben hat. Eine davon, die sich auf mögliche Betriebsformen bezieht, ist in Abbildung 144 wiedergegeben. Darin sind 3 Fälle der vorhandenen Beckengröße im Verhältnis zur zurückzuhaltenden Hochwassermenge und Konsequenzen für den Betrieb dargestellt. Im Fall 1 beispielsweise kann bei gesteuerter Abgabe dem Unterlauf – mit etwaigen Seitenzuflüssen – Abflußreserve. zur Verfügung gestellt werden

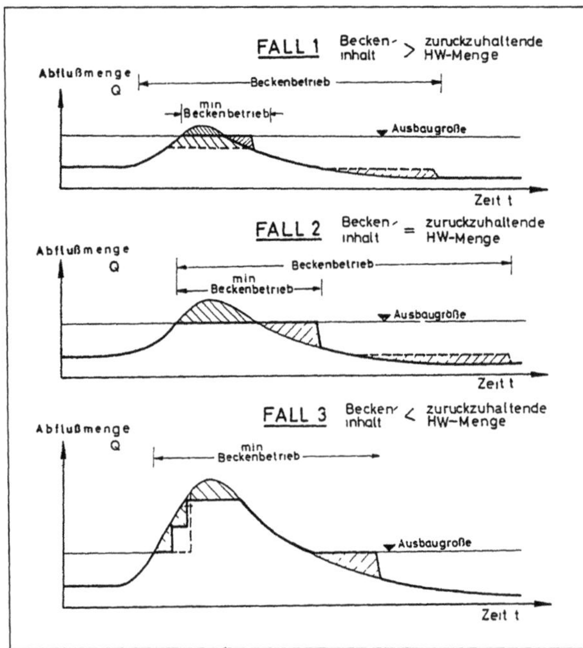

Abb. 144 Betriebsformen von Hochwasserrückhaltebecken. ZIMMERMANN, F.; U. MANIAK und W. HARTUNG: Die hydrologische, wasserwirtschaftliche, konstruktive und betriebliche Problematik der Hochwasserrückhaltebecken, in: Wasser und Boden, 1964

(Strichlinie). Im Fall 3 führt eine feste Basisabgabe zur Beckenauffüllung vor Ankunft der Hochwasserspitze (Strichlinie); schrittweise Anpassung der Abgabe dagegen ermöglicht eine Aufnahme der Wellenspitze im Becken (ausgezogene Linie). Die wirkungsvolle Steuerung von Hochwasserrückhalteräumen, insbesondere aber eine Verbundsteuerung mehrerer solcher Räume erfordert die Kenntnis der aktuellen Niederschläge, der Niederschlag-Abfluß-Beziehungen und der jeweiligen Speicherfüllungen. Mit Hilfe in neuerer Zeit entwickelter rechnergestützter mathematischer Modelle kann auf der Grundlage von Niederschlagsprognosen des meteorologischen Dienstes die Abflußentwicklung berechnet werden, und über alternative Steuerentscheidungen können für die Speicher die optimalen Bewirtschaftungs- und Abflußvarianten ermittelt werden. Neben der aktuellen Verbundsteuerung können über Langfristsimulationsprogramme Stauraumbewirtschaftungen entwickelt werden, die in ihrer Wirkung einer Vergrößerung von Stauraum gleichkommen.

Die 1986 herausgebrachte DIN 19700, Teil 12, Stauanlagen-Hochwasserrückhaltebecken enthält Anhaltswerte für die Bemessung des Hochwasserrückhalteraumes in Abhängigkeit von der Schadenserwartung ohne Rückhalt. Die dabei zugrunde gelegten Wiederholungszeitspannen des Bemessungshochwassers in Jahren variieren zwischen 5 und 100.

Die besonderen und sehr unterschiedlichen Rückhaltemaßnahmen am Oberrhein, die zum Ausgleich der durch den Oberrhein-Ausbau eingetretenen Abflußverschärfungen zum Teil schon verwirklicht sind, zum größeren Teil noch zu verwirklichen sein werden, werden weiter unten im Gesamtzusammenhang „Rheinausbau nach dem zweiten Weltkrieg" beschrieben.

Elbe

Nachdem durch den Bau von Deichanlagen an der Elbe, und zwar allein im Bereich der heutigen neuen Bundesländer, im Zeitraum zwischen 1100 und 1900 eine Reduzierung des Speichervolumens im ursprünglichen Überflutungsgebiet von rund 1,4 Mrd. m³ eingetreten war, kam in dem Zeitabschnitt von 1915 bis 1990 ein weiteres Volumen von ungefähr 760 Mio. m³ hinzu, und zwar an den Nebenflüssen. Mit einer riesigen Zahl von Talsperren (>0,3 Mio. m³) im Einzugsgebiet der Elbe sowohl auf dem Gebiet der Tschechischen Republik wie auch in Deutschland, von denen der größte Teil Mehrzwecktalsperren sind und die zusammen einen beherrschbaren Hochwasserschutzraum von knapp 500 Mio. m³ haben, ist die Möglichkeit eines begrenzten Eingriffs in das Abflußgeschehen bei Hochwasser gegeben. Von dem gesamten Stauraum dieser Talsperren entfallen auf das Gebiet der Tschechischen Republik 2,53 Mrd. m³, auf das der Bundesrepublik Deutschland 1,41 Mrd. m³. Von dem Gesamtvolumen des beherrschbaren Hochwasserschutzraumes kommen auf die Tschechische

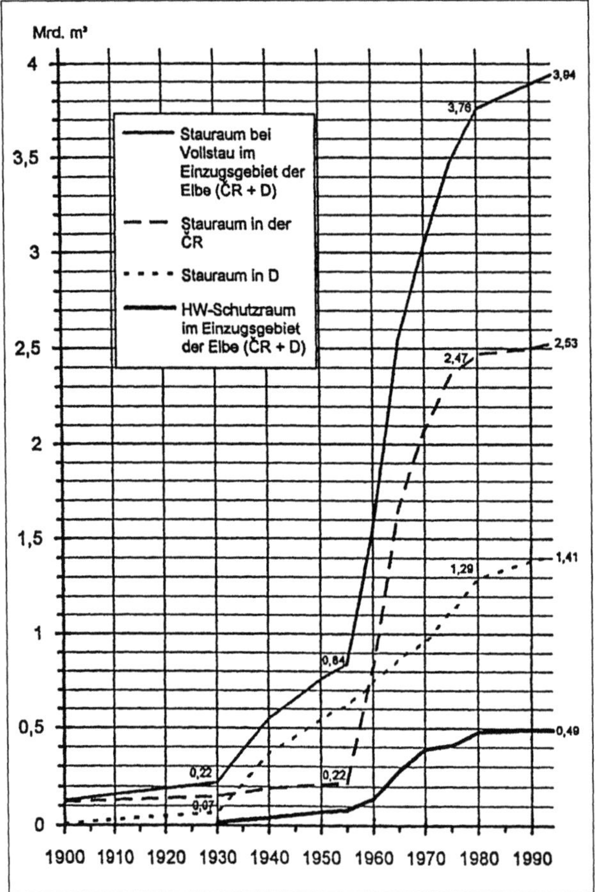

Abb. 145   Stau- und HW-Schutzräume im Einzugsgebiet der Elbe.
SIMON, MANFRED: Anthropogene Einflüsse auf das Hochwasserabflußverhalten im Einzugsgebiet der Elbe, in: Wasser & Boden, 1996

Republik 239 Mio. m³ und auf Deutschland 254 Mio. m³. Besonders bemerkenswert ist der Zuwachs an beherrschbarem Hochwasserschutzraum in den letzten 40 Jahren (Abb. 145).

Die Auswertung der Wasserstands- und Abflußbeobachtungen bis in die neueste Zeit ergibt folgendes Bild: Mit den Hochwasserschutzräumen wird in der oberen Elbe ein beachtlicher Rückhalteeffekt erzielt, der jedoch bereits im mittleren Elbeabschnitt durch Verlust an Retentionsflächen und -räumen an der Elbe selbst und an ihren Nebenflüssen mehr als aufgehoben ist. Weiter stromabwärts nehmen die durch die erfolgten Eindeichungen verursachten Abflußerhöhungen beträchtliche Ausmaße an. Die Rückverlegung von Hochwasserdeichen und die Schaffung von Poldern wären geeignet, Wasserstandsabsenkungen bei Hochwasser zu erreichen.

Rhein

Die im Einzugsgebiet des Alpenrheins bis heute errichteten Kraftwerksspeicher mit einem Gesamtvolumen von rund 1900 Mio. m³ sind für Hochwasser und Hochwasserschutz von nur geringer Bedeutung. Auch die Kraftwerksspeicher im Schwarzwald sind als Anlagenteile von Pumpspeicherkraftwerken für die Hochwasserfragen des Rheins ohne Belang. Jedoch haben die Baumaßnahmen im Zusammenhang mit der Errichtung des Rheinkraftwerks Säckingen, mit dem zugleich das Unterbecken für das Kavernenkraftwerk Säckingen (Inbetriebnahme 1967) geschaffen wurde, in bezug auf den Hochwasserschutz positive lokale Wirkung, wie das auch für die übrigen Kraftwerksanlagen des Hochrheins gilt.

Am Oberrhein wurden nach dem zweiten Weltkrieg die Arbeiten am Rheinseitenkanal fertiggestellt, sodann zwischen 1961 und 1970 die vier Staustufen im Rahmen der sogenannten „Schlingenlösung" gebaut und dann weiter abwärts, und zwar im Rhein selbst, die Staustufen Gambsheim (1974) und Iffezheim (1977). Siehe hierzu Abbildung 146 sowie S. 151.

Im Zusammenhang mit der Errichtung der Rheinstaustufen Marckolsheim bis Iffezheim mußten wegen der Mittelwasseranhebungen am Mittelwasserbett neue Deiche angelegt werden. Damit wurde örtlich ein Hochwasserschutz gegen Ereignisse von etwa 1000 Jahren Wiederkehrzeit erreicht, zugleich aber

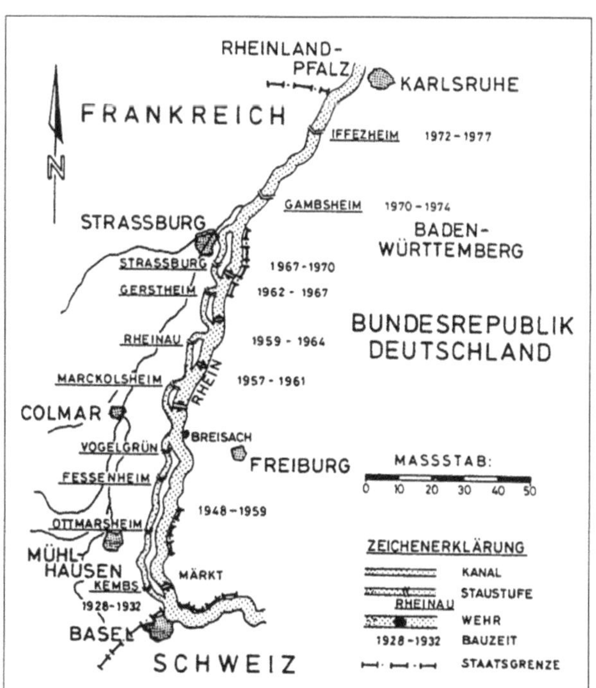

Abb. 146   Oberrheinausbau mittels Staustufen.
Rother, K.-H.: Ausgleich der Hochwasserverschärfung infolge des Oberrheinausbaus, in: Wasser und Boden, 1982

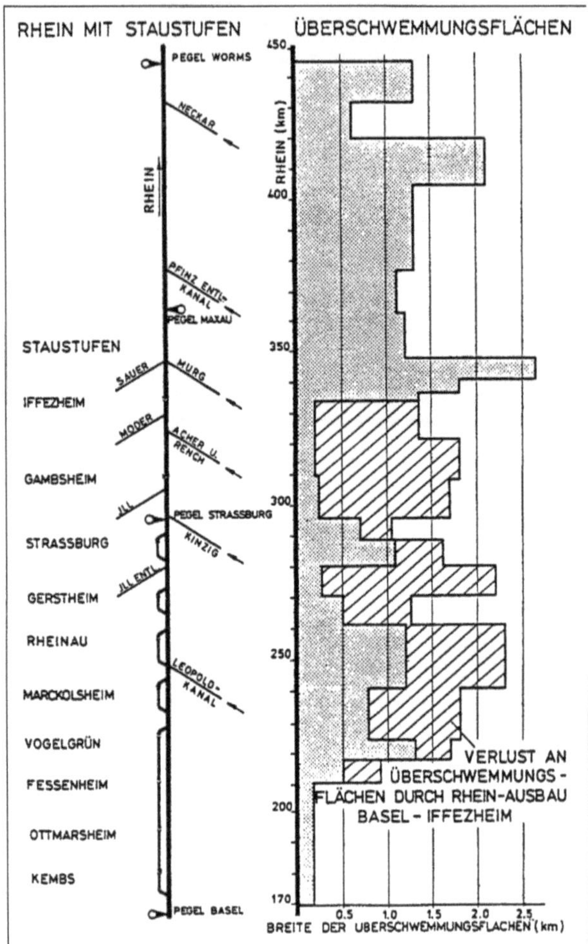

Abb. 147 Oberrheinausbau: Verlust an Überschwemmungsflächen.
ROTHER, K.-H.: Ausgleich der Hochwasserverschärfung infolge des Oberrheinausbaus, in: Wasser und Boden, 1982

wurden in großem Umfang Flächen ausgedeicht, die bis dahin natürliche Überflutungsgebiete darstellten. Der Gesamtumfang (Abb. 147) der infolge des Oberrheinausbaus mittels Staustufen verloren gegangenen Überflutungsgebiete wird mit rund 130 km² angegeben. Infolge des Verlustes der ehemaligen Überflutungsgebiete fließen die Hochwasserwellen schneller ab und überlagern sich ungünstig mit denen der Nebenflüsse, insbesondere mit denen des Neckars.

Im Jahre 1968 wurde die „Internationale Hochwasserstudienkommission für den Rhein" gebildet, in der Deutschland, Frankreich, die Schweiz und Österreich vertreten sind. Sie hatte die Aufgabe, den Einfluß der Stauregelung auf den Hochwasserabfluß im Rheinabschnitt Basel-Worms zu untersuchen. Dies geschah auf der Grundlage eines deterministischen Hochwasserablaufmodells der Bundesanstalt für Gewässerkunde. Der Schlußbericht der Kommission wurde 1978 vorgelegt. Darin werden Erhöhungen der Hochwasserscheitel durch den

Ausbau am Pegel Worms bei HQ_{100} von 5600 auf 6300 m³/s und bei HQ_{200} von
6000 auf 6800 m³/s angegeben. Bei diesem Ergebnis mußte interessieren, wie
sich die Hochwasserverschärfung weiter unterhalb auswirkt. Es wurde deshalb
1978 eine von den Ländern Hessen und Rheinland-Pfalz sowie der Wasser- und
Schiffahrtsverwaltung des Bundes besetzte weitere Kommission beauftragt, die
Veränderung der Hochwasserverhältnisse bis zum Pegel Kaub (Abschnitt Bin-
gen/Koblenz) zu untersuchen. Als Ergebnis mußte festgestellt werden, daß sich
die Erhöhung der Scheitelabflüsse durch den Oberrheinausbau auch hier in
etwa gleicher Größe wie weiter oben bewegt. Weitere Untersuchungen zeigen
Hochwasserverschärfungen durch den Oberrheinausbau zwischen 1955 und
1977 auch am Mittel- und Niederrhein auf, wie sich zum Beispiel für den Pegel
Köln ablesen läßt.

Tab. 3   Hochwasserscheitelabflüsse unterschiedlicher Wiederkehrzeiten für Rheinausbau-
zustände 1955 und 1977

Wiederholungs-zeitspanne	Pegel Worms* 1955 m³/s	Pegel Worms* 1977 m³/s	Pegel Kaub* 1955 m³/s	Pegel Kaub* 1977 m³/s	Pegel Köln* 1955 m³/s	Pegel Köln* 1977 m³/s	Erhöhung m³/s	Erhöhung cm
2	3420	3650	4240	4320	6550	6700	150	13
5	3950	4300	5000	5150	7950	8200	250	18
10	4350	4800	5500	5800	8900	9250	350	23
25	4850	5450	6250	6650	10050	10550	500	30
50	5250	5950	6800	7300	10950	11550	600	34
100	5700	6400	7400	8000	11850	12550	700	36
200	6000	6800	8000	8800	12750	13550	800	39

* Stand Dezember 1989
Quelle: OELMANN, HUBERTUS: Das Kölner Hochwasserschutzkonzept, in: Abwasserforum
Köln, Dez. 1995

Für ein Hochwasserereignis mit 200jährlicher Wiederholungswahrscheinlich-
keit bedeutet dies am Pegel Köln eine Wasserspiegelerhöhung von etwa 40 cm.
  Welche gravierende, langfristige Entwicklung der Rhein unter maßgeblichem
Einfluß der Ausbaumaßnahmen genommen hat, zeigt beispielsweise die Veränderung der Wasserstands-Abfluß-Beziehung am Pegel Worms über einen Zeitraum von rund 150 Jahren, die vornehmlich durch erosionsbedingte Profilände-
rung bewirkt wurde. In Abbildung 148 ist zu erkennen, daß in dieser Zeitspanne
die zu bestimmten Abflüssen gehörenden Wasserstände ständig gesunken sind.
Bei einem Hochwasserabfluß von beispielsweise 6000 m³/s beträgt die Absenkung 1,24 m, wobei der mit Abstand größte Anteil, nämlich rund 0,7 m, auf den
Zeitabschnitt von 1885 bis 1925 entfällt, während die Veränderung nach dem
zweiten Weltkrieg vergleichsweise gering ist. Das bedeutet gleichzeitig, daß der
Oberrheinausbau mit der Erhöhung der Hochwasser-Abflußscheitel zu einer
massiven Reduzierung der Wiederkehrzeit bestimmter Abflüsse führen konnte.

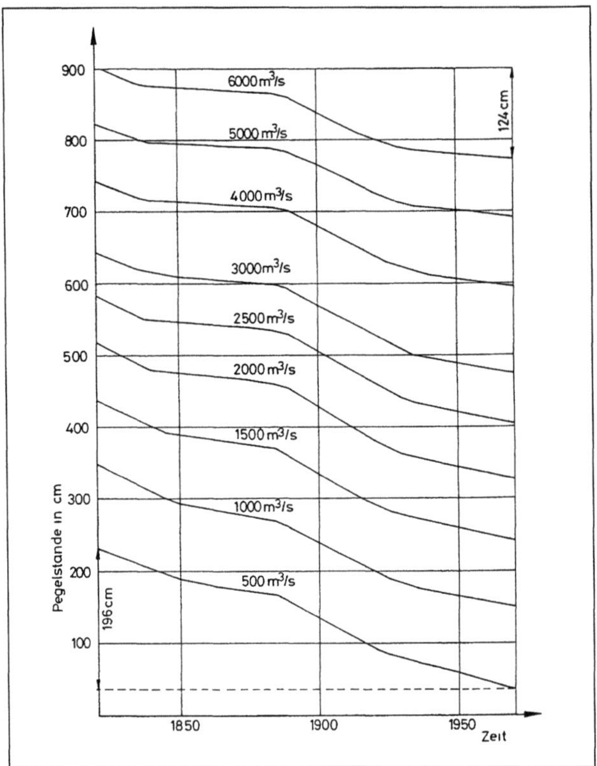

Abb. 148 Wasserstands-Abflußbeziehung am Pegel Worms im Verlauf von 150 Jahren

Auf der Grundlage des Schlußberichtes der Hochwasserstudienkommission wurde zwischen der Bundesrepublik Deutschland und der Französischen Republik 1982 eine Vereinbarung getroffen mit der Verpflichtung beider Staaten, den vor dem Oberrheinausbau unterhalb Iffezheim vorhandenen Hochwasserschutz wiederherzustellen. Diese Vereinbarung wurde ergänzt durch ein Verwaltungsabkommen zwischen dem Bund und den Ländern Rheinland-Pfalz und Hessen. Nach diesen Vereinbarungen sollen unter Berücksichtigung später vorgenommener Modifizierungen insgesamt rund 288 Mio. m³ Rückhalteraum geschaffen werden: in Frankreich rund 58 Mio., in Baden-Württemberg rund 167 Mio., in Rheinland-Pfalz rund 63 Mio. m³. Geschaffen werden sollen diese Rückhaltungen durch verschiedene Maßnahmen: Sonderbetrieb der Rheinkraftwerke, Polder, Deichrückverlegung, Vorlandtieferlegung, Wehre. Soweit es sich dabei um die Herstellung, Beseitigung und wesentliche Umgestaltung eines Gewässers oder seiner Ufer sowie von Deich- und Dammbauten, die einer Planfeststellung nach § 31 WHG bedürfen, handelt, ist eine Umweltverträglichkeitsprüfung durchzuführen (Umweltverträglichkeitsprüfungsgesetz – UVPG – vom 12. Febr. 1990).

Das Ziel, in den Rückhalteräumen wieder aueähnliche Biotope und Lebensgemeinschaften zu schaffen, begrenzt die Überflutungshöhe auf maximal

2,50 m, erfordert Durchströmen der Rückhalteräume und sogenannte ökologische Flutungen. Unter ökologischen Überflutungen werden regelmäßige Überflutungen verstanden, die mit wenigen m³/s beginnen und weit vor der Hochwasserrückhaltung einsetzen. Mit steigenden Rheinabflüssen werden die Zuleitungsmengen erhöht; stehendes Wasser soll möglichst vermieden werden. Die Hochwasserrückhaltung beginnt bei 3000 bis 4000 m³/s.

Von den insgesamt vorgesehenen Rückhalteräumen mit zusammen rund 288 Mio. m³ Inhalt sind bisher rund 85 Mio. m³ betriebsbereit. Was die Wirkung dieser Rückhaltemaßnahmen angeht, ist festzustellen, daß sie gemäß der vertraglichen Vereinbarung zwischen Deutschland und Frankreich nach bestimmten Reglements gezielt für den Hochwasserschutz bis Worms eingesetzt werden sollen. Ist die Notwendigkeit dieses Einsatzes gegeben – und nur dann –, können sozusagen als Nebeneffekt auch positive Wirkungen im Bereich des Mittelrheins bis zum Niederrhein erzielt werden. Allerdings wird das Maß der Scheitelabflußreduzierung bei den jetzt vorgesehenen Rückhaltemaßnahmen im Raum Köln nur noch vergleichsweise gering sein, weil dort ein ungünstiges Zusammentreffen von Hochwasserwellen des Rheins mit denen der großen Rheinnebenflüsse für das Zustandekommen extremer Hochwasserspitzen entscheidend ist. Der gezielte Einsatz der Rückhaltemaßnahmen des Oberrheins nur im Interesse von Mittel- und Niederrhein, also ohne die Notwendigkeit des Einsatzes für den Oberrhein selbst, ist durch die vertraglichen Regelungen nicht gedeckt. Aber auch die heute gegebene Möglichkeit der Hochwasservorhersage über maximal 36 Stunden reicht für einen solchen Einsatz nicht aus, weil zum Beispiel die Fließzeit der Hochwasserwelle von Karlsruhe bis Köln mehr als vier Tage beträgt. Darüber hinaus bliebe dann auch die Frage offen, ob die Rückhalteräume nicht auch für ihren eigentlichen Zweck benötigt werden.

Die besonders gefährdete Stadt Köln, die in jüngster Zeit das Fehlen eines überregionalen Hochwasserschutzkonzepts beklagt, hat aus der Situation für sich Konsequenzen derart gezogen, daß sie insbesondere unter dem Eindruck des dramatischen Hochwasserereignisses im Januar 1995 ein Hochwasserschutzkonzept entwickelt hat. Es geht von neuen Bemessungswasserständen aus, die dem baulichen Hochwasserschutz zugrunde gelegt werden. Während seit den 1980er Jahren 10,00 m Kölner Pegel als Schutzhöhe festgesetzt wurde, werden für zukünftige Schutzanlagen je nach Örtlichkeit die neuen Bemessungswasserstände von 11,30 m für ein 100jährliches und von 11,90 m für ein 200jährliches Ereignis zugrunde gelegt. Der bauliche Hochwasserschutz bezieht sich auf Deiche, Mauern und Mobilteile mit einem Kostenaufwand von etwa 150 Mio. DM und auf die Stadtentwässerung mit weiteren Kosten von rund 350 Mio. DM.

Auf der gesamten Niederrhein-Strecke vom Kölner Raum bis zur deutsch-niederländischen Grenze, die vollständig zum Bundesland Nordrhein-Westfalen gehört, sind Hochwasserschutzanlagen mit zusammen 330 km Länge vorhanden. Eine „Hochwasserstudiengruppe für den Rhein in Nordrhein-Westfalen" ordnet den jetzigen Schutzgrad der Anlagen – mit wenigen Ausnahmen – auf der Strecke Köln-Düsseldorf etwa einem 200jährlichen und auf der Strecke Düsseldorf-Grenze zu den Niederlanden einem mindestens 500jährlichen Ereignis zu. 1992 wurde ein „Gesamtkonzept Rhein in Nordrhein-Westfalen – Hochwasserschutz, Schiffahrt und Ökologie –" fertiggestellt. Darin wird die Weiterentwicklung des Hochwasserschutzes in Übereinstimmung mit ökologischen Planungszielen formuliert, und zwar die Rückverlegung von Deichen und die Schaffung von Rückhalteräumen. Die Rückhaltemaßnahmen in einer Größenordnung von etwa 170 Mio. m³ sollen eine fühlbare Absenkung der Hochwasserstände bewirken.

Ein wichtiger Schritt in Richtung auf einen das gesamte Rheingebiet umfassenden koordinierten Hochwasserschutz wurde durch die EU-Umweltminister am 4. Februar 1995 getan, als sie mit Zustimmung der Schweiz die IKSR beauftragten, einen Aktionsplan Hochwasser für den Rhein auszuarbeiten. Er wurde auf der Rhein-Ministerkonferenz am 22. Januar 1998 in Rotterdam mit einem Kostenvolumen von 12 Mrd. Ecu beschlossen. Der Realisierungszeitraum erstreckt sich über 20 Jahre. In Kurzfassung können die wichtigsten Ziele des Aktionsplans wie folgt beschrieben werden. Die Schadensrisiken sollen bis zum Jahr 2005 um 10 %, bis zum Jahr 2020 um 25 % vermindert, die Extremhochwasserstände unterhalb des staugeregelten Oberrheinbereichs bis 2005 um bis zu 30 cm und bis 2020 um bis zu 70 cm reduziert werden. Außerdem soll eine Verstärkung des Hochwasserbewußtseins durch Aufstellen von Risikokarten der Überschwemmungsgebiete und der hochwassergefährdeten Bereiche erreicht werden. Schließlich wird eine Verbesserung des Hochwassermeldesystems durch internationale Zusammenarbeit und Verlängerung der Vorhersagezeiträume angestrebt. Eine Maßnahmenübersicht 1998–2020 ist in der Tabelle dargestellt.

Tab. 4   Aktionsplan Hochwasser Rhein, Maßnahmenübersicht 1998–2020

Maßnahmen- kategorien	Hochwasser- schutzeffekte	Andere Effekte	Geschätzter Aufwand [Mio. Ecu]
(1) Wasserrückhalt im Rheineinzugsgebiet – Renaturierungen (11 000 km)	– geringe Wirkung im Nahbereich	– Wiederherstellung aquat. und terrestrischer Lebensräume	1160
– Reaktivierung von Über- schwemmungs- gebieten (1000 km²)	– örtliche Wirkung, geringe Wirkung am Rhein	– Grundwasseranreicherung, Wiederherstellung aquat. und terrestrischer Lebensräume	2030
– Extensivierung Landwirtschaft (3900 km²)	– geringe Wirkung im Nahbereich	– Grundwasseranreicherung, neue Lebensräume	1705
– Naturentwicklung, Aufforstungen (3500 km²)	– geringe Wirkung im Nahbereich	– Grundwasseranreicherung, neue Lebensräume	680

Fortsetzung Tab. 4   Aktionsplan Hochwasser Rhein, Maßnahmenübersicht 1998–2020

Maßnahmen-kategorien	Hochwasser-schutzeffekte	Andere Effekte	Geschätzter Aufwand [Mio. Ecu]
– Entsiegelungen (2500 km²)	– geringe Wirkung im Nahbereich	– Entlastung von Kanalisation und Kläranlagen	1890
– Technische Hochwasserrückhaltungen (73 Mio. m³)	– örtliche Wirkung, geringe Wirkung am Rhein	– Schaffung neuer Lebensräume	935
	HW-Standreduzierung ca. 10 cm		8400
(2) Wasserrückhalt am Rhein – Reaktivierung von Überschwemmungsgebieten (160 km²)	– HW-Standreduzierung: 15–25 cm	– Grundwasseranreicherung, Wiederherstellung aquat. und terrestrischer Lebensräume	1450
– Technische Hochwasserrückhaltungen (364 Mio. m³)	– HW-Standreduzierung: 45–60 cm	– Schaffung neuer Lebensräume	960
			2410
(3) Technischer Hochwasserschutz – Unterhaltung und Ertüchtigung der Deiche, Anpassung an das Schutzniveau (1115 km)	– Reduzierung der Schadensrisiken	– Vergrößerung der Sicherheit für die Hinterlieger	1418
(4) Vorsorgemaßnahmen im Planungsbereich – Hochwasserangepaßte Nutzungen	– Keine Erhöhung der Schadensrisiken	– Vermeidung von Bodenabtrag	60
– Erstellen von Gefahren- und Risikokarten	– Für 100 % der Überschwemmungsgebiete und hochwassergefährdeten Bereiche	– Erhöhung des Hochwasserbewußtseins	
(5) Hochwasservorhersage – Verbesserung der Vorhersage	– Verläng. des Vorhersagezeitraums: 100 %	– Erhöhung der Sicherheit für die Anlieger	12

Fortsetzung Tab. 4   Aktionsplan Hochwasser Rhein, Maßnahmenübersicht 1998–2020

Maßnahmen-kategorien	Hochwasser-schutzeffekte	Andere Effekte	Geschätzter Aufwand [Mio. Ecu]
– Verbesserung der Zusammenarbeit	– Verbesserung der Meldesysteme		
Summe	HW-Standreduzierung 60–70cm (1) (2)		12 300

Verschiedene Maßnahmearten rechtfertigen sich nicht allein aus ihren Hochwasserschutz-wirkungen, sondern erfüllen, wie beispielsweise die Renaturierung von Fließgewässern, auch wichtige Zielvorgaben in anderen Politikbereichen.

Quelle: Internationale Kommission zum Schutze des Rheins: Aktionsplan Hochwasser, 1998

Der Aktionsplan Hochwasser für den Rhein stellt stärker als in der Vergangenheit heraus, daß eine Begrenzung des Schadensrisikos schneller und wirkungsvoller durch hochwasserangepaßte Nutzungen am Gewässer erreicht werden kann als mittels der Maßnahmen, die auf das Hochwasser selbst Einfluß nehmen sollen. Dies kann mit der Aussage beschrieben werden: „Hochwasserflächenmanagement" vor „Hochwassermanagement". Der Aktionsplan steht damit im Einklang mit den von der Länderarbeitsgemeinschaft Wasser (LAWA) im November 1995 im Auftrag der Umweltministerkonferenz herausgegebenen „Leitlinien für einen zukunftsweisenden Hochwasserschutz". Sie stellen neben den natürlichen Rückhalt und den technischen Hochwasserschutz die weitergehende Hochwasservorsorge. Sie umfaßt:
- die „Flächenvorsorge" mit dem Ziel, möglichst kein Bauland in überschwemmungsgefährdeten Gebieten auszuweisen,
- die „Bauvorsorge", die durch angepaßte Bauweisen und Nutzungen mögliche Hochwasserüberflutungen schadlos überstehen läßt,
- die „Verhaltensvorsorge", die vor einem anlaufenden Hochwasser warnt und diese Warnung vor Ort in konkretes Handeln umsetzt und
- die „Risikovorsorge", die finanzielle Vorsorge trifft für den Fall, daß trotz aller vorgenannten Strategien ein Hochwasser-Schaden eintritt.

Die Flächenvorsorge muß sich zur Erreichung ihrer Ziele raumplanerischer, städtebaulicher, landespflegerischer und wasserwirtschaftlicher Mittel bedienen. Dabei spielt die Festsetzung von Überschwemmungsgebieten eine besondere Rolle.
Hochwasservorhersage ist ein wichtiges Instrument zur Schadensreduzierung. Die Vorhersagezeitspannen mit relativ guter Genauigkeit liegen heute für den Hochrhein bei 12 Stunden, den Ober-, Mittel- und Niederrhein bei 24 Stunden und für das Rheindelta bei 48 Stunden. Bei realistischer Einschätzung der Entwicklungsmöglichkeiten geht man davon aus, daß Hochwasservorhersa-

gen hoher Qualität in den nächsten Jahren für folgende Zeitabschnitte bereitgestellt werden können: am Hochrhein für 24–36 Stunden, am Ober-, Mittel- und Niederrhein für 36–48 Stunden und im Rheindelta für 3–4 Tage. Das setzt voraus: Nutzung moderner Methoden zur Sammlung und Verteilung von Daten sowie eine Änderung oder Ergänzung der zur Zeit eingesetzten Hochwasservorhersagemodelle. Dabei wird einem „Flußeinzugsgebietsmodell Rhein" mit einem hydrodynamisch-numerischen Modell für den Rhein selbst und Niederschlag-Abfluß-Modellen für die Nebenflüsse der Vorzug gegeben, und zwar für die Strecke Worms bis Deltagebiet unter Beibehaltung der jetzigen Vorhersagen für Hoch- und Oberrhein.

Nicht befriedigend geregelt ist zur Zeit die versicherungsgestützte Eigenvorsorge, die in sinnvoller Abgrenzung zur unmittelbaren Eigenvorsorge die größeren Risiken abdecken soll. Hier sind Überlegungen mit der Versicherungswirtschaft vonnöten, die eine der Aufgabenstellung angemessene Lösung zum Ziel haben und zugleich der Rechtslage in der Europäischen Union Rechnung tragen.

Oder

Als sich im Juli 1997 das katastrophale Oderhochwasser ereignete, da erinnerte sich mancher der Betroffenen, aber auch derjenigen, die die Schreckensmeldungen über die Medien erfuhren, an das Wort FRIEDRICHS II. nach Beendigung der Arbeiten zur Melioration und Hochwasserfreilegung des Oderbruchs vor rund 250 Jahren: „Ich habe eine Provinz gewonnen". Die Gedanken gingen auch zurück an das März-Hochwasser 1947, das den Deich bei Reitwein brechen ließ und das gesamte Oderbruch unter Wasser setzte. Was ist bei dem neuerlichen außerordentlich extremen Oderhochwasser im Juli 1997 geschehen? Ursache waren Niederschläge im Riesengebirge, Altvatergebirge und in den westlichen Beskiden von kaum vergleichbarer Intensität und Dauer. Für ein Teilgebiet der westlichen Beskiden muß von einem Ereignis mit mehr als 100jährlicher Wiederkehrzeit ausgegangen werden. Daraus ergaben sich entsprechend hohe Abflüsse, deren Wiederkehrzeit mit ungefähr 150 Jahren angegeben werden kann. Besonders ungünstig wirkten sich nach dem großen Niederschlagsereignis weitere ergiebige Niederschläge aus, so daß die Extremabflüsse über mehr als 2 Wochen andauerten. Abbildung 149 zeigt eine Luftaufnahme von dem Mündungsbereich der Warthe in die Oder vom 21. Juli 1997, auf der die Oderinsel, die beiden Grenzbrücken nach Küstrin, die Warthe und überschwemmtes Land zu sehen sind.

In Polen und Tschechien forderten die Fluten über 100 Menschenleben. Etwa 150 000 Menschen mußten in Polen evakuiert werden. In Deutschland lag die Zahl der Evakuierten bei etwa 8000. Der angerichtete Schaden ist gewaltig. In den drei Staaten zusammen wird er auf weit über 10 Mrd. DM geschätzt. Auf

Abb. 149   Luftaufnahme vom Mündungsbereich der Warthe in die Oder bei Küstrin.
ANDREAS LABES/Frankfurter Allgemeine Zeitung 23. Juli 1997

deutscher Seite kam es zu Deichbrüchen oberhalb des Oderbruchs und dadurch zur Überflutung der Ziltendorfer Niederung. Das Oderbruch konnte vor einer Überflutung bewahrt werden. Auf Grund der langanhaltenden extrem hohen Wasserstände waren die Schäden an den Deichen wegen der Durchweichung besonders groß. Sickerstellen, Böschungsaufweichungen und -rutschungen sowie Rißbildungen mußten mit allen zur Verfügung stehenden Mitteln bekämpft werden. Die Deichsicherung erfolgte mit Millionen von Sandsäcken, zum Teil unter Einsatz von Hubschraubern. Streckenweise wurden auf der Wasserseite von Tauchern Plastikfolien aufgebracht. Etwa 15 000 Kräfte von Bundeswehr, Grenzschutz, Feuerwehr und Technischem Hilfswerk sowie viele freiwillige Helfer waren mit einem unvergleichlichen Engagement im Einsatz (Abb. 150).

Folgende Erkenntnisse werden aus den Ereignissen gewonnen: Deicherhöhungen sind nur in geringem Umfang notwendig. Um für die Zukunft zu vermeiden, daß der Austrittspunkt der Sickerlinie oberhalb des luftseitigen Böschungsfußes liegt, ist es erforderlich, die Böschungen abzuflachen und eine Entwässerungsfilterschicht am luftseitigen Deichfuß anzuordnen. Seitens der örtlich zuständigen Stellen wird das in Abbildung 151 dargestellte Profil für die Zukunft vorgeschlagen.

Es wird für unbedingt notwendig erachtet, ein integriertes Hochwasser-Warnsystem und Hochwasser-Management für die gesamte Oder zu schaffen. Es besteht zwischen den Staaten die übereinstimmende Auffassung, daß langfristig in

Abb. 150   Oderhochwasser 1997: Helfer bei der Deichsicherung.
BRIGITTE RÖTHLEIN: Beim Hochwasserschutz wird immer ein Restrisiko bleiben,
in: Wasser & Boden, 1997

großem Umfang Retentionsraum geschaffen werden muß und daß dabei ohne
den maßgeblichen Beitrag der polnischen Seite eine deutliche Verminderung
der Hochwasserscheitel nicht zu erreichen sein wird. In diesem Zusammenhang ist die Aussage polnischer Experten bemerkenswert, daß die im oberen
und mittleren Flußlauf entstandenen 20 Deichbrüche zu einer Hochwasserspei-
cherung im Umfang von mehr als 500 Mio. m^3 geführt hätten und daß ohne die
großflächigen Überschwemmungen in den Nachbarländern der Wasserstand im
unteren Odertal um mehr als 1,50 m höher gewesen wäre.

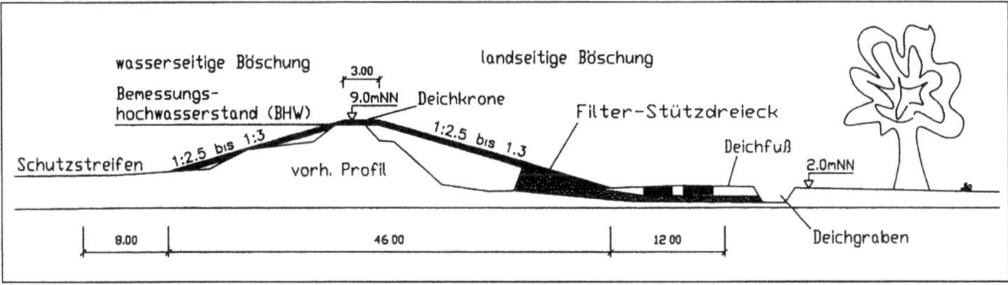

Abb. 151   Vorschlag eines zukünftigen Deichprofils an der Oder.
TISCHER, HELMUT: Das Hochwasser an der Oder, in Wasser & Boden, 1997,
INGEWA

Wasserversorgung nach dem 2. Weltkrieg

Kriegszerstörung und Aufbau

Als der am 1. September 1939 durch den deutschen Überfall auf Polen begonnene zweite Weltkrieg mit der bedingungslosen Kapitulation am 8. Mai 1945 endete, lag ganz Deutschland wie die anderen kriegführenden Staaten Europas in Trümmern.

Zu den ersten Aufgaben, die in Angriff genommen werden mußten, gehörte die zunächst provisorische Versorgung der Bevölkerung mit dem lebensnotwendigen Trinkwasser. In den Städten war dies so schwierig, weil die Versorgungsanlagen – Wasserwerke, Speicheranlagen, Transportleitungen und Verteilungsnetze – durch Bomben oder Granaten zerstört worden waren. Auf diesem Gebiet wie auf allen anderen Gebieten der Daseinsvorsorge und des Wiederaufbaus wurde mit kaum vorstellbarem Einsatzwillen gearbeitet. In Westdeutschland wurde dieser Prozeß begünstigt durch die Integration in die westliche Staatenwelt. Der Erfolg dieser Aufbaujahre ist mit dem Begriff des „Wirtschaftswunders" verbunden. Auf dem Gebiet der Wasserversorgung sind die Erfolge schon anfangs der 1950er Jahre an bedeutenden Einzelmaßnahmen ablesbar.

In Berlin zum Beispiel wurden mit großem finanziellen Aufwand Erneuerungsarbeiten in allen Wasserwerken durchgeführt und dabei der Stand der technischen Entwicklung berücksichtigt. Beispielhaft genannt sei der Ersatz der alten Rieseler und Langsamfilter durch neuzeitliche Verdüsungs- und Schnellfilteranlagen im Wasserwerk Belitzhof. Die umfangreichen Arbeiten am Rohrnetz wurden dadurch erschwert, daß die unglückliche Zerschneidung des Netzes durch die Teilung der Stadt Versorgungsschwierigkeiten verursachte, die durch neue Verteilkonzepte behoben werden mußten. Noch gravierender wirkte sich die Teilung der Stadt auf die Wasserwerkskapazitäten im Verhältnis zu dem Versorgungsbedarf in Berlin (West) und in Berlin (Ost) aus. Westberlin hatte Unterkapazität, die erhöht werden mußte. Neben anderen Maßnahmen, die ergriffen wurden, entstand in diesem Zusammenhang im Jahre 1955 das moderne Wasserwerk Riemeisterfenn an der Krummen Lanke (Abb. 152).

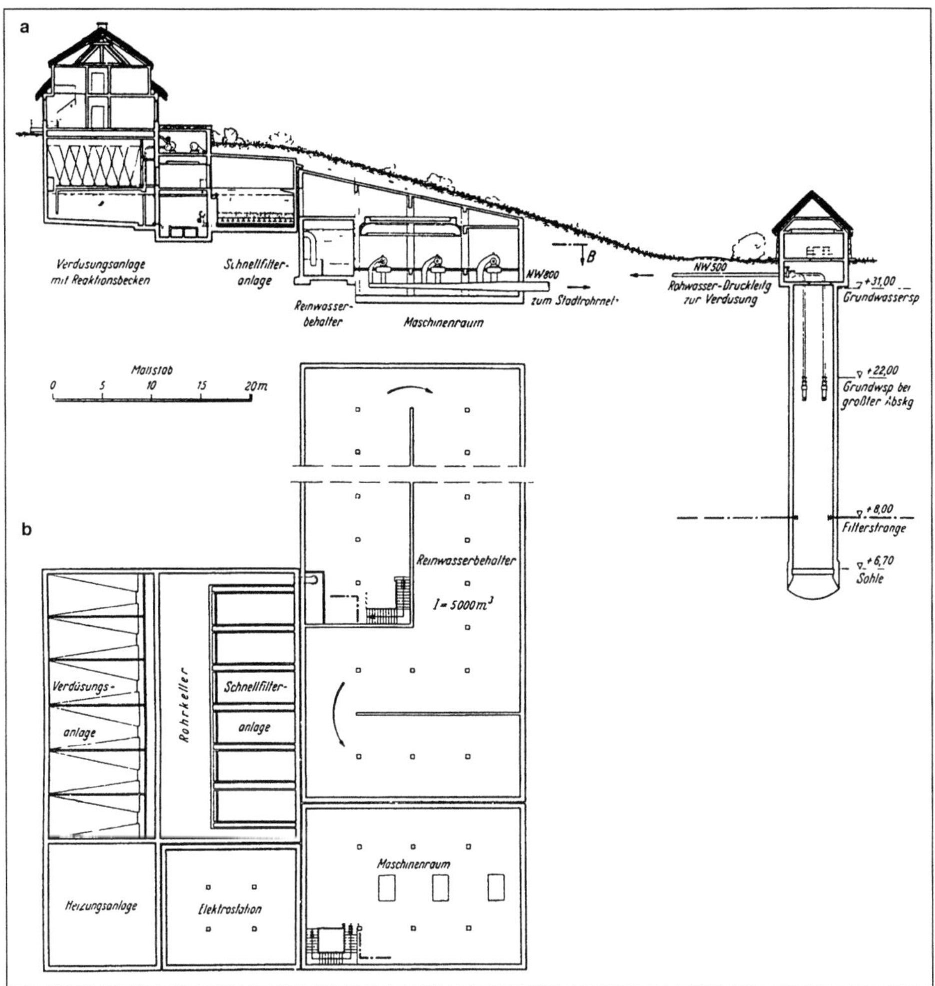

Abb. 152 a, b   Wasserwerk Riemeisterfenn in Berlin.
a) Längsschnitt, b) Grundriß
HUNERBERG, K.: Die Wasserversorgung von Westberlin, in: Wasser und Boden, 1961.

Horizontalbrunnen

Nach 1945 wurde in Europa das von dem amerikanischen Ingenieur L. RANNEY 1934 entwickelte Verfahren zum Bau von Horizontalbrunnen angewandt, so auch in Berlin in den Jahren 1954 und 1955. Bei dem Horizontalfilterrohrbrunnen (Abb. 153) werden von einem Sammelschacht aus sternförmig Filterrohre horizontal in das wasserführende Lockergestein vorgetrieben. Durch den Wasserdruck wird das Grundwasser über die Filterrohre in den Sammelschacht ge-

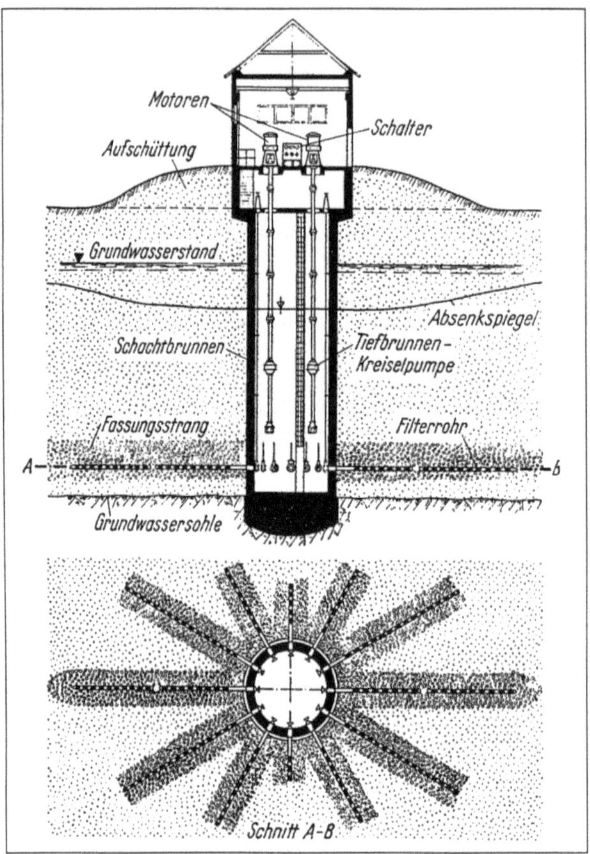

Abb. 153   Horizontalfilterrohrbrunnen.
BRIX, HEYD, GERLACH, HÜNER-
BERG: Die Wasserversorgung,
1963.

drückt. Die Filterrohre unterschiedlichen Durchmessers haben Längen bis über 100 Meter. Vollwandige Entsandungsrohre – zentrisch im Filterrohr angeordnet – transportieren unter dem Druck des Grundwassers Wasser und Sand in den Schacht, wo das Gemisch abgepumpt wird. Um das Filterrohr bildet sich dabei gleichzeitig ein natürlicher Kiesfilter. Nach Entsandung wird das Entsandungsrohr wieder gezogen. Während bei dem Ranney-Verfahren das Filterrohr allein in das Lockergestein getrieben wird, wird bei dem nach 1945 von FEHLMANN entwickelten Verfahren zusätzlich ein vollwandiges Bohrrohr verwendet, welches nach abgeschlossenem Vortrieb in den Schacht zurückgezogen wird, während das innenliegende Filterrohr im Boden verbleibt. Die Firma PREUSSAG arbeitet mit einem Verfahren, das dem Fehlmann-Prinzip entspricht. Es ist jedoch auch in feinsandigen Grundwasserleitern anwendbar, und zwar dadurch, daß zwischen Bohr- und Filterrohr nach dem Prinzip der Kiesschüttungsfilter vertikaler Bohrbrunnen Filterkies eingespült wird. Bei den in den 1950er Jahren in Berlin gebauten horizontalen Rohrfilterbrunnen nach dem Ranney- und nach dem Preussag-Verfahren haben sich letztere besonders bewährt.

Talsperren

Schon im Jahre 1958 wurde nach einer Bauzeit von 4 Jahren eine große Talsperre mit einem Fassungsvermögen von 41,4 Mio. m³ in Betrieb genommen, die deshalb besondere Erwähnung verdient, weil sie ausschließlich der Wasserversorgung dient. Es ist die Wahnbachtalsperre des Wahnbachtalsperrenverbandes in Siegburg. Mitglieder des Verbandes sind die Städte Bonn und Siegburg sowie der Rhein-Sieg-Kreis. Als Absperrbauwerk dient ein Damm mit einer Kronenhöhe über Gründungssohle von rund 53 m. Dieser besteht aus Grauwacke-Felsmaterial mit einer Asphaltbeton-Außendichtung. Die garantierte Trinkwasserabgabe, bezogen auf ein Doppeltrockenjahr, beträgt 29,3 Mio. m³/a. Seit 1977 ist eine Phosphor-Eliminierungsanlage in Betrieb, die dem Wahnbach die aus den Siedlungen und landwirtschaftlich genutzten Flächen kommenden Phosphornähr- und andere Stoffe durch Fällung, Flockung und Filtration entzieht und damit die Entwicklung von Algen und die Produktion von Biomasse im Stausee deutlich reduziert.

Im Jahre 1959 wurde die Rappbode-Talsperre, Kernstück des Bode-Talsperrensystems im Ostharz, in Betrieb genommen. Mit ihren 109 Mio. m³ Sperreninhalt dient sie hauptsächlich der Trinkwasserversorgung. Sie kann maximal 90 Mio. m³/a Rohwasser für Trinkwasserzwecke zur Verfügung stellen, das im Wasserwerk Wienrode aufbereitet wird. Entsprechend ist die Aufbereitungskapazität des Wasserwerks auf 250 000 m³/d ausgelegt. Es ist damit der größte Wasserlieferant innerhalb des Fernwasserversorgungssystems Elbaue-Ostharz mit einer Gesamtkapazität von rund 641 000 m³/d, die außer vom Wasserwerk Wienrode von 4 Uferfiltrat-Wasserwerken an der Elbe und 3 Grundwasserwerken bereitgestellt werden. Das Versorgungssystem umfaßt etwa 600 km Rohrleitungen mit Nennweiten überwiegend NW 1000 (Abb. 154).

Die Aufbereitung im Wasserwerk Wienrode erfolgt in 48 offenen Schnellfiltern, nachdem Aluminiumsulfat und zum Abbau von Geschmacks- und Geruchsbeeinträchtigungen Aktivkohlepulver beigegeben ist. Kaliumpermanganat zur Entmanganung, Kalkwasser zur pH-Wert-Regulierung, Chlorgas zur Entkeimung vervollständigen den Aufbereitungsprozeß. In den Vorsperren der beiden Zuflüsse Rappbode und Hassel werden wesentliche Anteile der Gesamtfracht an Phosphor zurückgehalten. Eingehende Untersuchungen ergaben durchschnittliche Eliminierungsraten an Orthophosphat- von 66 % und an Gesamtphosphatfracht von 57 %.

Schon im Jahre 1938 war mit den Entwurfsarbeiten für die Biggetalsperre begonnen worden. Der Zweite Weltkrieg verhinderte ihre Fortführung. Erst in den 1950er Jahren wurden die Pläne vom Ruhrtalsperrenverein wieder aufgegriffen. Die Ausführung dieses gewaltigen Projektes erfolgte in den Jahren 1957–1965. Die Biggetalsperre liegt im Tal der Bigge zwischen Attendorn und Olpe. Sie hat einen eigenen Stauraum von 150,1 Mio. m³, der sich durch die Einbeziehung der Listertalsperre um 21,6 Mio. m³ auf einen Gesamtstauraum

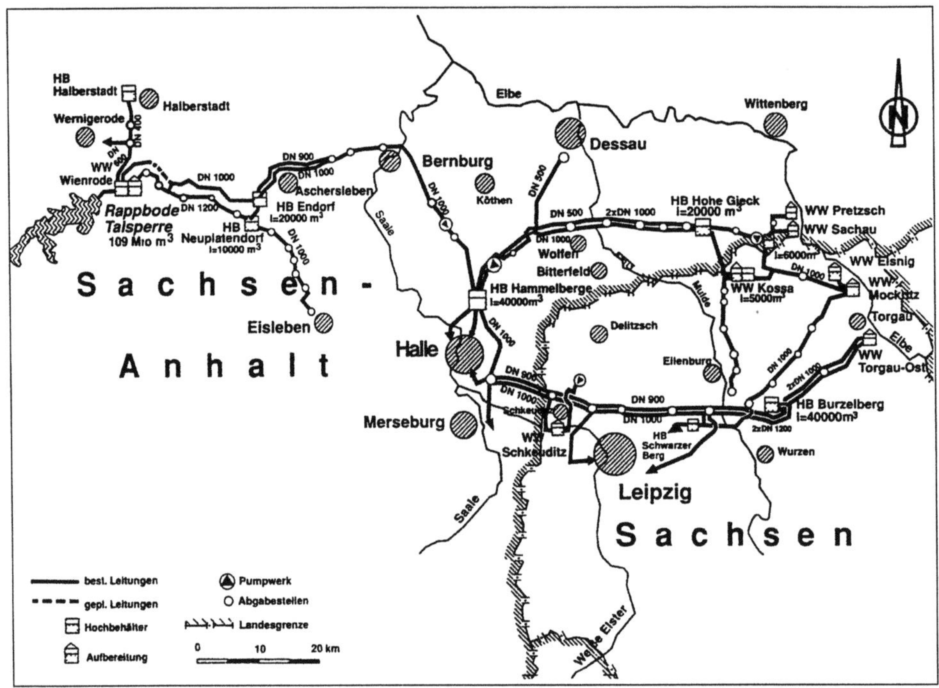

Abb. 154 · Fernwasserversorgung Elbaue-Ostharz: Gesamtübersicht.
BEUSCHOLD, ERHARD: Trinkwasserversorgung aus der Rappbode-Talsperre,
in: Wasserwirtschaft, 1993.

von 171,7 Mio. m³ erhöht. Die Biggetalsperre kann mit diesem Stauraum rund
40 % der in der Ruhr insgesamt benötigten Ausgleichswassermenge bereitstellen. Daneben erfüllt sie auch Hochwasserschutzaufgaben. Abbildung 155 zeigt
die Lage der Talsperre einschließlich der Listertalsperre, die als Vorsperre dient.
Wie groß die Aufgaben waren, die es zu bewältigen galt, kann man schon daran
ermessen, daß rund 2500 Personen umgesiedelt werden mußten. Die meisten
von ihnen fanden eine neue Heimat in drei neu gebauten Ortschaften. Die
Umsiedlung von Gewerbebetrieben und die in großem Umfang erforderliche
Verlegung von Straßen und Eisenbahnstrecken kam hinzu. Alle Maßnahmen
des Gesamtprojektes wurden durch ein Flurbereinigungsverfahren in ihrer
Durchführung erleichtert. Das Absperrbauwerk der Biggetalsperre wird durch
einen Damm aus Grobstein gebildet, dessen Ausführung durch die Einbeziehung eines Höhenrückens (Schabernack) in den Dammkörper erschwert wurde
(Abb. 156). Der Damm hat eine bituminöse Außendichtung mit zwei Asphalt-
betondecken und dazwischen liegender Dränageschicht aus bituminiertem
Schotter. In der Dränageschicht sind im Abstand von 10 m wasserdichte As-
phaltbetonschotten eingebaut, die diese Schicht in entsprechend große Felder
aufteilen, die über Entwässerungsrohre mit dem Kontrollgang verbunden sind.

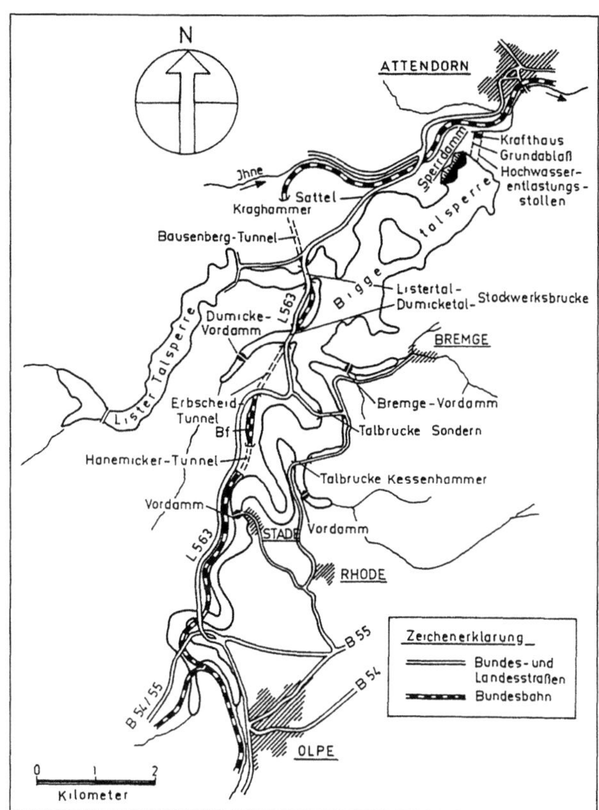

Abb. 155   Biggetalsperre: Übersichtsplan.

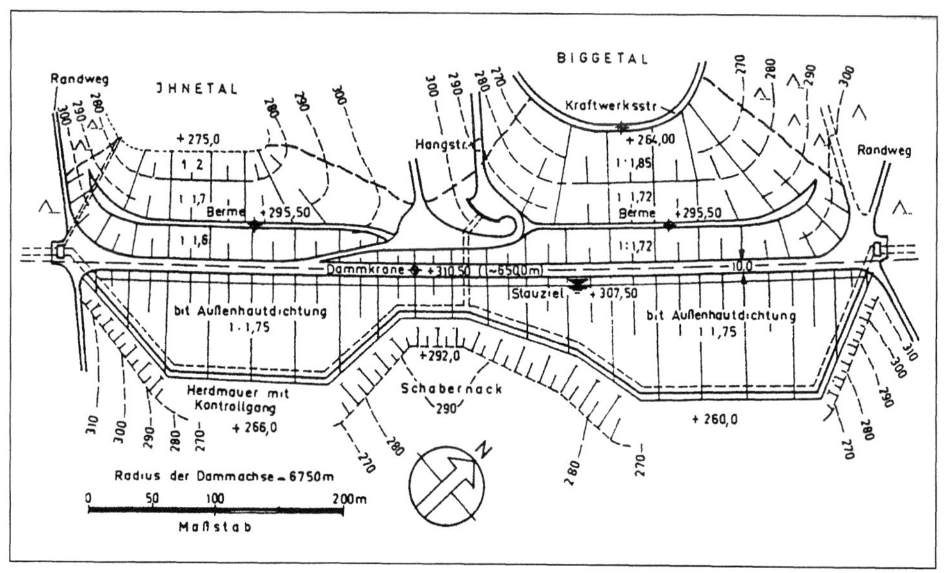

Abb. 156   Biggetalsperre: Abschlußbauwerk.

Dies ermöglicht eine grobe Lokalisierung etwaiger Undichtigkeiten in der oberen Asphaltbetondecke. Die seit 1912 in Betrieb befindliche Listertalsperre mit einem architektonisch gelungenen Absperrbauwerk aus Mauerwerk hat seit Errichtung der Biggetalsperre die Funktion einer Vorsperre. Ihre Mauer ist seitdem auf der Luftseite zu etwa zwei Drittel eingestaut (Abb. 157).

Die Talsperre Haltern, in den Jahren 1927 bis 1930 mit einem Stauinhalt von 4 Mio. m^3 erbaut, wurde zwischen 1937 und 1972 auf ein Gesamtvolumen von 20,5 Mio. m^3 erweitert. Im Anschluß daran, 1973 bis 1985, entstand die Talsperre Hullern mit einem Speichervolumen von 11 Mio. m^3. Das „Wassergewinnungssystem Haltern" hat folgenden Aufbau: Dem Talsperren-Rohwasser werden Flockungsmittel und Aktivkohle zudosiert; durch die Flockung werden ungelöste und gelöste Wasserinhaltsstoffe gebunden und sedimentiert und dabei der Phosphatgehalt reduziert; die Aktivkohle adsorbiert Pflanzenbehandlungs- und Schädlingsbekämpfungsmittel. Über ein Rohwasserverteilnetz aus Betonrohrleitungen wird das aus den Talsperren entnommene Wasser in 26 Versickerungsbecken zur Infiltration gebracht und nach einer ungefähren Aufenthaltszeit von 6 Wochen im Untergrund (Halterner Sand) zusammen mit dem echten Grundwasser mittels 259 Vertikalbrunnen aus Tiefen bis zu 165 m entnommen. Die abschließende Wasseraufbereitung dient der Entmanganung mittels Quarzkies-Druckfiltern, zum Korrosionsschutz durch Zugabe von Monophosphat

Abb. 157   Listertalsperre: Staumauer, 1997.
MEURER

und Natronlauge sowie zur Entkeimung durch Chlorung. Mit einer Förder-kapazität von 577 000 m³/d bzw. 128 Mio. m³/a zählt das Wasserwerk Haltern der Gelsenwasser AG zu den größten Wasserwerken der Bundesrepublik.

Der mit Abstand größte Teil der sächsischen Talsperren wurde nach 1945 er-richtet. Mit einem Stauvolumen von 74,65 Mio. m³ ist die 1983 in Betrieb genom-mene Talsperre Eibenstock die größte unter ihnen. Die Höhe ihres Absperrbau-werks über Gründungssohle beträgt 65,5 m. Mit einer Kapazität von knapp 1,6 m³/s für die Trinkwasserversorgung – das entspricht bei voller Ausnutzung einer Jahresleistung von rund 50 Mio. m³ – nimmt sie unter den Trinkwassertal-sperren Sachsens eine Sonderstellung ein. Sie beliefert neben 5 weiteren Talsper-ren (Einsiedel, Klatschmühle, Lautenbach, Saidenbach, Rauschenbach) unter anderem auch die Stadt Chemnitz. Die Schwergewichtsmauer aus Beton ist mit einem Hochwasserüberfall in Sprungschanzenform ausgestattet.

Bodenseewasserversorgung

Bei der Betrachtung großer Fernwasserversorgungssysteme kann das Gebiet des Landes Baden-Württemberg nicht fehlen. Im Blickpunkt steht dabei vor-nehmlich die Bodenseewasserversorgung. Der mittelwürttembergische Raum mit dem Schwerpunkt Stuttgart erhält schon seit dem Jahr 1917 Wasser aus dem ersten Fernwasserversorgungssystem des heutigen Baden-Württemberg, vom Zweckverband Landeswasserversorgung. Nachdem sich zunächst 13 Städte und Gemeinden zu einem Wasserversorgungs-Zweckverband zusammengeschlos-sen hatten, um Wasser aus dem Bodensee heranzuführen, fließt seit 1959 nun auch von dort Wasser in diesen entwicklungsstarken Raum. Das Bodenseewas-ser wird aus etwa 60 m Tiefe entnommen und weist bereits als Rohwasser gute Qualität auf. Die Wasseraufbereitung erfolgt im Wasserwerk auf dem Sipplinger Berg (Abb. [158], siehe Farbteil, S. VIII): Mikrosiebe halten feinste Schwebstoffe zurück; es schließt sich eine Ozonanlage zur Entkeimung und zur Bindung gelöster organischer Stoffe an; dann folgt eine Schnellfiltration über feinsten Quarzsand und Bims zur Zurückhaltung von Feinstpartikeln; Chlorzusatz soll schließlich eine Wiederverkeimung des Wassers auf dem Weg zum Verbraucher verhindern. Zwischen 1966 und 1971 wurde eine zweite Hauptleitung zur Ver-sorgung des Raumes zwischen Tübingen, Stuttgart und Heilbronn gebaut. Dabei wurde die Schwäbische Alb mit einem 24 km langen Stollen unterfahren, der bis zu 260 m unter Geländeoberfläche liegt. Im Bauabschnitt zwischen Stockach und Sigmaringen ist diese Leitung mit einem Durchmesser von 1,60 m in Spann-beton ausgeführt. Dichtigkeitsprobleme an der Leitung und bekannt gewordene andere technische Probleme bei Spannbetonleitungen weiterer Wasserversor-gungsunternehmen veranlaßten den Zweckverband Bodenseewasserversor-gung zur Verlegung einer Parallelleitung mit einem Durchmesser von 1,10 m aus

Stahl auf dieser Strecke, um die Spannbetonleitung zu sanieren und gleichzeitig dem Transportweg eine höhere Sicherheit zu geben. Die Stahlleitung ist innen durch eine Zementmörtelausschleuderung und außen durch eine Kunststoffummantelung und außerdem durch einen kathodischen Korrosionsschutz geschützt. Die erste (1959) und die zweite (1971/1995) Hauptleitung der Bodenseewasserversorgung zusammen haben eine Leistungsfähigkeit von 7500 l/s.

Auch das Fernwasserversorgungssystem „Landeswasserversorgung" wird seit dem Jahr 1966 weiter ausgebaut. Schwerpunkt dabei ist die Gewinnung und Aufbereitung von zur Versickerung gebrachtem Donauwasser bei Leipheim und dessen Überleitung über die Alb bis in den Raum Stuttgart. Mit dieser Maßnahme wird die Leistungsfähigkeit der „Landeswasserversorgung" von 2500 l/s auf 6500 l/s erhöht.

Beabsichtigt und zum Teil verwirklicht ist ein Fernwasserversorgungssystem „Rheintal" mit einer Wassergewinnung in der Rheintalebene westlich Bruchsal zur Versorgung nordbadischer und nordwürttembergischer Gebiete mit einer Kapazität von 2000 l/s und Leitungen bis Mosbach/Neckar und Bad Mergentheim.

Alle Fernversorgungssysteme sind aus Gründen der Versorgungssicherheit miteinander verknüpft.

Flußwasseraufbereitung in Beispielen

Für die Versorgung der Stadt Frankfurt am Main und umliegender Gemeinden stellen die Quellen im Vogelsberggebiet (Inbetriebnahme 1873) und im Spessart (1875) sowie die Grundwasserwerke Oberforsthaus (1885), Goldstein (1888), Hinkelstein (1892) und weitere Grundwasserwerke auch heute noch den Hauptanteil im Rahmen der Eigengewinnung dar, die jedoch mit rund 28 Mio. m³/a deutlich hinter dem Fremdbezug zurückbleibt, der rund 46 Mio. m³/a ausmacht. In den Jahren 1879 bis 1896 war WILLIAM H. LINDLEY (1853–1917), ältester Sohn des Ingenieurs WILLIAM LINDLEY, Stadtbaurat in Frankfurt. Er hat sich große Verdienste um die Frankfurter Wasserversorgung erworben. Die genannten Grundwasserwerke erfuhren nach dem zweiten Weltkrieg insbesondere eine Ergänzung, als im Jahre 1959 Infiltrationsanlagen und zum Zwecke der Infiltration eine Mainwasseraufbereitungsanlage errichtet wurden (Abb. 159). Das Schema der Aufbereitungsanlage, die eine Kapazität von 30 000 m³/d aufweist, ergibt sich aus Abbildung 160.

Die Infiltration des aufbereiteten Mainwassers erfolgt unterirdisch mittels gelochter Zementrohrleitungen DN 200 mit einer Gesamtlänge von 3000 m und einer Versickerungskapazität von 10 bis 20 m³/m/d. Die Fließzeit zwischen den Infiltrationsleitungen und den Entnahmebrunnen der Wasserwerke beträgt ungefähr ein halbes Jahr. Das aus den Brunnen entnommene, durch Mainwasser-

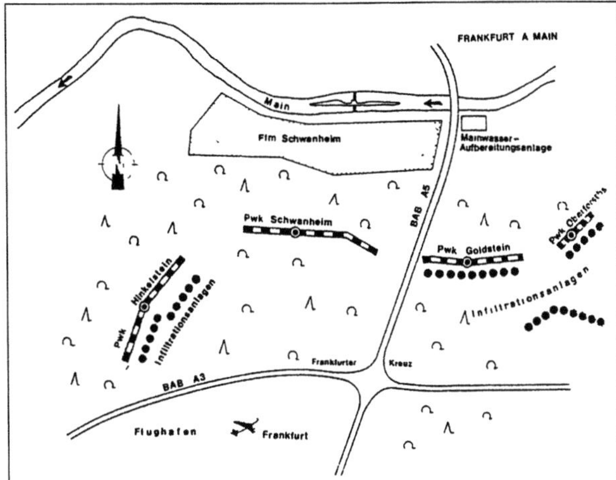

Abb. 159   Frankfurt a. M.:
Infiltrationsanlage.
RISSLAND, W.: Die Mainwasseraufbereitung und Grund-
wasseranreicherung der Stadtwerke Frankfurt am Main,
in Wasser und Boden, 1981

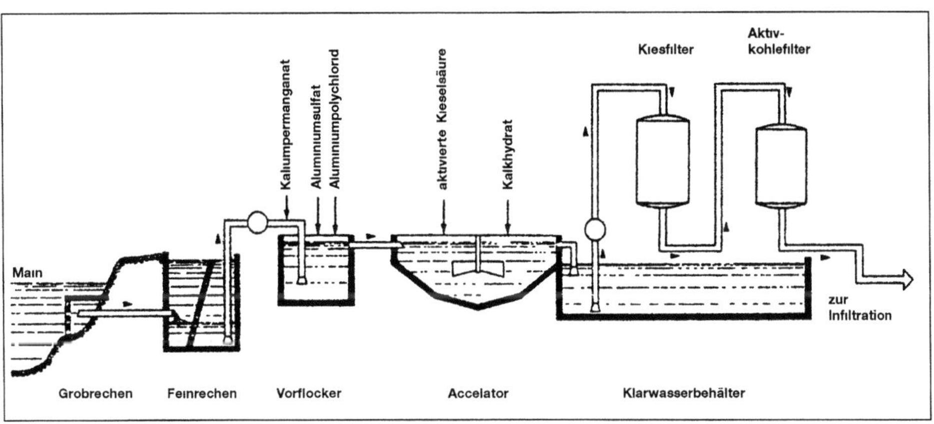

Abb. 160   Frankfurt a. M.: Mainwasseraufbereitungsanlage.
RISSLAND, W.: Die Mainwasseraufbereitung und Grundwasseranreicherung
der Stadtwerke Frankfurt am Main, in: Wasser und Boden, 1981

Infiltration angereicherte Grundwasser wird dann einer gängigen Aufbereitung
unterzogen.

Bei den Wasserwerken am Rhein kam es wie auch anderswo im Zusammenhang mit dem wirtschaftlichen Aufschwung nach dem zweiten Weltkrieg und
dem damit einher gehenden Anstieg nicht oder unzureichend geklärter und in
den Rhein eingeleiteter Abwässer aus Kommunen und Industrie zu einer Pro-
blemverlagerung bei der Wassergewinnung von den quantitativen zu den qualitativen Fragen. Zunächst mußten durch die Anwesenheit von Phenolen gebildete
Geruchs- und Geschmacksstoffe beseitigt werden, und zwar durch Anwendung
von Chlordioxid anstelle von Chlor sowie durch Aktivkohlefiltration. Seit der
ersten Hälfte der 1960er Jahre wurden im Rhein und in anderen Flüssen Poly-

zyklische Aromatische Kohlenwasserstoffe (PAK) und weitere organische Spurenstoffe nachgewiesen. Auch hier wurde die Aktivkohlefiltration eingesetzt.

Der erstmalige Nachweis von Trihalogenmethanen (THM) in Trinkwasser erfolgte durch ROOK in Rotterdam. THM sind organische Chlorverbindungen, die bei hochgechlorten organisch belasteten und besonders bei mit Huminsäuren belasteten Wässern entstehen. Ihnen wird eine gewisse kanzerogene Wirkung zugeschrieben. Nach der Trinkwasserverordnung ist der zulässige Gesamtgehalt an THM inzwischen auf 10 µg/l begrenzt. Die zuvor wegen des Gehalts an Ammonium und der dabei eintretenden hohen Chlorzehrung in den Rheinwasserwerken übliche Hochchlorung konnte nicht mehr fortgesetzt werden. Die Entfernung von Ammonium erfolgte dann durch Bodenpassage, Aktivkohle- und Langsamsandfiltration. Die Trinkwasserverordnung von 1986 läßt Chlor als Oxydationsmittel erstmalig nicht mehr zu, sondern lediglich als Desinfektionsmittel in ganz geringer Konzentration. Nach BOTZENHART und SCHWEINSBERG[53] liegen in Deutschland die THM-Werte meist unter der Bestimmungsgrenze von 0,5 µg/l. Konzentrationen über 5 µg/l finden sich nach dieser Quelle speziell nach Transport in langen Leitungsstrecken und 10 µg/l würden nur selten überschritten.

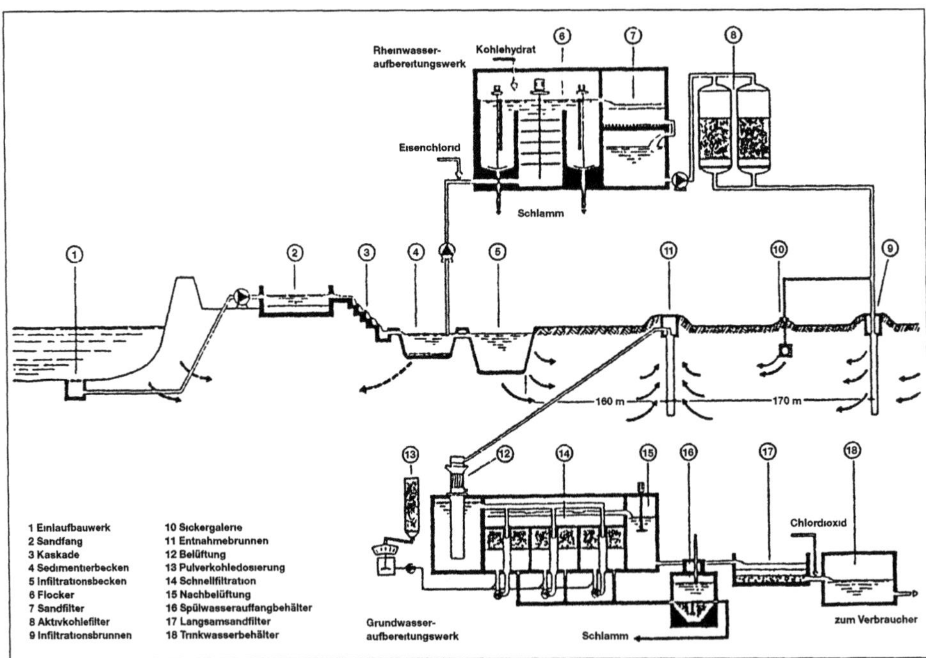

Abb. 161   Wiesbaden-Schirstein: Fließschema der Trinkwassergewinnungsanlage.
HABERER, K.: Trinkwassergewinnung am Rhein, in: Wasser & Boden, 1994

53 BOTZENHART, KONRAD und FRIEDRICH SCHWEINSBERG: Probleme der chemischen Trinkwasserqualität, in: Deutsches Ärzteblatt 94, Jan. 1997, S. C-33–C-37

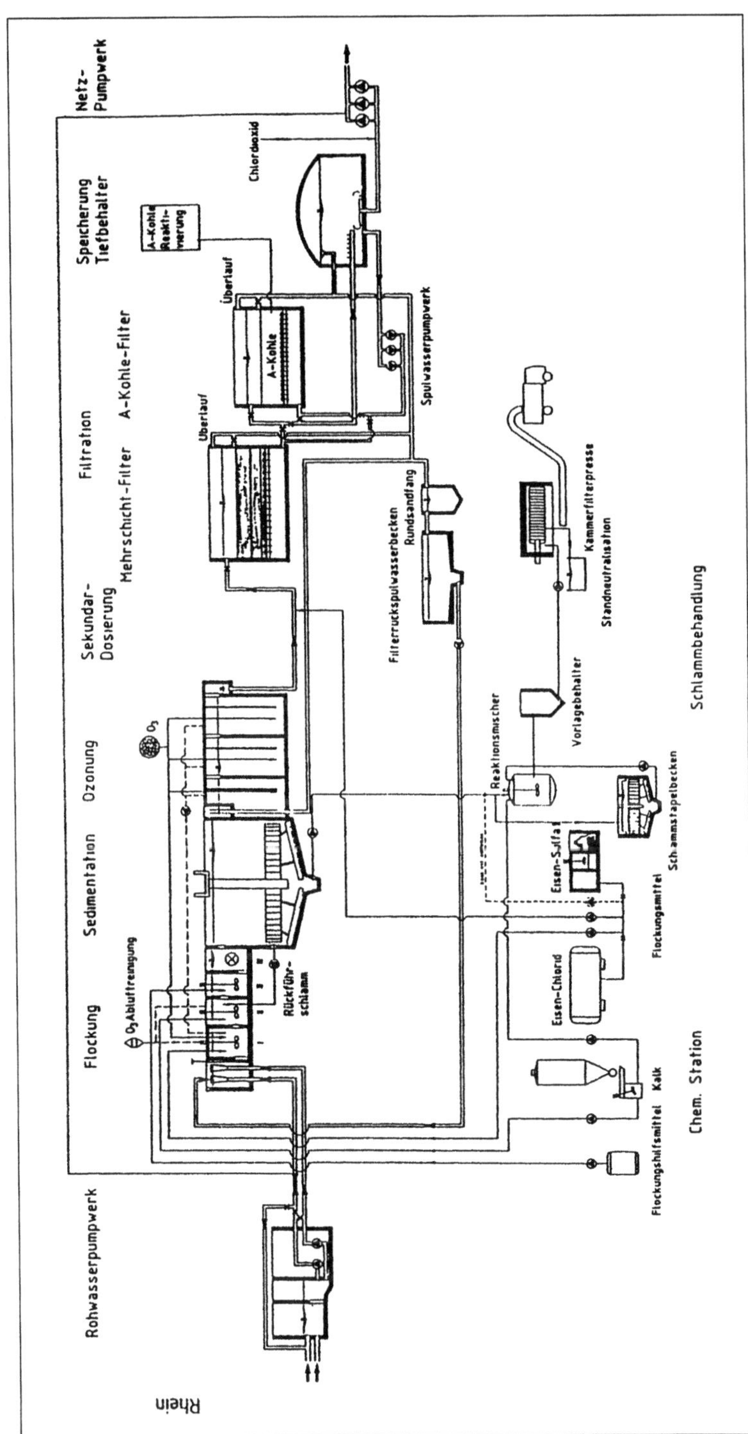

Abb. 162   Biebesheim: Fließschema der Wasseraufbereitung.
HABERER, K.: Trinkwassergewinnung am Rhein, in: Wasser & Boden, 1994

Generell muß gesagt werden, daß die Rheinwasserverschmutzung Mitte der 1970er Jahre ihren Höchststand erreicht hatte, und daß inzwischen eine durchgreifende Qualitätsverbesserung eingetreten ist. Mußte noch beispielsweise 1972 der Rhein zwischen dem Ludwigshafener und dem Mainzer Raum in die Güteklasse IV (übermäßig verschmutzt) eingeordnet werden, so ist er 1997 auf dieser Strecke fast durchgehend in Güteklasse II (mäßig belastet) einzuordnen.

Die Abbildungen 161 und 162 zeigen die Fließschemata zweier Rhein-Wasserwerke zur Gewinnung von künstlich angereichertem Grundwasser. Das Wasserwerk Biebesheim wurde in der zweiten Hälfte der 1980er Jahre errichtet und mit modernster Technik ausgerüstet.

Wasserwirtschaftliche Rahmenplanung, Wassersorgungsplan

Wasserversorgung, insbesondere Wassergewinnung durch die einzelnen Versorgungsträger bedarf zur Vermeidung von Konflikten mit anderen Beanspruchungen des Wasserschutzes, aber auch mit Maßnahmen anderer Wasserversorgungsträger der wasserwirtschaftlichen Planung. Der Gesetzgeber hatte mit dem Gesetz zur Ordnung des Wasserhaushalts (Wasserhaushaltsgesetz – WHG) vom 1. März 1960 in § 36 – Wasserwirtschaftliche Rahmenpläne – folgende Festlegungen getroffen, die in den späteren Fassungen des Gesetzes nicht verändert wurden:

(1) Um die für die Entwicklung der Lebens- und Wirtschaftsverhältnisse notwendigen wasserwirtschaftlichen Voraussetzungen zu sichern, sollen für Flußgebiete oder Wirtschaftsräume oder für Teile von solchen wasserwirtschaftliche Rahmenpläne aufgestellt werden. Sie sind der Entwicklung fortlaufend anzupassen.

(2) Ein wasserwirtschaftlicher Rahmenplan muß den nutzbaren Wasserschatz, die Erfordernisse des Hochwasserschutzes und die Reinhaltung der Gewässer berücksichtigen. Die wasserwirtschaftliche Rahmenplanung und die Erfordernisse der Raumordnung sind miteinander in Einklang zu bringen.

(3) Wasserwirtschaftliche Rahmenpläne sind von den Ländern nach den Richtlinien aufzustellen, die die Bundesregierung mit Zustimmung des Bundesrates erläßt.

Im Lande Rheinland-Pfalz beispielsweise wurde der erste wasserwirtschaftliche Rahmenplan, und zwar in der Form des inhaltlich weiter gehenden Generalplans im Jahre 1971 aufgestellt. Es war der Wasserwirtschaftliche Generalplan für das Moselgebiet in Rheinland-Pfalz. Wesentlicher Teil dieses umfangreichen Werkes ist die Bilanzbetrachtung für die Trink- und Betriebswasserversorgung mit der Entwicklung von Vorstellungen über den Ausgleich zwischen Überschuß- und Mangelgebieten.

Die von den Ländern aufzustellenden „Wasserversorgungspläne" können durch Rechtsverordnung für alle Behörden, Planungsträger und für die zur Wasserversorgung Verpflichteten für verbindlich erklärt werden.

Wasserversorgung für den ländlichen Raum

Großräumige Überlegungen waren und sind nicht nur für Ballungsgebiete mit ihren großen Städten und Industrien notwendig, sondern auch für das flache Land. Im ländlichen Raum setzte nach dem 2. Weltkrieg eine geradezu stürmische Entwicklung in der Wasserversorgung ein, die sehr grundsätzliche Änderungen einleitete. Die bis dahin weit verbreitete Einzelwasserversorgung der Landgemeinden mit Quellwasserfassung oder Grundwasserfassung mittels Brunnen wurde zunehmend verdrängt von Gruppenversorgungsanlagen, in denen mehrere oder auch viele Gemeinden zusammengeschlossen wurden. Dies setzte systematische Grundwassererkundungen voraus, die zum Teil schon im Rahmen der wasserwirtschaftlichen Rahmenplanung durchgeführt oder eingeleitet wurden. Grundwassererkundung baut auf den allgemeinen geologischen und hydrologischen Erkenntnissen auf und führt über Probebohrungen und Dauerpumpversuche zur Einschätzung des nutzbaren Wasserdargebots als Grundlage der weiteren Planung.

Die Wasserversorgung in den ländlichen Räumen hat nach dem 2. Weltkrieg einen hohen Standard erreicht. Das bezieht sich auf Gewinnung sowohl von Grund- wie von Talsperrenwasser, Förderung, Speicherung, Aufbereitung und Verteilung. Sie steht damit weder quantitativ noch qualitativ hinter der der Ballungsräume zurück.

Wassertürme

Auf dem Gebiet der Trinkwasserspeicherung nimmt der Erdhochbehälter weiter die dominierende Stellung ein. Das verdankt er der wirtschaftlichen Überlegenheit und der Unkompliziertheit der Konstruktion. Demgegenüber stellt der Wasserturm, der beim Fehlen eines ausreichend hohen Geländepunktes zur Erlangung der erforderlichen Druckhöhen im Netz in Frage kommt, hohe Ansprüche in statisch-konstruktiver und ästhetischer Hinsicht und ist zugleich bedeutend kostenaufwendiger. Hinsichtlich der beim Bau von Wassertürmen verwendeten Materialien war die Entwicklung seit Errichtung des ersten deutschen Wasserturms 1855 mit gußeisernen verschraubten Platten über den schmiedeeisernen Behälter, den INTZE-Behälter mit verschiedenen Abwandlungen und Weiterentwicklungen aus Stahl zum Kugelbehälter aus Stahl ge-

Abb. 163   Wasserturm in Trier.
Stadtwerke Trier

gangen (s. S. 48 ff.) und wurde ab dem Jahr 1905 ergänzt durch die Anwendung von Stahlbeton. Stahlbeton steht inzwischen an erster Stelle unter den zur Anwendung kommenden Baustoffen. Die Abbildungen 163 (1957/58, Trier, 400 m³, 37 m Höhe, Stahlbeton, wasserdichter Innenputz), 164 (1961, Flensburg, 1500 m³, vorgespannte Stahlbeton-Zylinderwände ohne Isolierung) und 165 (1964/65, Karlsruhe, 400 m³, 30 m, Stahlbeton, Chlorkautschuk-Anstrich der Behälterinnenflächen) zeigen Beispiele von Wassertürmen. Die Anwendung der Spannbetontechnik ermöglicht dünne Wände mit geringem Eigengewicht und erhöhter Wasserdichtigkeit.

Leitungen

Einen besonders hohen Anteil an den investiven Kosten der Wasserversorgungsanlagen haben die Transport-, Verteil- und Ortsnetzleitungen. Deshalb spielten schon immer die Fragen des Rohrmaterials, seiner Festigkeit, Elastizi-

Abb. 164 Wasserturm
in Flensburg.
Stadtwerke Flensburg

Abb. 165 Wasserturm
in Karlsruhe.
Stadtwerke Karlsruhe

tät, Bruchsicherheit, Korrosions- und Alterungsbeständigkeit und vieler weiterer Eigenschaften eine große Rolle. Das gilt auch für die Rohrverbindungen und die große Zahl der Formstücke und Armaturen. Nach dem 2. Weltkrieg ging auf diesem gesamten Gebiet die Entwicklung zügig voran. Das altbewährte Graugußrohr, früher als gußeisernes Rohr bezeichnet, behauptete zunächst seinen führenden Platz, nachdem es schon seit 1926 im Schleudergießverfahren hergestellt wurde. Es zeichnete sich durch hohe Korrosionsfestigkeit aus. Das seit 1955 auf dem Markt befindliche duktile Gußrohr besteht aus einem Werkstoff besonderer Struktur mit hoher Zugfestigkeit, hoher Festigkeit gegen Stoß und Schlag und guter Verformungsfähigkeit. Zusammen mit einer Korrosionsfestigkeit wie Grauguß sicherten die mechanischen Eigenschaften des duktilen Gußeisens dem duktilen Gußrohr zunächst ein Anwendungsgebiet insbesondere bei Vorliegen hoher Innen- und Außendrücke. Schließlich verdrängte es vollends das Graugußrohr. Duktile Gußrohre für die Trinkwasserversorgung erhalten grundsätzlich eine Zementmörtelauskleidung. Als werksseitige Umhüllung kommen solche aus Polyethylen oder Zementmörtel sowie ein Zinküberzug mit Deckbeschichtung in Frage. Als Rohrverbindungen kommen bei duktilen Gußrohren vornehmlich die gummigedichtete Schraubmuffenverbindung und in Deutschland seit 1957 mit wachsendem Anteil die Tyton-Verbindung zur Anwendung. Die Tyton-Verbindung ist eine Einschubverbindung, deren Dichtungswirkung durch Verformung eines in die Muffe eingelegten Gummirings entsteht.

Das Stahlrohr zeichnet sich durch hohe Festigkeit und Bruchsicherheit aus. Wegen der höheren Korrosionsanfälligkeit bedarf das Stahlrohr eines guten Innen- und Außenschutzes. Heute kommt nur noch ein im Schleuderverfahren aufgebrachter Zementmörtel-Innenschutz in Frage. Als Außenschutz hat sich die Polyethylenumhüllung gegenüber der früher üblichen mehrfachen Umwicklung mit bitumengetränkten Bandagen, auf die zum Schutz gegen Sonneneinwirkung ein Kalkanstrich aufgebracht wurde, durchgesetzt. Erdverlegte Stahlrohre in Fernleitungen erhalten als zusätzlichen Schutz gegen Korrosion fast immer einen Kathodenschutz. Unabhängig vom Rohrdurchmesser wird überwiegend die Stumpfschweißverbindung ausgeführt.

Der Einsatz vorgespannter Stahlbetonrohre beschränkt sich auf Transportleitungen größerer Lichtweiten.

Kunststoffrohre aus Polyvinylchlorid (PVC-U) sind zur Verlegung im freien Feld, weniger in verkehrsbelasteten Straßen geeignet. Rohre aus PE-HD werden in Nennweiten bis DN 300 hergestellt; Rohre aus PE-LD kommen vornehmlich für Hausanschlußleitungen in Frage.

Netzberechnung

Die wirtschaftliche Ausgestaltung eines Wasserleitungsnetzes setzt eine durch hydraulische Berechnung nachgewiesene zutreffende Leitungsdimensionierung voraus. Diese wird unter Zugrundelegung der Verbräuche so vorgenommen, daß an jeder Stelle des Netzes die benötigte Wassermenge bei ausreichendem Versorgungsdruck zur Verfügung steht. Auf der Grundlage bereits vorliegender theoretischer und praktischer Erkenntnisse wurden nach dem zweiten Weltkrieg die Rechenmethoden verbessert und effizienter gestaltet. Dabei wurden neue technische Möglichkeiten genutzt. Unveränderte Gültigkeit behielten die Beschreibungen und Abgrenzungen von PRANDTL und COLEBROOK der drei Bereiche bei turbulenten Rohrströmungen: hydraulisch glatter, hydraulisch rauher und Übergangsbereich. Die meisten Strömungsvorgänge in Wasserleitungen gehören dem Übergangsbereich an, für den sich die Widerstandszahl λ nach COLEBROOK aus der folgenden Beziehung ergibt:

$$\frac{1}{\sqrt{\lambda}} = 2{,}0 \log \left(R_e \frac{\sqrt{\lambda}}{2{,}51} + 3{,}71 \frac{d}{k} \right)$$

mit der REYNOLDSschen[54] Zahl $R_e = \frac{vd}{v}$, in der v die kinematische Zähigkeit in m²/s ist, und mit der natürlichen Rauhigkeit k (siehe auch S. 140 ff.).

Sieht man von den kleinen Netzen ab, die als sogenannte Verästelungsnetze einfach zu berechnen sind, dann sind die Wasserversorgungsnetze als Ringnetze ausgebildet, bei denen jeder Versorgungspunkt von zwei Seiten Wasser bekommen kann. Für deren Berechnung werden Iterationsverfahren angewendet. Das bekannteste unter ihnen ist das auch in der Baustatik zur Berechnung statisch unbestimmter Systeme angewendete Verfahren nach H. CROSS, das, in den USA schon in den 1930er Jahren eingesetzt, seit dem zweiten Weltkrieg auch in Deutschland überwiegende Anwendung findet und darüber hinaus auch vielerlei Weiterentwicklungen erfahren hat. Die Durchführung des CROSSschen Iterationsverfahrens mit der COLEBROOKschen Gleichung erfordert einen hohen Arbeitsaufwand. Deshalb wird zur Reduzierung des Rechenaufwands die CHEZYsche Formel $v = c \sqrt{R\,I}$ (m/s) angewandt mit dem hydraulischen Radius $R = \frac{F}{U}$, dem Gefälle der Druckhöhenlinie I und dem Widerstandsbeiwert c. Die praktische Rechenarbeit übernehmen seit langem die Großrechenanlagen in der Ausgestaltung als Digital- oder Analogrechner. Die Analogrechner arbeiten auf der Basis analoger Beziehung zwischen dem vermaschten Rohrnetz und einem elektrischen Leitungsnetz. Die ersten Anlagen wurden bei der Montan-Forschung GmbH, Düsseldorf betrieben.

Vorschriften zur Trinkwassergüte

Die Regelungen des „Gesetzgebers" auf dem Gebiet der Trinkwassergüte nach dem zweiten Weltkrieg haben sowohl eine nationale wie auch eine europäische Komponente. In der Bundesrepublik Deutschland gab es zunächst kein umfassendes Trinkwassergütegesetz. Teilaspekte wurden in der Trinkwasseraufbereitungsverordnung von 1959[55] und in der Trinkwasserverordnung von 1975 geregelt. Ermächtigungsgrundlage für die Trinkwasseraufbereitungsverordnung war das Lebensmittelgesetz von 1936, das sowohl in der Bundesrepublik Deutschland als auch in der ehemaligen Deutschen Demokratischen Republik Gültigkeit behielt. In der Bundesrepublik wurden dazu 1958 und 1964 Änderungsgesetze erlassen, in der DDR 1946 und 1951. Die Trinkwasserverordnung von 1975 basiert dagegen auf dem Gesetz zur Verhütung und Bekämpfung übertragbarer Krankheiten beim Menschen – Bundesseuchengesetz – von 1961. Auf der Grundlage des Umweltprogramms der Europäischen Gemeinschaften von 1973 wurde 1980 eine EG-Richtlinie zur Trinkwassergüte erlassen.[56] Darin

54 REYNOLDS, OSBORNE (1842–1912), Professor für Physik in Manchester
55 Trinkwasseraufbereitungsverordnung – BGBl I 1959 Nr. 52 vom 22. 12. 1959
56 Richtlinie des Rates über die Qualität von Wasser für den menschlichen Gebrauch vom 15. 7. 1980. Amtsbl. der Europ. Gemeinsch., L 229, S. 11

wurden die Mitgliedstaaten verpflichtet, die festgelegten Qualitätsstandards bis spätestens 1985 zu erfüllen, wobei gewisse Ausnahmen zugelassen wurden. Die Anpassung an die Standards der EG-Richtlinie 1980 wurde in der Bundesrepublik mit der neu gefaßten Trinkwasserverordnung 1986 vollzogen.[57] Damit wurden auch die besonders strengen EG-Regelungen hinsichtlich der Rückstände von Pflanzenschutz- und Schädlingsbekämpfungsmitteln (PSM) in nationales Recht übernommen, wonach jede einzelne Substanz den Wert von 0,0001 mg/l = 0,1 µg/l und die Summe aller Substanzen den von 0,0005 mg/l nicht überschreiten darf. Die Trinkwasserverordnung von 1990[58] hat die Grenzwerte der 1986er Verordnung beibehalten. Dagegen hat die EG-Richtlinie 1998[59] gewisse Höchstkonzentrationen verschärft.

Die folgende enumerative Gegenüberstellung von Werten der Trinkwasserverordnungen und von entsprechenden zugelassenen Höchstkonzentrationen nach den EG-Richtlinien macht die Entwicklung deutlich.

Tab. 5   Gegenüberstellung zugelassener Höchstkonzentrationen aus EG-Richtlinien und verschiedenen Trinkwasserverordnungen

	TrW VO 1975 mg/l	EG Rl 1980 mg/l	TrW VO 1990 mg/l	EG Rl 1998 mg/l
Blei	0,04	0,05	0,04	0,01
Nitrat	90	50	50	50
Sulfat	240	250	240	250
Polyz. Arom. Kohl.Wass.Stoff.	0,00025	0,00020	0,00020	0,00010

Die unverändert gebliebenen Werte für PSM bleiben bis heute umstritten; sie werden aus toxikologischer Sicht als zu niedrig und nicht begründbar angesehen. Ihr Nachweis stellt höchste Anforderungen an die Analysetechnik, die nicht von allen Labors erfüllt werden können. Mit der jetzigen Technik können von den rund 300 zugelassenen PSM-Wirkstoffen in der tolerierten Konzentration von 0,0001 mg/l noch nicht alle analysiert werden. Ein bisher weitgehend unerforschtes Gebiet ist das der Metaboliten von Pflanzenschutz- und Schädlingsbekämpfungsmitteln.

---

57   Verordnung über Trinkwasser und über Wasser für Lebensmittelbetriebe (TrinkwV) vom 22.5.1986, BGBl I, S.760–773
58   Verordnung über Trinkwasser und über Wasser für Lebensmittelbetriebe vom 5. Dezember 1990, BGBl I, S.2612
59   Richtlinie des Rates über die Qualität von Wasser für den menschlichen Gebrauch vom 3. November 1998, ABl. der Europ. Gem., L 330, S.32

Pflanzenschutz- und Schädlingsbekämpfungsmittel

Da die Trinkwasseraufbereitungstechnik mit der Eliminierung von Pflanzen-
schutz- und Schädlingsbekämpfungsmitteln große Schwierigkeiten hat – lediglich der Einsatz von Aktivkohle zeigt eine gewisse Wirkung – wird das Verbot
des Einsatzes von PSM in allen Zonen von Wasserschutzgebieten diskutiert.

Das Pflanzenschutzgesetz von 1986[60] und das von 1998[61] sowie die dazu er-
gangenen Verordnungen stellen hohe Anforderungen an den Anwender von
PSM, indem sie von ihm verlangen, im Einzelfall auf die Anwendung zu verzichten, wenn er damit rechnen muß, daß bei einem Einsatz schädliche Auswirkungen auf die Gesundheit von Mensch oder Tier bzw. auf das Grundwasser entstehen.

Nitrat

Bezüglich des Nitratgehalts im Trinkwasser hat die Trinkwasserverordnung
1986 in Umsetzung der EG-Richtlinie 1980 den zulässigen Grenzwert auf
50 mg/l und den wünschenswerten Richtwert auf 25 mg/l festgesetzt. Daß die
hohen Nitratwerte im Grundwasser überwiegend aus der hohen Stickstoffdüngung in Landwirtschaft und Weinbau stammen, ist inzwischen unbestrit-
ten. Über die Ernterückstände, die organische Düngung und die Bindung des
atmosphärischen Stickstoffs durch Mikroorganismen wird dem Boden organisch gebundener Stickstoff zugeführt, der durch Mineralisierung und Nitrifi-
zierung in Nitrat (NO_3) umgewandelt wird. Dazu kommen der schon in mine-
ralischer Form vorliegende Stickstoff des Handelsdüngers und der mit den
Niederschlägen eingebrachte hinzu. Bei z. B. in den Jahren 1983 und 1984 in
den landwirtschaftlich und weinbaulich geprägten Regierungsbezirken Trier
und Koblenz vorgenommenen 334 Trinkwasseruntersuchungen blieben in
86 % der Fälle die ermittelten Nitratwerte unter dem Grenzwert von 50 mg/l.
Unter dem wünschenswerten Richtwert von 25 mg/l blieben ungefähr 70 % der
Fälle.

Nitrat kann im menschlichen Körper in das toxikologisch bedenkliche Nitrit umgewandelt werden. Bei Nitratwerten im Trinkwasser von mehr als
50 mg/l besteht bei der Trockenmilchernährung der Säuglinge die Gefahr der
Methämoglobinämie (Blausucht), bei der eine Sauerstoffreduzierung im Blut
durch Oxydation von Hämoglobin zu Methämoglobin eintritt. Anders bei Bor-

---

60   Gesetz zum Schutz der Kulturpflanzen (Pflanzenschutzgesetz – PflschG) vom 15. 9. 1986,
     BGBl I, S. 1505–1519
61   Gesetz zum Schutz der Kulturpflanzen (Pflanzenschutzgesetz – PflschG) vom 14. 5. 1998,
     BGBl I, S. 971

NEFF[62], nach dem eine relativ hohe Toleranzgrenze des Nitratgehalts bis zu 100–200 mg/l NO_3^- in Hinsicht auf einen gefährlichen Methämoglobinspiegelanstieg angenommen werden kann.

Umweltverträgliche Stickstoffdüngung in Landwirtschaft und Weinbau, gleichgültig, ob mit Handels- oder Wirtschaftsdünger, beginnt damit, daß der Nitratvorrat im Boden festgestellt wird. Dies geschieht durch Bestimmung des mineralisierten und damit pflanzenverfügbaren Stickstoffs N_{min} (NO_3-N und NH_4-N). Auf dieser Grundlage können dann die erforderlichen Düngeaufwandmengen festgelegt werden.

Denitrifikation

Für eine Nitratentfernung aus dem Trinkwasser (Denitrifikation) stehen einige aufwendige Verfahren mit unterschiedlicher Wirkung zur Verfügung. Es sind dies das Ionenaustauschverfahren und das Membranverfahren, bei dem Wasser bzw. gelöste Salze durch eine semipermeable Membran geleitet werden. Bei beiden Verfahren erfolgt kein Nitratabbau, vielmehr wird Nitrat vom Trinkwasser in das Abwasser überführt. Anders ist es bei den biologischen Verfahren, bei denen das Nitrat abgebaut und entfernt wird. Dabei reduzieren bestimmte Mikroorganismen das Nitrat bis zum molekularen gasförmigen Stickstoff.

Ionenaustauschverfahren zur Kesselspeisewasseraufbereitung; Umkehrosmose bei der Meerwasserentsalzung

Ionenaustauschverfahren werden auch zur Enthärtung und Entsäuerung angewandt. Sie haben indessen für die Trinkwasseraufbereitung nur geringe, für die Kesselspeisewasseraufbereitung dagegen große Bedeutung. Wichtigster Schritt in der Entwicklung der Ionenaustauscher war die Herstellung von Austauschmaterial auf Kunstharzbasis. Nachdem schon seit der zweiten Hälfte der 1930er Jahre Phenol-Harze eingesetzt werden konnten, traten nach dem zweiten Weltkrieg die Styrol-Harze hinzu. Von den Membranverfahren (Umkehrosmose und Elektrodialyse) findet die Umkehrosmose auch Anwendung bei der Meerwasserentsalzung. Nachdem auf der Insel Helgoland bereits in den 1960er Jahren eine Meerwasserentsalzungsanlage nach dem Entspannungs-Verdampferprinzip (Destillation) errichtet worden war, wurde diese später durch eine nach

---

62 BORNEFF, M.: Umweltbelastungen des Trinkwassers, Akademie für Ärztliche Fortbildung Rheinl. Pf., Nr. 130, 1987, S. 323–330

dem Prinzip der Umkehrosmose arbeitende Anlage ersetzt. Sie wurde 1989 in Betrieb genommen und hat eine Tagesleistung von 960 m³. Die Seewasserentnahme erfolgt zwischen 4 und 6 m unter Oberfläche.

Wiedervereinigung

Mit der Wiedervereinigung der beiden deutschen Staaten im Jahre 1990 (Einigungsvertrag vom 31. August 1990; erste gemeinsame Wahlen zum Bundestag am 2. Dezember 1990) wurden für das Gebiet der ehemaligen DDR auch auf dem Trinkwassersektor einschneidende Veränderungen notwendig. Besonders in organisatorischer und struktureller Hinsicht mußte eine Neuorientierung vorgenommen werden. Beim Übergang von den zentral gelenkten Volkseigenen Betrieben der Wasserversorgung, bei denen eine kommunale Mitwirkung praktisch ausgeschlossen war, auf die gemeindliche Ebene waren große Schwierigkeiten zu überwinden. Diese Verlagerung der Zuständigkeiten mit der damit einher gehenden Entflechtung wirkte sich in wasserwirtschaftlicher Hinsicht nicht immer positiv aus. Auf Grund des Einigungsvertrages wurden auch die Bestimmungen der EG-Richtlinie 1980 und die darauf basierende Trinkwasserverordnung 1986 verbindlich. Im Zeitpunkt der Wiedervereinigung bezogen rund 60 % der Bevölkerung der ehemaligen DDR Trinkwasser, das diesen Regelungen nicht entsprach.[63] Das von der Bundesregierung aufgelegte „Sofortprogramm Trinkwasser" stellte den Rahmen für die notwendigen Ertüchtigungsmaßnahmen im Trinkwasserbereich dar, der im einzelnen von den Wasserwerken auszufüllen war und noch auszufüllen ist.

63   GELSENWASSER AG: Geschäftsbericht 1996, S. 55

Abwasserwesen und Gewässerschutz nach dem 2. Weltkrieg

Seit dem 1. Weltkrieg bis zum Ende des 2. Weltkriegs war die Bautätigkeit auf den Gebieten der Kanalisation und der Kläranlagen sehr verhalten. Neben den Kriegs- und Reparationslasten waren dafür die Inflation der 1920er Jahre und der sogenannte Vierjahresplan, 1936 beginnend und 1940 um weitere vier Jahre verlängert, ursächlich. Dieser hatte das Ziel, Deutschland durch Entwicklung von Bergbau und Industrie vom Ausland unabhängig und die deutsche Industrie in den ersten vier Jahren kriegsfähig zu machen. Hinter dieser Zielsetzung mußten wasserwirtschaftliche Maßnahmen zurückstehen. Davon waren naturgemäß die ländlichen Räume am stärksten betroffen.

Die Entwicklung des Abwasserwesens und Gewässerschutzes von den ersten Nachkriegsjahren bis heute kann in groben Zügen wie folgt beschrieben werden:

Am Anfang stand die Ableitung der Abwässer aus den Städten und nachfolgend aus den ländlichen Siedlungen. Man kann deshalb vom Vorrang der Abwasserableitung in der engeren Nachkriegszeit sprechen. Es bietet sich deshalb auch aus diesem Grunde an, bei der weiteren Behandlung des Gesamtthemas mit den Abwasserleitungen und den Entwässerungssystemen zu beginnen. Da die Abwasserreinigung zu einem guten Teil durch gesetzliche Regelungen und staatliches administratives Handeln im Zusammenhang mit der durch die konzentrierten Einleitungen und sonstigen Verschmutzungen sich zunehmend verschlechternden Beschaffenheit der Gewässer angeschoben werden mußte, müssen die gesetzlichen Anforderungen beschrieben werden, bevor auf die Techniken der Abwasserreinigung eingegangen wird. Dabei ist der wachsende Einfluß der Richtlinien der Europäischen Gemeinschaften auf die und neben den nationalen Regelungen zu beschreiben sowie das Wirken der Internationalen Kommissionen aufzuzeigen. Schließlich ist die Überwachung der Fließgewässer zu beleuchten, aus deren Ergebnissen laufend die Handlungsnotwendigkeiten in bezug auf Abwasserreinigung und – vermehrt – auf Vermeidungsstrategien abgeleitet werden müssen und die zugleich Erfolgskontrolle ist. Ein Blick auf Nord- und Ostsee, deren Situation für einige der getroffenen Regelungen und Handlungen Anlaß war, rundet das Bild ab.

Vorrang der Abwasserableitung in der engeren Nachkriegszeit

Die ersten Jahre nach dem zweiten Weltkrieg, in dem in den Städten die Leitungssysteme der Wasserversorgung und der Kanalisation wie auch die zugehörigen Anlagen und Bauwerke zerstört oder beschädigt worden waren, galten vornehmlich der Wiedererrichtung funktionstüchtiger Wasserversorgungsanlagen. Erst der wirtschaftliche Aufschwung im Zusammenhang mit der industriellen Entwicklung und die gewachsenen Ansprüche der Bevölkerung in hygienischer Hinsicht führten dann zu vermehrter Aktivität insbesondere hinsichtlich der Abwasserableitung, aber auch auf dem Gebiet der Abwasserreinigung. Es konnte nicht ausbleiben, daß der einsetzende rasante Wiederaufbau der Städte und Gemeinden auch auf dem Sektor der Siedlungswasserwirtschaft auf Grund unzureichender Planungen Verhältnisse herbeigeführt hat, die sich bei späteren sorgfältig geplanten Gesamtmaßnahmen als hinderlich erwiesen und sich deshalb nur schwer oder gar nicht integrieren ließen. Das gilt vor allem für Kanalnetze mit ihren Nebenanlagen, deren vorrangige Verwirklichung verständlicherweise aus ortshygienischen Gründen geboten war. Die Abwasserreinigung begann im allgemeinen später, bezog sich zunächst in der Regel auf einen mechanischen Teil und konnte planerisch besser vorbereitet werden. Biologische Abwasserreinigung wurde, obwohl die Technik sowohl der Tropfkörper- als auch der Belebungsanlagen schon lange vor dem zweiten Weltkrieg eine beachtliche Reife erlangt hatte, von Ausnahmen bei größeren Anlagen abgesehen, erst dann schrittweise Standard, nämlich etwa ab den 1960er Jahren, als auf Grund der verschlechterten Wasserbeschaffenheit in den Gewässern und neuer gesetzlicher Anforderungen dem Gewässerschutz zunehmende Aufmerksamkeit geschenkt wurde.

Abwasserleitungen: Rohrmaterialien, Hydraulik und Statik, Techniken

Die in den Nachkriegsjahren in großem Umfang gebauten Abwasserleitungen führten zu einer lebhaften Diskussion unter Wissenschaftlern und Praktikern über die technischen Vor- und Nachteile verschiedener Rohrmaterialien und deren Wirtschaftlichkeit. Dies geschah vor dem Hintergrund vertiefter wissenschaftlicher Beschäftigung mit den Fragen der hydraulischen Leitungsdimensionierung und der statischen Berechnung von Rohrleitungen sowie in dem Bewußtsein, daß es sich bei den Leitungsnetzen um ein gewaltiges Volksvermögen handelt. In der Diskussion um die Vorzüglichkeit verschiedener Rohrmaterialien in der Abwassertechnik hatte IMHOFF[64] schon ausgeführt: „Steinzeug

---

64 IMHOFF, KARL: Taschenbuch der Stadtentwässerung, 14. Auflage, München 1951, Verlag von R. Oldenbourg, S. 17

ist teurer, hat aber längere Lebensdauer und widersteht sicher chemischen und mechanischen Anfressungen." Diese Aussage wurde im hydraulischen Bereich ergänzt durch Forderungen nach unterschiedlichen Rauhigkeitsbeiwerten m (oder b) in der KUTTER-Formel für verschiedene Rohrmaterialien. KOSCHARE [65] und WENTEN [66] fordern, für das „glasiert glatte" Steinzeugrohr einen Rauhigkeitsbeiwert von 0,25 in den hydraulischen Berechnungen zu verwenden. Bei Betonrohrleitungen sollte nach ihrer Auffassung dagegen der Beiwert 0,35 beibehalten werden. Diese Differenzierung wurde von anderen Autoren abgelehnt, vornehmlich mit Hinweis auf die sich bildende Sielhaut[67]. Es soll hier nicht näher darauf eingegangen werden, daß die über lange Zeit bei Abwasserleitungen verwendete KUTTER-Formel nach neueren Erkenntnissen dort keine zutreffenden Werte liefert (KIRSCHMER [68]). Theoretisch einwandfreie Ergebnisse werden dagegen bei Berechnungen nach PRANDTL-COLEBROOK erzielt, bei denen die Erkenntnisse der modernen Strömungslehre verwertet sind. Der Streit über die zutreffenden Rauhigkeitsbeiwerte für verschiedene Rohrmaterialien verlor an Bedeutung, als stärker in den Vordergrund gestellt wurde, daß in den Leitungsberechnungen die Beiwerte neben der Rauhigkeit der Rohrwandungen auch die Einflüsse der Stoßverbindungen, der Seiteneinläufe, Einsteigschächte und Maßabweichungen berücksichtigen müssen. TREUDE [69] (1964), STRACK [70] (1966) und SUPERSBERG [71] (1970) haben nachweisen können, daß die Einflüsse von Rohrverbindungen, Durchmesserdifferenzen und sonstige Abweichungen vom Idealrohr gegenüber dem Einfluß der natürlichen Rauhigkeit auf das Abflußvermögen der Rohrleitung stark überwiegen. In der Richtlinie der Abwassertechnischen Vereinigung für die hydraulische Berechnung von Entwässerungsleitungen aus dem Jahre 1965 ist denn auch die sogenannte betriebliche Rauhigkeit k_b anstelle der natürlichen Rauhigkeit k eingeführt worden, die für alle Rohrmaterialien ohne Unterschied gültig ist.

Auch die Frage der Beanspruchung von Abwasserleitungen durch statische und dynamische Belastungen wurde nach dem zweiten Weltkrieg vermehrt behandelt. ERWIN MARQUARDT (1889–1955), Professor für Städtebau und Städtischen Tiefbau an der Technischen Hochschule Berlin und Professor für Wasserbau und Wasserwirtschaft an der Technischen Hochschule Stuttgart, hatte schon 1934 aus-

[65] KOSCHARE, in: Der Bau und die Bauindustrie, Heft 12, 1954

[66] WENTEN, HEINRICH: Kanalisationshandbuch, Verlagsgesellschaft Rudolf Müller, Köln-Braunsfeld, 1958

[67] VON MENG, W.: in: Städtehygiene 7/1958

[68] KIRSCHMER, O.: Tabellen zur Berechnung von Steinzeug-Rohrleitungen nach PRANDTL-COLEBROOK, herausgegeben vom Fachverband Steinzeugindustrie e. V., Frechen, 1966

[69] TREUDE, O.: Experimentelle Untersuchungen über die hydraulische Leistungsfähigkeit von Entwässerungsleitungen. Dr.-Ing. Diss. Universität Bonn, 1964

[70] STRACK, H.: Zum hydraulischen Verhalten von Leitungen aus Steinzeugrohren, in: Zeitschrift GWF 107 (1966), Heft 42, S. 1185–1193

[71] SUPERSBERG, H.: Die betriebliche Rauhigkeit in Abwasserleitungen aus PVC-Kanalrohren, in: Z. Österr. Wasserwirtsch. 22 (1970), H. 1/2, S. 7

geführt[72]: „Heute, wo es nicht mehr angeht, Rohrleitungen aus Beton oder Eisenbeton, die viele Millionen Mark kosten, und die für die Gesundheit von Millionen Menschen von lebenswichtiger Bedeutung sind, als ‚unbedeutende Bauwerke‘ abzutun, …, ist es Aufgabe der Ingenieure, durch zweckentsprechende Bemessung der Rohre … die dem Einzelfall jeweils angepaßte Tragkraft auf die wirtschaftlichste Weise sicherzustellen." MARQUARDT konnte bei seinen Studien zu den Fragen der Tragfähigkeit von Kanalleitungen auf den Ergebnissen von in den Vereinigten Staaten von Amerika durchgeführten Versuchen[73, 74] aufbauen. Er befaßte sich auch nach dem zweiten Weltkrieg intensiv mit dieser Thematik[75]. Auf der Grundlage der Arbeiten von MARQUARDT wurde ab 1956 das Auflastverfahren zur Tragfähigkeitsberechnung von Rohren entwickelt, und zwar sowohl für kreisförmige wie für eiförmige Betonrohre. Während für die Berechnung der Druckausbreitung im Boden aus Verkehrslasten die Anwendung der Elastizitätstheorie von BOUSSINESQ sich weiter als möglich erweist unter der in der Praxis meist gegebenen Voraussetzung einer Erdüberdeckung von mehr als einem Meter, wurden in den letzten Jahrzehnten auch viele neue Theorien entwickelt, auf die wegen ihrer Vielfalt nicht eingegangen werden kann. Eine zusammenfassende Darstellung findet sich im Lehr- und Handbuch der Abwassertechnik.

Die Vielfalt der Rohrmaterialien, der Rohrverbindungen und anderer Details, die seit Ende des zweiten Weltkriegs beim Bau von Abwasserleitungen zum Einsatz kommen, ist ein Zeichen für die verschiedenartigen Anforderungen und Zwänge, die es zu berücksichtigen gilt. Fragen der Festigkeit und Sicherheit, der Dichtheit, des Korrosionswiderstandes, des Baugrundes, der Rücksichtnahme auf die Bedingungen des baulichen und natürlichen Umfeldes, der Wirtschaftlichkeit, um nur die wichtigsten zu nennen, spielen dabei eine Rolle. Der verantwortungsvolle, abwägende Umgang mit allen Gegebenheiten und Gesichtspunkten hat das Kanalisationswesen immer mehr zu einer wichtigen Ingenieuraufgabe werden lassen.

Beispiele – Rohrmaterialien und Leitungssysteme –

Die nachfolgenden Beispiele sollen einen Einblick in die Entwicklung und den hohen Stand der Technik der verschiedenen Rohrmaterialien und der Leitungssysteme geben. Ein Gesamtüberblick kann im Rahmen dieser Darstellung nicht gegeben werden; er würde zu umfangreich werden.

---

72   MARQUARDT, ERWIN: Beton- und Eisenbetonleitungen – ihre Belastung und Prüfung, 1934
73   MARSTON, A. und A. O. ANDERSON: The theorie of loads on pipes in ditches. Iowa Engineering Exp. Station Bulletin Nr. 31 (1913)
74   MARSTON, A.: The theory of external loads on closed conduites in the light of the latest experiments. Iowa Engineering Exp. Station Bulletin Nr. 96 (1930)
75   MARQUARDT, E.: Beton- u. Stahlbetonleitungen, in: Betonkalender 1952

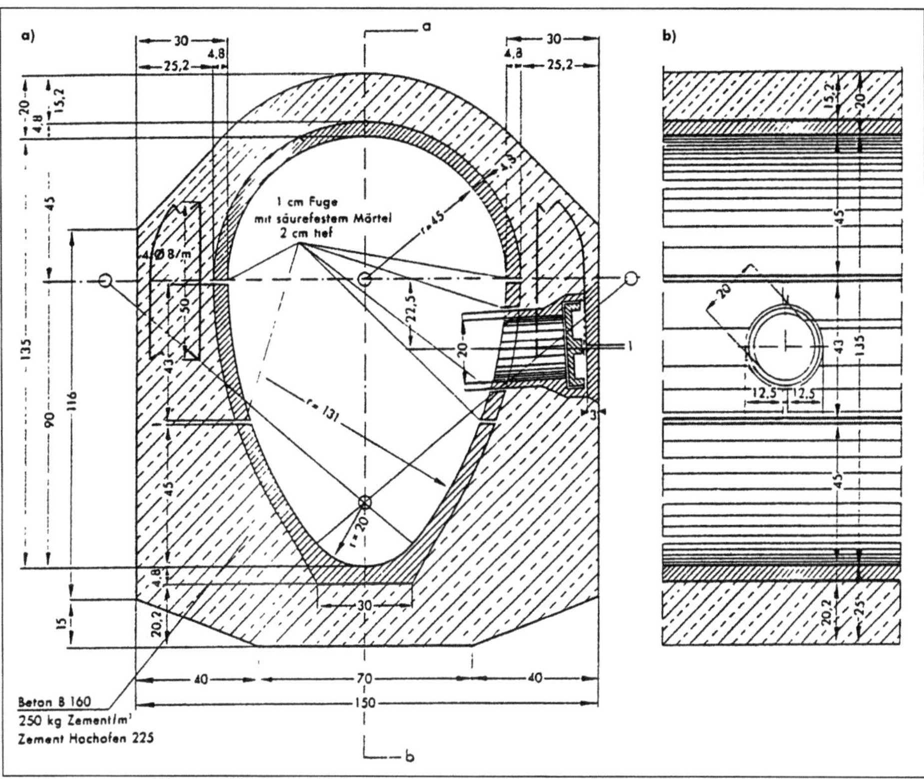

Abb. 166a, b   Betonkanal mit Eiprofilschalen aus Steinzeug.
a) Querschnitt; b) Schnitt a–b

- Abbildung 166 zeigt einen Betonkanal mit Eiprofilschalen aus Steinzeug. Die Schalen bestehen aus einem hufeisenförmigen Unterteil, zwei Seitenschalen und einem halbkreisförmigen Oberteil.
- Mitte der 1950er Jahre wurde mit der inzwischen hochentwickelten Technik des grabenlosen gesteuerten Rohrvortriebs begonnen. Diese Technik wird bei begehbaren und nicht begehbaren Querschnitten eingesetzt. Die Steuerung ist möglich, da der Schneidschuh gegen das erste Rohr beweglich angeordnet ist. Steuerpressen regeln die Vortriebsrichtung. Kurze Rohre erleichtern die Kurvenfahrten. Zur Verminderung der Mantelreibung erfolgt eine Schmierung mit einer Bentonit-Suspension. Die Vorteile dieser Art der Rohrverlegung liegen auf der Hand: Vermeidung von Verkehrsbehinderungen, bei großer Tiefenlage von Kollisionen mit anderen unterirdischen Systemen, von Schäden an Grünanlagen. Mit dieser und ähnlichen Techniken wurden in Köln zwischen 1971 und 1997 etwa 40 km Rohrleitungen im gesteuerten Rohrvortrieb ausgeführt. Beispielhaft sei hier auf Maßnahmen hingewiesen, bei denen Betonvortriebsrohre mit einem

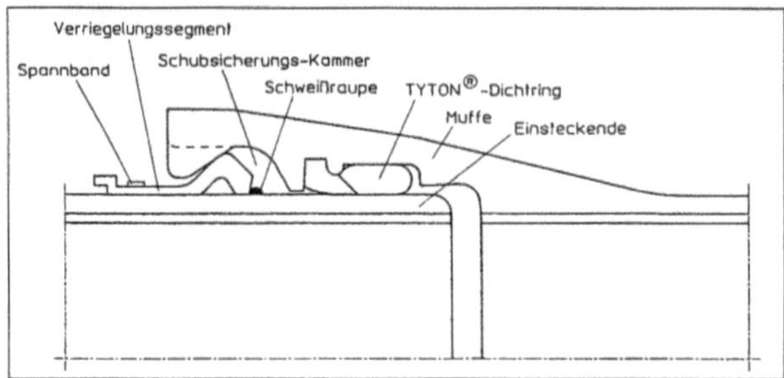

Abb. 167   Tyton-Verbindung mit TKF-Schubsicherung.

Abb. 168   Abwasserdruck-leitung DN 400 mit Steck-muffenverbindung Tyton-TKF in Schwerin.
Thyssen Guss AG

Außendurchmesser von 2500 mm und Kreisrinnenprofil nach Beendigung des Vortriebs im Trockenwetterabflußbereich geklinkert wurden.

– In Hamburg wurden in neuerer Zeit 80 km Abwasserkanäle in grabenloser Bauweise mit unterschiedlichen Techniken und Materialien gebaut. Dabei wurden maximal Tiefen bis 20 m unter Flur erreicht; die größten Querschnitte hatten 3,70 m Durchmesser.

- Der unterirdische Rohrvortrieb, auch Microtunneling genannt, hat auch in Berlin seit der Mitte der 1980er Jahre eine ständige Aufwärtsentwicklung erfahren. Sein Anteil an der Neuverlegung beträgt inzwischen rund 50 %. Der Berliner Tradition entsprechend überwiegen dabei die Steinzeugbauteile. Besondere Erwähnung verdienen Beton-Keramik-Verbundrohre DN 1200, die in Berlin seit 1997 als Vortriebsrohre im Microtunneling eingesetzt werden.
- In Abbildung 167 ist die längskraftschlüssige Steckmuffenverbindung Tyton-TKF einer Abwasserdruckleitung aus duktilen Gußrohren dargestellt. Diese Konstruktion wurde unter anderem für eine Abwasserdruckleitung DN 400 gewählt, die auf einer Länge von 1,3 km auf dem Grund des Lankower Sees in Schwerin liegt, nachdem sie zuvor in Teilstücken schwimmend auf den See gezogen, dort zusammenmontiert und dann versenkt worden war (Abb. 168).
- Die Zahl der Fälle, in denen eine Leitungserneuerung notwendig ist, weil Korrosionsschäden oder Risse im Leitungsmaterial oder Schäden an den Rohrverbindungen eingetreten sind, wird in der Zukunft größeren Umfang annehmen. Für diese Fälle stehen als Alternative zur Leitungserneuerung im offenen Graben Verfahren zur Verfügung, die unterirdisch bestehende Leitungen, sofern sie aus sprödem Material wie etwa unbewehrtem Beton, Steinzeug oder Asbestzement bestehen, zertrümmern, die Leitungstrümmer in das umgebende Erdreich drücken und gleichzeitig eine neue Leitung einziehen. Für die neue Leitung kommen Kurzrohre aus PVC-U oder PE-HD in Frage. Mit diesem Verfahren können auch Querschnittsvergrößerungen vorgenommen werden. Beispielsweise wurde 1996 in Potsdam eine Leitung DN 400 Steinzeug durch eine neue Leitung DN 500 PE-HD auf einer Länge von 1300 m ersetzt. Abbildung 169 veranschaulicht das Dynamische Berstlining-Verfahren.

Nach aktuellen Aussagen der ATV kann davon ausgegangen werden, daß rund 15 % der öffentlichen Kanalisationen sanierungsbedürftig sind. Das beinhaltet nicht nur Erneuerungsmaßnahmen, sondern mit steigendem Anteil auch Reparaturmaßnahmen. Bei der Abschätzung des Finanzbedarfs für das gesamte öffentliche Kanalnetz wird eine Obergrenze von 100 Mrd. DM genannt.

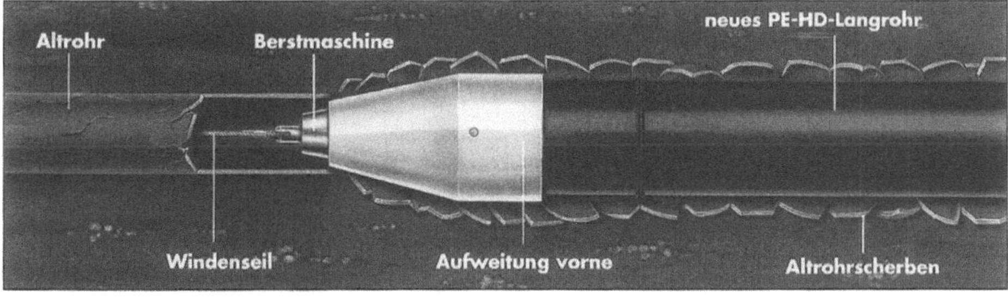

Abb. 169   Prinzip des Dynamischen Berstlining-Verfahrens.
Tracto-Technik, Lennestadt

Mischsystem/Trennsystem

Bei dem gewaltigen Umfang der seit Ende des zweiten Weltkriegs neu zu verlegenden Kanalleitungen in den im Krieg zerstörten Städten und bei den im wesentlichen neu zu errichtenden Abwassernetzen in den ländlichen Räumen spielte immer (und tut es noch heute) die Frage „Misch- oder Trennsystem" eine bedeutende Rolle. Die Meinungen darüber gehen naturgemäß auseinander. Das hat viele Gründe. Bei der Erneuerung oder Weiterentwicklung bestehender Netze sind die Zwänge, die sich aus dem Bestand ergeben, oft von ausschlaggebender Bedeutung. Beide Kanalsysteme haben Vor- und Nachteile. Die anstehende Entscheidung hängt unter anderem ab von den natürlichen und städtebaulichen Gegebenheiten, von der Größe der Ortschaft, der Leistungsfähigkeit der Vorfluter, den Untergrundverhältnissen, den Platzverhältnissen im unterirdischen Straßenraum und, wie bereits gesagt, von der Art eines schon vorhandenen Systems. In großen Städten, insonderheit in deren Zentren, überwiegt das Mischsystem schon wegen der technischen Schwierigkeiten, zwei Kanalstränge unterzubringen. Der größere Teil der Stadt Köln beispielsweise wird im

Abb. 170   Mischwasserrückhaltebecken Augustenburger Straße Hamburg.
Hamburger Stadtentwässerung

Mischsystem entwässert. Dresden hat im innerstädtischen Bereich Misch-, in den Randlagen Trennsystem. In Hamburg liegen die Verhältnisse ähnlich wie in Dresden: im Innenstadtbereich Mischverfahren; in den Randgebieten, die ursprünglich auch im Mischsystem entwässert worden waren, wurde nach dem Zweiten Weltkrieg eine Umstellung auf das Trennsystem vorgenommen. In den Mischwassersystemen müssen mit Rücksicht auf die Gewässer ausreichend große Speichervolumina vorgehalten werden. Damit können die bei Regenwetter anfallenden großen Wassermengen vorübergehend zurückgehalten und dann mit Verzögerung in die Ablaufkanäle abgegeben werden mit dem Ergebnis, daß die Mischwasserüberläufe nur selten in Tätigkeit treten und stark verschmutztes Regenwasser in größtmöglichem Umfang der Kläranlage zugeführt wird. Abbildung 170 zeigt beispielsweise das Mischwasser-Rückhaltebecken Augustenburger Straße in Hamburg.

Beim Trennverfahren bedarf stark verschmutztes Regenwasser ebenfalls einer Reinigung, die jedoch nicht einfach durchzuführen ist. Anders liegen die Verhältnisse im ländlichen Raum, wo das Regenwasser in aller Regel weniger verschmutzt ist und im Falle des Trennverfahrens häufig die Möglichkeit entweder kurzer Ableitungen zum Vorfluter oder der Versickerung in den Untergrund gegeben ist.

Im ländlichen Raum wird von der Anwendung des Trennverfahrens in neuerer Zeit vermehrt Gebrauch gemacht, sofern die Netze nicht schon ausgebaut und die genannten Möglichkeiten gegeben sind. Insoweit hat sich in den letzten Jahren ein Anschauungswandel vollzogen.

Gesetzliche Anforderungen

Während die Abwasserableitung in Gemeinden und Betrieben vornehmlich wegen der die Menschen unmittelbar berührenden hygienischen Fragen vorgenommen wird und deshalb nicht so sehr des äußeren Anstoßes bedarf, ist der Schutz der Gewässer vor Verunreinigung, in seiner elementarsten Form durch Reinigung der gesammelten Abwässer mittels Kläranlagen, eine Aufgabe, die die Abwassereinleiter erst in zweiter Linie angehen und eher unter der Einwirkung der staatlichen Aufsichtsbehörden erledigen. Das war insbesondere so – und es hatte seine guten Gründe, wie schon ausgeführt – in einem längeren Zeitabschnitt nach dem Zweiten Weltkrieg. Die staatliche Aufsicht bedarf für ihr Wirken der rechtlichen Grundlagen, im hier anzusprechenden Fall der wassergesetzlichen Regelungen. Die Nachkriegsgeschichte auf dem Gebiet der Abwasserreinigung und des Gewässerschutzes kann nachgezeichnet werden als eine Wechselwirkung zwischen wasserrechtlichen Anforderungen im weitesten Sinne und technischer Entwicklung und Verwirklichung adäquater Reinigungssysteme. Dabei ist zu erkennen, daß sowohl die Reinhalteanforderungen technische Entwicklungen hervorriefen wie auch umgekehrt neue wirksamere Verfahrenstechniken erst höhere Anforderungen an die Gewässerreinhaltung ermöglichten.

Die wasserrechtliche Entwicklung im Deutschland der Nachkriegszeit ist geprägt vom Recht der Bundesländer, des Bundes und der Europäischen Gemeinschaften. Als am 1. März 1960 das Wasserhaushaltsgesetz des Bundes[76] als Rahmengesetz auf der Grundlage des Artikels 75, Nr. 4 des Grundgesetzes und zu dessen Ausfüllung die Landeswassergesetze etwa zeitgleich in Kraft traten, da wurden die bis dahin geltenden alten Wassergesetze außer Kraft gesetzt, zum Beispiel das Bayerische Wassergesetz von 1907 und das Preußische Wassergesetz von 1913. Für die Einleitung von Abwasser in ein Gewässer waren in den neuen Gesetzen konkretisierte Regelungen zunächst nicht enthalten. Eine von der Behörde zu erteilende Benutzungserlaubnis für ein Gewässer mußte Zweck, Art und Umfang der beabsichtigten Benutzung angeben und konnte befristet werden. Erst das Vierte Gesetz zur Änderung des Wasserhaushaltsgesetzes vom 26. April 1976 sah Mindestanforderungen an das Einleiten von Abwasser vor (§ 7a), wonach das Abwasser nach Menge und Beschaffenheit die Möglichkeiten ausschöpfen muß, die die Reinigungsverfahren nach den allgemein anerkannten Regeln der Technik (a. a. R. d. T.) ermöglichen. Die Festlegung der Mindestanforderungen erfolgte branchenweise als Emissionsstandards auf der Grundlage der allgemein anerkannten Regeln der Technik. Die nationalen Regelungen wurden schon früh beeinflußt, weil für die Mitgliedstaaten verbindlich, durch Richtlinien der Europäischen Gemeinschaften: Da sind die Qualitätsanforderungen an das Wasser im Hinblick auf bestimmte Nutzungen, z. B. Trinkwassergewinnung oder Badegewässer. Da ist die besonders wichtige Rahmenrichtlinie 1976, betreffend die Verschmutzung infolge der Ableitung bestimmter gefährlicher Stoffe in die Gewässer der Gemeinschaft (76/464/EWG) und darauf aufbauend weitere Richtlinien mit der Festlegung von Grenzwerten für Einzelstoffe, die neben den Mindestanforderungen nach § 7a WHG gelten. Die stoffbezogenen EG-Richtlinien enthalten Emissionsstandards und Qualitätsziele (Immissionsstandards), über deren alternative Anwendung die Mitgliedstaaten selbst entscheiden können. Die Bundesrepublik hat sich für die Emissionsstandards entschieden. Bei der schon genannten Tatsache, daß die Gemeinden die Abwasserreinigung im allgemeinen nicht so vordringlich ansehen wie die Ableitung aus den bebauten Gebieten aus Gründen der Ortshygiene, konnte es nicht ausbleiben, daß die wasserrechtlichen Regelungen allein nicht ausreichten, überall eine ausreichende Abwasserreinigung durchzusetzen. Der entscheidende praktische Gesichtspunkt, der dies verhinderte, war das Bewußtsein, daß die staatlichen Aufsichtsbehörden die Einleitungen in die Gewässer nicht dicht machen konnten. Die Macht des Faktischen

---

[76] Gesetz zur Ordnung des Wasserhaushalts (Wasserhaushaltsgesetz – WHG) vom 27. Juni 1957

obsiegte hier über noch so gute wassergesetzliche Regelungen. Es wurde deshalb ein Instrument ersonnen, das den Gemeinden und der Industrie einen finanziellen Anreiz zur Errichtung von Abwasserreinigungsanlagen bot: das Abwasserabgabegesetz vom 13. 9. 1976, das am 1. 1. 1978 in Kraft trat. Die Schwierigkeit der Handhabung dieses äußerst komplizierten Gesetzes offenbart sich durch die vielen bisherigen Novellierungen, nämlich in den Jahren 1984, 1986, 1990 und schließlich 1994.[77] Nach diesem Gesetz wird für das Einleiten schadstoffbelasteten Abwassers in ein Gewässer eine Abwasserabgabe erhoben. Sie richtet sich nach der eingeleiteten Menge und den Schadstoffkonzentrationen, das heißt letztlich nach den Schadstofffrachten. Im Rückblick kann gesagt werden, daß das Abwasserabgabengesetz einen durchschlagenden Erfolg hinsichtlich der Gewässerreinhaltung erzielt hat, indem die forcierte Errichtung oder Erweiterung von Kläranlagen den Gemeinden und der Industrie durch Reduzierung der Abwasserabgabenlast finanzielle Vorteile gebracht hat.

Im novellierten Wasserhaushaltsgesetz von 1986 wurde eine Verschärfung des § 7a vorgenommen, indem für Abwasser bestimmter Herkunft mit „gefährlichen Stoffen" die Grenzwerte dem „Stand der Technik" entsprechen müssen. Nach der dann folgenden „Verordnung über die Herkunftsbereiche von Abwasser" wird aber nicht mehr nach Stofflisten vorgegangen; es wird vielmehr für 55 branchenbezogene Herkunftsbereiche anhand von Leitparametern und Kenngrößen der „Stand der Technik" festgelegt. In der Ministerkonferenz der Mitgliedstaaten der Internationalen Kommission zum Schutze des Rheins gegen Verunreinigung (IKSR) am 1. Oktober 1987 in Straßburg wurde das Aktionsprogramm Rhein beschlossen – sicher auch unter dem Eindruck des Sandoz-Unfalls –, wonach einmal die Einleitung bestimmter gefährlicher Stoffe für den Zeitraum 1985 bis 1995 um 50 % zu reduzieren war und – bedeutender, was die Weiterentwicklung der gemeinsamen Gewässerschutzpolitik angeht – zum anderen branchenbezogene Regelungen für 12 Industriebereiche herbeizuführen waren, die in der Abwasserbehandlung dem Stand der Technik entsprechen sollen. Eine weitere Richtlinie des Rates der Europäischen Gemeinschaften[78] stellt Anforderungen an das Sammeln, Behandeln und Einleiten von Abwasser und fordert grundsätzlich dessen zweistufige Behandlung, also biologische Klärung. In sogenannten empfindlichen Gebieten sollen bei Anlagen mit mehr als 10 000 Einwohnerwerten bis 31. 12. 1998 dritte Reinigungsstufen errichtet werden. Mußten nach dem novellierten Wasserhaushaltsgesetz von 1986 die Grenzwerte für das Einleiten der gefährlichen Stoffe nur bei bestimmter Herkunft des Abwassers dem Stand der Technik entsprechen, so hat die

---

77   Gesetz über Abgaben für das Einleiten von Abwasser in Gewässer (AbwAG) in der Fassung der Bekanntmachung vom 3. 11. 1994 (BGBl I, S. 3370), zuletzt geändert durch Verordnung vom 21. 3. 1997 (BGBl I, S. 566)
78   Richtlinie des Rates vom 21. Mai 1991 über die Behandlung von kommunalem Abwasser (91/271) – Amtsblatt der Europäischen Gemeinschaften Nr. L 135, S. 40–52 vom 30. 5. 1991

6. Novelle zum Wasserhaushaltsgesetz[79] dies geändert, indem der Stand der Technik als einheitliches Anforderungsniveau für alle Abwasserarten eingeführt wird. Die Anforderungen, die dem Stand der Technik entsprechen, werden durch Rechtsverordnung festgelegt. Die Rechtsverordnung – Abwasserverordnung – wurde am 21. März 1997 erlassen.

Mit der Europäischen Wasserrahmenrichtlinie (WRR), die sich auf der Grundlage des Vorschlags der Europäischen Kommission in der Beratung befindet, soll ein Ordnungsrahmen für die wesentlichsten Belange des Gewässerschutzes geschaffen werden. Die Richtlinie bezieht sich auf die Oberflächengewässer, Ästuare, Küstengewässer und das Grundwasser. Mit der Vorgabe von Qualitätszielen, der Aufstellung von Bewirtschaftungsplänen (Flußgebietsplänen) und der Forderung nach Maßnahmenprogrammen sollen die Ziele erreicht werden. Wann die Wasserrahmenrichtlinie in Kraft treten wird, ist offen. Es gibt zahlreiche Änderungsvorschläge zum vorliegenden Entwurf und das Europäische Parlament muß noch seine Zustimmung erteilen.

Internationale Kommissionen

Internationale Zusammenarbeit auf dem Gebiet des Gewässerschutzes vollzieht sich nach Ende des zweiten Weltkriegs nicht nur im wasserrechtlichen Bereich, sondern bei Gewässern, die mehrere Staatsgebiete durchfließen, in der gemeinsamen Bestandserfassung, Bewertung und in Verbesserungsempfehlungen sowohl was den Gewässerzustand wie auch die Reinigungsanlagen und Stoffeinleitungen im gesamten Einzugsgebiet angeht. Diese Art des Zusammenwirkens wurde 1963 für den Rhein formalisiert zwischen den Anliegerstaaten des Rheins und seiner Nebenflüsse Schweiz, Frankreich, Deutschland, Luxemburg und Niederlande durch Schaffung der Internationalen Kommission zum Schutze des Rheins gegen Verunreinigung (IKSR). Mit gleicher Zielsetzung wurden die Internationalen Kommissionen zum Schutze der Mosel (1963), der Saar (1963) und der Elbe (1990) gegründet. Die Arbeit dieser Kommissionen kann als außerordentlich fruchtbar bezeichnet werden. Neben den allgemeinen Berichten über die Beschaffenheit des Flußwassers werden zum Beispiel Erhebungen über Chloride, gelöste organische Mikroverunreinigungen, Spurenschadstoffe in Schwebstoffen und Schadstoffbelastungen von Fischen vorgenommen. Bei den Inventaren der Einleitungen stehen die organisch belasteten Abwässer, das Ammonium, die Chloride und die Schwermetalle im Vordergrund.

---

[79] Sechstes Gesetz zur Änderung des WHG vom 11.11.1996 (BGBl I, S.1690), Bek. der Neufassung des WHG vom 12.11.1996 (BGBl I, S.1695)

1992 haben Polen, die Tschechoslowakei, die Bundesrepublik Deutschland und die Europäischen Gemeinschaften eine Internationale Kommission zum Schutz der Oder gebildet, deren Aufgabe der der IKSR entspricht.

Deutsch-luxemburgisches Abwasserklärwerk 1972

Die engste Form grenzüberschreitender Zusammenarbeit auf dem Gebiet des Abwasserwesens und des Gewässerschutzes ist die gemeinsame Errichtung und der Betrieb einer Kläranlage durch Gemeinden oder Betriebe zweier nationaler Staaten. Das geschah im deutsch-luxemburgischen Grenzraum, dort wo die Sauer – Nebenfluß der Mosel – die Grenze bildet, als sich vier deutsche Gemeinden, eine luxemburgische Stadt und eine luxemburgische Kunststoffabrik zusammenfanden, um ihre Abwässer in einer mechanisch-biologischen Kläranlage zu reinigen. Das Besondere daran waren nicht etwa die technischen Fragen, sondern der Wille zur Zusammenarbeit, obwohl damit im administrativen und wasserrechtlichen Bereich Neuland beschritten wurde und hohe Hürden genommen werden mußten. Da es im Jahre 1972 für diese Art der Zusammenarbeit noch keinerlei Vorbilder gab und eine rechtliche Grundlage nicht gegeben war, wurden die verschiedensten Modelle erörtert: grenzüberschreitendes Verwaltungsabkommen, Société anonyme, notarieller Vertrag, Dienstvertrag. Schließlich kam es zum notariellen Vertrag, der der Genehmigung durch großherzoglichen Beschluß und durch Verfügung der zuständigen Bezirksregierung in Trier bedurfte. Inzwischen wurden weitere grenzüberschreitende Abwasseranlagen nicht nur im deutsch-luxemburgischen Grenzraum gebaut. Die deutsch-luxemburgische Zusammenarbeit wurde in der Folgezeit dadurch erheblich erleichtert, daß 1974 der „Staatsvertrag zwischen dem Großherzogtum Luxemburg und dem Lande Rheinland-Pfalz über die gemeinsame Erfüllung wasserwirtschaftlicher Aufgaben durch Gemeinden und andere Körperschaften" geschlossen wurde.

Die Technik der Abwasserreinigung

In der Technik der Abwasserreinigung konnte nach Kriegsende an den Vorkriegsstand angeschlossen werden. Die mechanisch-biologischen Klärverfahren hatten schon einen guten Standard erreicht. In der biologischen Reinigungsstufe wurden der Tropfkörper wie auch die Belebungsanlage eingesetzt. Im Detail wurden die Techniken der mechanisch-biologischen Kläranlagen auf der Grundlage fortgeschrittener wissenschaftlicher Erkenntnisse und gewonnener praktischer Erfahrungen nach dem zweiten Weltkrieg selbstverständlich verbessert und dabei höhere Reinigungsleistungen erzielt. Dazu zählt zum Beispiel der Einsatz von Füllelementen auf PVC-Basis in Tropfkörpern ab den 1960er Jahren, mit denen im Vergleich zur Steinfüllung eine wesentlich größere Oberfläche geschaffen werden kann. Auch die Kenntnisse über das Klärschlammfaulverfahren wurden erweitert. In den 1950er Jahren wurde der Oxydationsgraben entwickelt, bei dem mit Hilfe ständiger Sauerstoffzufuhr nicht nur das Abwasser gereinigt, sondern gleichzeitig auch der Schlamm stabilisiert wird. Er wird in verschiedenen Varianten bei kleinen Verhältnissen eingesetzt und hat inzwischen in großer Anzahl Anwendung gefunden. Bis weit in die 1960er Jahre wurden in der Fachdiskussion immer wieder die Vor- und Nachteile von Tropfkörper- und Belebungsanlagen erörtert. Dabei und in der praktischen Anwendung trat immer stärker die Belebungsanlage in den Vordergrund. Auch bei kleinen Anlagen, bei denen der Tropfkörper noch am ehesten einzusetzen ist, wurde mehr und mehr das Belebungsverfahren eingesetzt, sehr häufig in der Form typisierter Kompaktanlagen mit Schlammstabilisation, von denen sich eine große Zahl auf dem Markt befindet. Hinsichtlich des Belüftungsverfahrens ist festzustellen, daß nach Kriegsende zunächst die Druckluftbelüftung, dann ab etwa Mitte der 1960er Jahre die mechanische Belüftung mit Hilfe von Walzen oder Kreiseln und seit etwa Mitte der siebziger Jahre wiederum die Druckluftbelüftung das häufiger eingesetzte Verfahren war bzw. ist. Die Gründe, die diese Entwicklung beeinflußten, können hier nicht alle angesprochen werden. Es zählen jedenfalls dazu: einerseits Robustheit der mechanischen Belüftung; andererseits Überlegenheit der Druckluftbelüftung in bezug auf Lärm.

Schon seit langem kann das Thema der biologischen Abwasserreinigung als gelöst betrachtet werden. Um so mehr wurde es notwendig, sich der Schlammfrage anzunehmen. Hier ist noch viel zu tun, wie noch zu zeigen sein wird.

Sowohl die nationalen Mindestanforderungen wie auch die Richtlinie der Europäischen Gemeinschaften von 1991 fordern die Errichtung dritter Reinigungsstufen. Darunter sind die Phosphor- und die Stickstoffelimination zu verstehen. Die Forderungsvoraussetzungen sowie die Regelungen über Verwirklichungszeitpunkt und Maß der Reinigung sind nicht vollständig deckungsgleich. Gleichwohl leiten diese Regelungen einen neuen Abschnitt in der Abwasserreinigung ein. Mit dieser Nährstoffreduzierung soll die Massenentwicklung von pflanzlichen Mikroorganismen in den Gewässern gebremst werden. Für die Phosphatentfernung kommt in erster Linie die chemische Fällung und seit kurzem auch die biologische Elimination in Frage, während die Stickstoffentfernung ausschließlich auf biologischem Wege erfolgt. Bei der chemischen Fällung werden die zu entfernenden gelösten Abwasserbestandteile durch Reaktion mit dem Fällmittel in ungelöste, abscheidbare Produkte umgewandelt. Als Fällmittel werden Aluminium-, Calcium- und Eisensalze eingesetzt. Je nach Lage der Dosierstelle und Anordnung der Fällungsstufe im Verhältnis zur Biologie der Kläranlage werden Vor-, Simultan- und Nachfällung unterschieden. Die biologische P-Elimination beruht auf der Fähigkeit von Bakterien, bei einem ständigen Wechsel von aeroben und anaeroben Verhältnissen größere Phosphormengen zu speichern. Das Verfahren ist noch nicht ausgereift. Zur Zeit ist noch offen, ob mit diesem Verfahren die gesetzlich geforderten Grenzwerte 2 bzw. 1 mg P/l ohne zusätzliche Fällung erreicht werden können. Stickstoffelimination erfolgt durch nitrifizierende und denitrifizierende Bakterien (Nitrifikation und Denitrifikation). Der erste Verfahrensschritt beinhaltet die vollständige Oxydation der Stickstoffverbindungen des Abwassers bis zum Nitrit bzw. Nitrat. Der zweite Verfahrensschritt – Denitrifikation – erfolgt in Anwesenheit reduzierender Stoffe in ausreichender Menge, damit die im ersten Schritt anfallenden Nitrate bis zum molekularen Stickstoff reduziert werden. Phosphor- und Stickstoffelimination bieten noch genügend Raum für weitere Forschungen. Das gilt insonderheit für die biologische P-Elimination, aber auch für die verfahrenstechnischen Zusammenhänge zwischen dieser und der Denitrifikation.

Behandlung und Entsorgung der Klärschlämme

Die Abwasserreinigung hat das Problem der Klärschlammbehandlung und -entsorgung im Gefolge. Je mehr Abwässer und je intensiver sie gereinigt werden, umso mehr Klärschlamm fällt an. Mit der Weiterentwicklung der Klärtechnik in den Jahrzehnten nach dem Zweiten Weltkrieg zu einer Vollkommenheit, die nur noch vergleichsweise wenige Fragen offen läßt, und ihrer flächendekkenden Anwendung in ganz Deutschland wuchs schrittweise der Handlungsbedarf auf dem Sektor des Klärschlammes. Viele Aspekte seiner Behandlung, Verwertung und Entsorgung bedurften und bedürfen immer noch sorgfältiger Studien, um technisch einwandfreie, ökologisch vertretbare und wirtschaftlich tragbare Lösungen für die gesamte Klärschlammproblematik immer weiter zu optimieren.

Die Verfahren der Schlammfaulung im Emscherbrunnen sowie im separaten Faulbehälter wurden bereits kurz angesprochen. Zwar wurden nach dem zweiten Weltkrieg die Kenntnisse über die Abläufe des Faulprozesses im Faulbehälter erweitert und der Praxis nutzbar gemacht; zu einer grundsätzlichen Änderung der wesentlichen Elemente der Faulbehälter hat das indessen nicht geführt. Eine aerobe Schlammstabilisierung durch Überlüftung findet im Oxydationsgraben und in den zahlreichen Typen von Kompakt-Belebungsanlagen mit Schlammstabilisation statt. Wenn eine natürliche Entwässerung, etwa auf Schlammtrockenbeeten, des ausgefaulten oder aerob stabilisierten Schlammes nicht ausreicht, kann eine künstliche Schlammentwässerung mittels Filterpressen, Zentrifugen oder Siebbandpressen vorgenommen werden. Dies setzt eine sogenannte Konditionierung voraus, die eine Verbesserung der Schlammentwässerungseigenschaften durch physikalische oder chemische Vorgänge bewirkt. Häufig eingesetzte Konditionierungsmittel sind Metallsalze und Kalk, die gleichzeitig verwendet werden, eine Wärmebehandlung und seit 1967 die aus den USA kommenden Polyelektrolyte. Polyelektrolyte sind synthetische organische Flockungshilfsmittel. Bei der thermischen Schlammkonditionierung findet eine Erhitzung auf 180–220 °C bei einem Druck von ungefähr 30 bar statt. Die künstliche Schlammentwässerung ist insbesondere erforderlich, wenn der Schlamm deponiert werden soll. Das Deponieren des Klärschlammes ist in Deutschland die am weitesten verbreitete Entsorgungsart. Nach einem Bericht des Bundesministers für Umwelt, Naturschutz und Reaktorsicherheit entfielen auf die Hauptentsorgungswege in den Jahren 1986–1990 folgende Anteile: Deponierung ca. 60 %; landwirtschaftliche Verwertung ca. 25 %; thermische Behandlung ca. 10 %; Kompostierung ca. 3–4 %.

Das Wiedereinbringen von Klärschlamm in den Stoffkreislauf ist der anzustrebende Entsorgungsweg, der auch von vielen Kommunen begangen wird, aber auch nicht einfach ist. Die Stadt Köln zum Beispiel sieht in ihrem langfristigen Klärschlammentsorgungskonzept eine weitgehende stoffliche Verwertung in der Landwirtschaft vor. Von einer jährlich anfallenden Gesamtmenge von 28 000 t Trockensubstanz sollen 22 000 t der Landwirtschaft zugeführt werden. Das ist außerordentlich viel. 2000 t Trockensubstanz sollen im Kulturbau verwertet werden; 4000 t Trockensubstanz sind zur Verbrennung vorgesehen. Die landwirtschaftliche Verwertung von Klärschlamm unterliegt Regelungen, die im Laufe der Jahre verschärft wurden. Die Klärschlammverordnung des Bundes vom 25. 6. 1982 bestimmt die Voraussetzungen für das Aufbringen von Klärschlamm auf landwirtschaftlich, forstwirtschaftlich oder gärtnerisch ge-

Abb. 171   Klärwerk Köhlbrandhöft in Hamburg mit Klärschlamm-Entwässerungs- und Trocknungsanlage (KETA) sowie Verbrennungsanlage für Rückstände aus der Abwasserbehandlung (VERA).
Hamburger Stadtentwässerung

nutzte Böden. Insbesondere dürfen Klärschlämme mit bedenklichen Schwermetallgehalten nicht aufgebracht werden. Der von den Europäischen Gemeinschaften erlassenen Klärschlammrichtlinie 86/278/EWG vom 12. Juni 1986 wurde in der neuen Bundes-Klärschlammverordnung vom 15. April 1992 Rechnung getragen. Sie enthält erstmals Grenzwertfestlegungen für Dioxine/Furane, PCB und AOX im Klärschlamm. Die landwirtschaftliche Verwertung braucht insbesondere Akzeptanz in der Landwirtschaft. Dem dient eine lückenlose Qualitätskontrolle der Schlämme, die Untersuchung der Böden auf den Aufbringungsflächen, die landwirtschaftliche Fachberatung, eine Dokumentation der Aufbringungsorte und -mengen, dies alles zusammengeführt in einem EDV-gestützten Klärschlamm-Management. Von besonderer Bedeutung ist auch die Abdeckung des haftungsrechtlichen Risikos. Eine besonders einschneidende Bedeutung für die Klärschlammentsorgung erlangt die am 1.6.1993 in Kraft getretene Technische Anleitung Siedlungsabfall. Sie untersagt nach einer Übergangszeit bis zum Jahre 2002 das Deponieren von Stoffen mit mehr als 5 % organischer Trockensubstanz. Damit entfällt dann die Möglichkeit der Klärschlammdeponierung.

Abbildung 171 zeigt das Klärwerk Köhlbrandhöft in Hamburg mit Klärschlamm-Entwässerungs- und Trocknungsanlage (KETA) sowie Verbrennungsanlage für Rückstände aus der Abwasserbehandlung (VERA).

Beispiele von kommunalen und industriellen Kläranlagen

Kläranlage der BASF AG in Ludwigshafen

Das Stammwerk der BASF AG in Ludwigshafen gilt als größter zusammenhängender Chemiekomplex der Welt. In rund 350 Einzelproduktionsbetrieben mit zusammen etwa 50 000 Beschäftigten werden pro Tag mehr als 20 000 t Verkaufsprodukte erzeugt. In einer gewaltigen Anstrengung in naturwissenschaftlich-technischer, organisatorischer, baulicher und investiver Hinsicht hat das Unternehmen seit den 1960er Jahren seine Abwasserprobleme in Angriff genommen und inzwischen nahezu vollständig gelöst. Es begann mit einem Zehnjahresplan für den Zeitraum 1964–1974, dessen Erfüllung dem Unternehmen von den zuständigen Behörden verbindlich auferlegt wurde. Er hatte zum Inhalt die Umstellung der vorhandenen Misch- auf Trennkanalisation, umfassende Vermeidungs- und Verminderungsmaßnahmen innerhalb der einzelnen Produktionsbetriebe – wie beispielsweise Verbrennung konzentrierter organischer Abwässer oder weitgehende Zurückhaltung von Metallen – sowie Errichtung einer zentralen Kläranlage. Nach umfangreichen Vorarbeiten und unter Verwertung der in einer Versuchskläranlage gewonnenen Erkenntnisse wurde die Kläranlage geplant und nach nur zweijähriger Bauzeit 1974 in Be-

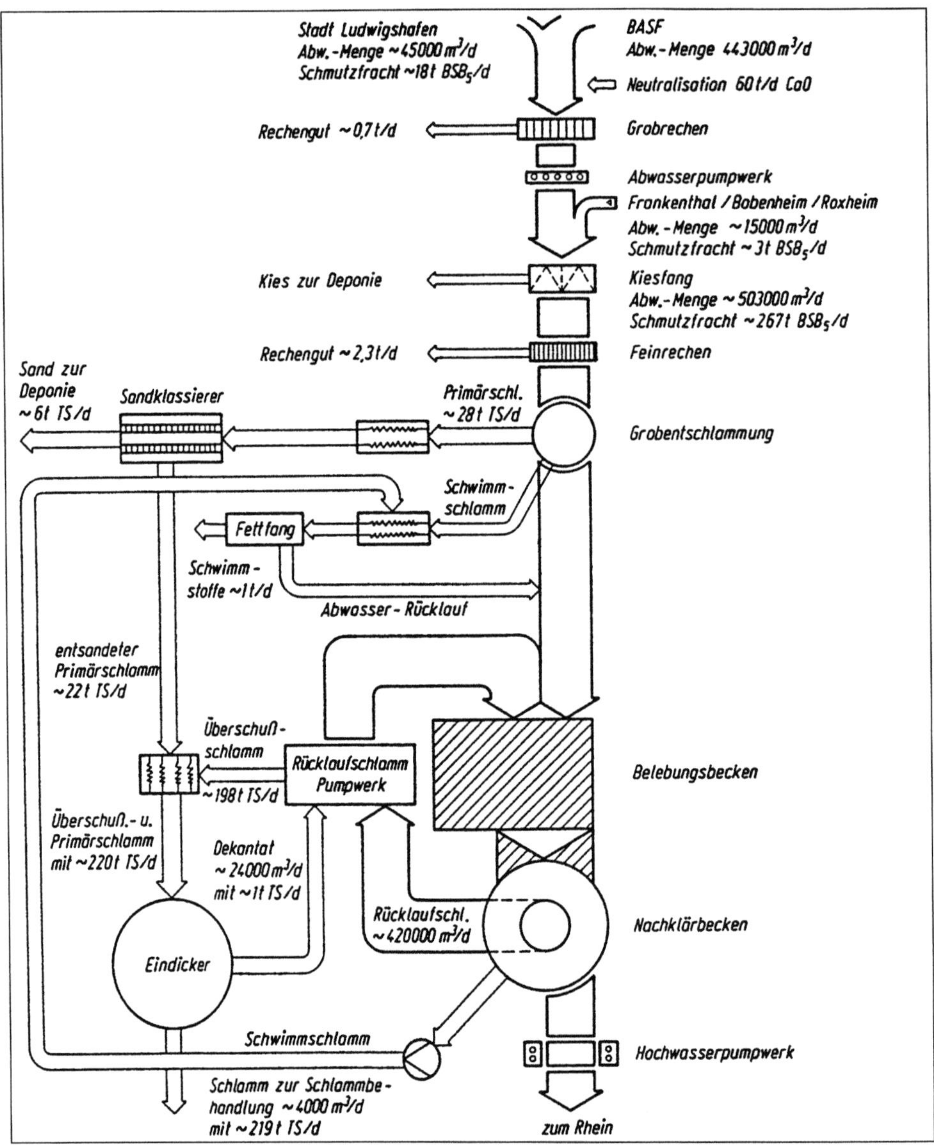

Abb.172 Mengenfließbild der Kläranlage der BASF, Ludwigshafen – Mittelwerte
1975–1979.
BASF, Ludwigshafen

trieb genommen. In der Anlage werden nicht nur die Abwässer der BASF gereinigt, sondern auch die der Städte Ludwigshafen (rund 170000 Einwohner) und Frankenthal (rund 40000 Einwohner) sowie die einiger kleinerer Orte. Mit einer Kapazität von 375t BSB₅/d, das entspricht mehr als 6Mio. EGW, zählt die Kläranlage zu den größten der Welt. Es ist eine konventionelle chemisch-mechanisch-biologische Anlage. Die biologische Reinigung erfolgt in fünf Belebungsbecken mit Abmessungen von je 112×116 m, die durch Trennwände als „Schlängelgräben" oder „Caroussel-Becken" ausgebildet sind und in die Luftsauerstoff durch insgesamt 110 Kreiselbelüfter mit Durchmessern von 3,66 und 4,06 m eingetragen wird. Durch besondere Prozeßführung – Erzeugung einer sauerstofffreien Anfangsfließstrecke in den Caroussel-Becken – werden die Nitrate eliminiert. Eine Störung des Absetzvorganges des Belebtschlammes im Nachklärbecken wird dadurch vermieden. Der Überschußschlamm wird nach Eindickung, Konditionierung und Entwässerung in Kammerfilterpressen in drei Wirbelschichtöfen verbrannt. Die Überschußasche wird deponiert. Abbildung 172 zeigt ein Mengenfließbild mit Mittelwerten der Jahre 1975–1979. Abbildung 173 verschafft einen Eindruck von der Anlage in einer Teilansicht.

Die Gesamtkosten aller im Zeitraum 1964–1974 durchgeführten Maßnahmen beliefen sich auf rund 500 Mio. DM. Davon entfielen auf die Kläranlage 200 Mio. DM. Mit diesen Maßnahmen wurde schlagartig eine durchgreifende Entlastung des Rheins insbesondere von sauerstoffzehrenden Stoffen erzielt. In einer zweiten Phase der Abwassersanierung der BASF in den 1980er Jahren, die 1991 zum großen Teil abgewickelt war, mit Investitionen in der Größenord-

Abb. 173   Kläranlage der BASF AG, Ludwigshafen.
BASF, Ludwigshafen

nung von 800 Mio. DM, wurden Maßnahmen in den Bereichen Klärschlamm-verbrennung, Sicherungsmaßnahmen gegen Störungen – z. B. im Kühlwasser-bereich, durch Errichtung weiterer Nachklärbecken, durch Zwischenpufferung in Einzelproduktionsbetrieben – sowie Verringerung der Gesamtbelastung, etwa durch Errichtung einer zentralen Metallfällanlage, Rückgewinnung des Ammoniums und Elimination von Einzelstoffen durchgeführt. Identifizierung und Elimination von Einzelstoffen gelten auch zukünftig als Hauptaufgabe bei der weiteren Abwassersanierung der BASF. Zur Vermeidung von Geruchsbe-lästigungen wurde der Belebungsteil der Kläranlage mit Kunststoffelementen abgedeckt, und zwar schrittweise mit Fertigstellung 1991. Die Reinigungslei-stung der Kläranlage ist größer als 95 %. Im Rahmen des seit über sieben Jah-ren laufenden Entsorgungsprogramms „Vermeiden – Vermindern – Verwerten" konnte eine Reduzierung des Abwasseraufkommens von etwa 38 % erreicht werden, die eine Bereitstellung freier Kläranlagen-Kapazitäten für benachbarte Kommunen ermöglicht. Es ist geplant, mehr als 20 weitere Orte an die Kläran-lage der BASF anzuschließen.

Klärwerk Emschermündung und der Umbau des „Emschersystems"

Besondere Erwähnung verdient das nach langer Planungs- und Bauzeit im Jahre 1976 in Betrieb genommene Klärwerk Emschermündung (Abb. 174). Die nach dem Belebungsverfahren arbeitende Anlage reinigt das gesamte Emscherwasser bis zu 30 m³/s aus dem rund 770 km² großen Einzugsgebiet, in welchem fast aus-schließlich lediglich mechanische und chemische (Entphenolung) Abwasserbe-handlung stattfindet. Dieses Klärwerk, für 5 Mio. Einwohnergleichwerte ausge-legt, zählt zu den größten in Europa und leistet einen bedeutenden Beitrag zur Reinhaltung des Rheins und für die wasserwirtschaftlichen Belange der Nieder-lande.

Inzwischen wurde mit dem Umbau des sogenannten Emschersystems begon-nen. Die wasserwirtschaftlichen Verhältnisse im Emschergebiet, insbesondere die auf dem Abwassersektor um die Jahrhundertwende getroffenen Maßnah-men, sind auf den Seiten 134 und 135 skizziert. Unter dem maßgeblichen Ein-fluß KARL IMHOFFS waren wegen der im wesentlichen durch den Steinkoh-lenbergbau bedingten besonderen Verhältnisse unkonventionelle Lösungen entstanden: Ableitung der ungereinigten oder lediglich mechanisch vorbehan-delten Abwässer in die Emscher und ihre Nebengewässer und in Gräben; später dann, ab den 1920er Jahren, mechanische Reinigung des Emscherwas-sers in der Emscher-Flußkläranlage, und erst nach dem zweiten Weltkrieg ne-ben der Errichtung einiger weniger biologischer Kläranlagen von eher lokaler Bedeutung Bau des biologischen Großklärwerks Emschermündung, wie oben bereits gesagt. Das einzigartige Projekt des Umbaus des Emschersystems sieht folgendes vor:

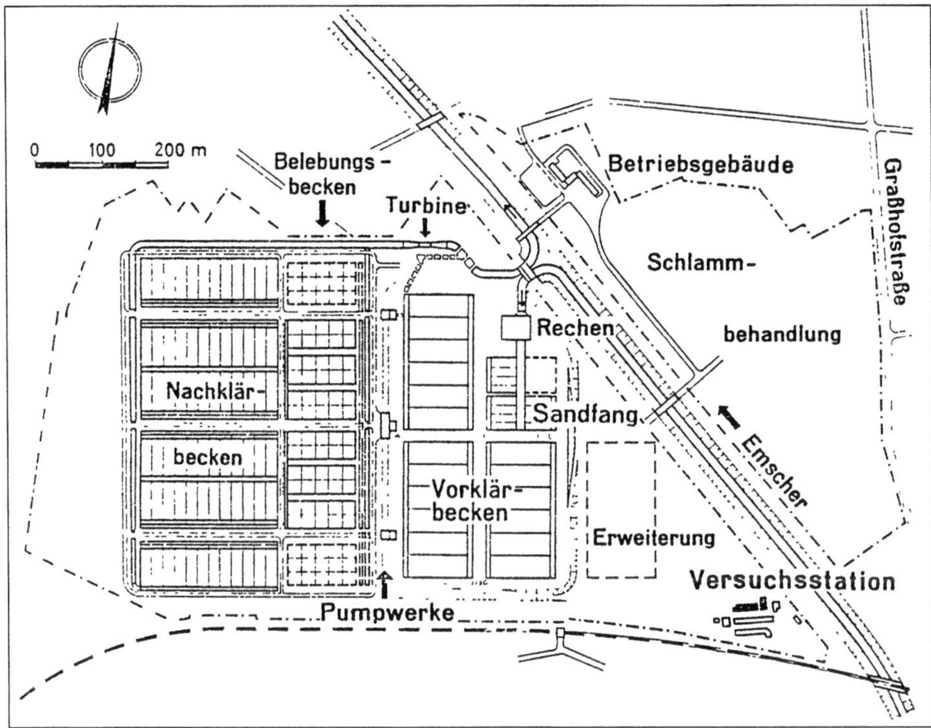

Abb. 174   Biologische Großkläranlage Emschermündung: Lageskizze.

Bau von rund 400 km geschlossener Abwasserkanäle, nachdem die Bergsenkungen, die dies bislang verhindert hatten, abgeklungen sind. Allein dafür sind Aufwendungen in Höhe von 4 Mrd. DM erforderlich.

Neben der biologischen Großkläranlage Emschermündung, die zukünftig die Abwässer eines engeren Einzugsgebietes reinigen soll, Errichtung weiterer fünf biologischer Kläranlagen, von denen zwei inzwischen schon in Betrieb sind. Der in diesem Bereich erforderliche Kostenaufwand wird mit 2,2 Mrd. DM angegeben.

Rückhaltung von Niederschlagswasser im gesamten Einzugsgebiet auf verschiedenste Art und Weise zur Entlastung der Kanalleitungen und Gewässer und aus Gründen des Hochwasserschutzes.

Rückbau der Wasserläufe zu naturnahen landschaftsbelebenden und siedlungsgestaltenden Gewässern.

Alle Maßnahmen zusammen verursachen Gesamtkosten in einer Höhe von etwa 8 Mrd. DM. Sie dienen in großen Teilen der Erfüllung gesetzlicher Anforderungen und sollen schrittweise in einem Zeitraum von etwa 25 Jahren verwirklicht werden. Planung und Durchführung sind so angelegt, daß die Teilmaßnahmen und -abschnitte je für sich nach ihrer Fertigstellung die ihnen zugedachte Wirkung entfalten können.

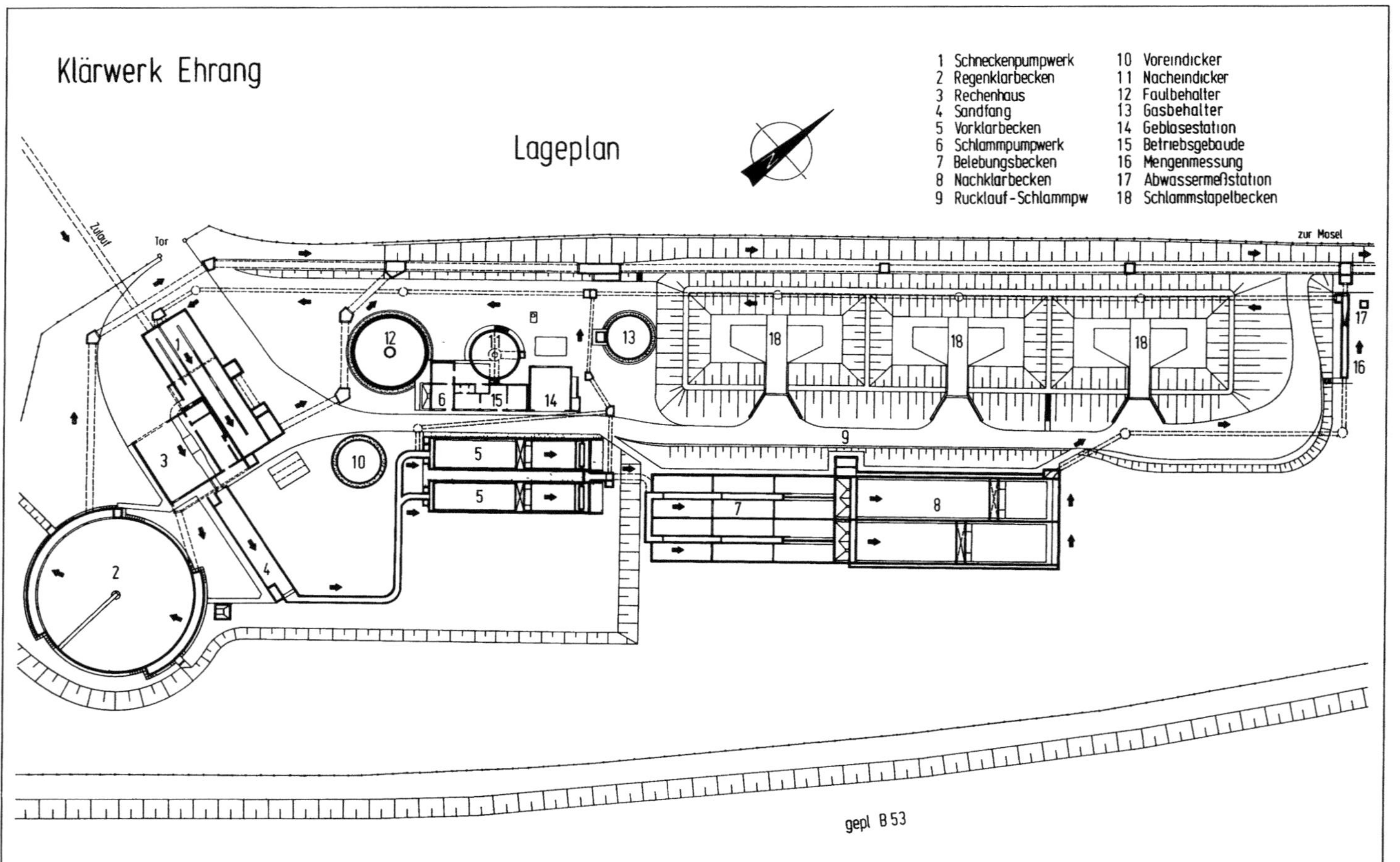

Abb. 175 Biologische Kläranlage Ehrang: Grundrißskizze.

Kläranlage Ehrang

Abbildung 175 zeigt die Grundrißskizze der mechanisch-biologischen Kläranlage Ehrang. Die für 25 000 EGW ausgelegte Anlage besteht in der für das Ende der 1970er Jahre typischen Gestaltung aus den wesentlichen Anlagenteilen Regenklärbecken, Vorklärbecken, Belebungsbecken mit feinblasiger Belüftung, Nachklärbecken, Vor- und Nacheindicker, Faulbehälter und Schlammstapelplätze.

Kläranlage der Brauerei Th. Simon GmbH, Bitburg

Als die Kreisstadt Bitburg in der Südeifel in den 1970er Jahren eine völlige Neuorientierung ihrer Abwasseranlagen vornahm, begann auch für die dort ansässige weltweit bekannte Bitburger Brauerei ein neuer Abschnitt in der Abwasserreinigung. Die neue Kläranlage Bitburg wurde 1977 in Betrieb genommen. Ihr wurden auch die Abwässer der Brauerei zugeführt. Von den der Bemessung zugrunde gelegten 138 000 EGW entfielen auf die in einem gesonderten Kanal zugeleiteten Produktionsabwässer der Brauerei 106 000 EGW. Diese wurden auf dem Kläranlagengelände unter Umgehung der mechanischen Stufe für das städtische Abwasser einer biologischen Vorbehandlung nach dem Schlammkontaktverfahren unterzogen und dann mit den kommunalen Abwässern in der gemeinsamen biologischen Stufe gereinigt. Schon 1984 wurde auf diesem Gelände eine aerob arbeitende vollbiologische brauereieigene Reinigungsanlage in Betrieb genommen, wobei die Anlagen der biologischen Vorbehandlung des alten Systems ergänzt wurden durch eine Turmbiologie und weitere Anlagen. 1994 erfolgte dann die Erweiterung der Anlage auf den jetzigen Stand. Seit 1977 hatten sich die Einwohnergleichwerte, bezogen auf den BSB_5, des zu reinigenden Brauereiabwassers von 106 000 auf 425 000 vervierfacht. Kapazitätsaufstockung aufgrund einer gewaltigen Bierausstoßsteigerung, Erfüllung gesetzlicher Auflagen, Klärschlammreduzierung, Betriebskosteneinsparung und Biogasgewinnung waren Notwendigkeit und Ziel dieser Erweiterung. In Abbildung 176 ist die Anlage schematisch dargestellt. Ihre wichtigsten Komponenten des Reinigungsprozesses sind:
- das Abscheiden von Feststoffen >1 mm bzw. >63 µm;
- das quantitative und qualitative Vergleichmäßigen des Abwasserstroms in einem großräumigen Misch- und Ausgleichsbecken;
- zweistufige anaerobe Vorreinigung mittels Vorversäuerungsstufe (Umwandlung polymerer Verbindungen in Essigsäure) und Methanreaktor (Upflow Anaerobic Sludge Blanket – UASB) (Abbildung 177);
- Denitrifikation und biologische Phosphateliminierung, wobei das bei der Mikrosiebung anfallende Spülwasser als Kohlenstoffquelle für die Denitrifikation dient;

- aerober Abbau der Restverschmutzung in der Turmbiologie;
- Biomasseabscheidung in der Flotationsanlage unter Zuhilfenahme von Flokkungsmitteln;
- Entwässerung des Überschußschlammes im Dekanter;
- Schlammverwertung in der Landwirtschaft;
- Biogasaufbereitung mit alkalischem Wäscher.

Das „Bitburger Modell der Abwasserreinigung" hat einen hohen technischen Standard und erfüllt nicht nur die gesetzlichen Anforderungen an die Abwasserreinigung, sondern führte darüber hinaus zu einer maßgeblichen Verbesserung der Energie- und Stoffbilanzen: Reduzierung von Energieverbrauch, Schlammanfall, Chemikalienbedarf sowie Produktion des Wertstoffes Biogas.

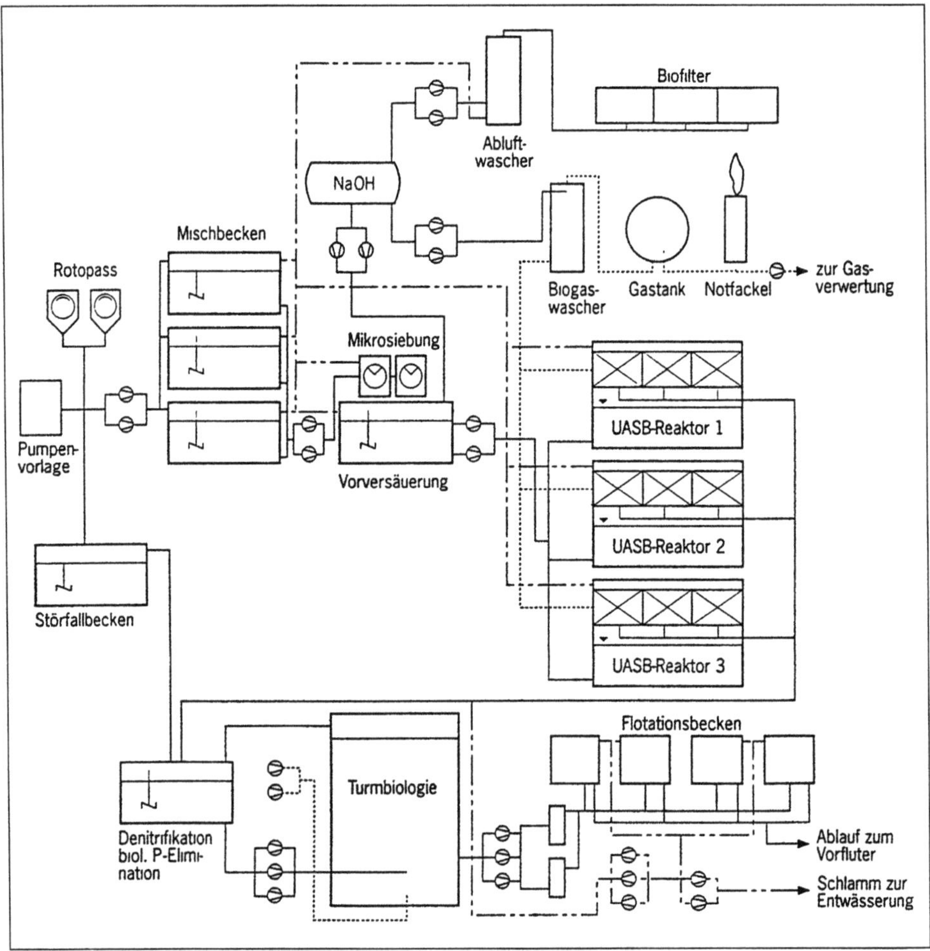

Abb. 176   Kläranlage der Brauerei Th. Simon, Bitburg: schematische Darstellung.
Brauerei Th. Simon, Bitburg

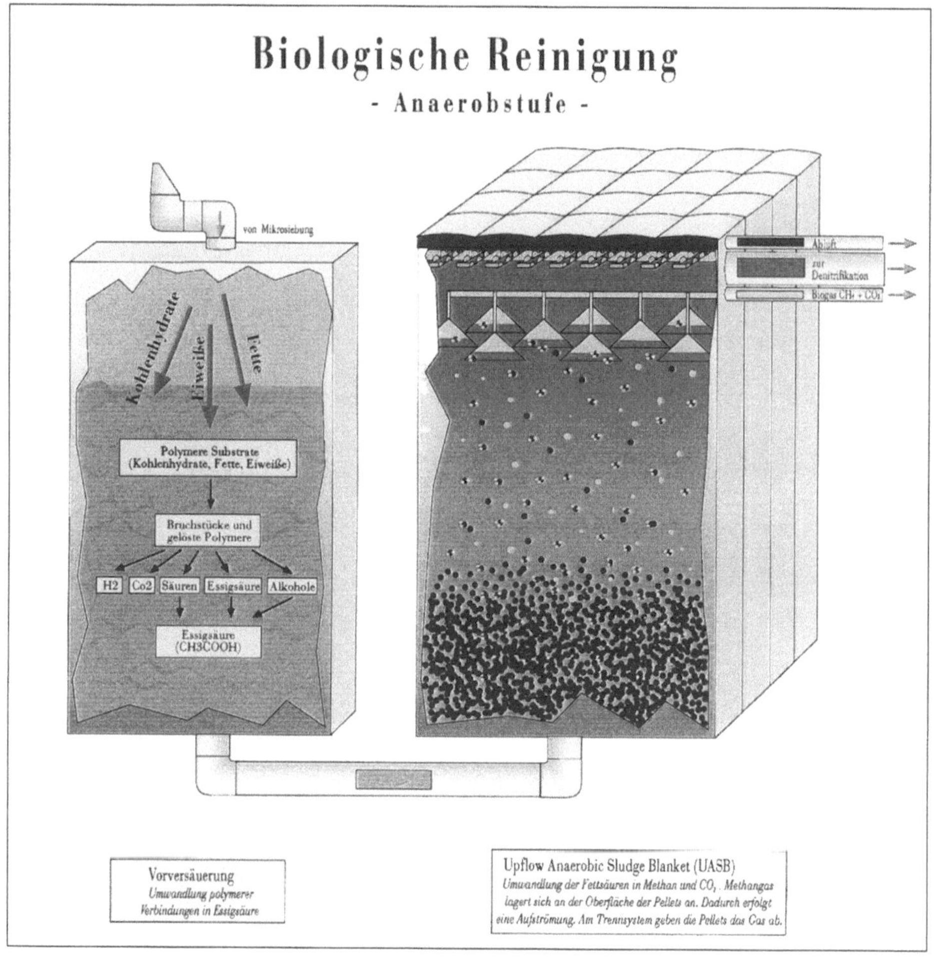

Abb. 177   Kläranlage der Brauerei Th. Simon, Bitburg: Anaerobstufe der biologischen
Reinigung (Systemskizze).
Brauerei Th. Simon, Bitburg

Großklärwerk Köln-Stammheim

Die Stadt Köln betreibt fünf Klärwerke mit einer Ausbaugröße von zusammen
1,82 Mio. Einwohnerwerten. Das mit Abstand größte von ihnen ist das Großklärwerk Köln-Stammheim mit 1,45 Mio. EW. Alle Klärwerke wurden Ende der
1980er bis Anfang der 1990er Jahre auf den Stand der Technik gebracht und
ausgebaut. Der Betrieb in dieser neuen Konzeption wurde 1992 aufgenommen.
Im Klärwerk Stammheim war die biologische Stufe 1976 fertiggestellt worden.
Abbildung 178 stellt in schematisierter Form die Anlage nach Umbau und Erweiterung dar.

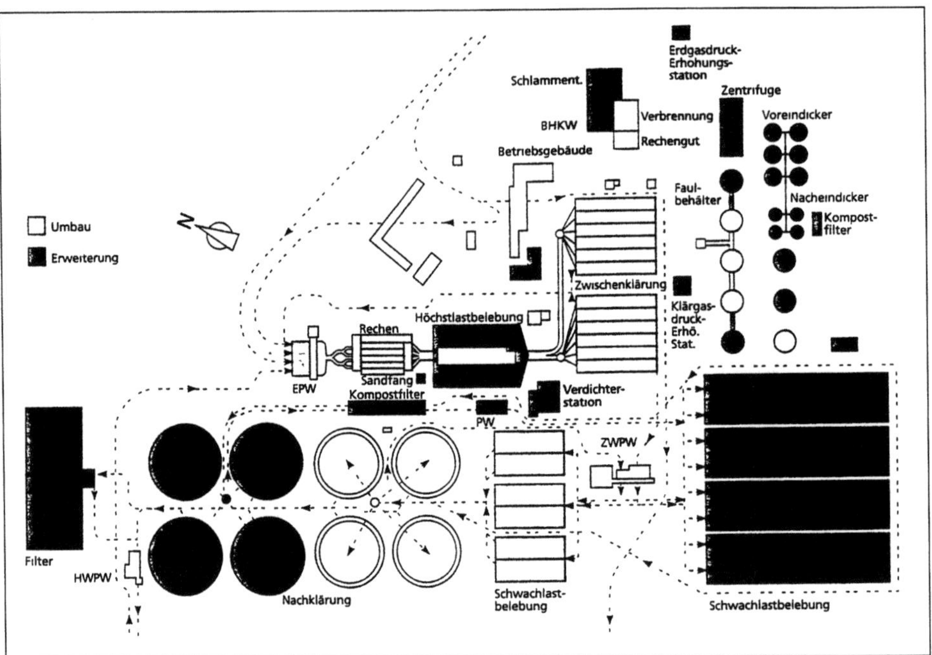

Abb. 178   Großklärwerk Köln-Stammheim: schematisierte Grundrißdarstellung.
Stadt Köln

Die zweistufige biologische Reinigung arbeitet nach dem Adsorptions-Bele-
bungsverfahren (A-B-Verfahren) nach BÖHNKE, das aus den 1970er Jahren
stammt. Bei diesem Verfahren wird eine strikte Trennung der unterschiedlichen
Biozönosen in der A- und B-Stufe vorgenommen; der Überschußschlamm der
zweiten Stufe wird nicht der ersten Stufe zugeführt. Die A-Stufe – Hochlastbe-
lebung – zeichnet sich durch große Elastizität aus; die organische Belastung
wird schon zu rund 55 % abgebaut. In der B-Stufe vollzieht sich der weitere Abbau der organischen Belastung und daneben die biologische Stickstoffelimination und durch Simultanfällung wie in der A-Stufe ein Teil der Phosphorelimination. Durch die anschließende Flockungsfiltration, bei der dem Filterzulauf
noch geringe Mengen an Fällmitteln zugegeben werden, die eine Fällung und
Flockung im Filter bewirken, werden vor allem die restlichen Phosphate entfernt.

Gemeinschaftskläranlage Bitterfeld/Wolfen

Die Anlage wurde 1994 in Betrieb genommen. Dort werden die Industrieabwäs-
ser der Chemie AG Bitterfeld und der Energieversorgung Industriepark sowie
die kommunalen Abwässer der Städte Bitterfeld und Wolfen und zahlreicher

weiterer Gemeinden mit zusammen 420 000 EGW gereinigt. Mit dieser Anlage wird ein bedeutender Beitrag zur Verbesserung der Wasserqualität der Elbe geleistet.

Kläranlage Dresden-Kaditz

Von noch größerem Einfluß auf die Wasserbeschaffenheit der Elbe als die Kläranlage Bitterfeld/Wolfen ist die in Stufen errichtete und weiterentwickelte Kläranlage Dresden-Kaditz, deren Anfänge auf das Jahr 1910 zurückgehen. Verschiedene Gründe führten dazu, daß die Abwässer mit einer Belastung von 1,1 Mio. EGW von 1987 an fast fünf Jahre lang ohne jegliche Reinigung in die Elbe flossen. Seit 1995 steht nun eine Anlage zur Verfügung mit mechanischem Teil, einer ersten biologischen Stufe in Form einer Belebungsanlage mit P-Eliminierung durch Simultanfällung sowie einer Schlammbehandlung durch Entwässerung mittels Zentrifugen und Trocknung mit Hilfe von Scheibentrocknern.

Überwachung der Fließgewässer

Während die Kenntnisse über die Beschaffenheit des Grundwassers im wesentlichen im Zusammenhang mit der Grundwassererkundung für Trinkwasserzwecke und im laufenden Betrieb der Wasserwerke gewonnen werden, was im übrigen auch für Seewasser gilt, wenn es, wie etwa bei der Bodenseewasserversorgung, für Trinkwasserzwecke genutzt wird, wird die Zustandsbeobachtung des Flußwassers unabhängig von einer aktuellen Nutzungsabsicht vorgenommen.[80]

Die qualitative Untersuchung unserer Fließgewässer jeglicher Größe hat seit Ende des Krieges eine schon fast unüberschaubare Flut von Analysedaten erbracht. Ihre systematische Auswertung, die auch die jeweiligen Abflußverhältnisse berücksichtigen muß, hinkt regelmäßig hinter der Datenanlieferung her. Beides, Datenerfassung und deren Auswertung, erfordert einen hohen Arbeitsaufwand. Die hergebrachte Probenahme vor Ort und Analysierung im Labor wurde im Laufe der Jahre an besonders wichtigen Stellen der Flüsse ersetzt durch Einrichtung ortsfester Untersuchungsstationen mit selbsttätigen Analysegeräten und Labor. Die Entwicklung setzte zu Beginn der 1970er Jahre ein und ist noch nicht abgeschlossen. Daß der Rhein mit seinen Nebenflüssen hierbei eine besondere Rolle gespielt hat, hängt mit seiner besonders vielseitigen und

---

[80] In neuester Zeit wird auch mit dem Aufbau eines eigenen Grundwassergütemeßnetzes begonnen.

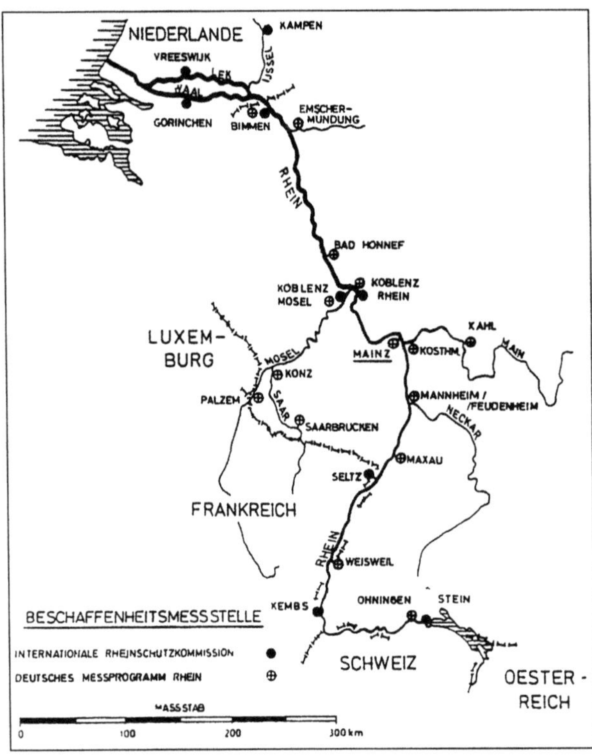

Abb. 179   Flußwasseruntersuchungsstationen im Rheingebiet.
KALWEIT, H.: Die Station zur kontinuierlichen Messung der Rheinwasserbeschaffenheit in Mainz, in: Wasser und Boden 1976

intensiven Nutzung durch die Aneinanderreihung großer industrieller Ballungsräume im Rheintal selbst und in angrenzenden Räumen zusammen wie auch mit seiner Internationalität. So hat die „Arbeitsgemeinschaft der (Bundes-) Länder zur Reinhaltung des Rheins" die Errichtung der Untersuchungsstationen bei Bimmen in der Nähe der Niederländischen Grenze (Inbetriebnahme 1970) und bei Bad Honnef (1972) veranlaßt. Es folgten unter anderen praktisch zeitgleich die Moselwasseruntersuchungsstation Palzem im Grenzbereich zu Luxemburg und Frankreich und 1976 die Rheinwasserstation in Mainz. Ihre Lage ergibt sich aus Abbildung 179, in der ebenfalls die übrigen Stellen des deutschen Meßprogramms Rhein sowie die der Internationalen Rheinschutzkommission eingetragen sind. Mit den in den 1970er Jahren errichteten Flußwasseruntersuchungsstationen wurde in mehrlei Hinsicht Neuland betreten. Das gilt vor allem für die zur chemischen Wasseranalyse eingesetzten Autoanalyzer, die, aus der Medizintechnik kommend, für die Belange der Wasseranalytik abgewandelt wurden. In dem in Palzem installierten Gerät können beispielsweise gleichzeitig sechs verschiedene Bestimmungen kontinuierlich mit einer Geschwindigkeit von zwei Analysen je Minute durchgeführt werden. Dabei können die Parameter nach Bedarf variiert werden. Mit Hilfe einer Proportionierungspumpe werden das Moselwasser und die verschiedenen Reagenzien in das analytische System gefördert. Probe und Reagenzien reagieren miteinander und die Reaktionsprodukte werden kontinuierlich gemessen. Mit Hilfe eines Schreibers werden die Analysenergebnisse fortlaufend festgehalten. Die gewonnenen Ergebnisse werden in einem Datenspeicher auf Magnetband gespeichert und in einer externen Rechenanlage ausgewertet. Physikalische Meßgeräte zeichnen ebenfalls fortlaufend Temperatur, Leitfähigkeit, pH-Wert und Sauerstoffgehalt auf. Die Mainzer Station erfaßt darüber hinausgehend noch die Radioaktivität.

Als vorerst letzter Schritt in der Entwicklung automatisch arbeitender Untersuchungsstationen kann die 1995 in Betrieb genommene Untersuchungsstation angesehen werden. Das bezieht sich einmal auf den Umfang und die Techniken der Untersuchungen und Auswertungen und zum anderen auf die ihr zugedachten Aufgaben im Verbund mit der Datenerfassung in den übrigen Untersuchungsstationen im deutschen Rheineinzugsgebiet. An vier Stellen, verteilt über die Breite des Flusses, wird Wasser entnommen. Neben den klassischen Kenngrößen Temperatur, pH-Wert, Sauerstoff und Leitfähigkeit werden ebenfalls kontinuierlich Trübung, Fluoreszenz, Absorption im ultravioletten Licht und gelöster organischer Kohlenstoff gemessen. Dazu kommen der sogenannte Dynamische Daphnientest und schließlich die im Labor durchzuführende umfangreiche Analysierung von anorganischen und organischen Inhaltsstoffen. Zur Bestimmung verschiedener Inhaltsstoffe werden Proben in andere Labors gebracht. Mittels Auswerterechner mit Datenbank können die eigenen Meßergebnisse mit solchen anderer Meßstellen zusammengeführt und gemeinsam ausge-

Abb. 180   Rheingütestation Worms.
Landesamt für Wasserwirtschaft, Mainz

Abb. 181   Rheingütestation Worms: Innenansicht.
Landesamt für Wasserwirtschaft, Mainz

wertet werden. Dafür sollen zunächst die Meßwerte der drei beteiligten Länder, später eventuell diejenigen des ganzen deutschen Rheineinzugsgebietes in Frage kommen. Abbildung 180 zeigt die Rheingütestation Worms mit dem Brückenturm, in dessen Gewölben die automatischen Probenahme- und Meßeinrichtungen untergebracht sind, sowie den Neubau für die Labors und Büros. Einen Einblick in die Gewölbe mit den installierten Geräten gibt Abbildung 181.

Eine wichtige Wasseruntersuchungsstation für die Elbe ist die in Schnackenburg.

Die neueste Entwicklung in der Erfassung und Wirkungsbeurteilung von Wasserinhaltsstoffen ist gekennzeichnet durch ein bakterielles Testverfahren, bei dem die Schädigung der Erbinformation (DNS) nachgewiesen werden kann, den sogenannten umu-Test. Er wurde im Arbeitskreis „Molekulare Mechanismen umweltbedingter Gentoxizität" der Universität Mainz entwickelt.[81]

Wasserbeschaffenheit der Fließgewässer

Die Wasserbeschaffenheit der Fließgewässer in Deutschland, die nach Kriegsende zunächst schon ungünstig war und dann durch die städtebauliche Entwicklung, das Aufblühen der Industrie und die Produktionssteigerung in der Landwirtschaft sich zunehmend verschlechterte und geradezu einen katastrophal schlechten Stand erreichte, hat sich durch die enormen Anstrengungen von Kommunen und Industrie auf dem weiten Feld der Abwasserreinigung und -vermeidung über die Jahre hinweg durchgreifend verbessert. Das ist an den Zustandsbeschreibungen der Gewässer aller Größen ablesbar. Diese Aufwärtsentwicklung begann – freilich in eingeschränktem Maße – für den Teil Deutschlands, der zur ehemaligen DDR gehörte, mit der Vereinigung der beiden deutschen Staaten im Jahre 1990. Auf die Entwicklung selbst soll im einzelnen nicht eingegangen werden. Vielmehr wird versucht, eine Zustandsbeschreibung für die zweite Hälfte der 1990er Jahre zu geben, und zwar exemplarisch für Rhein, Mosel, Saar und Elbe, auch wegen ihrer internationalen Bedeutung.

Die biologische Gewässerbeurteilung wird nach dem Saprobiensystem von R. KOLKWITZ und M. MARSSON[82] vorgenommen, wobei Grundlage die vorgefundenen Lebensgemeinschaften von Makro- und Mikroorganismen sind. Sie gibt Auskunft über die Belastungssituation mit sauerstoffzehrenden leicht abbaubaren organischen Stoffen. Danach werden vier Klassen mit drei Unterklassen unterschieden:

I	oligosaprob	– unbelastet
I–II		– gering belastet
II	β-mesosaprob	– mäßig belastet
II–III		– kritisch belastet
III	α-mesosaprob	– stark verschmutzt
III–IV		– sehr stark verschmutzt
IV	polysaprob	– übermäßig verschmutzt

---

81 Rheinland-Pfalz, Ministerium für Umwelt und Forsten: Der Rhein gestern, heute, morgen 1947–1997, S. 48–50

82 KOLKWITZ, R. und M. MARSSON: Ökologie der pflanzlichen Saprobien, in: Bericht der botan. Gesellschaft 26a (1908). Dieselben: Ökologie der tierischen Saprobien, in: Int. Revue der ges. Hydrobiologie, 2 (1909).

1997 befinden sich der Rhein und die Mosel überwiegend in der Gewässergüteklasse II. Die Saar dagegen ist noch überwiegend in Gewässergüteklasse II–III. Der Grund dafür ist im französischen, zum Teil aber auch im deutschen – saarländischen – Teil des Saareinzugsgebietes zu suchen mit hohen Raten organisch verschmutzter häuslicher Abwässer sowie von Ammonium. Die Elbe, einer der am stärksten belasteten Flüsse in Europa, befindet sich in der Gewässergüteklasse II–III.

Die Beschreibung der Gewässerbeschaffenheit in physikalisch-chemischer Hinsicht ist ungleich schwieriger. Das liegt zum einen an der gewaltigen Zahl von Stoffen und Stoffgruppen, die sich im Wasser befinden, und zum anderen an ihrer Bewertung. Man schätzt die Zahl der im Rheinwasser enthaltenen Stoffe auf mehrere tausend. Analysiert werden heute rund 150 Stoffe und Stoffgruppen. 45 sogenannte prioritäre Stoffe und Stoffgruppen davon waren von der IKSR ausgewählt worden, für die im Rahmen des Aktionsprogramms Rhein einerseits eine 50%ige Emissionsverringerung und andererseits Zielsetzungen für die Konzentration im Wasser oder in Schwebstoffen festgelegt wurden. Die Bilanz, die heute gezogen werden kann, ist erfreulich: Etwa für die Hälfte dieser 45 Stoffe und Stoffgruppen sind die Konzentrationen im Fluß niedriger als die Zielvorgabe, für weitere etwa 20 Stoffe nähern sich die Konzentrationen der Zielvorgabe. Lediglich bei Quecksilber, Cadmium, Kupfer, Zink, Blei, Hexachlorcyclohexan, HCB, bei der Gruppe der PCB und bei Ammonium werden die Zielvorgaben noch nicht erreicht. Die Schadstoffgehalte in Fischen haben sich verbessert.

Erst in neuerer Zeit wurde ein Klassifizierungsschema für chemische Werte entwickelt, das sicher noch des weiteren Ausbaus bedarf. Bei seiner Erprobung am Rhein zeigte sich, daß für viele Parameter die definierte Zielvorgabe, also anzustrebende Verhältnisse, erreicht ist.[83] Der Rhein ist auch durch eine große Zahl organischer Mikroverunreinigungen belastet. Zu ihnen zählen die Pflanzenschutzmittelwirkstoffe und Einzelstoffe wie etwa Chlorbenzole. Der Summenparameter AOX (adsorbierbare organisch gebundene Halogene) ist im Rhein rückläufig und zeigt damit – da Halogene in vielen organischen Mikroverunreinigungen vorkommen – auch einen Rückgang bestimmter organischer Mikroverunreinigungen an. Für Mosel und Saar soll nur auf zwei Besonderheiten eingegangen werden. Die Belastung der Mosel mit Chloriden wird vornehmlich bewirkt durch die an der Obermosel in Frankreich ansässige Sodaindustrie. Deren Produktionstechnik läßt eine Verminderung der Chloridfrachten zur Zeit wegen des Fehlens besserer Techniken nicht zu. Dagegen sind die Bemühungen zur Vergleichmäßigung der Konzentrationen durch Schaffung sogenannter Modulationsbecken erfolgreich gewesen. Dennoch treten an der Obermosel – also vor Einmündung von Saar und Sauer – gelegentlich Spitzen-

---

83   Rheinland-Pfalz, Ministerium für Umwelt und Forsten: Der Rhein gestern, heute und morgen 1947–1997, S. 42–45

werte bis zu 600 mg/l Chlorid auf. Im weiteren Verlauf der Mosel liegen die Konzentrationen deutlich niedriger. Die Saar hat trotz verbesserter Situation noch Probleme im Sauerstoffhaushalt. Die Ursache liegt in der noch nicht ausreichenden Reduzierung der organischen und oxidierbaren Verunreinigungen im Zusammenwirken mit den Auswirkungen der durch den Saarausbau veränderten Verhältnisse. In kritischen Zeiten werden Sauerstoffstützungsmaßnahmen durchgeführt.

Die Elbe, deren Wasserbeschaffenheit 1989 etwa der des Rheins zu Beginn der 1970er Jahre, als seine Belastung den Höhepunkt erreicht hatte, entsprach, weist inzwischen wesentlich bessere Verhältnisse auf. Das ist die Folge der großen Anstrengungen, die seitdem seitens der Kommunen und der Industrie im Einzugsgebiet unternommen wurden, ausgelöst und begleitet durch das „Erste Aktionsprogramm (Sofortprogramm) zur Reduzierung der Schadstofffrachten in der Elbe und ihrem Einzugsgebiet" der IKSE (1992–1995). In diesem Zeitraum wurden die Stofffrachten am Meßprofil Schnackenburg wie folgt reduziert: organische Belastung um 40 %; Phosphor und Stickstoff um 30 %; Quecksilber um 80 %; Cadmium um 20 %; AOX um 50 %. Im Jahre 1995 wurde das langfristige „Aktionsprogramm Elbe" für den Zeitraum 1996–2010 beschlossen, das große Anstrengungen zur weiteren Verbesserung der Elbwasserqualität vereinbart.

Nordsee

Verunreinigungen der Nordsee und ihre Auswirkungen haben internationale Dimension. Die in diesem Zusammenhang zu stellenden Fragen sind zum großen Teil schwer zu beantworten, da das ökologische Gefüge von äußerster Komplexität ist. Die Liste der eingetragenen Schadstoffe wird angeführt von den Nährstoffen Stickstoff und Phosphor, von Schwermetallen und Organochlorverbindungen (PCB, DDT, HCB). Während bei Stickstoff, Cadmium und Blei der Eintrag über die Atmosphäre zu überwiegen scheint, kommen die höchsten Belastungen mit Phosphor aus Flüssen und Direkteinleitungen. Auch der Eintrag von Stickstoff über Flüsse und Direkteinleitungen ist sehr hoch. Die Herkunft der Organochlorverbindungen ist sehr viel schwerer zu erkennen. Bei den Schadstoffeinleitungen über Flüsse spielen Rhein und Elbe eine entscheidende Rolle. In Ausführung der Beschlüsse der Internationalen Nordseekonferenzen wurden von der IKSR die Zahl der prioritären Stoffe erweitert, gewisse Reduzierungsquoten erhöht und darüber hinaus Maßnahmen zur Reduzierung von Stickstoff und Phosphor beschlossen. Welche Wirkungen mit der Gesamtheit aller wasserwirtschaftlichen Maßnahmen, die dem Schutz der Nordsee dienen sollen, erzielt werden können, bleibt vorerst ungewiß. Die beobachteten ökologischen Veränderungen wie Zunahme der Nährstoffkonzentrationen, der

Planktonbiomasse, von Sauerstoffmangel, von Fischkrankheiten sowie Populationsveränderungen legen zwar den Schluß nahe, daß sie durch die Einleitung von Schadstoffen mitverursacht sind; ein quantitativer Kausalzusammenhang konnte indessen noch nicht zweifelsfrei bewiesen werden.

Ostsee

Im Einzugsgebiet der Ostsee leben mehr als 80 Mio. Menschen. Lediglich rund 3 Mio. gehören zum deutschen Staatsgebiet. Das bedeutet zugleich, daß die einwohner- und industrieabhängigen Belastungen mit Schad- und Nährstoffen nur zum geringsten Teil von Deutschland ausgehen. Es muß aber die Sorge aller Anlieger und Anliegerstaaten der Ostsee sein, schädigende Wirkungen von ihr fernzuhalten. Die Wissenschaft ist jedoch noch nicht so weit, verläßliche Aussagen darüber zu machen, welchen Einfluß auf dieses komplexe Gesamtsystem Ostsee einerseits naturgegebene Veränderungen und andererseits menschliche Einträge haben. Unter anderem fehlt es an ausreichend langen Beobachtungen und Meßreihen. Beim Sauerstoffhaushalt spielen die Strömungen, die Schichtungen, die aus der Nordsee kommenden Salzwassereinbrüche mit ihren Umlagerungen neben den Nährstoffeinträgen eine offenbar wichtige, aber noch nicht hinreichend erforschte Rolle. Selbst über die Ursache der Änderungen der Nährstoffbelastung werden noch Vermutungen angestellt. Inzwischen gehen die Konzentrationen an Gesamtphosphor und Gesamtstickstoff zurück. Auch die Schadstoffbelastungen von Wasser und Organismen sind geringer geworden. Unabhängig von der Kenntnis der tatsächlichen Zusammenhänge ist es richtig, die Einträge organischer Substanzen, von Pflanzennährstoffen und von Schadstoffen so gering wie möglich zu halten und wäre es nur, um die flachen Küstengewässer zu schützen.

Küstenschutz an der Ostsee in neuer Zeit

Das Land Schleswig-Holstein hat im Jahre 1963 einen Generalplan Deichverstärkung, Deichverkürzung und Küstenschutz aufgestellt. In dessen Fortschreibung 1977 wurde abschnittweise der maßgebende Sturmflutwasserstand in einer Spanne zwischen NN +3,20 bis 3,40 m – später geringfügig abgeändert – festgelegt sowie die Deichhöhe mit NN +4,40 bis 6,00 m darauf abgestimmt. Dabei setzt sich der maßgebende Sturmflutwasserstand in einem bestimmten Küstenabschnitt aus dem dort bei der Sturmflut 1872 erreichten Wasserstand und dem seitdem eingetretenen und für weitere hundert Jahre erwarteten säkularen Meeresspiegelanstieg in der Addition von rund 50 cm zusammen. Ein ähnlicher Ansatz findet sich in den Empfehlungen für die Ausführung von Küstenschutzwerken (EAK) 1993, die von dem 1972 gegründeten Ausschuß für Küstenschutzwerke für die deutsche Ostseeküste vorgelegt wurden. Auch sie gehen von dem Scheitelwert der schwersten, meßtechnisch sicher erfaßten Ostseesturmflut aus, nämlich der von 1872. Lediglich für einige Boddengebiete werden die Werte der Sturmflut von 1913 zugrunde gelegt. Hinzu kommt auch hier der säkulare Meeresspiegelanstieg. Beide zusammen ergeben den sogenannten Bemessungswasserstand. Die nachfolgenden beiden Einteilungen lassen eine Einordnung der auf Seite 65 aufgeführten Sturmfluten nach Schweregrad (leicht, schwer und sehr schwer) für Außen-, Bodden- und Haffküsten zu.

Tab. 6 Einteilung der Ostseesturmfluten an der Außenküste von Mecklenburg-Vorpommern (Der Normal-Mittelwasserstand ist ein generalisierter Mittelwasserstand der Küstenpegel, er entspricht 500 cm am Pegel.)

	Häufigkeit des Auftretens	Wasserstand (cm über Pegel-Null)	Wasserstand (cm über Normal-Mittelwasserstand)
leichte Sturmfluten	zwischen 2mal im Jahr und 1mal in 5 Jahren	600–640	100–140
schwere Sturmfluten	zwischen 1mal in 5 Jahren und 1mal in 20 Jahren	641–670	141–170
sehr schwere Sturmfluten	weniger als 1mal in 20 Jahren	>670	>170

Quelle: Min. f. Bau, Landesentw. und Umwelt, 1997

Für die Ausgestaltung der Küstenschutzanlagen muß das gleichzeitige Auftreten von hohem Wasserstand und extremem Seegang berücksichtigt werden. Die Heftigkeit des Seegangs hängt insbesondere ab von Windgeschwindigkeit und

-richtung, Streichlänge und den Wassertiefen im küstennahen Raum. Die Wellenhöhen verringern sich mit der Abnahme der Wassertiefe. Beispielsweise können vor Warnemünde bei etwa 3 m Wassertiefe und entsprechend extremen Gegebenheiten Wellenhöhen bis 2,50 m auftreten.

Tab. 7   Einteilung der Sturmfluten an den Bodden- und Haffküsten in Mecklenburg-Vorpommern

	Wasserstand (cm über Pegel-Null)	Wasserstand (cm über Normal-Mittelwasserstand)
leichte Sturmfluten	580–610	80–110
schwere Sturmfluten	611–630	111–130
sehr schwere Sturmfluten	>630	>130

Quelle: Ministerium für Bau, Landesentwicklung und Umwelt, 1997

An den Flachküstenabschnitten der Außenküste übernehmen entweder Sturmflutschutzdünen allein oder ein System Düne–Küstenwald–Deich mit oder ohne Einbauten auf der Schorre – Buhnen, Wellenbrecher – den Sturmflutschutz. Die Wirksamkeit der Sturmflutschutzdüne ist vom Volumen des Sandkörpers, seiner Breite und der Kronenhöhe abhängig. Bei negativem Sedimenthaushalt sind Dünen- und Strandaufspülungen und/oder Deckwerke und ingenieurbiologische Sicherungsmaßnahmen zur Aufrechterhaltung ihrer Funktionstüchtigkeit erforderlich. Abbildung 182 zeigt in skizzenhafter Darstellung eine see- und landwärtige Dünenverstärkung in Warnemünde aus dem Jahre 1996.

In dem System Strand–Düne–Küstenschutzwald–Deich haben erstere die Funktion des Deichvorlandes, das die Aufgabe hat, die bei hohem Wasserstand brandenden Wellen so weit zu dämpfen, daß ein Deich mit Grasdecke die verbleibende Belastung aufnehmen kann. Scharliegende Deiche mit Grasdecke sind der unmittelbaren Seegangsbelastung nicht gewachsen. Sie bedürfen der Sicherung durch Deckwerke. Abbildung 183 zeigt Deckwerkssicherungen an Dünen und Deichen.

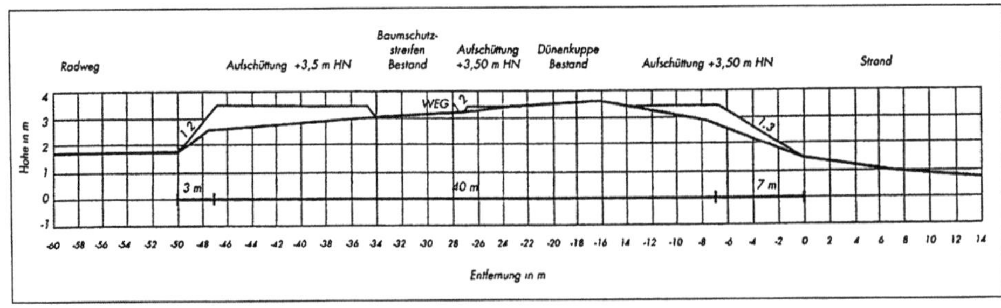

Abb. 182   Dünenverstärkung Warnemünde, 1996.
Min. f. Bau, Landesentwicklung und Umwelt Mecklenburg-Vorpommern

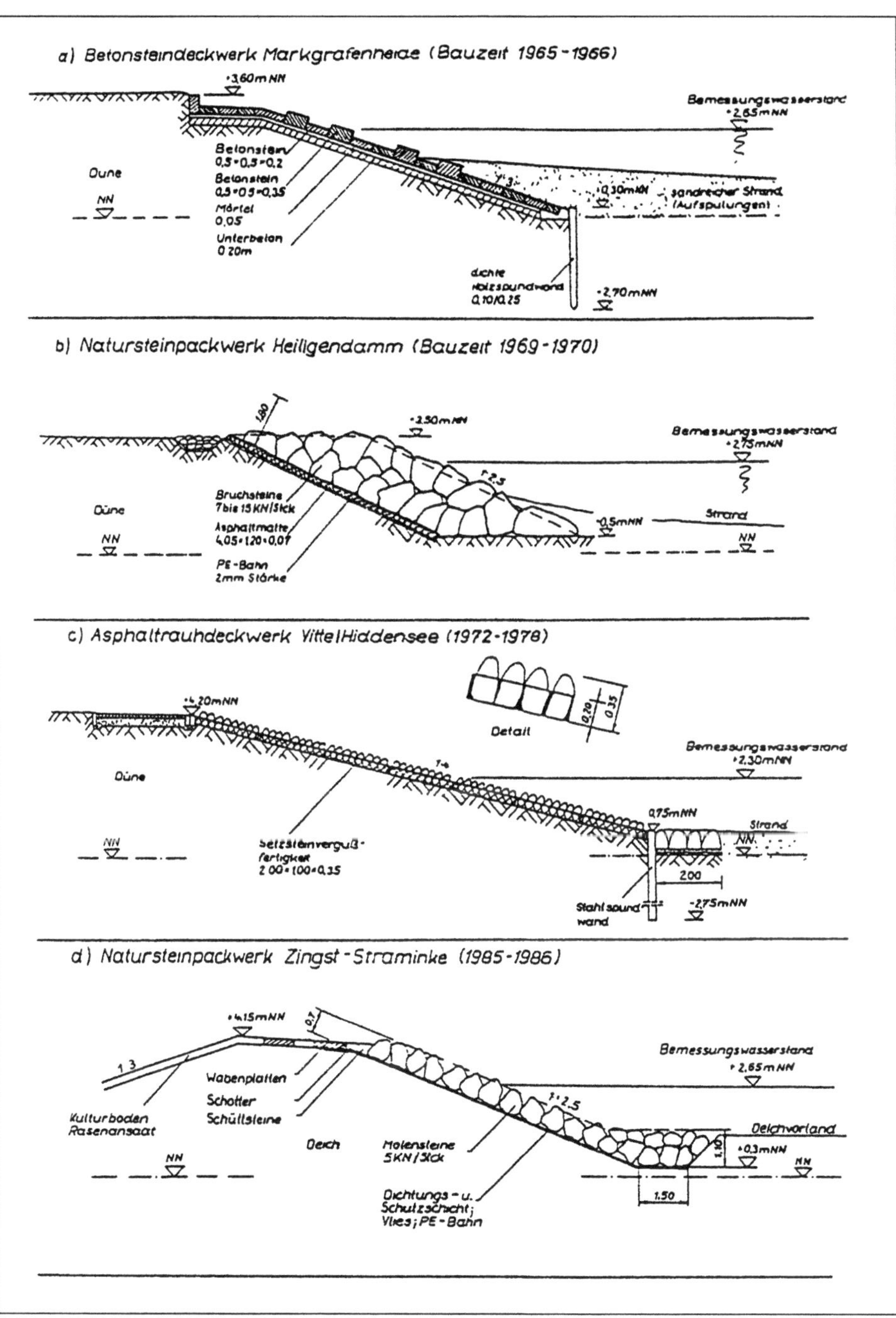

Abb. 183 a–d   Deckwerkssicherungen an Dünen und Deichen.
WEISS, D.: Küstenschutzbauwerke an der Ostseeküste von Mecklenburg-
Vorpommern, in Wasser & Boden, 1991

Das Entstehen von scharliegenden Deichen muß bei einer schweren Sturmflut befürchtet werden, wenn bei ohnehin geringer Schutzwaldbreite die Düne, die von bedeutend geringerem Volumen ist als eine Sturmflutschutzdüne, abgetragen wird.

Sandaufspülungen werden an der Ostsee seit den 1960er Jahren vorgenommen, wobei der Sand von geeigneten Stellen des Meeresbodens gebaggert wird. Die erste Sandaufspülung in Europa fand 1951/52 auf Norderney statt. Die Aufspülungen dienen der Erhöhung und Verbreiterung von Strand und Schorre zur Dämpfung der Seegangsbelastung sowie der Volumenvergrößerung von Dünen und damit der Erhöhung ihrer Wirksamkeit. Aufspülungen sind keine einmaligen Vorgänge; sie müssen immer wieder wiederholt werden.

Als Uferlängswerke an Steilküsten kommen vornehmlich Steinwälle und Ufermauern, selten Deckwerke infrage. Sie dienen alle der bautechnischen Kliffußsicherung. Die Ufermauern werden in Naturstein oder Beton ausgeführt, Spundwände und Steinschüttungen schützen vor Unterspülung. Steinwälle werden in Dammform aus Naturstein unterschiedlicher Beschaffenheit und Bearbeitung hergestellt. Bei der Steinwallergänzung in Neuendorf/Hiddensee im Jahre 1998 beispielsweise wurden der Steinwallkern aus unbehauenen, die Deckschicht aus handbearbeiteten Granitsteinen ausgeführt.

Der überwiegende Teil aller Buhnen an der Ostsee befindet sich an der Flachküste. Wie schon ausgeführt, ist die einreihige Holzpfahlbuhne, in dichter oder offener Bauweise, was den Umfang ihres Einsatzes angeht, bis heute absolut do-

Abb. 184   Buhnengruppe vor Vitte/Hiddensee, 1998.
MEURER

minierend geblieben. Die Buhnenlänge steht in Abhängigkeit zu Wellenlänge, Schorrenneigung und Küstenbelastung. Sie schwankt im Bereich zwischen etwa 30 und rund 100 m. Der Buhnenabstand untereinander ist wiederum von der Buhnenlänge und weiteren Merkmalen abhängig. Eine Kronenhöhe von 0,4 bis 0,5 m über Mittelwasser wird als günstig angesehen. Während bei Holzpfahlbuhnen für die Landanschlüsse die einheimische Kiefer verwendet werden kann, wird für die Seeteile Tropenholz verschiedener Art, zum Beispiel Manwood oder Acariquara, eingesetzt, weil die einheimischen Hölzer vom Schiffsbohrwurm befallen und zerstört werden. Abbildung 184 zeigt eine Buhnengruppe vor Vitte/Hiddensee im Jahre 1998.

Seit wenigen Jahrzehnten werden an der Ostsee Wellenbrecher gebaut. Sowohl an schwer belasteten Flach- wie Steilküsten haben diese küstenparallelen Bauwerke die Aufgabe, Seegang und Brandungsströmung zu reduzieren. Dadurch entstehen Sandanlagerungen an den dahinter liegenden Ufern. Man nennt die dabei entstehende Uferlinienvorwölbung Tombolo-Bildung. Die Wellenbrecher stehen im allgemeinen in 2 bis 4 m Wassertiefe, haben Trapezquerschnitt und sind aus Naturstein gebaut. Sie werden je nach Erfordernis einzeln oder im Verbund mit anderen errichtet. In Abbildung 185 sind Wellenbrecher im Verbund skizzenhaft dargestellt. Die Tombolo-Bildung vor Wustrow ist zu erkennen. In Mecklenburg-Vorpommern wurde der erste Wellenbrecher 1978 vor Dranske/Rügen gebaut; heute ist ihre Zahl auf 23 angewachsen.

Bei dem jüngsten schweren Sturmflutereignis am 3. und 4. November 1995, bei dem die Scheitelwerte mehr als 1,0 m unter dem auf dem 1872er Ereignis aufgebauten Bemessungshochwasserstand geblieben sind, wurden die Küsten- und Hochwasserschutzsysteme einer massiven Belastungsprobe ausgesetzt. Sie haben die Probe zwar im grundsätzlichen bestanden, doch mußten erhebliche Schäden an den Anlagen hingenommen werden. Das gilt für Deiche und Dünen, Aufspülungen, Wellenbrecher und darüber hinaus beispielsweise auch für Seebrücken. Am Bemessungshochwasserstand gemessen besteht an vielen Anlagen noch Nachholbedarf. Bei der notwendigen Erneuerung, Ertüchtigung und Ergänzung von Anlagen wird auch dem Schutz der Bodden- und Haffküsten mehr Aufmerksamkeit als in der Vergangenheit gewidmet werden müssen.

In Mecklenburg-Vorpommern wird eine rechtliche Besonderheit dem Küstenschutz in der Zukunft dienlich sein können. Dort besteht nämlich neben den üblichen wasser-, naturschutz- und planungsrechtlichen Regelungen eine in das Landeswassergesetz von 1992 aufgenommene Vorschrift über das Weiterbestehen der in der DDR-Zeit entstandenen sogenannten Küstenschutzgebiete. Dieser Schutz gilt Gebieten, die für den Ausbau oder die Rückverlegung der Küstenschutzsysteme benötigt werden. Die Errichtung anderer baulicher Anlagen ist in diesen Gebieten nur mit Ausnahmegenehmigung der Wasserbehörde erlaubt.

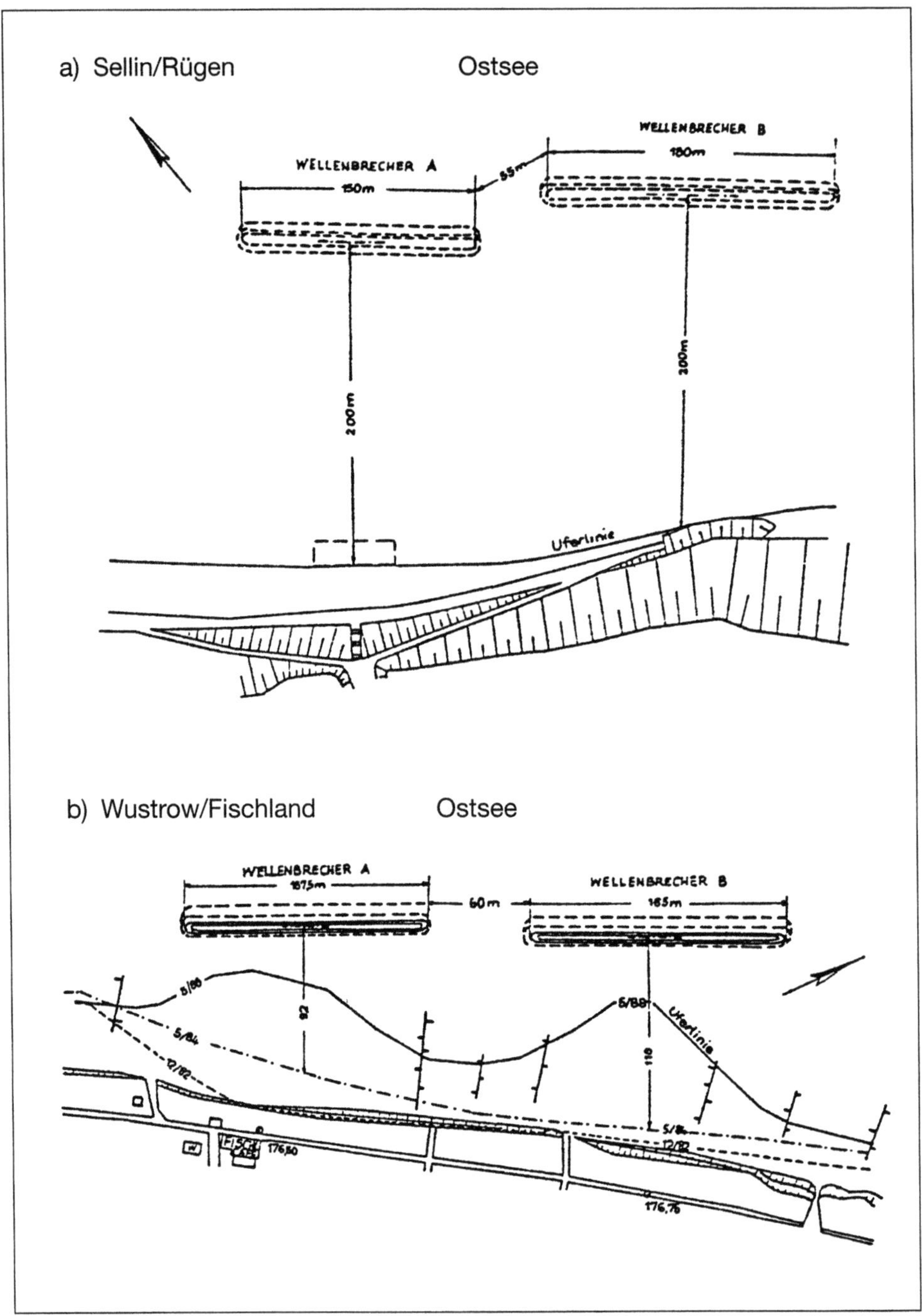

Abb. 185 a, b   Wellenbrecher und Tombolo-Bildung.
Weiss, D.: Küstenschutzbauwerke an der Ostseeküste von Mecklenburg-Vorpommern, in: Wasser & Boden, 1991

Abb. 186   Neue Seebrücke in Sellin/Rügen, 1998.
MEURER

Zum Schluß:

Die Ostsee ist nicht nur ein Meer, das die Menschen an seinen Ufern immer wieder seine gewaltigen zerstörerischen Kräfte hat spüren lassen und das auch weiter tun wird, ein Meer, das uns in jüngerer Zeit Sorgen bereitet durch Belastungen, die die Menschen ihm zumuten – wie an anderer Stelle ausgeführt –, sondern nicht zuletzt ein Meer, an dem wir ob seiner Schönheit und der der umgebenden Landschaften in vielfältiger Weise Erbauung und Erholung finden. Ein einziges unter tausenden Beispielen möge uns das in Erinnerung rufen: die wunderschöne neue Seebrücke in Sellin auf Rügen (Abb. 186).

Die Situation an der Nordseeküste in jüngster Zeit

Sturmflutwasserstände entlang der deutschen Nordseeküste im Rückblick

Bei einer Betrachtung der Sturmflutwasserstände der Jahre 1906, 1962, 1976 und 1981 an 13 Standorten entlang der deutschen Nordseeküste anhand Abbildung 187 kann in übersichtlicher Weise abgelesen werden, in welchem Küstenabschnitt welche Sturmflut die höchsten Wasserstände verursacht hat. Vereinfachend kann gesagt werden, daß in Ostfriesland die höchsten Wasserstände bei der Sturmflut 1906 aufgetreten sind, im Abschnitt von Jade und Weser im Jahre 1962, von der Elbe bis zu einer Linie Schlüttsiel–Hallig Hooge 1976 und

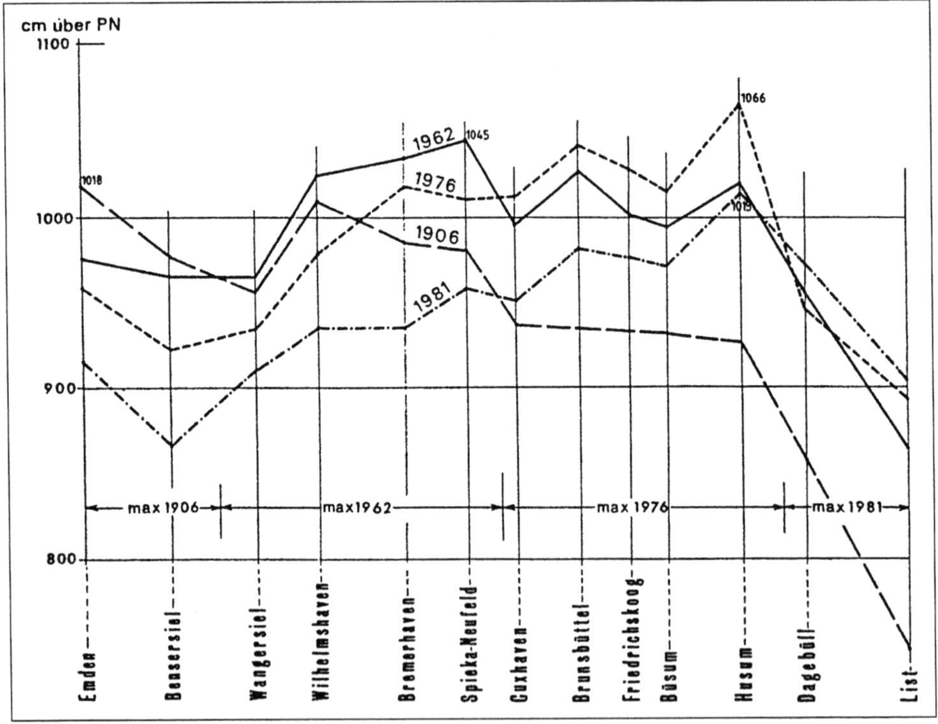

Abb. 187 Sturmflutwasserstände entlang der deutschen Nordseeküste.
SCHERENBERG, R.: Generalplan „Deichverstärkung, Deichverkürzung und Küstenschutz in Schleswig-Holstein", in: Wasser & Boden, 1988

weiter nördlich an der schleswig-holsteinischen Küste im Jahre 1981. Das bedeutet, daß die Orkanfluten 1976 und 1981 für die Elbe und die Westküste Schleswig-Holsteins höhere Scheitelwerte ergeben haben als die von 1962. In diesem Küstenabschnitt waren die Scheitelwerte auch 1990 höher als 1962.

Deiche und Schutzwerke

Ein wesentliches Element des Küstenschutzes ist die Verkürzung der Deichlinie. Allein in Schleswig-Holstein erbrachte der Bau von Sturmflutsperrwerken in den größten Flüssen eine Verkürzung der Hauptdeichlängen von rund 30 %. Im Zuge dieser Deichlinienverkürzung wurden in den Jahren 1965 bis 1969 Sturmflutsperrwerke in den Mündungen der Bundeswasserstraßen – von regionaler Bedeutung – Krückau und Pinnau gebaut. Ein noch aufwendigeres Werk des Küstenschutzes ist die zwischen 1967 und 1973 durchgeführte mündungsnahe Eiderabdämmung. Mit ihr sind 62 km Deiche in die zweite Deichverteidigungslinie gerückt und brauchten nicht erhöht oder verstärkt zu werden. Das Eidersperrwerk dient dazu, die Niederungen der Eider gegen Sturmfluten zu sichern, die Vorflut für das Einzugsgebiet zu verbessern und die Schiffahrt auf

Abb. 188   Eidersperrwerk: Gesamtanlage.
WSA Tönning

Abb. 189   Eidersperrwerk: Sielbauwerk.
WSA Tönning

Abb. 190   Eidersperrwerk: Autotunnel.
WSA Tönning

der Eider aufrecht zu erhalten. Dem dienen das Sielbauwerk mit 5 Durchflußöffnungen von je 40 m Breite und zwei Stahlsegmentverschlußreihen sowie die Schleuse mit einer nutzbaren Kammerlänge von 75 m und einer Kammerbreite von 14 m sowie stählernen Stemmtoren. Die Abbildungen 188, 189 und 190 zeigen die Gesamtanlage, das Sielbauwerk und den 236 m langen Autotunnel, der in der Tragkonstruktion der Segmentwehre untergebracht ist.

Die Problemstellungen in den anderen Abschnitten der deutschen Nordseeküste decken sich im wesentlichen mit den zuvor dargestellten. Das gilt insbesondere auch für die zahlreichen Sturmflutsperrwerke zum Schutz der Nebenflüsse von Elbe, Weser und Ems sowie die zur Verbesserung von Küstenschutz und Binnenentwässerung erneuerten Sielbauten bei meist gleichzeitiger Errichtung leistungsfähiger Schöpfwerke. Ein eindrucksvolles Beispiel eines Siel- und Schöpfwerkes ist das 1968 an der Knock westlich von Emden in Blockbauweise errichtete mit einer Pumpleistung bis 70 m³/s (Abb. 191). Dort sind die beiden Sielläufe mit je zwei hintereinander liegenden Hubtoren ausgerüstet. Hubtore sind aus Gründen ihrer Unterhaltung günstiger als Stemm- oder Schlagtore, weil sie in hochgefahrener Stellung gut zugänglich sind.

Seedeiche werden heute vornehmlich aus Sand hergestellt, wobei nach Möglichkeit eine Aufspülung vorgenommen wird. Bei diesen Deichen mit Sandkern wird fetter Klei zur Bildung einer erosionsfesten Oberfläche benutzt (Abb. 192). Je besser die Grasnarbe auf der Deichoberfläche ist, umso wirkungsvoller un

Abb. 191   Siel- und Schöpfwerk Knock.
OHLING-CAMPEN, JANNES (Hrsg.): Die Mündungs- u. Unterschöpfwerke
im I. Entwässerungsverband Emden, 1973

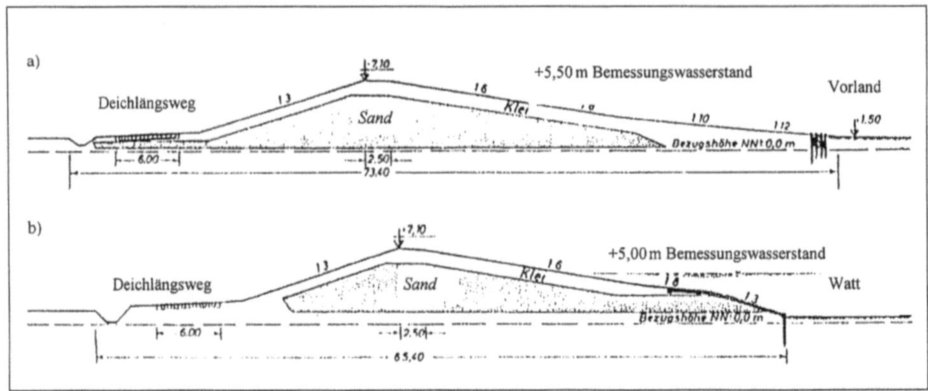

Abb. 192 a, b   Deiche mit Sandkern und Kleiabdeckung.
  a) Vorlanddeich
  b) Schardeich

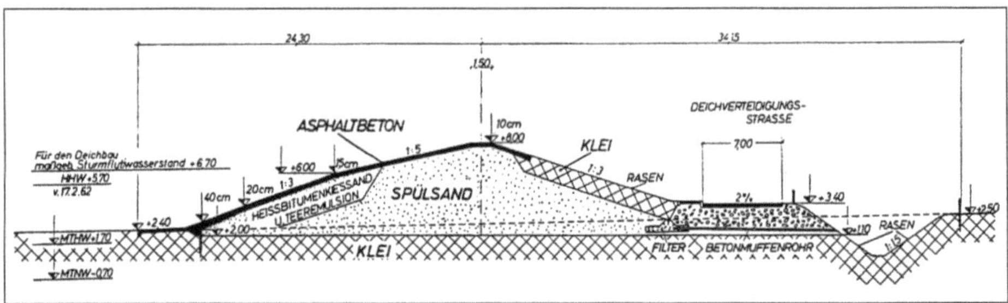

Abb. 193   Sanddeich mit Asphaltbetondecke in Hamburg-Neuenfelde.
  SILL, O.: Welche Maßnahmen wird Hamburg treffen ..., in: Wasser & Boden, 1962

terstützt sie den Widerstand gegen Ausspülungen. Auf die verschiedenen Möglichkeiten von Deichfußsicherungen und Rauhstreifenausbildungen wird hier nicht eingegangen.

Ist einwandfreier Kleiboden nicht verfügbar, so kann die Deichdecke aus Asphaltbeton hergestellt werden. Ein Beispiel für diese Bauart ist der nach der Sturmflut 1962 in Hamburg entwickelte Regelquerschnitt, der in Abbildung 193 für den neuen Deich bei Neuenfelde dargestellt ist. Er hat eine konvexe Außenböschung; die Asphaltbetondecke ist über die Krone und den obersten Teil der Binnenböschung weitergeführt.

Auf die Besonderheit von Fußsicherungen an festen Bauwerken durch Tetrapoden sollte hingewiesen werden. Die Tetrapode, bestehend aus einer zentralen Kugel, um die vier Kegelstümpfe in gleichem Abstand angebracht sind, wurde in den Laboratorien der Ets. Neypric in Grenoble entwickelt. In Wester-

Abb. 194   Tetrapoden in Westerland, 1996
MEURER

land/Sylt wurden in den 1960er Jahren vor der Strandmauer und einem schräg-
geneigten Deckwerk 6 t schwere Tetrapoden eingesetzt, die sich dort bewährt
haben, was nicht in gleichem Maße von anderen Einsatzorten berichtet wird
(Abb. 194).

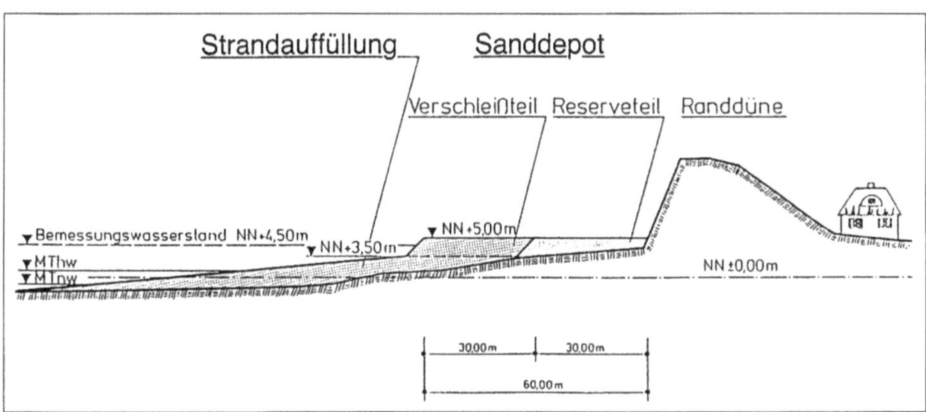

Abb. 195   Schema der Sandvorspülung Sylt.
SCHERENBERG, R.: Generalplan „Deichverstärkung, Deichverkürzung und
Küstenschutz in Schleswig-Holstein", in: Wasser & Boden, 1988

Abb. 196   Sandvorspülung vor Westerland, im Vordergrund Buschwerkszäune, 1996.
MEURER

Das Problem der leichten Erodierbarkeit sandiger Küsten zeigt sich auch auf der Insel Sylt, weiter auf Föhr und auf Amrum. Der Küstenrückgang auf Sylt hat in den letzten Jahrzehnten deutlich zugenommen und wird zur Zeit mit rund 1,5 m pro Jahr angegeben. Von den betrachteten verschiedenen Möglichkeiten der Gegenwehr wurde als günstigste Lösung in technischer, wirtschaftlicher und landespflegerischer Hinsicht die Sandvorspülung ohne zusätzliche Bauwerke erkannt. Seit 1972 wird regelmäßig Sand auf den Strand gespült. Die Sandvorspülung besteht im wesentlichen aus zwei Bereichen: Erstens wird vor der Abbruchkante ein Sanddepot geschaffen, das als Verschleißbauwerk die Düne oder das Kliff vor weiteren Abbrüchen schützt, und zweitens werden der Strand- und der Unterwasserbereich aufgefüllt, um die Wellenenergie zu brechen (Abb. 195). Die Abbildung 196 zeigt einen Strandabschnitt vor Westerland nach einer Sandvorspülung, auf der die Strandkörbe stehen. Im Vordergrund des Bildes sind Buschwerkszäune zu sehen, die der Fixierung des angewehten Sandes dienen, wodurch der Aufbau von Vordünen bewirkt wird.

Küstenschutz Nordsee:
Was muß noch getan werden?

Nach ERCHINGER[84] sind in Niedersachsen die in dem 1955 begründeten Küstenschutzprogramm vorgesehenen Maßnahmen zu einem nicht unerheblichen Teil bis jetzt noch nicht ausgeführt. 1995 gibt er diesen Anteil immerhin noch mit einem Viertel an. Das gesamte Schutzsystem besteht hier wie anderswo nicht nur aus Deichen und Sturmflutschutzwerken, sondern wird ergänzt durch Deichvorland, Watt und vorgelagerte Inseln. Dem flächenhaften Küstenschutz kommt eine hohe Bedeutung zu, weil durch seine Wirkung bereits vor der Deichlinie ein großer Teil der Seegangsenergie aufgezehrt wird. Das hier aufgezeigte Defizit bei der Verwirklichung schon vorgesehener Maßnahmen zusammen mit der Feststellung, daß die Deichsicherheit in Holland erheblich größer ist als in Deutschland einerseits und eine belegte beträchtliche Zunahme der Sturmfluthäufigkeit innerhalb weniger Jahrzehnte lassen unter ausgewiesenen Fachleuten Befürchtungen über eine weitere Zunahme von Zahl und Schwere von Sturmfluten mit ihren Wirkungen an der deutschen Nordseeküste aufkommen, die hier nicht näher begründet werden können. Wäre in Anbetracht dessen, daß die zukünftige Höhe von Sturmflutwasserständen kaum voraussehbar ist, möglicherweise eine zweite Deichlinie, die ja streckenweise schon vorhanden ist, eine Strategie der Zukunft?

ERCHINGER: „... Man muß folglich darauf gefaßt sein, daß eine alle bisherigen übertreffende Orkanflut die deutsche Nordseeküste heimsuchen kann."

[84] ERCHINGER, HEIE F.: Zunehmende Bedrohung der Küste durch Sturmfluten, in: Wasser & Boden, 12/1995, S. 8–10

Konflikt Küstenschutz – Naturschutz

Der Konflikt zwischen Küstenschutz und Naturschutz leitet sich aus zwei sehr unterschiedlichen Grundpositionen her. Küstenschutz will entsprechend seiner langen Tradition in erster Linie den Lebensraum des Menschen am Meer mit allem, was seiner Wohlfahrt dient, sichern. Naturschutz möchte dort dagegen zuvorderst den Naturhaushalt sich möglichst ungestört entwickeln lassen.

Nach den landespflegerechtlichen Regelungen sind die Errichtung oder wesentliche Änderung von Küstenschutzanlagen Eingriffe in Natur und Landschaft. Die Eingriffe sind so gering wie möglich zu halten. Unvermeidbare Beeinträchtigungen der Funktionsfähigkeit des Naturhaushalts oder des Landschaftsbildes sind auszugleichen oder es sind Ersatzmaßnahmen vorzunehmen. Wenn dies alles nicht möglich ist, sind Ausgleichszahlungen zu leisten.

Wattflächen und Salzwiesen unterliegen einem besonderen Schutz. Das gilt in besonderer Weise, wenn sie in Nationalparks gelegen sind. Ausnahmegenehmigungen im Interesse des Küstenschutzes sind aber auch hier möglich.

Daß diese landespflegerechtlichen Regelungen wegen der gebotenen Abwägungsprozesse geeignet sind, die Dauer der Genehmigungsverfahren für Küstenschutzmaßnahmen zu verlängern, liegt auf der Hand. Dies darf aber angesichts der fortwährenden Bedrohung unserer Küstenlandschaften durch die Kräfte des Meeres nicht zu unverhältnismäßigen Verzögerungen führen, zumal vernünftige Übereinkünfte zwischen Naturschutz und Küstenschutz möglich sein sollten. Alles andere könnte sich – was niemand möchte – eines zukünftigen Tages rächen.

Ertüchtigung alter Talsperren

Im Zusammenhang mit den in jüngster Zeit vorgenommenen Talsperrensanierungen muß zunächst noch einmal Rückschau gehalten werden.

OTTO INTZE (1843–1904), einer der Pioniere des neuzeitlichen Talsperrenbaus, hatte in seinem im Jahre 1906 in der Zeitschrift des VDI abgedruckten Aufsatz „Die geschichtliche Entwicklung, die Zwecke und der Bau der Talsperren" begründet, weshalb er an der von ihm erbauten Urfttalsperre den Ansatz eines Sohlenwasserdrucks und Auftriebs nicht für notwendig erachtete und hielt deren Ansatz (voller Wasserdruck in jeder Fuge) bei der Talsperre Marklissa für übertrieben. Dies sei von deren Erbauer BACHMANN nur mit Rücksicht auf die Überängstlichkeit der dortigen Bevölkerung gemacht worden. Viele Fachkollegen seiner Zeit haben ihm in seiner Auffassung zugestimmt, daß die Auftriebswirkungen nicht berücksichtigt werden müßten, allerdings unter den von INTZE selbst genannten Bedingungen, die an anderer Stelle schon wiedergegeben wurden. Auch LEO SYMPHER (1854–1922), Erbauer der Edertalsperre, teilte INTZES diesbezügliche Auffassung.

INTZE gab seinen Talsperren eine leicht gekrümmte Linienführung, ohne eine Gewölbewirkung in Rechnung zu stellen. Dazu schreibt FRIEDRICH TÖLKE, Professor an der Technischen Hochschule Berlin, 1938 in seinem Buch „Talsperren – Staudämme und Staumauern" in der Reihe „Handbibliothek für Bauingenieure" von ROBERT OTZEN: „OTTO INTZE, der fast drei Jahrzehnte den deutschen Talsperrenbau richtungweisend beeinflußt hat, verstand es in geradezu meisterhafter Weise, seine Talsperren mit einem Höchstmaß an Sicherheit auszustatten. Er wählte für seine Bruchsteinmauern stets die gekrümmte Linienführung, ganz gleich, ob diese den Baustoffaufwand erhöhte oder nicht, aber er berechnete sie so, als wären sie gerade. Heute wissen wir, daß die dadurch erzielte zusätzliche Sicherheit ganz beträchtlich ist und daß zahlreiche Betongewichtsmauern mit nicht ausgepreßten Fugen bei weitem nicht an die INTZEschen Bruchsteinmauern heranreichen.

...

(Ein Gegenstück) ist die zur Zeit in Bau befindliche Hohenwarthe-Staumauer, die, in Deutschland erstmalig, an die INTZEsche Überlieferung wieder anknüpft, indem die gekrümmte Linienführung durch Auspressen der Fugen statisch wirksam gemacht wird. Die Hohenwarthe-Staumauer dürfte die erste deutsche Betonstaumauer werden, die den gekrümmten Bruchsteinmauern nicht nur gleichwertig, sondern sogar überlegen ist. Es sollte ernstlich erwogen werden, ob man reine Gewichtsmauern angesichts ihrer nur sehr geringen Sicherheit nicht besser als Staumauerbauform ganz ausschaltet. In breiten Tälern bieten Pfeilerstaumauern, in mittelbreiten Bogengewichtsmauern und in engen Bogenmauern ein viel größeres, meist auch unvoraussehbaren Zwischenfällen gewachsenes Maß an Sicherheit. Eine solche Ausschaltung reiner Gewichtsmauern ist umso mehr am Platze, als die neueren Staumauerbauweisen auch durchweg wirtschaftlicher sind."

Nach TÖLKE haben sich die INTZEschen Mauern je nach Sorgfalt ihrer Herstellung unterschiedlich bewährt. Die Glör- (Inbetriebnahme 1904), Jubach- (1905) und die Urft-Staumauer (1905) seien Musterbeispiele von Bruchsteinmauern und praktisch frei von Sickerverlusten. Ausgesprochen schlechte Erfahrungen seien mit der Verse-Staumauer (1903) gemacht worden.

Seit den 1980er Jahren wird in Deutschland vermehrt die Frage geprüft, ob die Standsicherheit und der bauliche Zustand der alten Talsperren noch den Anforderungen entsprechen und den heute geltenden allgemein anerkannten Regeln der Technik (a. a. R. d. T.) genügen. Das Ergebnis dieser Überprüfungen führte in vielen Fällen zunächst zu Stauzielabsenkungen und dann zu umfangreichen Sanierungsmaßnahmen, die hier nur beispielhaft angesprochen werden können.

Die Eschbachtalsperre ist die älteste der sogenannten alten Talsperren, zugleich die erste deutsche Trinkwassertalsperre und dient noch heute der Versorgung der Stadt Remscheid. Sie wurde 1892 in Betrieb genommen. Ihrer Sanierung in den Jahren 1992 bis 1994 lag die Erkenntnis zugrunde, daß ihr Bestand wegen der dauernden Durchströmung mit Stauwasser nicht gesichert erscheine und die Standsicherheit nach den a. a. R. d. T. erst bei einer Stauzielabsenkung von rund 2,20 m gewährleistet sei. Der in Abbildung 197 dargestellte skizzenhafte Querschnitt durch die sanierte Mauer läßt die Sanierungsmaßnahmen deutlich werden: Eine Vorsatzschicht aus unbewehrtem Beton mit d = 0,90 bis 3,50 m ist mit dem alten Mauerkörper schubfest verbunden; eine sogenannte anliegende Dichtwand aus Stahlbeton d = 0,35 m, mit der Mauer durch Halteanker verbunden, dient der Staumauerabdichtung; die Wasserundurchlässigkeit der Dichtwand wird mittels einer hinter ihr liegenden und als Flächendränage wirkenden Kontrollschicht und einem System von Dränrohren überprüft; Kontrollschicht und alte Mauer sind durch eine dauerelastische Bitumenschweißbahn getrennt, die bewirkt, daß die Dichtwand frei von Zugspannungen bleibt.

Die ab dem Jahre 1980 ausgeführten Untersuchungen vor Ort zu Substanz von Mauer und Untergrund an der Urfttalsperre in der Eifel und daran anschließende räumliche Festigkeitsberechnungen hatten zum Ergebnis, daß keine vertikalen Zugspannungen im Mauerwerk und Druckspannungen nur in zulässiger Größe auftreten. Die Standsicherheit der Mauer war damit bei Berücksichtigung der räumlichen Tragwirkung nachgewiesen. Zur dauerhaften Überwachung der Standsicherheit wurden 2 Kontrollgänge in der Mauer aufgefahren und Meßeinrichtungen verschiedenster Art installiert. Der obere Kontrollgang dient der Überwachung der wasserseitigen Dränagen, der untere Kontrollgang verläuft in der Gründungssohle und ermöglicht deren Dränage. Die

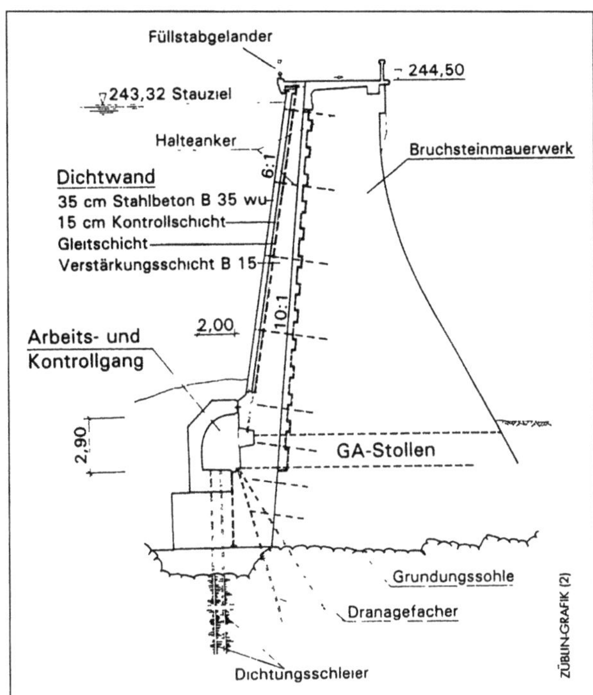

Abb. 197 Querschnittsskizze
der Eschbachtalsperrenmauer
nach der Sanierung.
Ed. Züblin AG

durchgeführten Maßnahmen bestätigen die von TÖLKE seinerzeit vorgenommene positive Beurteilung der Urft-Staumauer.

Bei der in den Jahren 1908 bis 1914 gebauten Edertalsperre mit einer maximalen Höhe über Gründungssohle von 50 m war auf Grund ihrer baulichen Ausgestaltung auf den Ansatz von Sohl- bzw. Fugenwasserdruck verzichtet worden. Die in den 1980er Jahren vorgenommenen Untersuchungen, insbesondere über die in und unter der Mauer wirkenden Wasserdrücke, zeigten aber, daß die seinerzeit getroffene Annahme nicht zutreffend war. Auf Grund der durchgeführten statischen Berechnungen wurde als Sofortmaßnahme der bisherige höchste zulässige Talsperrenwasserstand um 1,50 m reduziert. Die nach der Balkentheorie geführten Standsicherheitsnachweise wurden durch Berechnungen nach der Finite-Elemente-Methode ergänzt. Die Art der Mauersanierung wurde nach Vergleich zahlreicher Varianten entschieden, und zwar zugunsten einer Vertikalverankerung mit Verpreßankern. Es wurden 104 Dauerfelsanker mit je 34 Spannstahllitzen von im Mittel rund 70 m Länge durch das Mauerwerk tief in den Untergrund eingebracht. Die geforderte außergewöhnlich hohe Gebrauchslast für die Dauerfelsanker von 4500 kN stellte hohe Anforderungen an die Ankertechnik. Hinsichtlich der detaillierten Ausführungen zu den umfangreichen und vielseitigen Sanierungsmaßnahmen an der Sperre wird auf die Schrift „Edertalsperre 1994" verwiesen. Die Arbeiten wurden im wesentlichen im Jahre 1994 abgeschlossen. Die Gesamtkosten lagen bei 52 Mio. DM.

Verkehrsprojekt Deutsche Einheit Nr. 17

Oststrecke Mittellandkanal; Wasserstraßenkreuz Magdeburg;
Elbe-Havel-Kanal; Untere Havel-Wasserstraße; Wasserstraßen
in Berlin Richtung Westhafen und Richtung Osthafen

Die oben genannten, im Verkehrsprojekt Deutsche Einheit Nr. 17 enthaltenen
Maßnahmen erfordern Investitionen von rund 4,5 Mrd. DM.

Neben bereits fertiggestellten kleineren Teilmaßnahmen befinden sich andere
in der Bauphase. Weitere sind bereits planfestgestellt oder sind im Verfahren.
Wieder andere befinden sich noch in der Planung.

Mit dem Ausbau der bestehenden Wasserstraßenverbindung Hannover–Magdeburg–Berlin in Fortführung des schon weitgehend abgeschlossenen Ausbaus
des Mittellandkanals westlich von Rühen soll eine leistungsfähige europäische
Wasserstraße verwirklicht werden. Der vorgesehene Ausbau der Kanalstrecken
im Trapezprofil mit 55 m Wasserspiegelbreite und 4 m Wassertiefe ermöglicht
den Verkehr mit Großmotorgüterschiffen von 110 m und Schubverbänden mit
185 m Länge, 11,40 m Breite und 2,80 m Abladetiefe.

Der im Projekt Deutsche Einheit Nr. 17 enthaltene Ausbau des Mittellandkanals bezieht sich auf die 60 km lange sogenannte Osthaltung zwischen Rühen
und Rothensee.

Das Wasserstraßenkreuz Magdeburg kann als der Schwerpunkt des Gesamtprojektes angesehen werden. Die in den 1930er Jahren vorgenommenen Planungen sahen bereits eine Kanalbrücke über die Elbe sowie ein Doppelhebewerk in Hohenwarthe für den Abstieg in den Elbe-Havel-Kanal vor. Während
das schon genannte Schiffshebewerk Rothensee für den Abstieg in die Elbe
noch vor Kriegsbeginn fertiggestellt und in Betrieb genommen werden konnte,
mußten die Bauarbeiten an Kanalbrücke und Hebewerk Hohenwarthe in den
Kriegsjahren eingestellt werden. Der Verkehr zwischen Mittellandkanal und
Elbe-Havel-Kanal läuft bis heute über das Schiffshebewerk Rothensee und die
Schleuse Niegripp mit einem Umweg von 12 km. Die neue Planung sieht eine
Kanalbrücke von 918 m Länge und 32 m lichter Weite vor und anstelle des sei-
nerzeit geplanten Doppelhebewerkes eine Doppelschleuse mit Sparbecken zur
Überwindung der Wasserstandsdifferenz von 18 m. Der Abstieg in die Elbe in
Rothensee soll durch eine neue Sparschleuse ergänzt werden. Das alte Schiffs-
hebewerk soll bestehen bleiben (Abb. 198).

Der Elbe-Havel-Kanal, der in den Jahren zwischen 1926 und 1938 aus dem
Plauer- und Ihlekanal hervorgegangen war, soll für die oben genannten Schiffs-

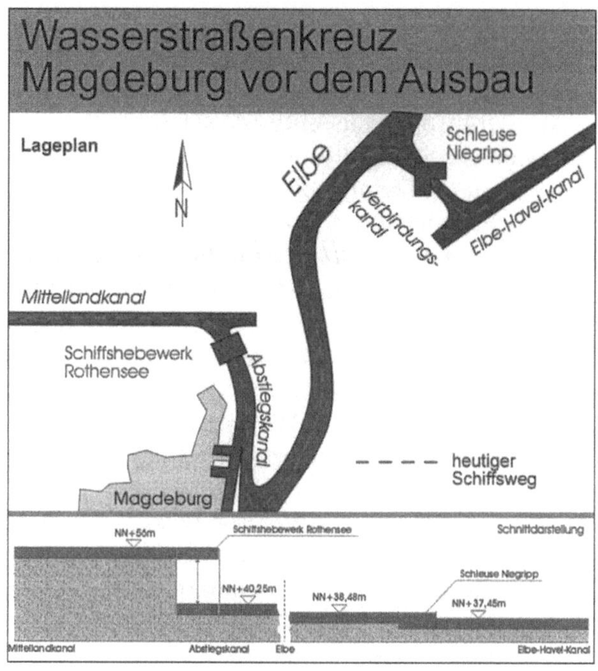

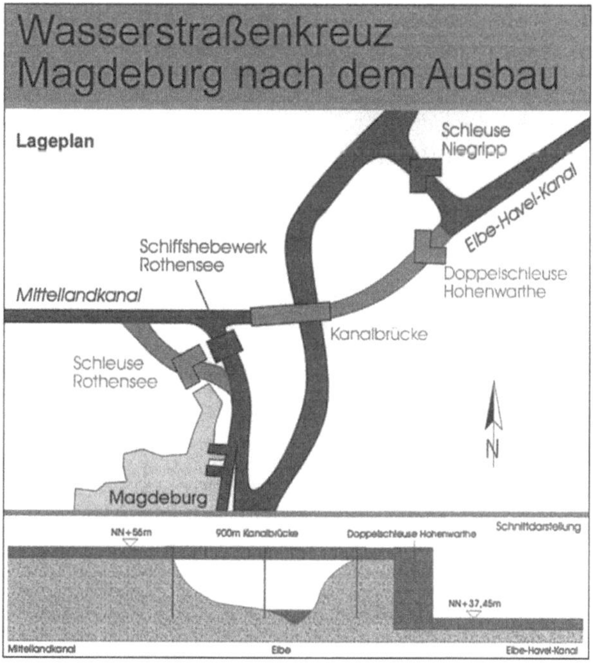

Abb. 198 Projekt 17 –
Magdeburger Kreuz – vor und
nach dem Ausbau.
Wasserstraßen-Neubauamt
Magdeburg

größen auf der 56 km langen Strecke zwischen Niegripp und Plaue in einem Muldenprofil mit einer Wasserspiegelbreite von 35,50 m und einer Wassertiefe in Kanalachse von 3,50 m ausgebaut werden.

Die daran anschließende Ausbaustrecke Untere Havel-Wasserstraße zwischen Plauer See und Jungfernsee verläuft in landschaftlich besonders reizvoller Umgebung. Darauf soll in sensibler Weise Rücksicht genommen werden.

Schließlich enden die im Projekt 17 enthaltenen Maßnahmen in zwei verschiedenen Wasserwegen in Berlin selbst. Beide beginnen im Jungfernsee. Über die sogenannte Nordtrasse – Untere Havel-Wasserstraße – Unterspree-Westhafenkanal – führt der Weg zu Berlins Haupthafen, dem Westhafen. Der Osthafen wird über die Südtrasse – Teltowkanal – Britzer Verbindungskanal – Oberspree – erreicht. Der vorgesehene schonende Ausbau der beiden Kanäle wird hinsichtlich 185 m langer Schubverbände nur einen einschiffigen Verkehr zulassen. Deshalb sind in gewissen Abständen Begegnungsstellen erforderlich.

Im Verkehrsprojekt Deutsche Einheit zwar nicht enthalten, aber wegen seiner Bedeutung gleichwohl hier zu nennen, ist der vorgesehene Ausbau der Havel-Oder-Wasserstraße. Er ist im Verkehrswegeplan 1992 enthalten; mit den Planungen wurde bereits vor Jahren begonnen. Schwerpunkte dieses Ausbaus werden die Strecke zwischen Lehnitz und Niederfinow sowie ein weiteres Abstiegsbauwerk in Niederfinow sein.

Anhang I

Bedeutende Talsperren

Reihenfolge nach den Jahren ihrer Inbetriebnahme.

Auswahl: Bis 1905 Sperren mit mehr als 20 m Höhe über Gründungssohle; ab 1905 – mit Urfttalsperre Beginn des modernen Talsperrenbaus – Sperren mit mehr als 20 Mio. m³ Inhalt.[1]

Legende:

Zweck		Absperrbauwerk		Baustoff	
S	= Zuschußwasser für die Schiffahrt	G	= Gewichtsmauer	M	= Mauerwerk
		D	= Erddamm	B	= Beton
W	= Wasserversorgung	StD	= Steindamm	SB	= Stahlbeton
H	= Hochwasserschutz	GR	= Gewölbereihenmauer		
K	= Krafterzeugung				
A	= Aufhöhung des Niedrigwassers	B	= Bogenmauer		
		(m)	= Höhe über Talsohle		

Name	Fluß	Inbetriebnahme	Höhe (m) über Gründungssohle	Inhalt Mio. m³	Zweck	Absperrbauwerk	Baustoff und Dichtung
Oderteich	Oder	1721	22	1,7	K	StD	Kerndicht.
Eschbach	Eschbach	1892	25	1,1	W	G	M
Einsiedel	Stadtgottelbach	1894	28	0,3	W	G	M
Fuelbecke	Fuelbecke	1896	27	0,7	A	G	M
Lingese	Lingese	1898	25,5	2,6	A, H	G	M
Bever I	Bever	1898	25	3,3	A, H	G	M
Vorsperre Salbach	Salbach	1899	23,9	0,3	W, A	G	M
Herbringhausen I	Herbringhaus. Bach	1900	34	2,5	W	G	M
Solinger	Sengbach	1902	43	3,2	W, K	G	M
Verse I	Verse	1903	29,1	1,7	W, A	G	M
Haspe	Hasper Bach	1904	33,7	2,1	W, A	G	M
Glör	Glör	1904	32	2,1	A	G	M
Jubach	Jubach	1905	27,8	1,1	A	G	M
Neustadt	Krebsbach	1905	34	1,24	W	G	
Nordhausen	Thyra	1905	27	0,77	W	G	M
		1923	33	1,24			

[1] In Anlehnung an ORTH, FRITZ, Berlin in: Der Bauingenieur, 26 (1951), Heft 9; SEIDEL, JOHANNES, Weimar in: Wasser & Boden, 43 (1991), Heft 10; Register der ICOLD – International Commission on Large Dams

Fortsetzung Anhang I

Name	Fluß	Inbe-triebnahme	Höhe (m) über Gründungssohle	Inhalt Mio. m³	Zweck	Absperrbauwerk	Baustoff und Dichtung
Urft	Urft	1905	58	45,5	W, H, K, A	G	M
Lister	Lister	1911	42	22	W, A, K	G	M
Möhne	Möhne	1912	40,3	134	W, K, H, A	G	M
Mauer	Bober	1912	67	50	H, K, A	G	M
Eder	Eder	1914	50	202	S, K, H, A	G	M
Systroy	Cruttinen	1914	10	20,8	H	D	
Friedland	Alle	1923	28,3	20,2	K	D	Bösch. dicht. Ton
Diemel	Diemel	1923	42	20	S, H, K	G	M
Agger	Agger	1929	45	20,5	H, A, K	G	Gußbeton
Finsing	Isar	1929	13	34,7	K	D	Bösch. dicht. Beton
Haltern	Stever	1930/72	–	20,5	W	Walzenwehr	–
Schluchsee	Schluchsee	1931	63,5	108	K, H, A	G	plast. Beton
Soese	Soese	1931	57,3	25	W, H, K	D	Betonkern
Lehnmühle	Wilde Weißeritz	1931	51	21,9	W, H, K	G	M
Bleiloch	Saale	1932	65	215	S, K, H, A	G	Gußbeton
Ottmachau	Neiße	1933	29	143	S, K, H, A	D	Bösch. dicht. Ton
Oder	Oder	1933	62,3	32	W, H	D	Betonkern
Saidenbach	Saidenbach	1933	59	22,4	W, A	G	M
Sorpe	Sorpe	1935	68	71	W, H, K, A	D	Stahlbetonkern
Turawa	Malapane	1937	21,6	109	S, K, H, A	D	Bösch. dicht. Ton
Schwammenauel[1]	Rur	1938	62	100	W, H, K, A	D	Stahldicht.
Bever II	Bever	1938	55	23,5	A, H	D	Stahldicht.
Hohenwarte	Saale	1941	75	182	S, K, H, A	G	plast. Beton
Dümmer	Hunte	1943	1,45	36	H, A	D	
Eupen	Weser	1945	65,3	24,8	W, H, K, A	G	Rüttelbeton
Verse II	Verse	1951	61	32,2	W, H, K	D	Betonkerndichtung
Roßhaupten	Lech	1954	41	166	K, A	D	Lehmkerninnendichtung
Henne	Henne	1955	(59)	39	W, H	D	Asphalt-Bösch. dicht.
Oker	Oker	1956	74	46,85	H, A, W	B, G aufgesetzt	B
Wahnbach	Wahnbach	1958	53	41,4	W	D	Asphaltbet. außendicht.

[1] Zweite Ausbaustufe 1959: Höhe über Gründungssohle 77,40 m; I = 205 Mio. m³

Fortsetzung Anhang I

Name	Fluß	Inbe-triebnahme	Höhe (m) über Gründungssohle	Inhalt Mio. m³	Zweck	Absperrbauwerk	Baustoff und Dichtung
Rappbode	Rappbode	1959	106	109	W, K, H, A	G	plast. Beton, Stahlbeton
Pöhl	Trieb	1964	59	62	W, A, H, K	G	Beton
Bigge	Bigge	1965	(52)	150,1	W, H, K	D	Asphaltbet. Oberfl. dichtg.; bitum. Innendicht.
Spremberg	Spree	1965	20	42,7	W, A, H	D	Kerndichtg.
Kelbra	Helme	1968	8	35,6	H, A, W	D	Kerndichtg.
Sylvenstein	Isar	1969	(41)	108	A, H	D	Dichtungskern aus Erdbeton
Grane	Grane	1969	71	46	W, A	D	Asphaltbetondecke
Quitzdorf	Schwarzer Schöps	1972	12	22,5	W, H, A	D	Kerndichtg.
Mauthaus	Nurner Ködel	1972	(61)	22	H, W, K	D	
Wiehl	Wiehl	1973	55	32	W	D	Asphaltbeton-Innendichtung
Dhünn II	Dhünn	1974	(59)	76	W	D	
Schönbrunn	Schleuse	1975	67	23,2	W, H	D	Asphaltaußenhaut
Zeulenroda	Weida	1975	41	30,9	W, H	D	Lehmschürze
Bautzen	Spree	1975	19	44,6	W, H	D	Asphaltauß. dichtung
Wehebach	Wehe	1979	(51)	25	W	D	Bitum. Auß. hautdicht.
Frauenau[1]	Kleiner Regen	1983	83	21,7	W	D	Lehmkern u. Erdbetondicht. wand
Eibenstock	Zwickauer Mulde	1983	66	74,7	W, H	G	Beton
Wupper	Wupper	1987	(41)	26	H, W	D	Kernasphaltbetondicht.
Schmalwasser	Schmalwasser	1993	81	21,2	W, H	StD	Asphaltkerndicht.
Brombach	Brombach	1995	(38)	124	W, H, S	D	–

[1] Höchster Erddamm in Deutschland

Anhang II

Bedeutende Wasserkraftanlagen[1]

1. Wasserkraftwerke mit einem Ausbauzufluß von 195 m³/s und mehr; Stand 1997.
Bei den Grenzkraftwerken ist die auf Deutschland entfallende Engpaßleistung angegeben;
die Klammer enthält die gesamte Engpaßleistung.

Kraftwerk	Eigentümer	Genutztes Gewässer	Ausbau- zufluß	Ausbau- fallhöhe	Netto- Engpaß- leistung	Inbetrieb- nahme
			m³/s	m	MW	
Jochenstein	Donaukraftwerk Jochenstein AG, Passau					
		Donau	2050	8,2	66,0 (132,0)	1955
Säckingen	Rheinkraftwerk Säckingen AG					
		Rhein	1450	6,6	36,8 (73,6)	1966
Ryburg- Schwörstadt	Kraftwerk Ryburg-Schwörstadt AG, Rheinfelden (Schweiz)					
		Rhein	1420	12,0	59,0 (118,0)	1931
Laufenburg	Kraftwerk Laufenburg, Laufenburg (Schweiz)					
		Rhein	1370	10,0	49,3 (98,6)	1914
Passau- Ingling	Österreichisch-Bayerische Kraftwerke AG, Simbach					
		Inn	1140	10,1	43,1 (86,2)	1965
Albbruck- Dogern	Rheinkraftwerk Albbruck-Dogern AG, Freiburg i. Breisgau					
		Rhein	1100	9,2	71,9 (79,5)	1934
Gambsheim	Centrale Electrique Rhénane de Gambsheim SA					
		Rhein	1100	10,3	47,2 (94,4)	1974
Schärding- Neuhaus	Österreichisch-Bayerische Kraftwerke AG, Simbach					
		Inn	1100	11,2	47,9 (95,8)	1961
Iffezheim	Rheinkraftwerk Iffezheim GmbH, Karlsruhe					
		Rhein	1070	10,6	54,3 (108,6)	1978
Kachlet	Rhein-Main-Donau AG, München					
		Donau	1050	6,5	52,8	1927
Ering	Bayernwerk Wasserkraft AG, München					
		Inn	1040	9,1	35,7 (71,4)	1942
Braunau- Simbach	Österreichisch-Bayerische Kraftwerke AG, Simbach					
		Inn	1000	12,1	47,6 (95,2)	1953

[1] Die Zusammenstellungen stützen sich auf solche der Informationszentrale der Elektrizitätswirtschaft – IZE – Frankfurt am Main. Die Inbetriebnahmejahre wurden bei den
jeweiligen Betreibern erhoben. Die Leistungsangaben beziehen sich auf das Jahr 1997.

Fortsetzung Anhang II   1. Wasserkraftwerke mit einem Ausbauzufluß von 195 m³/s und mehr; Stand 1997.

Kraftwerk	Eigentümer					
		Genutztes Gewässer	Ausbau-zufluß	Ausbau-fallhöhe	Netto-Engpaß-leistung	Inbetrieb-nahme
			m³/s	m	MW	
Egglfing	Bayernwerk Wasserkraft AG, München					
		Inn	990	10,1	40,9 (81,8)	1944
Wyhlen	Kraftübertragungswerke Rheinfelden, Rheinfelden (Baden)					
		Rhein	750	6,7	31,4	1912
Rheinfelden	Kraftübertragungswerke Rheinfelden, Rheinfelden (Baden)					
		Rhein	600	5,7	5,0 (10,0)	1898
Oberau-dorf-Ebbs	Österreichisch-Bayerische Kraftwerke AG, Simbach					
		Inn	580	12,9	29,6 (59,2)	1992
Feldkirchen	Bayernwerk Wasserkraft AG, München					
		Inn	580	8,7	36,8	1970
Rosenheim	Bayernwerk Wasserkraft AG, München					
		Inn	575	8,3	34,4	1960
Nußdorf	Gemeinschaftskraftwerk Nußdorf GmbH, Töging a. Inn					
		Inn	550	10,5	36,3 (47,4)	1982
Neuötting	Bayernwerk Wasserkraft AG, München					
		Inn	510	6,7	23,6	1951
Perach	Bayernwerk Wasserkraft AG, München					
		Inn	510	5,2	20,8	1977
Stammham	Bayernwerk Wasserkraft AG, München					
		Inn	510	5,7	22,7	1955
Bergheim (Einph.)	Donau-Wasserkraft AG, München					
		Donau	500	6,0	23,3	1970
Bertolds-heim (Einph.)	Donau-Wasserkraft AG, München					
		Donau	500	4,9	18,6	1967
Bittenbrunn (Einph.)	Donau-Wasserkraft AG, München					
		Donau	500	5,2	19,9	1969
Ingolstadt (Einph.)	Donau-Wasserkraft AG, München					
		Donau	500	5,1	19,5	1971
Geisling	Rhein-Main-Donau AG, München					
		Donau	500	6,1	24,6	1985
Straubing	Rhein-Main-Donau AG, München					
		Donau	500	5,2	21,5	1994
Schaffhausen	Kraftwerk Schaffhausen AG, Schaffhausen (Schweiz)					
		Rhein	500	6,5	2,3 (25,0)	1963
Vohburg (Einph.)	Donau-Wasserkraft AG, München					
		Donau	480	6,1	9,4	1992
Wasserburg	Bayernwerk Wasserkraft AG, München					
		Inn	465	7,0	23,5	1938
Gars	Bayernwerk Wasserkraft AG, München					
		Inn	450	7,2	23,7	1938

Fortsetzung Anhang II   1. Wasserkraftwerke mit einem Ausbauzufluß von 195 m³/s und mehr; Stand 1997.

Kraftwerk	Eigentümer					
		Genutztes Gewässer	Ausbau-zufluß	Ausbau-fallhöhe	Netto-Engpaß-leistung	Inbetrieb-nahme
			m³/s	m	MW	
Teufelsbruck	Bayernwerk Wasserkraft AG, München					
		Inn	450	7,0	23,8	1938
Eglisau	Nordostschweizerische Kraftwerke, Baden (Schweiz)					
		Rhein	415	10,6	2,1 (29,2)	1920
Rheinau	Elektrizitätswerk Rheinau AG, Rheinau (Schweiz)					
		Rhein	400	10,5	13,8 (35,9)	1956
Detzem	RWE Energie AG, Essen					
		Mosel	400	9,0	24,0	1962
Enkirch	RWE Energie AG, Essen					
		Mosel	400	7,5	18,4	1964
Fankel	RWE Energie AG, Essen					
		Mosel	400	7,0	16,4	1965
Lehmen	RWE Energie AG, Essen					
		Mosel	400	7,5	20,0	1964
Müden	RWE Energie AG, Essen					
		Mosel	400	6,5	16,4	1964
Neef	RWE Energie AG, Essen					
		Mosel	400	7,0	16,4	1964
Trier (Feyen)	RWE Energie AG, Essen					
		Mosel	400	7,2	18,8	1964
Wintrich	RWE Energie AG, Essen					
		Mosel	400	7,5	20,0	1966
Zeltingen	RWE Energie AG, Essen					
		Mosel	400	6,0	13,6	1964
Koblenz	RWE Energie AG, Essen					
		Mosel	380	5,3	16,0	1951
Töging	Bayernwerk Wasserkraft AG, München					
		Inn	340	30,5	85,3	1924
Regensburg	Rhein-Main-Donau AG, München					
		Donau	320	3,9	9,3	1977
Altheim	Bayernwerk Wasserkraft AG, München					
		Isar	285	8,0	17,8	1951
Dingolfing	Bayernwerk Wasserkraft AG, München					
		Isar	270	7,6	15,0	1957
Gummering	Bayernwerk Wasserkraft AG, München					
		Isar	270	7,8	14,8	1957
Niederaich-bach	Bayernwerk Wasserkraft AG, München					
		Isar	270	8,1	16,2	1951
Langwedel	PreussenElektra AG, Hannover					
		Weser	256	2,8	7,2	1958

Fortsetzung Anhang II   1. Wasserkraftwerke mit einem Ausbauzufluß von 195 m³/s und mehr; Stand 1997.

Kraftwerk	Eigentümer	Genutztes Gewässer	Ausbau-zufluß	Ausbau-fallhöhe	Netto-Engpaß-leistung	Inbetrieb-nahme
			m³/s	m	MW	
Faimingen	Obere Donau-Kraftwerke AG, München					
		Donau	240	5,6	9,9	1965
Günzburg	Obere Donau-Kraftwerke AG, München					
		Donau	210	5,4	8,9	1962
Gundel-fingen	Obere Donau-Kraftwerke AG, München					
		Donau	210	4,6	7,2	1964
Höchstädt	Mittlere Donau-Kraftwerke AG, München					
		Donau	210	5,8	9,8	1982
Leipheim	Obere Donau-Kraftwerke AG, München					
		Donau	210	5,9	9,2	1961
Oberelchin-gen	Obere Donau-Kraftwerke AG, München					
		Donau	210	5,8	9,2	1960
Offingen	Obere Donau-Kraftwerke AG, München					
		Donau	210	4,6	7,2	1963
Bad Abbach	Rhein-Main-Donau AG, München					
		Donau	207	3,6	6,0	1978
Kleinost-heim	Rhein-Main-Donau AG, München					
		Main	204	5,9	9,5	1971
Donauwörth	Mittlere Donau-Kraftwerke AG, München					
		Donau	200	5,2	8,4	1984
Drakenburg	PreussenElektra AG, Hannover					
		Weser	200	2,8	5,0	1956
Landes-bergen	PreussenElektra AG, Hannover					
		Weser	200	3,6	7,2	1960
Schlüssel-burg	PreussenElektra AG, Hannover					
		Weser	200	2,7	5,0	1956
Schwennin-gen	Mittlere Donau-Kraftwerke AG, München					
		Donau	200	5,2	8,5	1983
Uppen-bornwerk 1	Stadtwerke München					
		Isar	200	14,5	25,0	1930
Uppen bornwerk 2	Stadtwerke München					
		Isar	200	10,6	18,0	1951
Ettling	Bayernwerk Wasserkraft AG, München					
		Isar	195	7,6	12,6	1987
Landau	Bayernwerk Wasserkraft AG, München					
		Isar	195	7,6	12,6	1984
Pielweichs	Bayernwerk Wasserkraft AG, München					
		Isar	195	7,6	12,6	1990

Fortsetzung Anhang II

2. Speicherkraftwerke (Jahresspeicher) mit einer Netto-Engpaßleistung von mehr als 4000 kW.

Kraftwerk	Netto-Engpaßleistung kW	Jahresarbeitsvermögen im Regeljahr MWh	Jahr der Inbetriebnahme
Walchensee	72 000	196 000	1927
Roßhaupten	45 050	151 400	1955
Hemfurth 1	20 000	53 000	1915
Heimbach	16 000	25 000	1905
Biggetalsperre	15 570	24 142	1965
Schwammenauel	14 000	21 000	1938
Möhnetalsperre	7 000	12 430	1912
Okertalsperre	4 100	10 000	1956

3. Pumpspeicherkraftwerke mit einer Netto-Engpaßleistung von mehr als ca. 100 000 kW.

Kraftwerk	Netto-Engpaßleistung kW	Netto-Erzeugung aus natürlichem Zufluß MWh	Netto-Erzeugung aus Pumpwasser MWh	Jahr der Inbetriebnahme
mit natürlichem Zufluß				
Säckingen	369 160	37 393	314 329	1968
Witznau	219 370	109 695	99 275	1943
Waldshut	159 360	88 942	64 014	1951
Häusern	119 440	23 807	86 767	1931
Bleiloch	99 600	31 910	441	1932
ohne natürlichen Zufluß				
Markersbach	1 135 200		777 137	1981
Wehr	977 000		856 001	1976
Waldeck 2	440 000		470 304	1974
Hohenwarte 2	397 600		316 557	1966
Erzhausen	220 000		208 730	1964
Happurg	160 000		107 700	1958
Koepchen-Werk	150 000		131 814	1927
Waldeck 1	140 000		65 065	1932
Rönkhausen	140 000		43 356	1968
Niederwartha	130 800		59 384	1930
Geesthacht	120 000		104 797	1958
Reisach-Rabenleite	105 000		98 100	1955

Literaturverzeichnis

Bücher, alphabetisch

[1] ANNEN, GÜNTHER: Karl Imhoff, ein Wegbereiter der Stadtentwässerung und der Gewässerreinhaltung, Schriftenreihe der VDI-Gesellschaft Bautechnik, Düsseldorf (Hg.), 1986

[2] ABWASSERTECHNISCHE VEREINIGUNG e.V. in St. Augustin (Hrsg.): Lehr- und Handbuch der Abwassertechnik, 3. Auflage, Verlag Ernst & Sohn, Berlin, 1982

[3] AUSONIUS, DECIMUS MAGNUS: Mosella, herausgegeben und in metrischer Übersetzung vorgelegt von Bertold K. Weis, Wissenschaftliche Buchgesellschaft, Darmstadt, 1994

[4] BECKER, KARL et al.: RWE und die Wasserkraft, RWE AG, Essen, 1993

[5] BING, LUDWIG: Vom Edertal zum Edersee, 6. erweiterte Auflage, bearbeitet von Ursula Wolkers, Wilhelm Bing Verlag, Korbach und Bad Wildungen, 1996

[6] BOHM, RUDOLF et al.: Zur Geschichte der Stadtentwässerung Dresdens, Dresden Wasser und Abwasser GmbH, Hochland-Verlag Pappritz, 1997

[7] BRETSCHNEIDER, HANS und KURT LECHER, MARTIN SCHMIDT (Hrsg.): Taschenbuch der Wasserwirtschaft, 7. Auflage, Verlag Paul Parey, 1993

[8] BRIX, JOSEPH et al.: Die Wasserversorgung, R. Oldenbourg, München–Wien, 1963

[9] BROCKHAUS ENZYKLOPÄDIE: 17. Auflage des Großen Brockhaus, 1966

[10] BROCKS, MANFRED und INGRID REUTER: 100 Jahre voller Spannung, Informationszentrale der Elektrizitätswirtschaft e.V. (Hrsg.), Frankfurt/M., 1992

[11] BRUCKMEIER, KARL: Nitratpolitik vor Ort, Weinbau und Nitratbelastung des Trinkwassers an der Mosel (Landkreis Bernkastel-Wittlich), Wissenschaftszentrum Berlin für Sozialforschung, Forschungsschwerpunkt Umweltpolitik (Hrsg.), 1987

[12] BUNDESVERBAND DEUTSCHE BETON- UND FERTIGTEILINDUSTRIE e.V. (Hrsg.): Betonbauteile für Umwelt und Versorgung, Teil 1: Rohrleitungen, Kanäle, Behälter, 2. Auflage, 1998

[13] CONTZEN, HEINZ: Wasserstraßen-Verkehrswege mit Zukunft, in „Die Binnenschiffahrt – Fließende Straßen/Lebendige Ströme", Herausgeber: Heide Ringhand in Zusammenarbeit mit dem Bundesverband der deutschen Binnenschiffahrt e.V., BeRing Verlag, Velbert-Neviges, 1992

[14] ECKOLDT, MARTIN (Hrsg.) et al.: Flüsse und Kanäle – Die Geschichte der deutschen Wasserstraßen, DSV-Verlag BUSSE-SEEWALD, Hamburg, 1998

[15] FIETZ, WALDEMAR: Vom Aquädukt zum Staudamm, Eine Geschichte der Wasserversorgung, Verlag Koehler und Amelang, Leipzig, 1966

[16] FRANKE, P.-G. und A. KLEINSCHROTH: Kurzbiographien Hydraulik und Wasserbau, Karl M. Lipp Verlag, München, 1991

[17] FRANKFURTER ODER EDITION: Ich habe eine Provinz gewonnen. 250 Jahre Trockenlegung des Oderbruchs, 1997

[18] FRIEDRICHS, HANNS JOACHIM (Hrsg.): Illustrierte Deutsche Geschichte, Reichenbach Verlag, München

[19] FRONTINUS-GESELLSCHAFT: Wasserversorgung im antiken Rom, R. Oldenbourg Verlag, München–Wien, 1986

[20] GAEBERT, HANS-WALTER: Der Kampf um das Wasser – Die Geschichte unseres kostbarsten Rohstoffes, Markus-Verlag, München, 1973

[21] GARBRECHT, GUNTHER: Historische Talsperren 2, Deutscher Verband für Wasserwirtschaft und Kulturbau e.V. (Hrsg.), Verlag Konrad Wittwer, Stuttgart, 1991

[22] GERHARDT, P.: Handbuch des deutschen Dünenbaues, Berlin, 1900

[23] GOOCK, ROLAND: Als die Sperrmauer brach, Wilhelm Bing Verlag, Korbach und Bad Wildungen

[24] HAFENBAUTECHNISCHE GESELLSCHAFT (Hrsg.): Jahrbücher, Springer-Verlag, Berlin

[25] HAFFNER, SEBASTIAN: Preußen ohne Legende, Herausgeber Henri Nannen, Goldmann Stern-Bücher, 1982

[26] HAGEN, G.: Handbuch der Wasserbaukunst, Verlag von Ernst & Korn, Berlin, 1869

[27] HERTWIG, AUGUST: Der geistige Wandel der Technischen Hochschulen in den letzten 100 Jahren und ihre Zukunft, Verlag von R. Oldenbourg, München, Deutscher Ingenieur-Verlag, Düsseldorf, 1950

[28] HOLL, K.: Wasser – Untersuchung, Beurteilung, Aufbereitung, Verlag Walter de Gruyter & Co., Berlin, 1960

[29] HOSEL, GOTTFRIED: Unser Abfall aller Zeiten – Eine Kulturgeschichte der Städtereinigung, 1. Auflage, Kommunalschriftenverlag J. Jehle München GmbH, 1987

[30] HUSUMER NACHRICHTEN: Die großen Sturmfluten seit 1962 an der schleswig-holsteinischen Westküste, Husum Druck- und Verlagsgesellschaft, 1995

[31] INTERNATIONALE KOMMISSION ZUM SCHUTZE DES RHEINS (IKSR): Grundlagen und Strategie zum Aktionsplan Hochwasser, 1995

[32] IKSR: Aktionsplan Hochwasser, 1998

[33] INTERNATIONALE MOSEL-GESELLSCHAFT MBH: Der Ausbau der Mosel, Festschrift anläßlich der Einweihung der neuen Moselwasserstraße, 1964

[34] IMHOFF, KARL: Taschenbuch der Stadtentwässerung, 14. Auflage, Verlag von R. Oldenbourg, München, 1951

[35] JENS, G. et al.: Funktion, Bau und Betrieb von Fischpässen – Richtlinien für die Anlegung von Fischtreppen an Stauanlagen, Verlag H. Heenemann GmbH, Berlin, 1971

[36] KIRSCHMER, O.: Tabellen zur Berechnung von Steinzeug-Rohrleitungen nach Prandtl-Colebrook, 2. Auflage, Fachverband Steinzeugindustrie e.V., Frechen-Marsdorf (Hrsg.), 1962

[37] KLOOS, RUDOLF: Die Verkehrswasserwirtschaft – Berlin, Senator für Bau- und Wohnungswesen Berlin (Hrsg.), 1981

[38] KONGRESS UND AUSSTELLUNG WASSER BERLIN E.V. (Hrsg.): Wasser Berlin 1968, Kongreßvorträge

[39] KÖNIG, J.: Die Verunreinigung der Gewässer, Verlag von Julius Springer, 1899

[40] KONIG, WOLFGANG (Hrsg.): Propyläen Technikgeschichte, Verlag Ullstein GmbH, Frankfurt/M.–Berlin, 1992

[41] LANDERARBEITSGEMEINSCHAFT WASSER (Hrsg.): Unsere Sorge Wasser, 1972

[42] LANDERARBEITSGEMEINSCHAFT WASSER (Hrsg.): Leitlinien für einen zukunftsweisenden Hochwasserschutz; Hochwasser – Ursachen und Konsequenzen, 1995

[43] LÄNDERARBEITSGEMEINSCHAFT WASSER (Hrsg.): UVP-Leitlinien – Arbeitsmaterialien für die Umweltverträglichkeitsprüfung in der Wasserwirtschaft, Kulturbuchverlag Berlin, 1997

[44] MANN, GOLO: Deutsche Geschichte des 19. und 20. Jahrhunderts, Büchergilde Gutenberg, Frankfurt am Main, 1958

[45] MATTERN, E.: Der Thalsperrenbau und die Deutsche Wasserwirtschaft, eine technische und wirtschaftliche Studie über die Frage der Niedrigwasservermehrung der Ströme aus gemeinsamen Sammelbecken für Hochwasserschutz, Kraftgewinnung, landwirtschaftliche Bewässerung und Schiffahrtszwecke, Polytechnische Buchhandlung A. Seydel, Berlin, 1902

[46] MATSCHOSS, CONRAD: Technikgeschichte, Beiträge zur Geschichte der Technik und Industrie, VDI-Verlag GmbH, Berlin, 1936

[47] MUTSCHMANN, JOHANN und FRITZ STIMMELMAYR: Taschenbuch der Wasserversorgung, Franckhsche Verlagshandlung, Stuttgart, 1965

[48] NECKAR AG und WASSER- UND SCHIFFAHRTSDIREKTION STUTTGART (Hrsg.): Der Neckarausbau zwischen Mannheim und Plochingen – Fünfzig Jahre Neckar-Aktiengesellschaft, 1971

[49] NITSCHKE et al.: Jahrhundertwende, Band 1, rororo

[50] OGGER, GUNTER: Die Gründerjahre – Als der Kapitalismus jung und verwegen war, Droemersche Verlagsanstalt Th. Knaur Nachf., München, 1995

[51] PATURI, FELIX R.: Technik, Meilensteine technischer Erfindungen in Deutschland, Verlagshaus Stuttgart, Stuttgart, 1992

[52] POHL, MANFRED: Das Bayernwerk, 1921 bis 1996, Verlag Piper, München und Zürich, 1996

[53] PRESS, HEINRICH: Stauanlagen und Wasserkraftwerke, Verlag von Wilhelm Ernst und Sohn, Berlin, 1958

[54] QUEDENS, GEORG: Nordsee – Mordsee, Breklumer Verlag Manfred Siegel, 6. Auflage, 1994

[55] RHEINLAND-PFALZ, MINISTERIUM FUR LANDWIRTSCHAFT, WEINBAU UND FORSTEN: Wasserwirtschaft in Rheinland-Pfalz, Verwaltungs-Verlag-GmbH & Co KG, München, 1969

[56] RHEINLAND-PFALZ, MINISTERIUM FUR UMWELT UND FORSTEN: Der Rhein gestern, heute, morgen 1947–1997

[57] RITTER, HUGO: Die Berechnung von bogenförmigen Staumauern, Diss. 1912, J. Langs Buchdruckerei, Karlsruhe, 1913

[58] ROSKE, KURT: Betonrohre nach DIN 4032 – Belastung und Tragfähigkeit, Bauverlag GmbH, Wiesbaden–Berlin, 1961

[59] RHEINISCH-WESTFALISCHE ELEKTRIZITATSWERK AG: Die fördernde Kraft, 1973

[60] SCHLEICHER, FERDINAND (Hrsg.): Taschenbuch für Bauingenieure, Springer-Verlag, Berlin, 1955

[61] SCHMIDT, MARTIN: Die Wasserwirtschaft des Oberharzer Bergbaues, Schriftenreihe der Frontinus-Gesellschaft e.V., Bergisch Gladbach, Heft 13, 1989/1992

[62] SCHMIDT, MARTIN: Talsperren im Harz – Ost- und Westharz, Piepersche Druckerei und Verlag GmbH, Clausthal-Zellerfeld, 1992

[63] SCHOKLITSCH, ARMIN: Handbuch des Wasserbaues, Springer-Verlag, Wien, 1950

[64] SCHWARZ, WOLFGANG: Die Bedeutung des Wassers in Mittelalter und Neuzeit, Band I „Tausend Jahre Leben mit dem Wasser in Niedersachsen", Herausgeber: Johann Kramer und Günter Schwark sowie die Harzwasserwerke des Landes Niedersachsen, Verlag Gerhard Rautenberg, 1996

[65] SEIDEL, HANS PETER: Das technische Konzept des Main-Donau-Kanals, Selbstverlag der Rhein-Main-Donau AG

[66] SELTING, ORTWIN und HEINZ-OTTO LAMPRECHT: Beton beim Ausbau der Mosel, Beton-Verlag GmbH, Düsseldorf, 1964

[67] SEO – SOCIÉTÉ ÉLECTRIQUE DE L'OUR, GRAND-DUCHÉ DE LUXEMBOURG: Centrale de Vianden, 1963

[68] SEO – SOCIÉTÉ ÉLECTRIQUE DE L'OUR, GRAND-DUCHÉ DE LUXEMBOURG: Leistungen und Ergebnisse, Ziele, Perspektiven und Visionen – Bilanz nach 40jährigem Bestehen, 1991

[69] STEINBUCH, KARL: Mensch, Technik, Zukunft, Deutsche Verlags-Anstalt GmbH, Stuttgart, 1971

[70] STEINZEUG GMBH KOLN: Zur Geschichte der Deutschen Steinzeugindustrie seit 1947, 1997

[71] STOY, BERND: Wunschenergie Sonne, Energie-Verlag GmbH, Heidelberg, 1980

[72] STRAUB, HANS: Die Geschichte der Bauingenieurkunst – Ein Überblick von der Antike bis in die Neuzeit, Birkhäuser Verlag, Basel und Stuttgart, 1964

[73] STRELL, MARTIN: Die Abwasserfrage, Verlag von F. Leineweber, Leipzig, 1913

[74] TETENS, JOH. NIC.: Reisen in die Marschländer an der Nordsee zur Beobachtung des Deichbaus in Briefen, Erster Band, in der Weidmannischen Buchhandlung, Leipzig, 1788

[75] TOELLNER, RICHARD: Illustrierte Geschichte der Medizin, Andreas & Andreas Verlagsanstalt, Vaduz, 1992

[76] TOLKE, FRIEDRICH: Talsperren – Staudämme und Staumauern, in: „Wasserkraftanlagen" von Adolf Ludin (Handbibliothek für Bauingenieure), Verlag von Julius Springer, Berlin, 1938

[77] TONSMANN, FRANK (Hrsg.): Wasserkraftnutzung mit Niederdruckanlagen – Kasseler wasserbauliches Symposium 1992, Mitteilungen Heft 1/1993

[78] TONSMANN, FRANK: Geschichte der Wasserkraftnutzung, Kasseler Wasserbau-Mitteilungen, Heft 7/1996, Herkules Verlag Kassel

[79] TRAPP, REINHOLD: Rhein-Ruhr Hafen Duisburg 275 Jahre, 1. Auflage, Duisburger Hafenvereinigung e.V. (Hrsg.), 1991

[80] TREUDE, O.: Experimentelle Untersuchungen über die hydraulische Leistungsfähigkeit von Entwässerungsleitungen, Dr. Ing. Diss. Universität Bonn, 1964

[81] UHLEMANN, HANS-JOACHIM: Berlin und die Märkischen Wasserstraßen, 1. Auflage, DSV-Verlag Busse Seewald, Hamburg, 1994

[82] VEAG VEREINIGTE ENERGIEWERKE AG: Die Wasserkraftwerke der VEAG, Berlin, 1994

[83] WASSER/ABWASSER AG CHEMNITZ (Hrsg.): 100 Jahre Trinkwasserversorgung aus sächsischen Talsperren, 1994

[84] WASSER- UND SCHIFFAHRTSDIREKTION MITTE, HANNOVER (Hrsg.): Edertalsperre 1994, herausgegeben aus Anlaß der Wiederherstellung der Staumauer, 1994

[85] WASSER- UND SCHIFFAHRTSDIREKTION MITTE, HANNOVER: Leo Sympher – Leben und Wirken, 1998

[86] WASSER- UND SCHIFFAHRTSVERWALTUNG DES BUNDES: Ausbau der Saar, eine Dokumentation, 1987

[87] WENTEN, HEINRICH: Kanalisationshandbuch, Verlagsgesellschaft Rudolf Müller, Köln-Braunsfeld, 1958

[88] WENTEN, HEINRICH et al.: Wegweiser durch die Kanalisation, 1958

[89] WIENCH, PETER (Hrsg.): Die großen Ärzte – Geschichte der Medizin in Lebensbildern, Verlag Kindler GmbH, München, 1982

[90] WOLFEL, WILHELM: Wasserbau in den alten Reichen, VEB Verlag für Bauwesen, Berlin, 1990

[91] WÜSTHOFF, ALEXANDER und WALTER KUMPF: Handbuch des Deutschen Wasserrechts, Loseblatt-Textsammlung und Kommentare, Erich Schmidt Verlag, Berlin, 1958

[92] ZIEGLER, P.: Der Talsperrenbau – nebst Beschreibung ausgeführter Talsperren, 2. Auflage, Verlag von Wilhelm Ernst und Sohn, Berlin, 1911

[93] ZISCHKA, ANTON: Das Nach-Öl-Zeitalter, Wandel und Wachstum durch neue Energien, Econ Verlag, Düsseldorf und Wien, 1981

Wasserstraßen und Häfen, chronologisch

[1] KRIEG: Die Oder als Wasserstraße, in: Zentralblatt der Bauverwaltung, 1934, S. 139–141

[2] BOHLER, KARL: Der Ausbau der Oder zum Großschiffahrtsweg, in: Der Bauingenieur, Heft 45/46, Nov. 1936

[3] Jahrbuch der Hafenbautechnischen Gesellschaft, 20./21. Band 1950/51: Der Wiederaufbau und Ausbau der Häfen in Bremen und Bremerhaven seit 1945, Springer-Verlag, Berlin, 1953

[4] SCHNAPPER, WALTHER: Die Neckarkanalisierung, Bauabschnitte und Verkehrsentwicklung, in „Die Neckarkanalisierung Abschnitt Marbach–Stuttgart", 31. März 1958

[5] MEURER, ROLF: Die Wasserwirtschaftsverwaltung beim Ausbau der Mosel zur Großschiffahrtsstraße, 2. Oktober 1961, Archiv Wasserwirtschaftsamt Trier

[6] KLOOS, RUDOLF: Die innerstädtischen Berliner Kanäle, in: Bohrtechnik – Brunnenbau – Rohrleitungsbau, Heft 10, 1963, Verlag Rudolf Schmidt

[7] LILLINGER, REINHOLD: Rheinland-Pfalz und der Ausbau der Mosel zur Großschiffahrtsstraße, Archiv Landesregierung Rheinland-Pfalz, 1964

[8] SCHWARZ, JOHANN SIMON und JOHANNES EPPENDORFER: Sicherungsmaßnahmen gegen Stauschäden, Archiv Wasser- und Schiffahrtsdirektion Südwest, Mainz, 1964

[9] SELTING, ORTWIN und HEINZ-OTTO LAMPRECHT: Beton beim Ausbau der Mosel, Beton-Verlag GmbH, Düsseldorf, 1964

[10] Der Ausbau der Mosel, Festschrift anläßlich der Einweihung der neuen Moselwasserstraße, Herausgeber: Internationale Mosel-Gesellschaft mbH, 26. Mai 1964

[11] Jahrbuch der Hafenbautechnischen Gesellschaft, 27./28. Band 1962/63: Die neueren Hafenbauten in Bremen und Bremerhaven, Springer-Verlag, Berlin, 1965

[12] POPPE, GUSTAV: Wasser im Verkehr, in: Wasser Berlin 1968 – Kongreßvorträge, Herausgeber: Kongreß und Ausstellung Wasser Berlin e.V.

[13] Ausbau des Rheins zwischen Neuburgweier/Lauterburg und der deutsch-niederländischen Grenze, Zwischenbericht nach dem Stand der Arbeiten im Januar 1970, Herausgeber: Beteiligte Baufirmen und Wasser- und Schiffahrtsdirektionen Mainz und Duisburg

[14] SEILER, ERICH: Entwicklung der Binnenwasserstraßen, in: Zeitschrift für Binnenschiffahrt und Wasserstraßen, Nr. 7/70

[15] Der Neckarausbau zwischen Mannheim und Plochingen – Fünfzig Jahre Neckar-Aktiengesellschaft, Herausgeber: Neckar AG und Wasser- und Schiffahrtsdirektion Stuttgart, 1971

[16] JENS, G. et al.: Funktion, Bau und Betrieb von Fischpässen – Richtlinien für die Anlegung von Fischtreppen an Stauanlagen, Verlag H. Heenemann GmbH, Berlin, 1971

[17] WAGNER, HARTWIG: Ausbau der seewärtigen Zufahrten zu den deutschen Nordseehäfen, in: HANSA – Schiffahrt–Schiffbau–Hafen, 1971, Nr. 15

[18] RUMELIN, BURKART: Neue Perspektiven der Wasserstraßenpolitik in der Bundesrepublik Deutschland, in: Z. f. Binnenschiffahrt und Wasserstraßen, Nr. 1/72

[19] HUBENER, JOACHIM: Verkehrsrechte in der Binnenschiffahrt, in: Z. f. Binnenschiffahrt und Wasserstraßen, Nr. 9/72

[20] RUMELIN, BURKART: Mehrzweck-Aufgaben der Binnenwasserstraßen, in: Z. f. Binnenschiffahrt und Wasserstraßen, Nr. 3/73

[21] BREUER, GERHARD: Die Aufgaben des Bundes auf dem Gebiet der Seeschiffahrt, Archiv der Wasser- und Schiffahrtsverwaltung des Bundes, 1973

[22] AMESMEIER, OTTO: Der Ausbau des Neckars zur Großschiffahrtsstraße, in: Z. f. Binnenschiffahrt und Wasserstraßen, Heft 9, Sept. 1973

[23] Jahrbuch der Hafenbautechnischen Gesellschaft, 35. Band 1975/76: Portrait der bremischen Seehäfen 1976/77, Springer-Verlag, Berlin, 1977

[24] SCHROIFF, H. J.: Strukturpolitische Bedeutung der künstlichen Wasserstraßen zwischen Rhein und Elbe, in: Wirtschaft und Standort, 8/77, S. 15–22, Herausgeber und Verlag: Projekt-Verlag

[25] Ausbau des Rheins zwischen Neuburgweier/Lauterburg und der deutsch-niederländischen Grenze, Herausgeber: Bauausführende Firmen unter Mitarbeit der Wasser- und Schiffahrtsdirektionen Südwest und West, Okt. 1977

[26] ECKOLDT, MARTIN: Historische Kanalbauten in Deutschland, Tagung Koblenz 21./22. 4. 1978, Bibliothek der Bundesanstalt für Gewässerkunde, Koblenz

[27] MEURER, ROLF: Der Ausbau der Saar zur Großschiffahrtsstraße aus der Sicht des Landes Rheinland-Pfalz, in: Wasser & Boden, 4/1979, S. 96/101

[28] HINSCH, W.: Der Stecknitz-Delvenau-Kanal, der erste nordeuropäische Scheitelkanal, Bibliothek der Bundesanstalt für Gewässerkunde, Koblenz

[29] MUHLEN, FRANZ: Wasserstraßen in Westfalen, in: Technische Kulturdenkmale in Westfalen, Heft 2, 1980, Herausgeber: Westfälischer Heimatbund in Verbindung mit dem Westfälischen Landesamt für Denkmalpflege, Münster

[30] KLOOS, RUDOLF: Die Verkehrswasserwirtschaft – Berlin, Herausgeber: Senator für Bau- und Wohnungswesen Berlin, März 1981

[31] MEURER, ROLF: Der Saarausbau im rheinland-pfälzischen Streckenabschnitt, Schriftenreihe der Kammer der beratenden Ingenieure des Landes Rheinland-Pfalz, Heft 3, 1981

[32] SCHAPP, REINER: Staustufe Serrig – Ausbau der Saar zur Großschiffahrtsstraße, Sonderdruck der Bilfinger + Berger Bauaktiengesellschaft, 3/1983

[33] MEURER, ROLF: Aspekte der Landespflege und der Gewässergüte beim Saarausbau in Rheinland-Pfalz – eine Zwischenbilanz, in: Wasser & Boden, 1985, S. 607–611

[34] Informationen zum Main-Donau-Kanal, Herausgeber: Bayerisches Staatsministerium für Wirtschaft und Verkehr, März 1986

[35] SEIDEL, H. P.: Das technische Konzept des Main-Donau-Kanals, in: Tiefbau-Berufsgenossenschaft, Sept. 1986, S. 564–574

[36] GIESECKE, JURGEN: Entwicklungstendenzen im Wehrbau, in: Wasser & Boden, 1986, S. 182–188

[37] 1886–1986, 100 Jahre Stauregelung des Mains von der Mündung bis Frankfurt am Main, Herausgeber: Wasser- und Schiffahrtsverwaltung des Bundes, Wasser- und Schiffahrtsamt Aschaffenburg, 1986

[38] Ausbau der Saar, eine Dokumentation, Herausgeber: Wasser- und Schiffahrtsverwaltung des Bundes, Juli 1987

[39] Neugebauer: Die Verkehrswasserwirtschaft in Berlin von der Jahrhundertwende bis zur Gegenwart, Vortrag

[40] Mosel – Fluß und Wasserstraße, Lebensraum, Ausstellungskatalog zum 25. Jahrestag der Eröffnung der Großschiffahrt auf der ausgebauten Mosel, Juni 1989

[41] Trapp, Reinhold: Rhein-Ruhr Hafen Duisburg 275 Jahre, Herausgeber: Duisburger Hafenvereinigung e.V., 1. Auflage Sept. 1991

[42] Informationszentrum am Wasserstraßenkreuz Minden, Herausgeber: Wasser- und Schiffahrtsdirektion Mitte, Hannover

[43] Mittel-Weser-Anpassung, Herausgeber: Wasser- und Schiffahrtsdirektion Mitte, Hannover

[44] Der Mittellandkanal, Herausgeber: Wasser- und Schiffahrtsdirektion Mitte, Hannover

[45] Hafenerweiterung Altenwerder, Zukunft für Hafen und Stadt, Herausgeber: Freie und Hansestadt Hamburg, Wirtschaftsbehörde – Strom- und Hafenbau, 1992

[46] Contzen, Heinz: Wasserstraßen – Verkehrswege mit Zukunft, in: Die Binnenschiffahrt – Fließende Straßen/Lebendige Ströme, Herausgeber: Heide Ringhand in Zusammenarbeit mit dem Bundesverband der deutschen Binnenschiffahrt e.V., 1992, BeRing Verlag, Velbert-Neviges, S. 55

[47] Information über Bundeswasserstraßen und Schiffahrt 1992, Herausgeber: Wasser- und Schiffahrtsdirektion Süd, Würzburg

[48] Rhein–Main–Donau, ein Verkehrsweg mit Zukunft, Herausgeber: Rhein-Main-Donau AG, 1992

[49] Der Main–Donau–Kanal, Ein Europäischer Traum ist Wirklichkeit, Herausgeber: Rhein-Main-Donau AG

[50] Seidel, Hans Peter: Das technische Konzept des Main–Donau–Kanals, Selbstverlag der Rhein-Main-Donau AG

[51] Rothsee, Überleitung von Altmühl- und Donauwasser in das Regnitz-Main-Gebiet, Herausgeber: Bayerisches Staatsministerium des Innern – Oberste Baubehörde, Wasserwirtschaft 19, Mai 1993

[52] Fossa Carolina – 1200 Jahre Karlsgraben, in: bauintern, Zeitschrift der Bayerischen Staatsbauverwaltung für Hochbau, Städtebau, Straßen- und Brückenbau, Eisenbahnwesen und Wasserwirtschaft, Sonderdruck 1993

[53] Karlsgraben – Fossa Carolina INFO

[54] Trogl, Hans: 1200 Jahre Karlsgraben, in: Wasserwirtschaft 83 (1993) 10

[55] Überleitung von Altmühl- und Donauwasser in das Regnitz–Main–Gebiet – Das Teilsystem Kanalüberleitung, in: Wasserwirtschaft in Bayern, Heft 27, Herausgeber: Bayerisches Staatsministerium für Landesentwicklung und Umweltfragen, München, 1993

[56] Eujen, Dirk: Ausbau der Fahrrinne des Mains von Aschaffenburg bis Bamberg, in: Binnenschiffahrt – ZfB, Dez. 1993

[57] Die Wasserstraße Mosel, Herausgeber: Wasser- und Schiffahrtsamt Trier, Jan. 1994

[58] Ausonius, Decimus Magnus: Mosella, Herausgeber und in metrischer Übersetzung vorgelegt von Bertold K. Weis, Wissenschaftliche Buchgesellschaft, Darmstadt, 1994

[59] Uhlemann, Hans-Joachim: Berlin und die Märkischen Wasserstraßen, DSV-Verlag Busse Seewald, Hamburg, 1. Aufl. 1994

[60] Verkehrsweg Mosel, Verbesserungen für die Schiffahrt, Herausgeber: Wasser- und Schiffahrtsdirektion Mainz

[61] Biotopversetzung Altwasser Donaustauf, Herausgeber: Rhein-Main-Donau AG, 1984

[62] Information 2/95 der Wasser- und Schiffahrtsdirektion Süd

[63] Überleitung von Altmühl- und Donauwasser in das Regnitz-Maingebiet, Herausgeber: Bayerische Wasserwirtschaftsverwaltung, Talsperren-Neubauamt Nürnberg, Febr. 1995

[64] Steuerung des Überleitungssystems (Altmühl/Donau–Regnitz–Main), Herausgeber: Talsperren-Neubauamt Nürnberg, 27. 5. 1995

[65] Wasser- und Schiffahrtsdirektion West, Münster: Die Kanalstufe Henrichenburg/Waltrop, Oktober 1995

[66] Hansestadt Bremisches Amt, Bremerhaven: Ausbau des Container Terminals „Wilhelm Kaisen" in Bremerhaven, 2. Auflage 1995

[67] DAUCHER, HEINZ: Umweltverträglichkeitsprüfung bei wasserbaulichen Vorhaben, in: Wasserwirtschaft 86 (1996) 7/8, S. 374–376

[68] NESTMANN, FRANZ: Eigenschaften und Nutzungen von Fließgewässern, in: Wasserwirtschaft 86 (1996) 7/8, S. 378–383

[69] WASSER- UND SCHIFFAHRTSAMT EBERSWALDE: Das Schiffshebewerk Niederfinow, 1996

[70] TRAVADE, FRANCOIS und JEAN-PIERRE BOUCHARD: Fischaufstiegseinrichtungen – Geschichte, Bauarten und Auslegung, in: Wasserwirtschaft 86 (1996) 11, S. 578–582

[71] BUNDESMINISTERIUM FUR VERKEHR, Bonn: Projekt Deutsche Einheit Nr. 17, Juni 1997

[72] BUNDESMINISTERIUM FUR VERKEHR, Bonn: Das Wasserstraßenkreuz Magdeburg, Juni 1997

[73] Umweltverträgliche Schiffahrt auf der Havel – Erhalt und Entwicklung einer alten Kulturlandschaft, Nov. 1997

[74] BUNDESMINISTERIUM FÜR VERKEHR: Der Elbe-Havel-Kanal – Eine moderne Wasserstraße mit Zukunft, Nov. 1997

[75] DUISBURG–RUHRORTER HÄFEN AG: Handbuch 1997/98 Rhein–Ruhr–Hafen Duisburg, Herausgeber: Charter International, London

[76] WASSER- UND SCHIFFAHRTSDIREKTION MITTE, Hannover: Leo Sympher – Leben und Wirken, 1998

[77] NEUBAUAMT FUR DEN AUSBAU DES MITTELLANDKANALES IN MINDEN, Minden: Kanalbrücke Minden, August 1998

[78] ECKOLDT, MARTIN (Hrsg.) et al.: Flüsse und Kanäle – Die Geschichte der deutschen Wasserstraßen, DSV-Verlag BUSSE-SEEWALD, Hamburg, 1998

Talsperren, chronologisch

[1] KIEL: Zur Berechnung von Wasserdruckmauern, insbesondere von Talsperren, in: Centralblatt der Bauverwaltung, 1889, S. 397–398

[2] KREUTER, FRANZ: Berechnung der Staumauern, in: Zeitschrift für Bauwesen, 1894, Spalten 465–488

[3] MATTERN, E.: Der Thalsperrenbau und die Deutsche Wasserwirtschaft, eine technische und wirtschaftliche Studie über die Frage der Niedrigwasservermehrung der Ströme aus gemeinsamen Sammelbecken für Hochwasserschutz, Kraftgewinnung, landwirtschaftliche Bewässerung und Schiffahrtszwecke, Polytechnische Buchhandlung A. Seydel, Berlin, 1902

[4] INTZE, OTTO: Die geschichtliche Entwicklung, die Zwecke und der Bau der Talsperren, Zeitschrift VDI 1906, Sonderdruck, Julius Springer-Verlag, Berlin

[5] ZIEGLER, P.: Der Talsperrenbau – nebst Beschreibung ausgeführter Talsperren, Verlag von Wilhelm und Sohn, Berlin, 1911, 2. Aufl.

[6] RITTER, HUGO: Die Berechnung von bogenförmigen Staumauern, Dissertation 1912, J. Langs Buchdruckerei, Karlsruhe, 1913

[7] SCHAFER: Unterdruck bei Staumauern, in: Zeitschrift für Bauwesen, 1913, S. 101

[8] SCHATZ, OSKAR: Die neuen Stauanlagen der Rur, in: Deutsche Wasserwirtschaft, 30. Jg., Jan. 1935

[9] TOLKE, FRIEDRICH: Talsperren – Staudämme und Staumauern, in: Wasserkraftanlagen von Adolf Ludin (Handbibliothek für Bauingenieure), Verlag von Julius Springer, Berlin, 1938

[10] ORTH, FRITZ, Berlin: Die deutschen Talsperren, in: Der Bauingenieur 26 (1951), Heft 9, S. 279–281

[11] TOLKE, FRIEDRICH: Entwicklungslinien im Talsperrenbau unter besonderer Berücksichtigung der Steindämme und Beton-Staumauern, in: Die Wasserwirtschaft 42, Nr. 4, Jan. 1952, S. 89–120

[12] RWE: Systematik Deutscher Erd- und Felsdämme, Essen, 1954

[13] PRESS, HEINRICH: Talsperren, in: Stauanlagen und Wasserkraftwerke von Press, Berlin, 1958, Verlag von Wilhelm Ernst und Sohn

[14] LUERS, HERMANN, HORST PAPENFUSS und DAGOBERT SCHULTE: Die Steinbachtalsperre der Stadt Idar-Oberstein, in: Gas- und Wasserfach, Heft 16, April 1964

[15] GESSNER, WALTER: Anwendung des Unit-Hydrograph-Verfahrens für Hochwasserberechnungen bei dem Talsperrenprojekt Stausee am Erzberg, in: Die Wasserwirtschaft, März 1971

[16] SCHATZ, OSKAR: Die Eifeltalsperren, in: Die Eifel, Burkhard-Verlag Ernst Heyen, Essen, 3. Aufl. 1974

[17] SCHMIDT, MARTIN: Die Rasendichtung der Oberharzer Teichdämme, in: Wasserwirtschaft, 1986, S. 257–261

[18] DER SPIEGEL: Talsperren, Prinzip Archimedes, 14/1986, S. 77–78

[19] SCHMIDT, MARTIN: Die Wasserwirtschaft des Oberharzer Bergbaues, Schriftenreihe der Frontinus-Gesellschaft e.V., Bergisch Gladbach, Heft 13, 1989/1992

[20] DENNERT, HERBERT: Die Oberharzer Wasserwirtschaft

[21] GÖOCK, ROLAND: Als die Sperrmauer brach, Wilhelm Bing Verlag, Korbach und Bad Wildungen

[22] MAROTZ, G.: Das Rappbode-Talsperrensystem im Ostharz, in: Wasserwirtschaft 81 (1991), S. 288

[23] VOTRUBA, LADISLAV: Die Statik der alten Gewichtsstaumauern, in: Historische Talsperren 2, S. 445–457, Verlag Konrad Wittwer, Stuttgart, 1991

[24] SCHMIDT, MARTIN: Talsperren im Harz – Ost- und Westharz, Piepersche Druckerei und Verlag GmbH, Clausthal-Zellerfeld, 1992

[25] PAPE, HELMUT: Die Talsperren im Ostharz, in: Wasserwirtschaft, 83. Jg., Juli/Aug. 1993, S. 418

[26] WASSERVERBAND EIFEL-RUR: Talsperrenübersicht, Jan. 1994

[27] WASSERVERBAND EIFEL-RUR: Die Urfttalsperre, 1994

[28] RWE Energie AG: Die Nordeifel – ihre Talsperren und Kraftwerke, Eberl GmbH, Immenstadt/Allgäu

[29] HOCHTIEF AG – TIEF- UND TALSPERRENBAU WEIMAR: 40 Jahre Talsperrenbau Weimar – Vorträge 7. April 1994

[30] ERZGEBIRGE – WASSER/ABWASSER AG CHEMNITZ (Hrsg.): 100 Jahre Trinkwasserversorgung aus sächsischen Talsperren, 1994

[31] WASSER- UND SCHIFFAHRTSDIREKTION MITTE, Hannover: Edertalsperre 1994, herausgegeben aus Anlaß der Wiederherstellung der Staumauer, 1994

[32] STADTWERKE REMSCHEID GMBH: Ertüchtigung der Eschbachtalsperre, in: Wasserwirtschaft, 1995, S. 206–207

[33] RENNER, JOACHIM: Wirksamkeit von landschaftspflegerischen Ausgleichsmaßnahmen an Talsperren, in: Wasserwirtschaft, 1995, S. 364–368

[34] LEHMKUHLER, ARNO, WINAND NELIHSEN und GERHARD ROUVÉ: Ergebnisse einer Studie zur Überprüfung, Anpassung und Überwachung von Talsperren in Nordrhein-Westfalen, in: Wasserwirtschaft, 1995, S. 376–378

[35] SPANGENBERG, HANS-DIETER und BRUNO FAENGER: Die Dreilägerbachtalsperre, in: Wasserwirtschaft, 1995, S. 390–391

[36] WITTKE, WALTER und HEINZ GREB: Die Sanierung der Urfttalsperre, in: Wasserwirtschaft, 1995, S. 393–394

[37] CORINTH, ERNST: Instandsetzung der Ederstaumauer, in: Wasserwirtschaft, 1995, S. 395–396

[38] BING, LUDWIG: Vom Edertal zum Edersee, 6. erweiterte Auflage, bearbeitet von Ursula Wolkers, Wilhelm Bing Verlag, Korbach und Bad Wildungen, 1996

Wasserkraftanlagen, chronologisch

[1] BÖHLER, KARL: Das Pumpspeicherwerk Vianden, Sonderdruck aus: Energiewirtschaftliche Tagesfragen, Nr. 85, Aug. 1960

[2] BÖHLER, KARL: Energienutzung im Rahmen der Moselkanalisierung, Sonderdruck aus: RWE-Verbund Nr. 29, 1960

[3] ALBRECHT, HERBERT: Die Grenzkraftwerke am Hochrhein, in: Energie, März 1961, S. 116–118

[4] LENSSEN, GERHARD: Bauliche Einzelheiten des Moselkraftwerkes Trier, Sonderdruck aus: Der Bauingenieur, 1961, Heft 7

[5] TREIBER, F. und GSAENGER: Der Bau des Zwischenspeichers Lechstaustufe 6 Dornau, Sonderdruck aus: Der Bauingenieur, 1961, Hefte 11 und 12

[6] HAIMERL, L. A.: Speicherkraftwerk Rosshaupten, Sonderdruck aus: Schweizerische Bauzeitung, 1961, Hefte 10 und 11

[7] GROSSHEIMANN, KARL-JOSEF: Kraftwerksausbau an der Mosel, Sonderdruck aus: Energiewirtschaftliche Tagesfragen, 1961, Heft 96

[8] BOHLER, KARL: Pumpspeicherwerk Vianden, Sonderdruck aus: Die Wasserwirtschaft, 1961, Heft 12 und 1962, Heft 1

[9] SOCIÉTÉ ÉLECTRIQUE DE L'OUR, Grand-Duché de Luxembourg: Centrale de Vianden, 1963

[10] RWE AG, Essen: Moselkraftwerke

[11] LENSSEN, GERHARD: Pumpspeicherwerk Vianden, Société électrique de l'Our, Luxembourg, 1965

[12] WEHENKEL, LOUIS: Endausbau des Pumpspeicherwerkes Vianden – Allgemeiner Überblick über das Projekt „10. Maschine", Sonderdruck aus: Elektrizitätswirtschaft, Bd. 69 (1970) 13, S. 347–356

[13] NECKAR AG und WASSER- UND SCHIFFAHRTSDIREKTION STUTTGART (Hrsg.): Der Neckarausbau zwischen Mannheim und Plochingen – Fünfzig Jahre Neckar-Aktiengesellschaft, 1971

[14] RHEINISCH-WESTFALISCHES ELEKTRIZITATSWERK AG: Die fördernde Kraft, April 1973

[15] AMESMEIER, OTTO: Der Ausbau des Neckars zur Großschiffahrtsstraße, in: Zeitschrift für Binnenschiffahrt und Wasserstraßen, Sept. 1973, Heft 9, S. 329–338

[16] FINDEISS, ALFRED: Bau und Betrieb der Wasserkraftwerke der Neckar-Aktiengesellschaft, in: Zeitschrift für Binnenschiffahrt und Wasserstraßen, Sept. 1973, Heft 9, S. 352–366

[17] SCHNAPPER, WALTHER: Die Neckarkanalisierung, Bauabschnitte und Verkehrsentwicklung, in: Die Neckarkanalisierung Abschnitt Marbach – Stuttgart, 1958

[18] GAMER, ERNST: Die wirtschaftliche Nutzung des Neckars und die Kraftwerke der Neckar-Aktiengesellschaft, in: die Neckarkanalisierung Abschnitt Marbach–Stuttgart, 1958

[19] STOY, BERND: Wunschenergie Sonne, Energie-Verlag GmbH, Heidelberg, 1980

[20] GAMER, ERNST und MARTIN ECKOLDT: Auswirkung des Schwellbetriebes und der Betätigung der Verschlußorgane bei Hochwasser auf die Schiffahrt (Neckar)

[21] ZISCHKA, ANTON: Das Nach-Öl-Zeitalter, Wandel und Wachstum durch neue Energien, Econ Verlag, Düsseldorf und Wien, 1981

[22] SCHWING, E. A.: Die Kraftübertragungswerke Rheinfelden AG und die Nutzung der Hochrhein-Wasserkräfte, Sonderdruck aus: Das Markgräfler Land, 1981, Heft 2

[23] MOSELKRAFTWERKE GMBH, Andernach: Saarkraftwerke – Kurzbericht Stand 1982

[24] Wasserkraft in Bayern – Noch ausbaufähige Wasserkräfte, München, Juni, 1983

[25] BAYERNWERK AG: Walchenseekraftwerk

[26] VEB PUMPSPEICHERWERKE HOHENWARTE: Pumpspeicherkraftwerke der DDR, Nov. 1986

[27] RWE ENERGIE AG: Die Nordeifel – ihre Talsperren und Kraftwerke, 1987

[28] Der Lech und der Lechausbau, Herausgeber Bayerische Wasserkraftwerke AG, München, 1988

[29] ADAMS, HEINZ W. und MAXIMILIAN J. FRESEN: Kunst und Kultur in der Versorgungswirtschaft, Energiewirtschaft und Technik Verlagsgesellschaft mbH, Düsseldorf, Jan./Febr. 1989

[30] EGGELING, HELMUT, FRANZ TATZEL und HANS-JOACHIM GEIGER: Kraftwerk und Architektur, in: Architektur Kunst und Kultur, Energiewirtschaft und Technik Verlagsgesellschaft mbH, Düsseldorf, Jan./Febr. 1989

[31] WAGNER, EBERHARD: Wasserkraftnutzung und Wasserkraftpotential in der Bundesrepublik Deutschland, Erkenntnisstand 1989, in: Elektrizitätswirtschaft, 1989, H. 11, S. 635–646

[32] RHEIN–MAIN–DONAU AG: Wasserkraftwerke der Rhein-Main-Donau AG und ihrer Tochtergesellschaften, 1989

[33] SCHLUCHSEEWERK AG, Freiburg: Schluchseewerk, 1982

[34] DYCKERHOFF & WIDMANN AG: Staustufe Mettlach

[35] SEO – SOCIÉTÉ ÉLECTRIQUE DE L'OUR, Luxembourg: Leistungen und Ergebnisse, Ziele, Perspektiven und Visionen – Bilanz nach 40jährigem Bestehen, 1991

[36] RÜMELIN, BURKART und ROBERT FENZ: Unterwasserkraftwerke nach Fischer-Fentzloff und die Elektrizitätswirtschaft, in: Wasserwirtschaft 81 (1991) 11

[37] PATURI, FELIX R.: Henschel verbessert die Turbine, in: Technik, Meilensteine technischer Erfindungen in Deutschland, VS Verlagshaus Stuttgart, 1992

[38] SCHMIDT, MARTIN: Die Wasserwirtschaft des Oberharzer Bergbaues, Schriftenreihe der Frontinus-Gesellschaft e.V., 1992, Heft 13

[39] BROCKS, MANFRED und INGRID REUTER: 100 Jahre voller Spannung, Herausgeber Informationszentrale der Elektrizitätswirtschaft e.V., Frankfurt/M., 1992

[40] TÖNSMANN, FRANK (Hrsg.): Wasserkraftnutzung mit Niederdruckanlagen – Kasseler Wasserbauliches Symposium 1992, Mitteilungen Heft 1/1993

[41] DORING, MATTHIAS: Unterirdische Wasserkraftwerke im Bergbau, in: Wasserwirtschaft 83 (1993), S. 272–278

[42] BOGENRIEDER, WOLFGANG und BERND VON REIN: Die Nutzung der Wasserkraft im Verbundunternehmen VEAG Vereinigte Energiewerke AG, in: Wasserwirtschaft, Juli/Aug. 1993, S. 430–435

[43] FLACHOWSKY, HORST und KLAUS WALOTKA: Energetische und wasserwirtschaftliche Nutzung der Saale-Kaskade, in: Wasserwirtschaft, Juli/Aug. 1993, S. 436–438

[44] VON NESSEN-LAPP, WERNER und WERNER WUNTKE: Die maschinen- und elektrotechnischen Hauptausrüstungen der Pumpspeicherwerke Ostdeutschlands, in: Wasserwirtschaft, Juli/Aug. 1993, S. 440–445

[45] HAURY, GERHARD et al.: Rheinkraftwerk Wyhlen, Ausbau und Erneuerung, in: wasser, energie, luft – eau, énergie, air, 1993, Heft 11/12, CH-Baden

[46] BECKER, KARL et al.: RWE und die Wasserkraft, 1993, RWE AG, Essen

[47] VEAG VEREINIGTE ENERGIEWERKE AG: Die Wasserkraftwerke der VEAG, Berlin, 31.1.1994

[48] BUNDESMINISTERIUM FUR WIRTSCHAFT: Energieeinsparung und erneuerbare Energien – Berichte aus den energiepolitischen Gesprächszirkeln beim Bundesministerium für Wirtschaft, in: BMWI Dokumentation Nr. 361, 1994

[49] POHL, MANFRED: Das Bayernwerk, 1921 bis 1996, Verlag Piper, München und Zürich, 1996

[50] HAURY, GERHARD: Die Prüfung der Umweltverträglichkeit eines großen Laufwasserkraftwerkprojekts, in: Wasserwirtschaft, 86 (1996), H. 7/8

[51] MOSELKRAFTWERKE GMBH, Saffig: Wasserkraft im RWE

[52] MITTELSDORF, HARALD: Zur Geschichte der ersten drei Wasserkraftwerke an der oberen Saale, in: Ziegenrücker Hefte, Nr. 5

[53] TONSMANN, FRANK: Geschichte der Wasserkraftnutzung, Kasseler Wasserbau-Mitteilungen, Heft 7/1996, Herkules Verlag Kassel

[54] OSTBAYERISCHE ENERGIE-ANLAGEN GMBH UND CO. KG: Strom aus dem Fluss: Die Kraftwerke an der unteren Isar

[55] BAYERNWERK AG: Kraftwerkstreppe Mittlere Isar

[56] RWE ENERGIE AG, Essen: Pumpspeicherkraftwerk „Koepchenwerk" Herdecke

[57] RWE ENERGIE AG, Essen: Moselkraftwerke

[58] VEREINIGUNG DEUTSCHER ELEKTRIZITÄTSWERKE – VDEW – E.V., Frankfurt am Main: Pumpspeicherkraftwerke – Einsatz und Betriebsergebnisse, Okt. 1997
[59] WAGNER, EBERHARD: Nutzung erneuerbarer Energien durch die Elektrizitätswirtschaft, Stand 1997, in: Elektrizitätswirtschaft, 24/98, Nov. 1998
[60] INFORMATIONSZENTRALE DER ELEKTRIZITÄTSWIRTSCHAFT – IZE – Frankfurt am Main: Strom aus Wasserkraft, in: StromBASISWISSEN, Nr. 107

Hochwasser und Hochwasserschutz, chronologisch

[1] HONSELL, MAX: Die Korrektion des Oberrheines von der Schweizer Grenze unterhalb Basel bis zur Grossh. Hessischen Grenze unterhalb Mannheim, in: Beiträge zur Hydrographie des Großherzogthums Baden, herausgegeben von dem Centralbureau für Meteorologie und Hydrographie, Drittes Heft, Karlsruhe, 1885
[2] ZIMMERMANN, F., U. MANIAK und W. HARTUNG: Die hydrologische, wasserwirtschaftliche, konstruktive und betriebliche Problematik der Hochwasserrückhaltebecken, in: Wasser & Boden 11/1964, S. 365–373
[3] RICHTER, KURT: Hochwasserschutz in Nordwürttemberg durch Rückhaltebecken – Erfahrungen beim Bau von Erdstaudämmen, in: Wasser & Boden 4/1967, S. 93–98
[4] ZIMMERMANN, FRIEDRICH: Erfahrungen beim Entwurf, Bau und Betrieb von Hochwasserrückhaltebecken, in: Wasser & Boden 4/1967, S. 98–100
[5] MANIAK, ULRICH: Automatisch wirkende Auslaufbauwerke von Hochwasserrückhaltebecken mit beschränkter Stauhöhe, in: Wasser & Boden 4/1967; S. 100–105
[6] ANNEN, GUNTHER: Die Veränderung von Hochwasserwellen infolge Ausuferung und der Einfluß von Deichen, in: Wasser & Boden 12/1967, S. 355–357
[7] SCHMIDT, MARTIN: Hochwasserschutz im Westharz, in: Wasser & Boden 4/1969, S. 73–78
[8] THEILEIS, GEROLD: Bewirtschaftung von kombinierten Hochwasserrückhalte- und Niederwasseraufbesserungsspeichern, in: Wasser & Boden 4/1969, S. 78–80
[9] GROBLEBEN, REINHOLD: Die pfälzischen Rheinhauptdeiche – Entstehung, Ausbau und Bedeutung für die Vorderpfalz, in: Wasserwirtschaft in Rheinland-Pfalz, Hrsg. Ministerium für Landwirtschaft, Weinbau und Forsten Rheinland-Pfalz, Mai 1969
[10] ZIMMERMANN, FRIEDRICH: Bedeutung von Hochwasservorhersage und Hochwasserschutzmaßnahmen im Bundesgebiet, in: Die Wasserwirtschaft 1/2, 1970, S. 1–3
[11] GESSNER, WALTER: Berechnung maximal möglicher Hochwässer aus Niederschlägen, in: Die Wasserwirtschaft 1/2, 1970, S. 9–12
[12] MOSONYI, EMIL: Methoden der Berechnung kritischer Hochwasserabflüsse, in: Die Wasserwirtschaft 1/2, 1970, S. 13–24
[13] HARTUNG, WILFRIED: Hochwasserschutz durch Rückhaltebecken, in: Die Wasserwirtschaft 1/2, 1970, S. 25–37
[14] ANNEN, GUNTHER: Hochwasserschutz durch Deiche, in: Die Wasserwirtschaft 1/2, 1970, S. 37–45
[15] HARTUNG, FRITZ: Hydraulische und mathematische Modelle an Flüssen, in: Die Wasserwirtschaft 1/2, 1970, S. 45–56
[16] KNABLE, KARL: Praktische Beispiele des Hochwasserschutzes aus dem Rheingebiet, in: Die Wasserwirtschaft 1/2, 1970, S. 64–71
[17] RICHTER, KURT: Praktische Beispiele des Hochwasserschutzes aus dem Neckargebiet, in: Die Wasserwirtschaft 1/2, 1970, S. 71–75
[18] ARBEITSKREIS FLUSSDEICHE DES DVWW, DER LAWA UND DER DGEG: Empfehlungen für Flussdeiche, Selbstverlag des Deutschen Verbandes für Wasserwirtschaft e.V., Mai 1971
[19] BELLIN, G. und H. BRETSCHNEIDER: Regulierung des Abflusses durch Rückhaltebecken und ihre Wirkung auf den Flußbau, in: Wasser & Boden 3/1972, S. 63–66

[20] TZSCHUCKE, PETER: Einige Gesichtspunkte für den Ausbau und die Kanalisierung eines Flusses, dargestellt an dem Rheinlauf zwischen Basel und Karlsruhe, in: Wasser & Boden 3/1972, S. 66–69

[21] LINDNER, WERNER: Faktoren, die den Flußbau beeinflussen; Verordnungen für Überschwemmungsgebiete, in: Wasser & Boden 3/1972, S. 69–72

[22] MOSONYI, EMIL: Einige Aspekte der Flußregulierung und des Hochwasserschutzes, in: Wasser & Boden 3/1972, S. 75–76

[23] HARTUNG, WILFRIED: Ein Beitrag für die Bemessung von Hochwasserrückhaltebecken, in: Wasser & Boden 11/1973, S. 343–347

[24] BECHTLE, W.: Neuere Erfahrungen über den Bau und Betrieb von Speicher- und Hochwasserrückhaltebecken, in: Wasser & Boden 11/1973, S. 356–359

[25] HASSE, DIETMAR: Das Hochwasserrückhaltebecken „Alfhausen-Rieste", in: Wasser & Boden 11/1973, S. 359–362

[26] KLEEBERG, H.-B.: Zur Steuerung von Hochwasserrückhaltebecken, in: Wasser & Boden 2/1975, S. 25–26

[27] SCHREIBER, PETER: Nutzen-Kosten-Analyse als Grundlage der Dimensionierung von Hochwasser-Schutzmaßnahmen – ein Erfahrungsbericht, in: Wasser & Boden 2/1975, S. 27–29

[28] KUNZ, EGON: Hochwasserschutz und Wasserbauten am Oberrhein, in: Wasser- und Energiewirtschaft 5/6, 1975, S. 151–162

[29] FRÖHLICH, M.: Die Geschichte des Oberrheinausbaus, in: Wasserwirtschaft 9/1975, S. 219–222

[30] MERZDORF, FRIED HELMUT: Erfassung und Begrenzung der Überschwemmungsgebiete im Land Nordrhein-Westfalen, in: Wasser & Boden 9/1976, S. 223–226

[31] MOSONYI, E., W. KIEFER und W. BUCK: Einige Aspekte der Optimierung von Hochwasserschutzanlagen, in: Wasser & Boden 10/1976, S. 253–255

[32] KIEFER, W.: Ermittlung von Hochwasserschäden, in: Wasser & Boden 10/1976, S. 255–258

[33] WITTENBERG, HARTMUT: Hochwasservorhersage aus den Beobachtungen der Oberpegel durch mehrfache lineare Systemübertragung, in: Wasser & Boden 10/1976, S. 258–262

[34] WEINGARTNER, I. und B. HEHN: Erfahrungen bei der Neuermittlung von Überschwemmungsgebieten in Nordrhein-Westfalen, in: Wasser & Boden 10/1979, S. 290–294

[35] BUCK, W. und K. K. LEE: Effektiver Hochwasserschutz – Vorarbeiten und deren Anwendung, in: Wasser & Boden 2/1980, S. 59–67

[36] MUTH, WILFRIED: Hochwasserrückhaltebecken – DIN 19700 Teil 99, in: Wasser & Boden 8/1981, S. 380–384

[37] SACHWITZ, GUNTER, HORST GERHARD, KONRAD KILLE, HEINRICH SOMMER und KLAUS LERCH: Die Hochwasserschutzmaßnahmen der Gegenwart, in: Wasser & Boden 12/1982, S. 534–542

[38] ROTHER, KARL-HEINZ: Ausgleich der Hochwasserverschärfung infolge des Oberrheinausbaus, in: Wasser & Boden 12/1982, S. 542–546

[39] SCHMIDT, MARTIN: Die Hochwasserdämpfung durch die Mehrzwecktalsperren im Westharz, in: Wasser & Boden 12/1982, S. 546–550

[40] BAUMGARTEN, JURGEN und HANS-HERMANN THIES: Überlaufdeiche unter Extrembelastung, in: Wasser & Boden 3/1983, S. 116–123

[41] VERWORN, HANS-REINHARD und RICHARD W. HARMS: Urbanisierung und Hochwasserabfluß, in: Wasser & Boden 9/1984, S. 418–425

[42] HARTUNG, W. und A. RUNDE: Das Hochwasserrückhaltebecken Husen-Dalheim, in: Wasser & Boden 10/1984, S. 480–484

[43] PASCHE, E.: Ein Modell zur zweidimensionalen Strömungsberechnung von Fließgewässern, Teil I – Grundlagen, in: Wasser & Boden 1/1989, S. 19–22

[44] PASCHE, E.: Ein Modell zur zweidimensionalen Strömungsberechnung von Fließgewässern, Teil II – Anwendung, in: Wasser & Boden 2/1989, S. 91–94

[45] HOMAGK, PETER: Einsatz und Wirkung von Hochwasserrückhaltemaßnahmen am Oberrhein unter Beachtung ökologischer Aspekte, in: Wasser & Boden 9/1990, S. 582–600

[46] MOCK, J., H. KRETZER und D. JELINEK: Hochwasserschutz am Rhein durch Auenrenaturierung im Hessischen Ried, in: Wasser & Boden 3/1991, S. 126–130

[47] MOCK, J.: Bemessungshochwasser und Wirtschaftlichkeit der Hochwasserrückhaltung, in: Wasser & Boden 10/1991, S. 641–643

[48] WORRESCHK, BERND: Anthropogene Einflüsse auf Rheinhochwasser und ihre Auswirkungen auf den Hochwasserschutz in Rheinland-Pfalz, in: 40 Jahre Landesamt für Wasserwirtschaft Rheinland-Pfalz, Hrsg. Landesamt für Wasserwirtschaft Rheinland-Pfalz, 1991

[49] THIELE, WOLFRAM: Rechnergestützte Hochwassersteuerung und Abflußprognose für die obere Saale und Unstrut, in: Wasser & Boden 3/1992, S. 164–167

[50] BOETTCHER, ROLAND und G. ROUVÉ: Gesamtkonzept Rhein in Nordrhein-Westfalen – Hochwasserschutz, Ökologie, Schiffahrt, in: Wasser & Boden 3/1995, S. 10–16

[51] BRONSTERT, AXEL, SABINE VOLLMER und JURGEN IHRINGER: Die Bedeutung von Flurbereinigungsmaßnahmen für das Abflußverhalten von Starkniederschlägen in ländlichen Gebieten, in: Wasser & Boden 9/1995, S. 29–46

[52] LANDERARBEITSGEMEINSCHAFT WASSER (Hrsg.): Leitlinien für einen zukunftsweisenden Hochwasserschutz; Hochwasser – Ursachen und Konsequenzen, Nov. 1995

[53] INTERNATIONALE KOMMISSION ZUM SCHUTZE DES RHEINS, Koblenz (Hrsg.): Grundlagen und Strategie zum Aktionsplan Hochwasser, Dez. 1995

[54] OELMANN, HUBERTUS: Das Kölner Hochwasserschutzkonzept, in: Abwasserforum Köln, 4. Ausg., Dez. 1995, S. 12–18

[55] THON, REINHARD: Dämme gegen Rheinfluten – baulicher Hochwasserschutz in Köln, in: Abwasserforum Köln, 4. Ausg., Dez. 1995, S. 20–31

[56] SCHAAF, OTTO: Umsetzung des Hochwasserschutzkonzeptes Köln im Bereich der Stadtentwässerung, in: Abwasserforum Köln, 4. Ausg., Dez. 1995, S. 32–36

[57] STRAHLE, HANSJORG: Hochwasserschutzstrategien des Landes Baden-Württemberg – Das integrierte Rheinprogramm, in: Abwasserforum Köln, 4. Ausg., Dez. 1995, S. 38–43

[58] STEIDLE, HORST: Das integrierte Rheinprogramm Baden-Württemberg – Möglichkeiten und Grenzen der Hochwasserrückhaltung, in: Wasser & Boden 2/1996, S. 8–10

[59] BUSCH, NORBERT, HEINZ ENGEL und KARLHEINZ DAAMEN: Auswirkungen des Saarausbaus zur Großschiffahrtsstraße auf den Hochwasserablauf in Saar und Mosel, in: Wasser & Boden 2/1996, S. 12–18

[60] SIMON, MANFRED: Anthropogene Einflüsse auf das Hochwasserabflußverhalten im Einzugsgebiet der Elbe, in: Wasser & Boden 2/1996, S. 19–23

[61] KLEEBERG, HANS-B. und KARL-HEINZ ROTHER: Hochwasserflächenmanagement in Flußeinzugsgebieten, in: Wasser & Boden 2/1996, S. 24–32

[62] OHSE, H.-W. und MARTIN ENDERLE: Siedlungsentwicklung und Hochwasserschutz in den Städten, in: Wasser & Boden 2/1996, S. 47–52

[63] KLAIBER, GERT: Hochwasserschutz durch Auerenaturierung am Oberrhein – Das Integrierte Rheinprogramm des Landes Baden-Württemberg, in: Wasserwirtschaft 7/8, 1996, S. 396–400

[64] HOFFMANN, ALBRECHT: Hochwasser zu allen Zeiten, in: Wasser & Boden 10/1996, S. 61–65

[65] FRANKFURTER ODER EDITION: Ich habe eine Provinz gewonnen. 250 Jahre Trockenlegung des Oderbruchs, 1997

[66] INTERNATIONALE KOMMISSION ZUM SCHUTZ DES RHEINS, Koblenz: Hochwasserschutz am Rhein – Bestandsaufnahme, März 1997

[67] INTERNATIONALE KOMMISSION ZUM SCHUTZE DES RHEINS, Koblenz: Bestandsaufnahme der Meldesysteme und Vorschläge zur Verbesserung der Hochwasservorhersage im Rheineinzugsgebiet, März 1997

[68] MINISTERIUM FUR UMWELT UND FORSTEN RHEINLAND-PFALZ (Hrsg.): Die Deichbaumaßnahme „Polder Flotzgrün" bei Speyer, in: Der Rhein gestern, heute, morgen 1947–1997

[69] ROTHER, KARL-HEINZ: National and international activities for flood protection on the

River Rhine, in: IHP/OHP-Berichte, Sonderheft 10, Koblenz 1997, Herausgeber Deutsches Nationalkomitee für das Internationale Hydrologische Programm (IHP) der UNESCO und das Operationelle Hydrologische Programm (OHP) der WMO

[70] LING, UTA, FRANZ ZIOR und WOLFGANG ZWACH: Hochwasserschutz in Hessen – Sanierung der Winterdeiche an Rhein und Main, in: Wasserwirtschaft 4/1997, S. 184–188

[71] FRANKFURTER ALLGEMEINE ZEITUNG: Berichterstattung über das Oder-Hochwasser am 23., 24., 25., 29. Juli und 4. August 1997

[72] ROTHLEIN, BRIGITTE: Beim Hochwasserschutz wird immer ein Restrisiko bleiben, in: Wasser & Boden 9/1997, S. 7–8

[73] MALITZ, GABRIELE und THOMAS SCHMIDT: Hydrometeorologische Aspekte des Sommerhochwassers der Oder 1997, in: Wasser & Boden 9/1997, S. 9–12

[74] LANDERARBEITSGEMEINSCHAFT WASSER (LAWA): UVP-Leitlinien – Arbeitsmaterialien für die Umweltverträglichkeitsprüfung in der Wasserwirtschaft, Kulturbuchverlag Berlin, Okt. 1997

[75] TISCHER, HELMUT: Das Hochwasser an der Oder, in: Wasser & Boden 10/1997, INGEWA, S. 1–4

[76] HORLACHER, H.-B.: Sommerhochwasser 1997 an der Oder, in: Wasser & Boden 11/1997, DVWK Nachrichten, S. 53–54

[77] DVWK: Hochwasserentschärfung an der Oder, in: Wasser & Boden 12/1997, S. 66–67

[78] LANDESUMWELTAMT BRANDENBURG: Chronologischer Ablauf der Hochwasserereignisse, in: Wasser & Boden 12/1997, S. 68–69

[79] INTERNATIONALE KOMMISSION ZUM SCHUTZE DES RHEINS, Koblenz: Aktionsplan Hochwasser, März 1998

Küstenschutz, chronologisch

[1] TETENS, JOH. NIC.: Reisen in die Marschländer an der Nordsee zur Beobachtung des Deichbaus in Briefen, Erster Band, Leipzig, in der Weidmannischen Buchhandlung, 1788

[2] GERHARDT, P.: Handbuch des deutschen Dünenbaues. Berlin 1900

[3] HANSEN, A.: Küstenschutz an der Ostsee, in: DIE BAUTECHNIK, Jg. 16, Heft 4, Jan. 1938, S. 43–47

[4] ANDRESEN, LUDWIG: Bäuerliche und landesherrliche Leistung in der Landgewinnung im Amte Tondern bis 1630, in: Westküste – Archiv für Forschung, Technik und Verwaltung in Marsch und Wattenmeer, Jg. 2, 20. Dez. 1940, Westholsteinische Verlagsanstalt Boyens & Co., Heide in Holstein, S. 85–149

[5] STARK, ERICH: Hohe Wasserstände in der Lübecker Bucht von 1885 bis 1949, in: Die Küste – Archiv für Forschung und Technik an der Nord- und Ostsee, Jg. 1952, Heft 2, Westholsteinische Verlagsanstalt Boyens & Co., Heide in Holstein, S. 67–68

[6] PETERSEN, MARCUS: Abbruch und Schutz der Steilufer an der Ostseeküste, in: Die Küste – Archiv für Forschung und Technik an der Nord- und Ostsee, Jg. 1952, Heft 2, Westholsteinische Verlagsanstalt Boyens & Co., Heide in Holstein, S. 100–152

[7] LORENZEN, JOHANN M.: Hundert Jahre Küstenschutz an der Nordsee, in: Die Küste – Archiv für Forschung und Technik an der Nord- und Ostsee, Jg. 1954, Doppelheft 1/2, Westholsteinische Verlagsanstalt Boyens & Co., Heide in Holstein, S. 18–32

[8] PETERSEN, MARCUS: Über die Grundlagen zur Bemessung der schleswig-holsteinischen Landesschutzdeiche, in: Die Küste – Archiv für Forschung und Technik an der Nord- und Ostsee, Jg. 1954, Doppelheft 1/2, Westholsteinische Verlagsanstalt Boyens & Co., Heide in Holstein, S. 153–180

[9] LUDERS, KARL: Wiederherstellung der Deichsicherheit an der deutschen Nordseeküste von der holländischen Grenze bis zur Elbe, in: Wasser & Boden, 1957, S. 37–40

[10] PETERSEN, MARCUS: Wiederherstellung der Deichsicherheit an der deutschen Nordseeküste von der Elbe bis zur dänischen Grenze, in: Wasser & Boden, 1957, S. 40–43

[11] HUNDT, CLAUS: Wellenauflauf an Deichen und Deichwerken, in: Wasser & Boden, 1957, S. 43–48

[12] FISCHER, O.: 2000 Jahre Kampf mit dem Meer an der Westküste Schleswig-Holsteins, in: Wasser & Boden, 1958, S. 2–8

[13] ZITSCHER, FR.-F.: Vervollkommnung von Seedeichsicherungen durch Asphaltbauweisen, in: Wasser & Boden, 1958, S. 144–150

[14] LELING, M.: Tetrapoden, in: Wasser & Boden, 1960, S. 332–334

[15] ZITSCHER, FR.-F.: Schutz des Westrandes der Insel Sylt durch Flachbuhnen, in: Wasser & Boden, 1960, S. 300–302

[16] HENSEN, W.: Gedanken über den Hochwasserschutz nach der Sturmflut von 16./17. Febr. 1962, in: Wasser & Boden, 1962, S. 265–267

[17] SILL, O.: Welche Maßnahmen wird Hamburg treffen, um sein Stadt- und Landgebiet künftig vor Hochwasserkatastrophen zu schützen?, in: Wasser & Boden, 1962, S. 268–274

[18] SUHR, H.: Welche Folgerungen zieht das Land Schleswig-Holstein für seinen Hochwasserschutz aus den Erfahrungen mit der Sturmflut vom 16./17. Februar 1962?, in: Wasser & Boden, 1962, S. 274–278

[19] METZKES, E.: Welche Folgerungen zieht das Land Niedersachsen aus den Erfahrungen mit der Sturmflut vom Februar 1962 für seinen Hochwasserschutz?, in: Wasser & Boden, 1962, S. 278–281

[20] TRAEGER, G.: Welche Maßnahmen wird Bremen zur Sicherung seines Stadt- und Landgebietes treffen, um es vor Hochwasserkatastrophen zu schützen?, in: Wasser & Boden, 1962, S. 282–286

[21] LAUCHT, H.: Das Sperrwerk Billwerder Bucht, in: Wasser & Boden, 1964, S. 255–258

[22] ROHDE, H.: Sturmfluten und Hochwassermarken, in: Wasser & Boden, 1964, S. 268–270

[23] DRINKGERN, GERD: Seedeichbau in Ostfriesland bei Dornumer- und Westeraccumersiel, in: Wasser & Boden, 1964, S. 270–274

[24] RODLOFF, W.: Küstenschutz, Regelung der Wasserwirtschaft, Wirtschaftswegebau, in: Wasser & Boden, 1966, S. 346–352

[25] LUCK, G.: Forschung im Dienste der Küstensicherung, in: Wasser & Boden, 1967, S. 303–305

[26] V. SEGGERN, F.: Der Bau des Wangerdeiches, in: Wasser & Boden, 1967, S. 305–306

[27] ERCHINGER, H. F.: Küstenschutz durch Vorlandgewinnung, in: Wasser & Boden, 1967, S. 307–308

[28] KRAMER, JOHANN: Neue Siele und Schöpfwerke in Ostfriesland, in: Die Küste – Archiv für Forschung und Technik an der Nord- und Ostsee, Jg. 1969, Heft 18, S. 47–74

[29] KRUGER, H.: Die Sturmflutsperrwerke in den Mündungen der Krückau und Pinnau, in: Wasser & Boden, 1970, S. 78–81

[30] ERCHINGER, HEIE FOCKEN: Küstenschutz durch Vorlandgewinnung, Deichbau und Deicherhaltung in Ostfriesland, in: Die Küste – Archiv für Forschung und Technik an der Nord- und Ostsee, Jg. 1970, Heft 19, S. 125–185

[31] ZITSCHER, F.-F.: Anwendung von Kunststoffen für Küstenschutzwerke, in: Wasser & Boden, 1972, S. 338–341

[32] ERCHINGER, H. F.: Kunststoffe im Dünenbau, in: Wasser & Boden, 1972, S. 342–344

[33] FRANKE, EBERHARD: Die Standsicherheit der Böschungsabdeckung von Seedeichen, in: Die Küste – Archiv für Forschung und Technik an der Nord- und Ostsee, Jg. 1976, Heft 29, S. 8–22

[34] CARSTENS, H.: Auswirkungen der Sturmflut von 3. 1. 1976 auf die Landesschutzdeiche im Bereich der schleswig-holsteinischen Elbmarschen, in: Wasser & Boden, 1976, S. 262–265

[35] SCHMIDT, J.: Grundsätze der Erschließung von Marsch-, Moor- und Geestgebieten in Nordwestdeutschland, in: Wasser & Boden, 1977, S. 106–110

[36] ROHDE, H.: Johann Georg Büsch (1728–1800), in: Wasser & Boden, 1978, S. 25–27

[37] ROHDE, HANS: Die Geschichte des deutschen Küstengebietes, in: Die Küste – Archiv für Forschung und Technik an der Nord- und Ostsee, Jg. 1978, Heft 32, S. 6–29

[38] SCHERENBERG, R.: Die Fortschreibung des Generalplans „Deichverstärkung, Deichverkürzung und Küstenschutz in Schleswig-Holstein" vom 20. 12. 1963, in: Wasser & Boden, 1978, S. 271–275

[39] PETERSEN, K. und J. GOBEL: Bau des Deichsieles für den Speicherkoog Dithmarschen Nord, in: Wasser & Boden, 1978, S. 316–319

[40] ROHDE, H.: Johann Holler – ein Wasserbaupraktiker des 18. Jahrhunderts, in: Wasser & Boden, 1979, S. 3–4

[41] HANSEN, U. A.: Küstenentwässerung am Scheideweg – einige Bemerkungen zu den Problemen der tidebeeinflußten Entwässerung, in: Wasser & Boden, 3/1981, S. 116–119

[42] SCHAAP, DICK: Het laatste Deltawerk, Nitgeverij Moussault-Bussum, 1983

[43] MEYER, W.: Entwicklung einer geeigneten Sielzugformel zur Berechnung von Sielzugmengen, in: Wasser & Boden, 3/1983, S. 124–126

[44] ERCHINGER, H. F.: Außentiefräumung durch vollautomatisches Spülsiel in Neßmersiel, in: Wasser & Boden, 8/1984, S. 392–395

[45] SAGGAU, W. und R. SCHIRMACHER: Küstenschutzmaßnahmen in der Nordstrander Bucht, in: Wasser & Boden, 2/1987, S. 81–84

[46] SCHERENBERG, R.: Generalplan „Deichverstärkung, Deichverkürzung und Küstenschutz in Schleswig-Holstein", in: Wasser & Boden, 2/1988, S. 84–86

[47] PETERSEN, P.: Küsten- und Hochwasserschutz an der schleswig-holsteinischen Ostseeküste, in: Wasser & Boden, 2/1988, S. 86–92

[48] DIECKMANN, R.: Entwicklung der Vorländer an der nordfriesischen Festlandsküste, in: Wasser & Boden, 3/1988, S. 146–150

[49] WEISS, D.: Küstenschutzbauwerke an der Ostseeküste von Mecklenburg-Vorpommern, in: Wasser & Boden, 1/1991, S. 17–26

[50] MÜGGE, H.-E.: Anpassungsfunktion für Thw-Scheitelwerte, in: Wasser & Boden, 8/1992, S. 530–535

[51] BIEMUELLER, G. und FRANK SPIEGEL: Bemessungswasserstände für Küstenschutzanlagen an der schleswig-holsteinischen Nordseeküste, in: Wasser & Boden, 11/1992, S. 714–717

[52] WEDEMEYER, MANFRED: Kleine Geschichte der Insel Sylt, Verlag Peter Pomp, Essen, 1993

[53] QUEDENS, GEORG: Nordsee – Mordsee, Breklumer Verlag Manfred Siegel, 6. Aufl., 1994

[54] MINISTERIUM FÜR BAU, LANDESENTWICKLUNG UND UMWELT MECKLENBURG-VORPOMMERN, Schwerin: Generalplan Küsten- und Hochwasserschutz Mecklenburg-Vorpommern, 1994

[55] PROBST, B.: Küstenschutz 2000 – Neue Küstenschutzstrategien erforderlich?, in: Wasser & Boden, 11/1994, S. 54–59

[56] ERCHINGER, H. F.: Intaktes Deichvorland für Küstenschutz unverzichtbar, in: Wasser & Boden, 2/1995, S. 48–53

[57] DOERPINGHAUS, ERNST H.: Ein unkonventioneller Beitrag zum Küstenschutz Sylt, in: Wasserwirtschaft, 2/1995, S. 86–88 sowie Leserzuschriften

[58] HUSUMER NACHRICHTEN: Die großen Sturmfluten seit 1962 an der schleswig-holsteinischen Westküste, Husum Druck- und Verlagsgesellschaft, 6. Aufl., 1995

[59] ERCHINGER, H. F.: Zunehmende Bedrohung der Küste durch Sturmfluten, in: Wasser & Boden, 12/1995, S. 8–10

[60] SCHWARZ, WOLFGANG: Die Bedeutung des Wassers in Mittelalter und Neuzeit, Band I „Tausend Jahre Leben mit dem Wasser in Niedersachsen" (Hrsg. Johann Kramer und Günter Schwark sowie die Harzwasserwerke des Landes Niedersachsen), Verlag Gerhard Rautenberg, 1996

[61] REDIEK & SCHADE, Journalisten und Publizisten, Rostock (Hrsg.): Dokumentation der Sturmflut vom 3. und 4. November 1995 an den Küsten Mecklenburgs und Vorpommerns, 1996

[62] MINISTERIUM FUR BAU, LANDESENTWICKLUNG UND UMWELT MECKLENBURG-VORPOMMERN: Küstenschutz in Mecklenburg-Vorpommern, Schwerin, Mai 1997
[63] PETERSEN, KARL: Küstenschutz und Naturschutz im Zielkonflikt – ist der Küstenschutz am Ende?, in: Wasser & Boden, 8/1998, S. 45–48

Wasserversorgung, chronologisch

[1] WEILAND, HANS: Stand der Wasserversorgung in Deutschland und das Problem der Arbeitsbeschaffung, in: Deutsche Wasserwirtschaft 1935, Nr. 2, S. 30–32
[2] MATSCHOSS, CONRAD: Technikgeschichte, Beiträge zur Geschichte der Technik und Industrie, Band 25, VDI-Verlag GmbH, Berlin 1936
[3] SCHOKLITSCH, ARMIN: Handbuch des Wasserbaues, Springer-Verlag, Wien, 1950
[4] GANDENBERGER, W.: Die Verbesserung und Sicherung der Wasserversorgung der Stadt Stuttgart durch die Bodenseewasserversorgung, in: Wasser & Boden, 5/1958, S. 101–104
[5] HOLL, K.: Wasser – Untersuchung, Beurteilung, Aufbereitung – Verlag Walter de Gruyter & Co., Berlin 1960
[6] HUNERBERG, K.: Die Wasserversorgung von Westberlin, in: Wasser & Boden, 5/1961, S. 137–142
[7] KREMS, G.: Die Westberliner Wassergewinnung – Fragen der Brunnenalterung und -regenerierung, in: Wasser & Boden, 5/1961, S. 143–146
[8] SCHWILLE, FRIEDRICH: Nitrate im Grundwasser, in: Deutsche Gewässerkundliche Mitteilungen, Heft 2, April 1962, S. 25–32
[9] HAASE, R.: Die Wasserverteilung von Westberlin, in: Wasser & Boden, 5/1961, S. 147–150
[10] PLOPPA, M.: Ein neuartiger Wasserturm in Felsburg – gelungene Gestaltung, in: Wasser & Boden, 11/1962, S. 386–388
[11] FACHGEMEINSCHAFT GUSSEISERNE ROHRE, Köln: Gussrohr-Handbuch, Vulkan-Verlag Dr. W. Classen, Essen, 1963
[12] BRIX, JOSEPH et al.: Die Wasserversorgung, R. Oldenbourg, München–Wien, 1963
[13] SCHICKHARDT, K. E.: Fern- und Verbundwasserversorgung in Deutschland, in: Wasser & Boden, 8/1963, S. 270–275
[14] MUTSCHMANN, JOHANN und FRITZ STIMMELMAYR: Taschenbuch der Wasserversorgung, Franckhsche Verlagshandlung Stuttgart, 1965
[15] FIETZ, WALDEMAR: Vom Aquädukt zum Staudamm – Eine Geschichte der Wasserversorgung, Verlag Koehler & Amelang, Leipzig, 1966
[16] LUERS, HERMANN, HORST PAPENFUSS und DAGOBERT SCHULTE: Die Wasserversorgung der Stadt Idar-Oberstein, Gesamtherstellung: Buchdruckerei Kipphan, Idar-Oberstein und Verlag Dokter, Neuwied (Rhein), 1966
[17] RUHLE, A.: Wassertürme aus Stahlbeton, in: Wasser & Boden, 5/1968, S. 127–129
[18] BUCHER, HANS: Neuere Entwicklungen in der Wasseraufbereitungstechnik, in: Z. Techn. Überwachung, Jg. 9 (1968) 6, S. 182–187
[19] MENK, H.: Die Wasserversorgungs- und Abwasserverhältnisse vor der Jahrhundertwende in Nordhessen, in: Wasser & Boden, 5/1969, S. 111–114
[20] INNENMINISTERIUM UND MINISTERIUM FUR ERNAHRUNG, LANDWIRTSCHAFT, WEINBAU UND FORSTEN DES LANDES BADEN-WURTTEMBERG: Jahresbericht der Wasserwirtschaft, in: Wasser & Boden 6/7, 1970, S. 144–148
[21] MINISTERIUM FUR LANDWIRTSCHAFT, WEINBAU UND FORSTEN – ABTEILUNG WASSERWIRTSCHAFT: Wasserwirtschaftlicher Generalplan für das Moselgebiet in Rheinland-Pfalz, 1971
[22] GAEBERT, HANS-WALTER: Der Kampf um das Wasser – Die Geschichte unseres kostbarsten Rohstoffes, Markus-Verlag München, 1973

[23] Mevius, W. und H. Wirth: Grundwasseranreicherung im Frankfurter Stadtwald, in: Wasser & Boden, 3/1973, S. 56–58

[24] Naber, G.: Bautechnische und betriebliche Gesichtspunkte bei der Planung von Trinkwasser-Fernleitungen, in: Wasser & Boden, 9/1975, S. 229–236

[25] Rissland, W.: Die Mainwasseraufbereitung und Grundwasseranreicherung der Stadtwerke Frankfurt am Main, in: Wasser & Boden, 4/1981, S. 161–166

[26] Veh, G. M. und E. Edom: Die neuen Vorschriften der EG zur Trinkwassergüte, in: Wasser & Boden, 10/1981, S. 472–476

[27] Wiench, Peter (Hrsg.): Die großen Ärzte, Geschichte der Medizin in Lebensbildern, verlegt bei Kindler GmbH, München, 1982

[28] Oehler, K. E.: Filtrationsverfahren zur Aufbereitung von Wasser und Abwasser, in: Wasser & Boden, 3/1982, S. 84–88

[29] Dobias, J., M. Stahl und P. Fleminger: Vergleich gängiger Denitrifikationsverfahren für Trinkwasser, in: Wasser & Boden, 10/1985, S. 481–485

[30] Frontinus-Gesellschaft: Wasserversorgung im antiken Rom, R. Oldenbourg Verlag, München–Wien, 1986

[31] Bruckmeier, Karl: Nitratpolitik vor Ort, Weinbau und Nitratbelastung des Trinkwassers an der Mosel (Landkreis Bernkastel-Wittlich), Hrsg. Wissenschaftszentrum Berlin für Sozialforschung, Forschungsschwerpunkt Umweltpolitik, IIUG rep 87–18, 1987

[32] Hosel, Gottfried: Unser Abfall aller Zeiten – Eine Kulturgeschichte der Städtereinigung, 1. Aufl. 1987, Kommunalschriften-Verlag J. Jehle, München

[33] Haberer, K., S. Normann und M. Schmitz: Pflanzenschutzmittel aus der Sicht der öffentlichen Wasserversorgung, in: Wasser & Boden, 4/1988, S. 177–183 und 5/1988, S. 258–264

[34] Overath, H., Th. Raphael, N. Salhani und C. J. Soeder: Denitrifikation von Trinkwasser in Festbett-Drehrohr-Reaktoren, in: Wasser & Boden, 4/1988, S. 199–202

[35] Schmidt, W.-D.: Wasserwirtschaft im Spannungsfeld der Interessen von Steinkohlenbergbau und Landwirtschaft, in: Forum Städte-Hygiene 40 (1989) März/April, S. 78–87

[36] Wolfel, Wilhelm: Wasserbau in den alten Reichen, VEB Verlag für Bauwesen, Berlin, 1990

[37] Meurer, Rolf: Lebensmittelverträglicher und umweltschonender Düngemitteleinsatz in Landwirtschaft und Weinbau, in: Wasser & Boden, 2/1991, S. 77–81

[38] Toellner, Richard: Illustrierte Geschichte der Medizin, Deutsche Ausgabe: Andreas & Andreas, Verlagsanstalt Vaduz, 1992, Genehmigte Sonderausgabe für Karl Müller Verlag, Erlangen, 1992

[39] Paturi, Felix R.: Technik, Meilensteine technischer Erfindungen in Deutschland, VS Verlagshaus Stuttgart, Clubausgabe für den Deutschen Bücherbund, Stuttgart–München, 1992

[40] Wolfram, Volker: Die Talsperren und Speicher im Erzgebirge und Vogtland mit ihren Verbundsystemen für die Trinkwasserversorgung, in: Wasserwirtschaft 83 (1993) 7/8, S. 382–388

[41] Sieber, Hans-Ulrich: Technische Besonderheiten der Gewichtsstaumauern Rauschenbach, Gottleuba und Eibenstock, in: Wasserwirtschaft 83 (1993) 7/8, S. 390–393

[42] Deubner, Helmut: Die Fortführung des Talsperrenbaus in Thüringen, in: Wasserwirtschaft 83 (1993) 7/8, S. 414–417

[43] Pape, Helmut: Die Talsperren im Ostharz, in: Wasserwirtschaft 83 (1993) 7/8, S. 418–423

[44] Beuschold, Erhard: Trinkwasserversorgung aus der Rappbode-Talsperre, in: Wasserwirtschaft 83 (1993) 7/8, S. 424–429

[45] Arbeitskreis „Landwirtschaft und Umwelt" bei der Bezirksregierung Trier: Sitzungsniederschriften 1981–1994

[46] Klemm, Heinz et al.: 100 Jahre Trinkwasserversorgung aus sächsischen Talsperren, Hrsg. Erzgebirge-Wasser/Abwasser AG, Chemnitz, 1994

[47] Haberer, K.: Trinkwassergewinnung am Rhein, in: Wasser & Boden, 3/1994, S. 20–27

[48] STADTWERKE FRANKFURT AM MAIN: 100 Jahre Pumpwerk Hinkelstein, 1894 bis 1994

[49] STADTWERKE FRANKFURT AM MAIN: Wasser für Frankfurt, Broschüre August 1994

[50] NITSCHKE et al.: Jahrhundertwende Bd. 1, S. 148 ff., rororo

[51] ZWECKVERBAND BODENSEE-WASSERVERSORGUNG: Broschüre „Wasser aus dem Bodensee", Januar 1995

[52] STADTWERKE FRANKFURT AM MAIN: 100 Jahre Stromversorgung in Frankfurt/Pumpwerk Hinkelstein, Sonderausgabe Stadtwerkespektrum, Z. der Stadtwerke 2/95

[53] NESSELER, HELMUT: Eisenbahnwassertürme im Rheinland, in Rheinische Heimatpflege 3/95, Herausgeber Verband Rheinischer Museen in der Rheinland-Verlag- und Betriebsgesellschaft des Landschaftsverbandes Rheinland mbH, Pulheim, S. 170–176

[54] „Bodensee-Wasserversorgung erhöht Trinkwasser-Versorgungssicherheit", in: Wasserwirtschaft 85 (1995) 4, S. 177

[55] GELSENWASSER AG: Broschüre „Umweltbericht '95"

[56] GELSENWASSER AG: Geschäftsbericht 1996

[57] MINISTERIUM FUR UMWELT UND FORSTEN RHEINLAND-PFALZ: Der Rhein gestern, heute, morgen 1947–1997

[58] BOTZENHART, KONRAD und FRIEDRICH SCHWEINSBERG: Probleme der chemischen Trinkwasserqualität, in: Deutsches Ärzteblatt 94, Heft 1–2, 6. Januar 1997 (33), S. C-33 bis C-37

[59] WABAG WASSERTECHNISCHE ANLAGEN GMBH: Gesamtprospekt

[60] RUHRVERBAND: Broschüre „Biggetalsperre"

[61] GELSENWASSER AG: Broschüre „Wassergewinnung im Einklang mit der Natur"

[62] FACHGEMEINSCHAFT GUSSEISERNE ROHRE: Broschüre „Gezet-Rohre"

[63] HALBERGER HÜTTE GMBH, Brebach/Saar: Broschüre „Duktile Gussrohre"

[64] GELSENWASSER AG: Broschüre „Wasserwerk Essen"

[65] GELSENWASSER AG: Broschüre „Wasserwerk Haltern mit den Talsperren Haltern und Hullern"

Abwasserwesen und Gewässerschutz, chronologisch

[1] KONIG, J.: Die Verunreinigung der Gewässer, Verlag von Julius Springer, 1899

[2] STRELL, MARTIN: Die Abwasserfrage, Verlag von F. Leineweber, Leipzig, 1913

[3] MARSTON, A. und A. O. ANDERSON: The theory of loads on pipes in ditches. Iowa Engineering Exp. Station Bulletin Nr. 31 (1913)

[4] MARSTON, A.: The theory of external loads on closed experiments. Iowa Engineering Exp. Station Bulletin Nr. 96 (1930)

[5] MATSCHOSS, CONRAD: Technikgeschichte – Beiträge zur Geschichte der Technik und Industrie, VDI-Verlag GmbH, Berlin 1936

[6] IMHOFF, KARL: Taschenbuch der Stadtentwässerung, 14. Auflage, Verlag von R. Oldenbourg, München, 1951

[7] WENTEN, HEINRICH: Kanalisationshandbuch, Verlagsgesellschaft Rudolf Müller, Köln-Braunsfeld, 1958

[8] WENTEN, HEINRICH et al.: Wegweiser durch die Kanalisation, 1958

[9] ROSKE, KURT: Betonrohre nach DIN 4032 – Belastung und Tragfähigkeit, Bauverlag GmbH, Wiesbaden–Berlin, 1961

[10] KIRSCHMER, O.: Tabellen zur Berechnung von Steinzeug-Rohrleitungen nach Prandtl-Colebrook, 2. Auflage, Herausgeber Fachverband Steinzeugindustrie e.V., Frechen-Marsdorf, 1962

[11] TREUDE, O.: Experimentelle Untersuchungen über die hydraulische Leistungsfähigkeit von Entwässerungsleitungen. Dr.-Ing. Diss. Universität Bonn, 1964

[12] STRACK, H.: Zum hydraulischen Verhalten von Leitungen aus Steinzeugrohren, in: Zeitschrift GWF 107 (1966), Heft 42, S. 1185–1193

[13] MENKENS, H. TH.: Sind Emscherbrunnen und Tropfkörper überholt?, in: Wasser & Boden, 8/1966, S. 266–270

[14] PREUSS, F. und W.: Die Lösung der Schlammfrage steht im Vordergrund jeder Kläranlagenplanung, in: Wasser & Boden, 1969, S. 227–229

[15] SUPERSBERG, H.: Die betriebliche Rauhigkeit in Abwasserleitungen aus PVC-Kanalrohren, in: Zeitschrift Österreichische Wasserwirtschaft 22 (1970), Heft 1 und 2, S. 7–14

[16] BRINGMANN, GOTTFRIED: Die dritte Stufe der Reinigung kommunaler Abwässer und analoge Reinigungsverfahren, in: Umwelt-Report, Umschau-Verlag, Frankfurt am Main, 1972, S. 102–105

[17] WISFELD, WERNER: Entwicklung weitergehender Abwasserreinigungsverfahren, in: Umwelt-Report, Umschau-Verlag, Frankfurt am Main, 1972, S. 105–110

[18] MEURER, ROLF: Die Moselwasser-Untersuchungsstation Palzem, in: Wasser & Boden, 5/1973, S. 123–125

[19] Internationales Abwasserklärwerk Echternach-Weilerbach an der Sauer in Echternach, Broschüre, 1975

[20] RHEINLAND-PFALZ, MINISTERIUM FUR LANDWIRTSCHAFT, WEINBAU UND UMWELTSCHUTZ, Mainz: Jahresbericht der Wasserwirtschaft Haushaltsjahr 1974 (Großkläranlage BASF – Ludwigshafen), in: Wasser & Boden 6/7, 1975, S. 174–176

[21] BISCHOF, W.: Grundlagen der Bemessung von Kläranlagen mit aerober Schlammstabilisierung, in: Wasser & Boden, 1976, S. 104–111

[22] KALWEIT, H.: Die Station zur kontinuierlichen Messung der Rheinwasserbeschaffenheit in Mainz, in: Wasser & Boden, 1976, S. 283–287

[23] GLEISBERG, D.: Fällungsreinigung von Abwässern mit dreiwertigen Metallsalzen, in: Wasser & Boden, 1977, S. 129–132

[24] BUNDESVERBAND DEUTSCHE BETON- UND FERTIGTEILINDUSTRIE E.V., Bonn (Hrsg.): Handbuch für Rohre aus Beton, Stahlbeton, Spannbeton, Bauverlag GmbH, Wiesbaden und Berlin, 1978

[25] MEURER, ROLF: Das deutsch-luxemburgische Abwasserklärwerk Echternach-Weilerbach an der Sauer, in: Wasser & Boden, 1978, S. 111–115

[26] RHEINLAND-PFALZ, MINISTERIUM FUR LANDWIRTSCHAFT, WEINBAU UND UMWELTSCHUTZ, Mainz: Jahresbericht der Wasserwirtschaft Haushaltsjahr 1977 (Kläranlage der Stadt Bitburg), in: Wasser & Boden, 1978, S. 179

[27] IMHOFF, KLAUS R.: Die Entwicklung der Abwasserreinigung und des Gewässerschutzes seit 1868, in: Gas- und Wasserfach, gwf-wasser/abwasser, 1979, Heft 12, S. 563–576

[28] HOFFMANN, A.: Das öffentliche Abwasserwesen in Hessen im Wandel zweier Jahrhunderte, in: Wasser & Boden, 1982, S. 182–186

[29] ABWASSERTECHNISCHE VEREINIGUNG E.V. IN ST. AUGUSTIN (Hrsg.): Lehr- und Handbuch der Abwassertechnik, 3. Auflage, Verlag Ernst & Sohn, Berlin, 1982

[30] AECKERLEIN, GISELA: Münchner Abwasser – Geschichte der Münchner Kanalisation, Herausgeber Museumspädagogisches Zentrum München, 1. Auflage, München, 1984

[31] PÖPEL, H. J.: Entwicklungstendenzen der Belüftung beim Belebungsverfahren, in: Wasser & Boden, 1984, S. 206–213

[32] ANNEN, GUNTHER: Karl Imhoff, ein Wegbereiter der Stadtentwässerung und der Gewässerreinhaltung, Schriftenreihe der VDI-Gesellschaft Bautechnik, Düsseldorf (Hrsg.), 1986

[33] HOSEL, GOTTFRIED: Unser Abfall aller Zeiten – Eine Kulturgeschichte der Städtereinigung, 1. Aufl., 1987, Kommunalschriftenverlag J. Jehle München GmbH

[34] HUPER, F.: Die simultane Stickstoffoxydation – weitergehende Abwasserreinigung und Energieeinsparung – am Beispiel der Kläranlage Evestorf, in: Wasser & Boden, 1987, S. 26–30

[35] RADUNZ, KLAUS-JORG: Abwasserentsorgung in Braunschweig, in: Wasser & Boden, 1987, S. 580–584

[36] DETHLEFSEN, VOLKER: Quellen und Auswirkungen der Schadstoffe in der Nordsee, in: Wasser & Boden, 1988, S. 75–79

[37] BISCHOFSBERGER, W.: Stand der biologischen Phosphatelimination, in: Wasser & Boden, 1988, S. 240–243

[38] REINCKE, H.: Gesichtspunkte zur Abwasserbeseitigung im ländlichen Raum, in: Wasser & Boden, 1988, S. 248–257

[39] GERLACH, S. A.: Stirbt die Ostsee? Schadstoffe und Nährstoffe in der Ostsee und die Veränderungen der Lebensbedingungen in den letzten vierzig Jahren, in: Wasser & Boden, 1988, S. 406–410 und 639–644

[40] HAHN, H. H.: Gewässerschutz im Wandel der Zeit – vom Absetzbecken zur Biotechnologie, in: Korrespondenz Abwasser 5/88, S. 430–433

[41] IRMER, H.: Grenzwerte für Abwassereinleitungen und „Stand der Technik", in: Wasser & Boden, 1988, S. 546–548

[42] DAHLEM, H. W.: Nitrifikation und Denitrifikation bei der Erweiterung bestehender Kläranlagen, in: 90 Jahre Wasserwirtschaftsamt Trier, 1989

[43] WOLF, PETER und HELMUT REIFF: Nachrüstung bestehender Kläranlagen zur Phosphorelimination, in: 90 Jahre Wasserwirtschaftsamt Trier, 1989

[44] LUHR, H.-P.: Stoffproblematik und vorsorgender Gewässerschutz, in: Wasser & Boden, 1989, S. 198–203

[45] RUCHAY, D.: Europäische Anforderungen an Abwasserbehandlung und Gewässergüte – Stand und Perspektiven, in: Wasser & Boden, 1989, S. 274–276

[46] DAHLEM, H.: Ein- oder zweistufig – wie kann man Stickstoff und Phosphor entfernen?, in: Wasser & Boden, 1989, S. 628–630

[47] INTERNATIONALE KOMMISSION ZUM SCHUTZ DES RHEINS – IKSR: Aktionsprogramm Rhein, Bestandsaufnahme der Einleitungen prioritärer Stoffe 1985 und Vorausschau über die bis 1995 erzielbaren Verringerungen der Einleitungen, Brüssel 30. 11. 1989

[48] RUCHAY, D.: Gewässerschutz in der Bundesrepublik Deutschland, in: Wasser & Boden, 1990, S. 9–11

[49] ABWASSERTECHNISCHE VEREINIGUNG E.V.: Regelwerk Abwasser – Abfall, Arbeitsblatt A 161, Jan. 1990: Statische Berechnung von Vortriebsrohren

[50] INTERNATIONALE KOMMISSIONEN ZUM SCHUTZ DER MOSEL UND DER SAAR GEGEN VERUNREINIGUNGEN – IKSMS: Inventar der Einleitungen organisch belasteter Abwässer, 1986–1990, Herausgeber Sekretariat der IKSMS, Trier

[51] IKSMS: Inventar der Chlorideinleitungen, 1986–1990, Hrsg. Sekretariat der IKSMS, Trier

[52] IKSMS: Inventar der Ammoniumeinleitungen, 1986–1990, Hrsg. Sekretariat der IKSMS, Trier

[53] MEURER, R.: Lebensmittelverträglicher und umweltschonender Düngemitteleinsatz in Landwirtschaft und Weinbau, in: Wasser & Boden, 1991, S. 77–81

[54] LONDONG, DIETER: Geschichte der Vorflurregelung und Abwasserreinigung im Ruhr-Revier, Schriftenreihe der Frontinus-Gesellschaft, Heft 15, 1991, Verlag und Vertrieb: Wirtschafts- und Verlagsgesellschaft Gas und Wasser mbH, Bonn, S. 65–92

[55] REINCKE, H.: Die Entwicklung der Belastungssituation der Elbe, in: Wasser & Boden, 1992, S. 648–653

[56] BERGS, C. G.: Die neue Klärschlammverordnung und die EG-Richlinie Klärschlamm, in: Wasser & Boden, 1992, S. 709–712

[57] MALLE, K.-G. und P. TONNE: Die Abwasserreinigung der BASF AG in Ludwigshafen, in: Korrespondenz Abwasser, Heft 4/1992, S. 532–545

[58] FREIE UND HANSESTADT HAMBURG – UMWELTBEHÖRDE: 150 Jahre Stadtentwässerung, 1992

[59] LONDONG, D.: Der große Umbau im Emschergebiet, in: Wasser & Boden, 1993, S. 144–147

[60] HUBER, L.: Zusammensetzung und Wirkungen von Fällungs- und Flockungsmitteln, in: Wasser & Boden, 1993, S. 309–312

[61] GRETT, H.-D.: Bemessung, Betrieb und Reinigungsleistung von Abwasserfiltrationsanlagen, in: Wasser & Boden, 1993, S. 325–328

[62] ENGLMANN, E.: Bedeutung und Anwendungsgrenzen der maschinellen Entwässerung bei der Klärschlammbehandlung, in: Wasser & Boden, 1993, S. 352–356

[63] MEURER, ROLF: Die Arbeit der Landes-Lehr- und Versuchsanstalt Trier auf dem Gebiet des Boden- und Wasserschutzes, in: 100 Jahre Landes-Lehr- und Versuchsanstalt Trier, Sept. 1993

[64] IKSMS: Chloride in Mosel und Saar, Dez. 1993, Hrsg. Sekretariat der IKSMS, Trier

[65] IKSMS: Vorkommen gelöster organischer Mikroverunreinigungen im Einzugsgebiet von Mosel und Saar, Dez. 1993, Hrsg. Sekretariat der IKSMS, Trier

[66] IKSMS: Spurenschadstoffe in Schwebstoffen der Mosel und der Saar, Dez. 1993, Hrsg. Sekretariat der IKSMS, Trier

[67] IKSMS: Bericht über Schadstoffbelastung von Fischen in Saar und Mosel 1991, Dez. 1993, Hrsg. Sekretariat der IKSMS, Trier

[68] IKSR: Aktionsprogramm Rhein, Bestandsaufnahme der punktuellen Einleitungen prioritärer Stoffe 1992, Erscheinungsdatum Aug. 1994

[69] DILLIG, J. M.: Neue Wege in der Regenwasserbehandlung, in: Wasser & Boden, 1994, S. 27–33

[70] STADT MÜNCHEN, BAUREFERAT: Gewässerschutz in München, März 1995

[71] PASSAVANT-WERKE AG, Aarbergen: Anaerobe Abwasserreinigung in der Getränkeindustrie, 1995

[72] ROST, KLAUS-PETER: Stand der Wasserver- und Abwasserentsorgung in den neuen Bundesländern, in: Wasserwirtschaft 4/1995, S. 178–181

[73] IKSMS: Wasserbeschaffenheit von Mosel, Saar und Nebenflüssen im Jahre 1994, Dez. 1995, Hrsg. Sekretariat der IKSMS, Trier

[74] STADT KÖLN: Zentrale Abflußsteuerung – Projektmanagement – Abwasserkonzept 2000, in: Abwasserforum Köln – Fachjournal für Abwassertechnik, 2. Ausgabe

[75] STADT KÖLN: Stadtentwässerung von A bis Z, in: Abwasserforum Köln – Fachjournal für Abwassertechnik, 3. Ausgabe

[76] INTERNATIONALE KOMMISSION ZUM SCHUTZ DER ELBE – IKSE: Bestandsaufnahme von bedeutenden punktuellen kommunalen und industriellen Einleitungen von prioritären Stoffen im Einzugsgebiet der Elbe, Magdeburg 10. 11. 1995

[77] STADT KÖLN: Leistungen der Stadtentwässerung für einen intakten Natur- und Wasserkreislauf, in: Abwasserforum Köln – Fachjournal für Abwassertechnik, 4. Ausgabe, Dez. 1995

[78] OPFERMANN, BERND und JÜRGEN RAMMELSBERG: Planung und Bau einer Regenwasserauslaßleitung in die Ostsee mit Rohren aus duktilem Gußeisen DN 1000 TKT, in: Zeitschrift Abwassertechnik, H. 6, Dez. 1995, S. 50–52

[79] IKSR: Leben mit dem Rhein – Vorträge – Koblenz 6./7. 3. 1996

[80] KOMMUNALE WASSERWERKE LEIPZIG GMBH: Klärwerk Rosental, 9/96

[81] IKSE: Abschlußbericht über den Stand der Durchführung der im „Ersten Aktionsprogramm (Sofortprogramm) zur Reduzierung der Schadstofffrachten in der Elbe und ihrem Einzugsgebiet" enthaltenen Maßnahmen, Magdeburg Oktober 1996

[82] IKSE: Symposium 5 Jahre IKSE, Prag 19. 10. 1995, Magdeburg 1996

[83] STADT KÖLN: Aktuelle Fragen der Stadtentwässerung, in: Abwasserforum Köln – Fachjournal für Abwassertechnik, 5. Ausgabe, Dez. 1996

[84] KOLLMANN, MANFRED: Die 6. Novelle zum Wasserhaushaltsgesetz, in: Wasser & Boden, 1/1997, S. 7–11

[85] BÖHM, RUDOLF et al.: Zur Geschichte der Stadtentwässerung Dresdens, Dresden Wasser und Abwasser GmbH, 1997, Hochland-Verlag Pappritz

[86] DIEHL, PETER, IRENE KRAUSS-KALWEIT und SVEN LÜTHJE: Die neue Rheingütestation Worms, in: Wasser & Boden, 1/1997, S. 25–29

[87] BJARSCH, BENNO: 125 Jahre Berliner Rieselfeld-Geschichte, in: Wasser & Boden, 3/1997, S. 45–48

[88] SCHMITZ, MICHAELA: Abwasser in Europa – ein Leistungsvergleich, in: Neue DELIWA-Zeitschrift, Heft 4/97, DELIWA, Hannover

[89] SPINDLER, HANS ULRICH, ROLAND NIESS und MARTIN AST: Der Aufbau des Grundwassergütemeßnetzes Niedersachsen, in: Wasser & Boden, 4/1997, S. 26–29

[90] RHEINLAND-PFALZ, MINISTERIUM FUR UMWELT UND FORSTEN: Der Rhein gestern, heute, morgen 1947–1997

[91] STADT TRIER: Sauberes Wasser für die Mosel – die neuen biologischen Klärwerke in Trier, Broschüre

[92] TRASSWERKE MEURIN; Andernach/Rhein: 100 Jahre Meurin

[93] BAYERISCHE STAATSREGIERUNG: Das Wasser – Umweltschutz in Bayern, Broschüre

[94] FGR Gussrohrtechnik – Informationen für das Gas- und Wasserfach, Broschüren

[95] WECKE, HARTMUT und JURGEN RAMMELSBERG: Bau einer Abwasserdruckleitung DN 400 durch den Lankower See in Schwerin, in: Gussrohr-Technik, Hrsg. Fachgemeinschaft Guß-Rohrsysteme, Köln, April 1997, S. 50–54

[96] HAMBURGER STADTENTWASSERUNG: Geschäftsbericht 1996, Mai 1997

[97] NEHRING, DIETWART: Die Ostsee auf dem Wege der Genesung?, in: Wasser & Boden, 5/1997, S. 18–25

[98] KÜHBECK, GERT: Praxiserfahrungen der Bitburger Brauerei mit der anaerob-aeroben Reinigung von Brauereiabwässern mit Denitrifikation und P-Eliminierung, in: BRAUWELT, Zeitschrift für das gesamte Brauwesen und die Getränkewirtschaft, Nr. 24/25 (1997)

[99] SANDER, EBERHARD: Die Abwasserverordnung: Anforderungen an das Einleiten von Abwasser, in: Wasser & Boden, 10/1997, S. 22–25

[100] NISIPEANU, PETER: Abwasserabgabenrecht im Wandel – Überlegungen zu einem „AbwAG 2000", in: Wasser & Boden, 10/1997, S. 26–30

[101] ABWASSERTECHNISCHE VEREINIGUNG E.V.: Regelwerk Abwasser-Abfall, Arbeitsblatt A 127, Richtlinie für die statische Berechnung von Abwasserkanälen und -leitungen, 3. Aufl., Entwurf Nov. 1997

[102] STEINZEUG GMBH KÖLN: Zur Geschichte der Deutschen Steinzeugindustrie seit 1947, Köln 1997

[103] BUNDESVERBAND DEUTSCHE BETON- UND FERTIGTEILINDUSTRIE E.V. (Hrsg.): Beton-Bauteile für Umwelt und Versorgung, Teil 1: Rohrleitungen, Kanäle, Behälter, 2. Auflage, 1998

[104] BITBURGER BRAUEREI TH. SIMON GMBH: Qualität auf allen Ebenen – Die Technik der Bitburger Brauerei, 1998

[105] ABWASSERTECHNISCHE VEREINIGUNG E.V.: Geschichte der Abwasserentsorgung, in: Korrespondenz Abwasser, 1998

Sachwortverzeichnis

*Zusammen mit der BASF Aktiengesellschaft (Ludwigshafen)
und der Saarwasserkraftwerke GmbH (Andernach)
haben die folgenden Firmen dankenswerterweise zur Verwirklichung
dieses Buches beigetragen:*

Was ist schöner als ein Bit?

Bitburger. Ein Besonderes unter den Besten.

BEW
Bayerische
Elektrizitätswerke
Abb.: Donaukraftwerk Günzburg

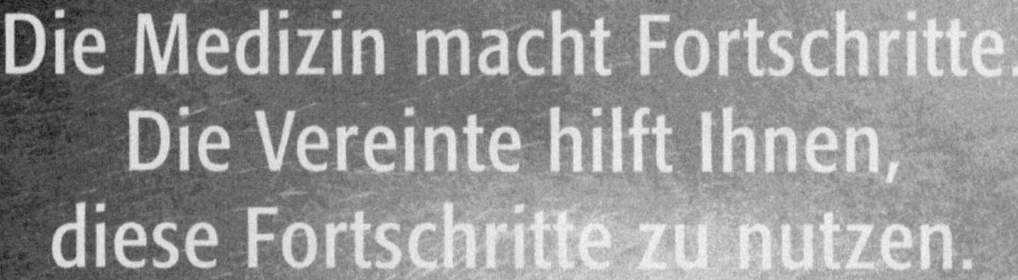

Die Medizin macht Fortschritte.
Die Vereinte hilft Ihnen,
diese Fortschritte zu nutzen.

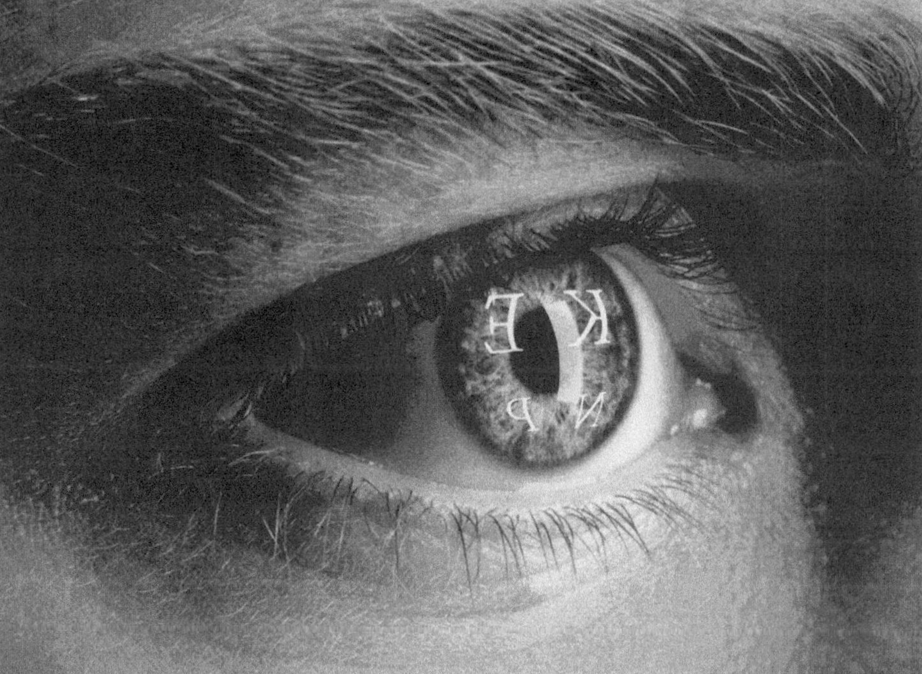

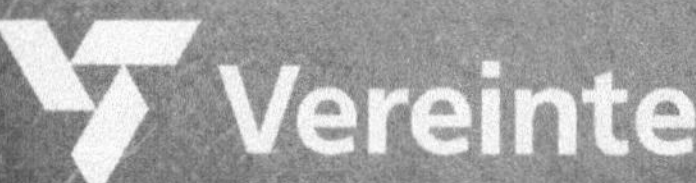

Mit moderner Lasertechnik lassen sich schwere Augenfehler
schnell und einfach korrigieren. Die Vereinte bietet Ihnen
Tarife, mit denen Sie immer in den Genuß der jeweils besten
Behandlungsmethode kommen. Rufen Sie jetzt an.

Vereinte

Ihre ganz private Krankenversicherung

**Bauen
für die Zukunft**

Ed. Züblin AG

ZÜBLIN

Niederlassung Duisburg
Düsseldorfer Straße 181-185
47053 Duisburg
Telefon (0203) 2820-0
Telefax (0203) 27283

Hütte, Michael
Ökologie und Wasserbau

Ökologische Grundlagen von Gewässerverbauung und Wasserkraftnutzung

2000. 294 Seiten mit 134 Abbildungen.
17 x 24 cm. Broschiert.
DM 78,– / öS 569,– / sFr 72,–
ISBN 3-8263-3285-7

Verbauungen und Wasserkraftnutzung haben Fließgewässer in vielfältiger Weise ökologisch beeinträchtigt. Im Rahmen einer ökologisch orientierten Gewässerentwicklung sind interdisziplinäre Ansätze für Möglichkeiten zur Wiederherstellung der Funktionsfähigkeit notwendig.

Das vorliegende Buch vermittelt hydrologische, hydraulische, morphologische und biologische Grundlagen einer naturgemäßen Gewässergestaltung. Die Darstellung zur Flora und Fauna mitteleuropäischer Fließgewässer beschreibt die Anpassungen dieser Organismen an ihren Lebensraum. Besondere Beachtung finden die Beispiele der modernen Fließgewässerökologie, wobei die Abfluß- und Feststoffdynamik sowie die vielfachen Wechselwirkungen des Fließgewässers mit Umland und Grundwasser hervorgehoben werden.

Es werden mögliche negative Auswirkungen von Gewässerbau und Wasserkraftnutzung aufgezeigt und ökologisch orientierte (Gegen-)Maßnahmen vorgestellt, u. a. auch das neuartige Konzept zur ökologischen Gewässerentwicklung, bei dem nicht wie bisher nur Fließgewässerabschnitte, sondern ganze Gewässersysteme einschließlich ihres Einzugsgebietes betrachtet werden.

Das Buch wendet sich an Studenten, Lehrende und Praktiker aus den Bereichen Wasserbau und Gewässerökologie sowie an alle, die sich für Fließgewässer und deren Zustand interessieren.

Parey Buchverlag Berlin

Kurfürstendamm 57 · D-10707 Berlin · Infoline 030-32 79 06-59 · Fax 030-32 79 06-44
e-mail: vertrieb@blackwis.de · Internet: http://www.parey.de
Preisstand: 15. Februar 2000 · Zu beziehen über den Buch- und Fachhandel